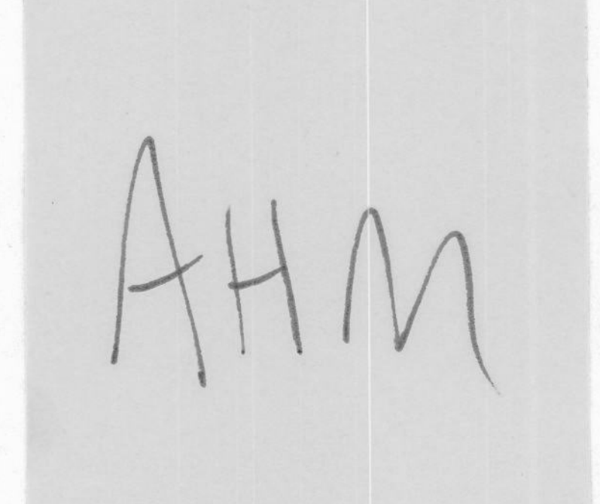

Bruno Margadant

Das Schweizer Plakat
The Swiss Poster
L'affiche suisse
1900–1983

Birkhäuser Verlag
Basel · Boston · Stuttgart

CIP-Kurztitelaufnahme der Deutschen Bibliothek

Das Schweizer Plakat : 1900 – 1983 = The Swiss Poster / Bruno Margadant. [Engl. version: D. Q. Stephenson. Trad. française: Anne Guttmann-Frère]. – Basel ; Boston ; Stuttgart : Birkhäuser, 1983.
ISBN 3-7643-1354-4 Gewebe

NE: Margadant, Bruno [Bearb.] ; PT

Library of Congress Cataloging in Publication Data

Margadant, Bruno.
Das Schweizer Plakat, 1900–1983 = The Swiss Poster = L'affiche suisse.
Bibliography: p.
Includes index.
1. Posters, Swiss. I. Title. II. Title: Swiss Poster. III. Title: Affiche suisse.
NC1807.S9M37 1983 741.67'4'09494 83-15326
ISBN 3-7643-1354-4

Printed in Switzerland
ISBN 3-7643-1354-4

Englische Übersetzung: D. Q. Stephenson, Basel
Französische Übersetzung: Anne Guttmann-Frère, Paris
Typografie und Layout: Bruckmann & Partner, Basel
Umschlaggestaltung: Wolfgang Weingart, Basel

Das «Plakatbuch» wurde im Graphischen Unternehmen Birkhäuser AG in Basel gesetzt; die farbigen und schwarzweissen Lithographien erstellte die Firma Schwitter AG, Basel; die Reproduktionen erfolgten anhand der Dias des Fotografen Marco Pfister, Speicher; die Drucklegung im Offsetverfahren besorgte wiederum das Graphische Unternehmen Birkhäuser AG in Basel auf das Schweizer Qualitätspapier HI-FI-Matt NEU, Spezial gestrichen, matt satiniert, 170 gm² der Papierfabriken Cham-Tenero, Cham; schlussendlich verarbeitete die Firma Grollimund AG, Reinach, die Druckbogen zum vorliegenden Buch.

Inhaltsverzeichnis
Table of Contents
Table des matières

Vorwort

Die Schweizer Grafik und ihr repräsentativstes Erzeugnis, das Plakat, haben den Ruf, einst an der Spitze gestanden zu haben. Dass die Schweizer Plakate dieses Ansehen hatten, ist bekannt, weniger bekannt sind die Werke selbst. Trotz des Ansehens der Schweizer Plakate, das sich von etwa 1920 bis 1960 auf stets gleicher Höhe hielt, wurde die Geschichte des Schweizer Plakatschaffens und seiner Protagonisten noch nicht geschrieben. Relativ wenig ist geleistet durch monographische und thematische Publikationen und durch Ausstellungen. Im umfangreichsten Werk über das frühe Plakat, dem dreibändigen kürzlich abgeschlossenen Bestandskatalog der grössten Plakatsammlungen der Bundesrepublik Deutschland, sind die Schweizer Plakate nicht erfasst. Bruno Margadants nun vorliegendes Buch erschliesst mit seinen mehreren hundert Abbildungen erstmals repräsentativ das Schweizer Plakatschaffen dieses Jahrhunderts. Es eröffnet damit den Zugang zum primären Gegenstand der Geschichte des Schweizer Plakats, legt die Vielfalt der Erfindungen der Plakatkünstler und Grafiker ebenso dar wie die mannigfaltigen Themen und Aufgaben und ihren geschichtlichen Wandel. Sein einführender Text vermittelt auf der Grundlage eigener Nachforschungen vielfältige Kenntnis über die Künstler, Grafiker, Auftraggeber und Druckanstalten, die sich in den ersten vier Jahrzehnten dieses Jahrhunderts für das Plakat engagiert haben. Die Nachforschungen sind um so verdienstvoller, als in den meisten Fällen die Quellenlage ungünstig ist: die Firmenarchive sind weitgehend vernichtet, der Nachlass der Künstler und Grafiker verstreut, ihre Entwürfe, Zeichnungen und Verträge nur in seltenen Fällen auffindbar.

Damit liegen Ergebnisse und Materialien vor, die es ermöglichen, das Schweizer Plakatschaffen nicht nur zu feiern, sondern auch die Erzeugnisse einem kritischen Vergleich auszusetzen und unsere Ansichten und Wertungen zu überprüfen. Glauben wir an eine Legende, wenn wir der Ansicht sind, vor sechzig, fünfzig oder noch vor dreissig Jahren sei die Plakatkunst in keinem andern Land auf so hohem Niveau gestanden wie in der Schweiz? Von Schweizer Seite wird dieses Urteil, selbstverständlich nach höflichem Anhören ausländischer Stimmen, erstmals 1920 in einer kleinen Publikation von Albert Baur vorgetragen. Sein Zweck war offensichtlich zunächst der, dem einheimischen Schaffen das Bewusstsein hoher und höchster Qualität zu erhalten. Heute wird dieselbe Ansicht dazu benützt, das gegenwärtige Plakatschaffen gegen das frühere herabzusetzen und den Verlust an Ansehen zu beklagen. Glauben wir an eine zweite Legende, wenn wir der Auffassung sind, die Schweiz habe spät, später als alle umliegenden Länder, «moderne» Plakate hervorgebracht; Frankreich, England, die USA, Belgien seien ihr vorausgegangen, während die Schweiz zwanzig, dreissig Jahre Verspätung gehabt habe? Die ersten Chronisten des Plakats rühmen aber das Plakat zwischen 1890 und 1910 nicht so sehr als eine neue Erfindung, sondern sie bemühen sich, eine lange Ahnenreihe auszumachen und die Plakate wenigstens bis auf die Reklame der alten Römer zurückzuführen. Das hat offensichtlich den Zweck, die Gattung des Plakats zu nobilitieren. Die Schweiz muss hier vor den andern Nationen kaum zurückstehen. Mit dem *Aushängeschild für einen Schulmeister* von 1516 der Gebrüder Holbein kann sie ein besonders schönes Stück künstlerischer Reklame vorweisen. Und seit 1485 sind Bekanntmachungen, Anzeigen für Schützenfeste und Theateraufführungen bekannt.

Kamen die Schweizer später als alle andern zum «modernen» Plakat, haben sie sich zum Ausgleich ihrer Verspätung den Ruf erworben, die besten aller Plakate hervorgebracht, die beständigste Qualität gehabt zu haben? Die Frage ist, was man unter einem «modernen» Plakat verstehen soll. Wird das Plakat «modern», wenn es ein Produkt eines «modernen» Künstlers ist — beispielsweise Edouard Manets Plakat für *Les Chats* von Champfleury von 1869? Ist ein Plakat nicht «modern», wenn es von einem historisierenden Künstler gestaltet ist?

Ein Jahr vor der Eröffnung der Schweizerischen Landesausstellung 1883 in Zürich wurde vom *Centralcomité* ein gesamtschweizerischer Wettbewerb ausgeschrieben zur *Erlangung des Cartons für eine künstlerisch ausgestattete Affiche (Placat).* Die Ausschreibung richtete sich ausdrücklich an Künstler, sowohl an die in der Schweiz tätigen in- und ausländischen wie auch an die Schweizer Künstler im Ausland. Bemerkenswert ist nicht nur die genaue Nennung der Adressaten, sondern auch, dass die Ausschreibung sich auf den bereits feststehenden Brauch berief, einen Wettbewerb für ein Plakat zu veranstalten. Mit dem ersten Preis bedacht und ausgeführt wurde ein Entwurf von Johann Albert Lüthi, der ein Plakat im Stil eines Scheibenrisses des 16. Jahrhunderts vorsah. Kein «modernes» Plakat, aber ein Entwurf eines damals vierundzwanzigjährigen Architekten und späteren Dekorations- und Glasmalers und Direktors der Zürcher Kunstgewerbeschule. Vorläufig ist nur ein bedeutenderer Künstler bekannt, der sich am Wettbewerb von 1882 beteiligt hat, Karl Jauslin. Waren andere nicht interessiert? Aber nur acht Jahre später begann Hans Sandreuter in Basel seine ersten Plakate zu machen, und 1891 entwarf Ferdinand Hodler sein erstes Plakat für die eigene Ausstellung seines Gemäldes *Die Nacht,* übernahm 1896 Plakataufträge von einer

Maschinenölfabrik Olli wie von der Zürcher Kunstgesellschaft. Wurde damit das Plakat in der Schweiz «modern»?

Vom älteren unterscheidet sich das neuere, insbesondere das Künstlerplakat durch Stil und Technik. Beide sind voneinander abhängig. Die Ausschreibung von 1882 erinnert an die geltende Regel, dass der Künstler nur den Entwurf (den *Carton*) zu liefern hat und die Ausführung des Plakats dem Chromolithographen übertragen ist. Dieser Fachmann beherrscht die Technik, mit 9, 12 oder 21 Steinen den Entwurf in allen Feinheiten der Schattierung und Farbgebung zu reproduzieren. In den neunziger Jahren wird diese Arbeitsteilung aufgehoben, und die Künstler beginnen selbst, ihre Entwürfe auf den Stein zu übertragen. Das verlangt sowohl eine Vereinfachung des Verfahrens, d.h. die Einführung der einfacheren Lithographie anstelle der komplizierten Chromolithographie für den Plakatdruck, wie eine Vereinfachung des Stils. Vom Stil des modernen Plakats vermerkt Sponsel 1897, die Figuren seien scharf umgrenzt und deutlich gezeichnet, die Farben seien wenig zahlreich, aber klar und mit lebhafter Kontrastwirkung. Sponsel hebt hervor, dass durch die Lithographie mit geringen Kosten ein auffallendes und anziehendes Plakat herzustellen sei. Wird das Plakat modern, weil die Künstler einen Stil anbieten, der eine wirkungsvolle Reklame billiger herzustellen gestattet?

In einem Aufsatz von 1913, der ersten Übersicht über Schweizer Plakatkunst, behauptete Adolf Saager eine glückliche Übereinstimmung des nationalen Kunststils mit dem vom Plakat geforderten Stil. Darin verbarg sich keine Ironie, Saager betrachtete wie andere Enthusiasten des modernen Plakats diese Art der Reklame als neue und populäre monumentale Kunst, als der Wandmalerei, dem Fresko, gleichwertig. Saager greift hier zu hoch, aber seine Wertung antwortet auf das Engagement der Künstler, Auftraggeber und der Druckanstalten für das gute Plakat als eines öffentlichen Kunstwerks, das nicht nur Reklamefunktion hat, sondern zugleich die Aufgabe der ästhetischen Erziehung des Volkes. Diese Funktion wurde von den Verehrern des Künstlerplakats schon um 1890 über den Zweck der Werbung gestellt; und die ersten deutschen Publikationen über Plakate appellierten an die Künstler, sich dieser Gattung anzunehmen, um die moderne Kluft zwischen Künstler und Publikum zu überbrücken und den neuen Stil der Malerei populär zu machen; Kunst für die Reklame als doppelte Werbung, für das Produkt und für die Kunst; Reklame als ein weiteres Mittel, Kunst und Leben zusammenzuführen.

Das «moderne» Plakat wurde auch das «gute» Plakat genannt und in Gegensatz gestellt zur traditionellen Arbeit der professionellen Werbezeichner. Noch vor der Jahrhundertwende engagierten sich in unserem Land die Kunstgewerbeschulen mit einem entsprechenden Unterricht und mit der Veranstaltung von Wettbewerben unter Schülern für das gute Plakat. Beispielsweise hat Augusto Giacometti noch als Schüler der Zürcher Kunstgewerbeschule um 1897 ein erstes Plakat im Stil von Eugène Grasset für die Gewerbemuseen Zürich und Winterthur entworfen; Hodler hat 1898 an der Gewerbeschule Freiburg i.Ü. einen Plakatwettbewerb unter seinen Schülern durchgeführt. 1899 folgte die *Ecole des Arts industriels* in Genf mit einem Wettbewerb unter den Schülern für ein Ausstellungsplakat. Dem folgten Plakatausstellungen: 1911 eine erste im Zürcher Kunstgewerbemuseum unter dem Titel *Das moderne Plakat und die künstlerische Reklame: Graphische Erzeugnisse der Merkantil-Branche.* Das Musée Rath in Genf veranstaltete 1913 eine Ausstellung schweizerischer und ausländischer Plakate. Von einer anderen Seite engagierte sich der Heimatschutz seit 1906 für gute Plakate und für eine geordnete Aufstellung der Reklame in den Städten und auf dem Land. Wesentliche Impulse gingen von verschiedenen Druckanstalten aus, die sich insbesondere dem Künstlerplakat widmeten und nicht nur für den perfekten Druck besorgt waren, sondern auch den Kontakt zwischen Künstlern und Auftraggebern herstellten. Mit dieser Intention war 1898 die *Société Suisse d'affiches artistiques* in Genf gegründet worden.

Gab es, seit das Plakat in der Schweiz «modern» geworden war, nur mehr «gute» und fast keine schlechten Plakate mehr? Gibt es heute dagegen nur mehr schlechte Plakate und fast keine guten mehr, wie es Armin Hofmann in diesem Jahr behauptete? Wir müssen, wenn wir solche Urteile fällen, überprüfen, was wir gegeneinander führen. Die heutigen Plakate erscheinen uns an den Plakatwänden und -säulen in Massen, von der gerühmten Zeit des Plakats aber haben wir praktisch nur die ausgewählten, gesammelten Stücke vor uns. Von den Plakatmassen der Vergangenheit, vom alltäglichen Durchschnitt des Plakats haben wir kaum Kenntnis. Davon legen grössere Sammlungen wie diejenige des Kunstgewerbemuseums Zürich Zeugnis ab, soweit dies überhaupt möglich ist. Spuren der alten schlechten Plakate und ihrer Omnipräsenz in den Städten und auf dem Land finden sich in photographischen Dokumenten, die zufällig auch Ausschnitte der Reklame erfassen, und im jahrelangen Kampf des Heimatschutzes gegen die Reklamepest. Die Dokumente zeigen, dass die Plakate, die heute als gute Arbeiten gelten, vielleicht nur etwas weniger selten waren als gute Plakate der heutigen Zeit. Allerdings wird man in der Gegenüberstellung und Wertung nicht vergessen dürfen, dass sich die Aufgaben des Plakats und seine Bedeutung für die Werbung verändert haben, dass ein Plakat seltener als früher eine repräsentative Aufgabe ist, in der sich Künstler und Grafiker, Auftraggeber und Drucker gleicherweise engagieren.

PD Dr. Oskar Bätschmann
Konservator
Kunstgewerbemuseum der Stadt Zürich
Museum für Gestaltung

Preface

Swiss graphic art and its most distinguished product, the poster, are reputed to have once been at the very top of their class. Most people know that the Swiss poster formerly enjoyed this high esteem but few of them are familiar with the works themselves. In spite of the reputation of the Swiss poster, which remained at a constantly high level of excellence from about 1920 to 1960, no history has ever been written of Swiss poster art and its leading figures. Little has been done in the way of monographs and specialized books or exhibitions. The most comprehensive work on the early poster, the inventory catalogue of the largest collection of posters in Western Germany in 3 volumes, does not include Swiss posters. Bruno Margadant has now brought out the present book with its several hundred reproductions and thus given us, for the first time, a representative survey of Swiss poster art in this century. By so doing he affords us access to the primary material of the history of the Swiss poster and describes the various inventions of the poster artists and designers, together with the many and diverse themes and subjects dealt with, and their historical development. Based on his own research he presents in his introductory text a wide-ranging knowledge of the artists, designers, clients and printers who were involved with the poster during the first four decades of this century. The research he has done is all the more deserving of praise in that the sources are in most cases exiguous and unhelpful: the records of the firms have been largely destroyed, the bequests of the artists and designers are scattered, and their drafts, drawings and contracts are discoverable only in rare instances.

Yet we have here material and findings that allow us not only to celebrate Swiss poster art but also to make critical comparisons between its products and to re-assess our views and evaluations. Are we giving credence to a legend when we believe that, sixty, forty or even only thirty years ago, poster art was in no other country on such a high level as in Switzerland? Such a judgment was not pronounced on the Swiss side until 1920, when, after foreign voices had been given a polite hearing, it was put forward in a small publication by Albert Baur. His object, it is plain, was primarily to preserve a feeling for high or superlative quality in the creative work of native-born artists. Today the same insistence on quality is used as a yardstick to compare the poster art of the present, to its disadvantage, with that of former times and to regret the loss of esteem. Are we giving credence to a second legend if we think that Switzerland was late, later than all the surrounding countries, in producing "modern" posters; that France, England, the USA and Belgium were ahead of her and that Switzerland lagged twenty or thirty years behind? The fact is that the first chroniclers of the poster, writing between 1890 and 1910, did not so much extol the poster as a new invention as seek to identify a long ancestry and to trace posters back at least to the advertising of the ancient Romans.

Clearly, their purpose was to confer status on the poster as a genre. In this respect Switzerland can hold its own with any other nation. The *sign-board for a schoolmaster* dating from 1516 by the Holbein brothers is a particularly fine piece of artistic advertising. And since 1485 announcements, advertisements for marksmen's meetings and theatrical performances have been abundant.

Were the Swiss later than everybody else in producing the "modern" poster, did they make up for their tardiness by creating the best of all posters and having the most consistent quality? The answer depends on what is meant by a "modern" poster? Does a poster become "modern" if it is the work of a "modern" artist – for example, Edouard Manet's poster for *Les Chats* of Champfleury in 1869? Does a poster cease to be "modern" if it is the work of an artist with historicist leanings?

One year before the Swiss National Exhibition in Zurich was opened in 1883, the Central Committee organized an all-Swiss competition for *a cartoon from which a poster of artistic quality* could be made. The invitation to participate was addressed explicitly to artists – both native-born and foreign artists working in Switzerland and also Swiss artists abroad. Noteworthy features include not only the precisely known details of the addresses but also the fact that the invitation refers to the already established custom of organizing a poster competition. A design by Johann Albert Lüthi won the first prize and was executed; it was for a poster in the style of a 16th century target. Not a "modern" poster but a design by a, then, 24-year-old architect and later scene- and glass-painter who became director of the Zurich School of Arts and Crafts. At present only one artist of note is known to have taken part in the 1882 competition, Karl Jauslin. Were the others not interested? Only eight years later Hans Sandreuter in Basle began to make his first posters and in 1891 Ferdinand Hodler designed his first poster for his own exhibition of his painting, *Die Nacht,* and in 1896 he accepted poster commissions from the Olli machinery-oil factory and from the Zurich Art Society. Did this make the poster in Switzerland "modern"?

The older poster is distinguished from the more modern, particularly the artist-designed poster, by style and technique. The invitation to the 1882 competition recalls the rule that the artist has to supply only the design (the cartoon) and that the execution of the poster is entrusted to the chromolithographer. He was an expert who had mastered the technique of reproducing the design in all its subtle details of shading and colour with the use of 9, 12 or 21 stones. In the nineties this division of labour was abandoned and the artists began to transfer their designs to the stone. This called for both a simplification of the method, i.e. the introduction of the simpler process of lithography instead of complicated chromolithography for poster printing, and a simplification of the style. As regards the style of the modern poster, Sponsel noted in 1897 that the figures are sharply defined and distinctly drawn, the colours are few in number but clear and vividly contrasted. Sponsel emphasized that a striking and attractive poster could be produced at low cost by means of lithography. Does a poster become modern because the artists offer a style making it possible to produce effective advertising more cheaply?

In an essay dated 1913 – the first survey of Swiss poster art – Adolf Saager argued that there had been a felicitous conjunction of the national style of art and the style required by the poster. No irony was intended. Like other enthusiasts for the modern poster Saager saw this kind of advertising as a new and popular monumental art, equal in status to mural painting and fresco. Here Saager was claiming too much, but his evaluation reflects the commitment of the artist, client and printer to a good poster as a public work of art that not only served an advertising function but, at the same time, cultivated the aesthetic taste of the people. As early as 1890 or thereabouts this function was rated by the admirers of the artist-designed poster as higher than that of advertising; and the first German publications on the poster appealed to artists to take up this genre in order to bridge the gap between the artist and the public and to popularize the new style of painting; art for advertising as twofold advertising – for the product and for art; advertising as another means of bringing art and life together.

The "modern" poster was also called the "good" poster and contrasted with the traditional work of the professional commercial artist. Even before the turn of the century the schools of arts and crafts gave the good poster their backing by organizing suitable courses and holding competitions among the pupils. For example, Augusto Giacometti, while still a pupil at the Zurich School of Arts and Crafts, designed c.1897 his first poster in the style of Eugène Grasset for the museums of applied arts in Zurich and Winterthur; in 1898 Hodler held a poster competition among his pupils at the School of Arts and Crafts at Fribourg. In 1899 the *Ecole des Arts industriels* in Geneva followed suit with a competition among its pupils for an exhibition poster. There followed poster exhibitions: 1911 the first at the Zurich Museum of Applied Arts under the title *The Modern Poster and Artistic Advertising: Graphic Products of the Business World.* In 1913 the Musée Rath in Geneva organized an exhibition of Swiss and foreign posters. In another sphere, societies for the protection of natural beauties and historical sites had, ever since 1906, been waging their campaign for good posters and the orderly arrangement of advertising in town and country. An important influence was exercised by the various printing offices which devoted their attention particularly to the artist-designed poster and not only ensured perfection of print but also fostered contact between artists and clients. With this in mind the *Société Suisse d'affiches artistiques* was founded in Geneva.

Since the poster in Switzerland became "modern", have there been only "good" posters and virtually no bad ones? Are there now only bad posters and almost no good ones, as Armin Hofmann alleged this year? When passing judgments of this kind, we must consider what arguments we are fielding against each other. We see present-day posters on the hoardings and advertising pillars in masses whereas we have only selected posters surviving in collections from the much-lauded age of the poster. We know next to nothing of the mass posters of the past, of the run-of-the-mill poster. Of these, major collections like that of the Museum of Applied Arts in Zurich give some inkling wherever it is still possible. Traces of the bad old posters and their omnipresence in town and country are to be found in photographs which happen to include advertisements and in the records of the long struggle of the conservationist societies against the advertising plague. These documents show that the posters which we today would rate as good were perhaps only a little less common than the good posters of today. At all events it should be remembered in comparing and evaluating that the tasks of the poster and its role in advertising have changed, that it is less common now for a poster to have a representative function to which artist, designer, client and printer are equally committed.

Dr. Oskar Bätschmann
Curator
Museum of Applied Arts of the City of Zurich
Museum of Design

Avant-propos

Les œuvres des graphistes suisses, et en particulier leurs affiches, ont eu par le passé une place de premier rang et ce de 1920 jusqu'aux années soixante environ. La renommée de l'affiche suisse est bien connue, mais les affiches elles-mêmes le sont beaucoup moins. Une véritable histoire de l'affiche suisse et de ses protagonistes n'a pas encore été écrite. Peu de publications, qu'elles soient monographiques ou thématiques, peu d'expositions ont été consacrées à ce sujet. L'ouvrage le plus complet sur l'affiche des débuts, un catalogue en trois volumes traitant des plus grandes collections de la République Fédérale d'Allemagne n'englobe pas les affiches suisses.

Cette étude de Bruno Margadant présente donc pour la première fois l'affiche suisse de ce siècle. Elle comporte des centaines d'illustrations et offre une vue d'ensemble de l'affiche suisse et de ses artistes à travers la multitude de leurs créations et la diversité des thèmes abordés, et de leur évolution au cours de cette période historique.

Dans son introduction, Margadant fait état des riches informations qu'il a réussi à rassembler sur les peintres, les graphistes, les imprimeurs, et leurs clients, qui ont œuvré pour l'affiche pendant les premières 40 années de notre siècle. Ses recherches ont été difficiles, car les sources sont souvent hasardeuses. Les archives d'entreprises ayant commandé des affiches ont en général été détruites et ce que les peintres et dessinateurs eux-mêmes ont laissé est semé à tous vents, si bien que leurs esquisses, leurs maquettes et leurs contrats ne peuvent guère être retrouvés.

La multitude de documents et la richesse des matériaux que nous livre Bruno Margadant forcent l'admiration; elles nous permettent des comparaisons critiques et une révision de nos conceptions et de nos jugements.

Est-ce une légende que la Suisse ait produit, il y a 60, 50 ou même 30 ans, des affiches inégalées dans tous les autres pays? Du côté suisse, Albert Baur le soutient dans une petite publication de 1920, après avoir courtoisement écouté des avis venant de l'étranger. Il désirait, bien sûr, renforcer la conscience et la volonté des artistes de son pays pour une œuvre de haute qualité. Maintenant, nous utilisons cette opinion pour dévaloriser les créations du présent par rapport à celles du passé et pour verser une larme sur notre gloire évanouie.

Ou est-ce encore une légende que la Suisse n'ait produit l'affiche «moderne» que bien après la France, la Belgique, la Grande Bretagne, les Etats Unis, avec un retard de 20 ou 30 ans? Les premiers chroniqueurs de l'affiche, plutôt que de vanter en tant qu'innovations les affiches créées entre 1890 et 1910, s'appliquèrent à lui établir une longue lignée d'ancêtres allant jusqu'aux Romains, manifestement dans le souci de lui trouver des lettres de noblesse. Or, à cet égard, la Suisse est en excellente position. *L'enseigne pour un instituteur* par les frères Holbein est une publicité de grande valeur artistique qui date de 1516. Et depuis 1485, on connaît des annonces pour des fêtes de tir, des spectacles, des avis publics ...

Les créateurs suisses, sont-ils venus plus tard à l'affiche «moderne» et ont-ils voulu compenser ce retard par une qualité exceptionnelle et constante? La question est de savoir ce qu'il faut entendre sous «affiche moderne». L'est-elle en tant qu'œuvre d'un artiste «moderne», comme par exemple *Les Chats* pour Champfleury d'Edouard Manet en 1869? Et l'œuvre d'un artiste traditionnel ne serait alors pas «moderne»?

Un an avant l'inauguration de l'exposition nationale suisse de 1883 à Zurich, le comité central organisa un concours national pour le projet d'une affiche artistique. Ce concours s'adressait expressément aux artistes, même étrangers, vivant en Suisse ainsi qu'aux artistes suisses vivant à l'étranger. Ce qui est intéressant, c'est non seulement la désignation précise des concurrents, mais le fait que ce concours pour une affiche se basait manifestement sur une tradition bien ancrée. Le premier prix fut attribué à Albert Lüthi, qui avait soumis le projet pour une affiche dans le style des peintures sur verre du 16e siècle. Ce n'était pas une affiche «moderne» et pourtant c'était le projet d'un architecte de 24 ans, qui allait devenir verrier, décorateur et enfin directeur de l'école des arts appliqués de Zurich. Parmi les autres concurrents de 1882, nous ne connaissons pour l'instant qu'un seul artiste de quelque importance, Karl Jauslin. D'autres n'avaient-ils pas été interessés? Mais huit ans plus tard, Hans Sandreuter fait ses premières affiches à Bâle. En 1891, Hodler dessine sa première affiche pour l'exposition de sa peinture *La nuit* et en 1896, il accepte des commandes d'affiches de l'usine d'huiles industrielles «Olli», et de la «Züricher Kunstgesellschaft». Etait-ce la naissance de l'affiche suisse «moderne»?

C'est par le style et par la technique que la nouvelle affiche, notamment l'affiche artistique, se distingue de l'ancienne. Style et technique sont interdépendants. Le concours de 1882 rappelle aux artistes qu'ils n'ont à soumettre qu'un projet, dont l'exécution sera confiée à un chromolithographe. C'est lui, le professionnel, qui maîtrise la technique des 9, 12 ou 21 pierres pour reproduire la maquette avec toutes ses nuances de coloris. Dans les années 90, cette répartition des tâches s'estompe.

Les artistes se mettent à travailler eux-mêmes sur la pierre. Cela conduit à une simplification de la chromolithographie en une technique de lithographie moins compliquée ainsi qu'à une simplification du style. Sponsel remarquera en 1897 à propos du style de l'affiche moderne que les formes y sont nettes et bien délimitées et les coloris peu nombreux mais purs et contrastés. Il souligne que la lithographie permet la reproduction aux moindres frais d'affiches expressives et plaisantes. L'affiche devient-elle moderne parce que les artistes ont trouvé un style permettant l'impression moins coûteuse d'une publicité efficace?

Dans une première vue d'ensemble sur l'art de l'affiche en Suisse, Adolf Saager note en 1913 une heureuse concordance entre le style artistique national et le style exigé par la réclame, et ce sans ironie. Comme bien d'autres enthousiastes de l'affiche moderne, Saager considérait que celle-ci était un nouveau genre, populaire, de l'art, comparable à la fresque, par exemple. Sans aucun doute, il allait trop loin, mais il rejoignait ainsi l'engagement des artistes, des imprimeurs et de leurs clients pour la création de bonnes affiches, dont le but ne serait pas seulement la publicité commerciale, mais aussi l'éducation esthétique des gens. En fait, les admirateurs de l'affiche artistique placèrent dès 1890 cette fonction au-dessus de l'intention commerciale et les premières publications allemandes sur les affiches appelèrent les artistes d'une façon urgente à se charger de ce genre afin de surmonter le clivage moderne entre les artistes et le public et de populariser le nouveau style de la peinture. L'affiche devait donc à la fois promouvoir un produit et promouvoir l'art, unissant ainsi l'art au quotidien.

Qui disait affiche moderne disait affiche de qualité, en opposition aux prestations traditionnelles des professionnels de la réclame. Dès la fin du siècle dernier, les écoles des arts appliqués en Suisse s'employèrent pour une affiche de qualité au moyen d'un enseignement adéquat ainsi que de concours parmi les élèves. En 1897, Augusto Giacometti, par exemple, était encore élève à l'école des arts appliqués de Zurich quand il créa sa première affiche, dans le style d'Eugène Grasset pour les musées des arts industriels de Zurich et de Winterthur. Hodler, quant à lui, organisa en 1898 un concours pour une affiche parmi ses élèves de l'école des arts industriels à Fribourg et en 1899, un concours eut lieu dans celle de Genève. Suivirent alors les expositions: la première en 1911 au musée des arts appliqués de Zurich sous le titre: « L'affiche moderne et la publicité artistique: des œuvres graphiques commerciales ». Le musée Rath à Genève organisa en 1913 une exposition d'affiches suisses et étrangères. De son côté, la Ligue suisse du patrimoine national lutta dès 1906 pour des affiches de qualité et pour un affichage ordonné, que ce soit dans les villes ou à la campagne. Enfin, différentes imprimeries eurent le mérite de se consacrer à l'affiche artistique, de veiller à une reproduction de qualité et de mettre en rapport les artistes et les clients. Ce même but conduisit en 1898 à la création de la « Société suisse d'affiches artistiques » à Genève.

Alors, l'affiche « moderne » ayant vu le jour, n'y eut-il en Suisse plus que de « bonnes » affiches et presque plus de mauvaises? Et maintenant, n'y a-t-il plus que de mauvaises affiches et presque plus de bonnes, comme l'a affirmé cette année Armin Hofmann?

Pour émettre de tels jugements, il faut regarder de plus près ce que nous comparons. D'une part, nous avons la totalité des affiches actuelles couvrant tous les panneaux et toutes les colonnes et, d'autre part, ne nous restent du passé que certaines affiches choisies, collectionnées. Nous ne connaissons à peine la production totale et les affiches banales ou médiocres des époques antérieures. Les grandes collections telles que celle du musée des arts appliqués de Zurich nous en donnent des aperçus; des documents photographiques de tous genres montrent des affiches en passant, témoignant ainsi de l'omniprésence des mauvaises affiches dans les villes comme à la campagne; et puis, nous connaissons la longue lutte de la Ligue suisse du patrimoine national contre la « peste des affiches ». Tout cela nous permet tout au plus de dire en conclusion que les affiches maintenant considérées comme bonnes étaient jadis peut-être un peu plus fréquentes que de nos jours. Mais n'oublions pas, en nous livrant à de telles comparaisons et à de tels jugements, que la fonction de l'affiche et son importance dans la publicité ont changé. De nos jours, il est plus rare qu'autrefois que la création d'une affiche ait une valeur représentative, engageant pareillement peintre, graphiste, imprimeur et client.

Oskar Bätschmann, professeur associé
Conservateur
Musée des arts appliqués de la ville de Zurich
Musée de la création

Dank an Alexa Margadant-Lindner

Dank all jenen im Stadt-, Gemeinde- und Firmen-Archiv,
in der Plakatsammlung des Gewerbemuseums Basel,
des Kunstgewerbemuseums Zürich und der Landesbibliothek Bern,
im Grafik- und Fotoatelier,
im Lektorat und der Herstellungsabteilung des Birkhäuser Verlages,
die mit ihrem kundigen und geduldigen Beitrag
das Erscheinen des Buches in
dieser Form möglich gemacht haben.

1 Emil Cardinaux, *1908*

E. CARDINAUX
GRAPH. ANSTALT J.E. WOLFENSBERGER ZURICH
ZERMATT
MATTERHORN 4505m SCHWEIZ

Am Anfang war das Matterhorn

Das frühe Schweizer Plakat und seine Pioniere

Jahrhundertwende

Einstimmung

Die Plakatkunst verdankt ihr Entstehen den Malern. Zusammen mit dem Film wird sie zu einer der wenigen neuen Kunstarten, die das 20. Jahrhundert hervorbringt. Beide verwirklichen sich erst als Kopie, stehen gleichsam als Kronzeugen am Anfang einer Reproduktions-Epoche und werden zur charakteristischen Kunst ihrer Zeit: zur Kunst für alle.

Französische, englische und amerikanische Maler entdeckten das Plakat als neues Ausdrucksmittel noch im 19. Jahrhundert. Zwar hatte der Deutsche Alois Senefelder die Lithografie – das Verfahren, auf Kalkstein gezeichnete Bilder und Texte wiederzugeben – schon 1797 erfunden. Aber erst die serienweise Warenfabrikation über die tatsächliche Notwendigkeit hinaus samt diesem rationellen neuen Druckverfahren, schaffte die Voraussetzung für das moderne Plakat, für eine neue Kunst.

Um die Jahrhundertwende hätte ein Blick über die Grenzen genügt, den Tief- und Rückstand des Plakates in der Schweiz festzustellen. Wie es kurze Zeit später zu internationalem Ansehen aufstieg, sein Entstehen und seine Blütezeit zu Anfang des Jahrhunderts, beschreibt dieser Text, der die Entwicklung des Schweizer Plakates bis 1940 verfolgt. Diese Zeitgrenze erlaubt, die Ablösung der Maler als frühe Plakatgestalter durch die Grafiker und das Entstehen der Fotoplakate zu beobachten. Mit Blick nach vorn wird diese Grenze im Text wiederholt überschritten. Vor 1900 geborene Maler und Grafiker, unbekannt gebliebene wie berühmte, Plakate und ihre Drucker werden beschrieben. Die *zwischen 1900 und 1920* geborenen Künstler werden vorgestellt, nach 1920 geborene Gestalter sind im Künstlerverzeichnis aufgeführt. Im laufenden Text verweist die eingeklammerte Zahl nach einem Plakatzitat auf die durchgehend korrespondierende Abbildungsnummer. Entgegen dieser zeitlichen Beschränkung im Text zeigt der Bildteil des Buches das Schweizer Plakat von 1900 bis in die Gegenwart.

«Geschmackverlassen»

In Paris zeigten ab 1890 Chéret, Toulouse-Lautrec, Bonnard und der Schweizer Steinlen bereits ihre hinreissenden Affichen, als in der Schweiz noch üppiger Kitsch an den Mauern hing.

So fand Jean Louis Sponsel in seinem 300seitigen Prachtband «Das moderne Plakat», 1897, Beispiele für das Entstehen einer Plakatkunst aus entlegenen Ländern wie Japan oder Norwegen, keine aber aus der Schweiz. Auch die Autoren des im gleichen Jahr in Paris erschienenen Buches «Les affiches étrangères illustrées» erwähnten die Schweiz mit keinem Wort.

Selbst der Übergang ins 20. Jahrhundert änderte vorerst nichts. «Wir erinnern uns alle noch der unglaublich *geschmackverlassenen* Landschaftsplakate, die aus Edelweiss, Oberländerhäuschen, schneeigen Berggipfeln, Rokokozierat, Alpenrosen, unsäglich gequälten Schriften, Kursaalkellnerinnen in Schweizertracht, fünfzehn unabgestimmten Grund- und Deckfarben, Hochglanz und weiteren Greueln zusammengesetzt waren», [1]) ärgerte sich C. A. Loosli.

Im Ausland beschrieb das Schweizer Plakat erstmals Walter von Zur Westen («Reklamekunst», 1903). Ausführlicher Erwähnung wert fand er Plakate von Reckziegel, Schaupp, Baud, Forestier (bei den Abbildungen finden sich Beispiele dieser Maler) und vor allem Sandreuters Ausstellungsplakate (30).

Freilich war in der Schweiz um die Jahrhundertwende das Papierplakat in der Aussenreklame noch von geringer Bedeutung. Weder hatte die eben gegründete Allgemeine Plakatgesellschaft auf den Wirrwarr im Aushang bereits Einfluss und einen geordneten Anschlag offerieren können noch etwa war das Künstlerplakat schon verbreitet. Die Firmen, allen voran die Schokoladefabriken, nahmen die bestehenden Flächen in Anspruch und malten ihre grossen Reklamebilder direkt an die Stadtmauern, Häuserfronten und Giebelwände. Daneben waren die Blech- und Emailplakate im Schwange und zwar in einem Ausmass, das bald den Heimatschutz protestieren liess.

In seinem Organ rief er «Zum Kampf gegen das Reklameunwesen» auf («Heimatschutz», 6/1906), warf der Industrie «barbarischen Amerikanismus» vor und beschuldigte sie durch eine wahre «Blechpest» und «Plakatseuche» der Verschandelung von Landschaft und Stadtbild.

In den kantonalen Parlamenten häuften sich Eingaben und Diskussionen, die Verbote oder Sonderbesteuerung «der überhandnehmenden, aufdringlichen Reklame» verlangten. Mit neuen Gesetzen gegen «Reklame-Vandalen» schritt als erster der Kanton Waadt schon 1903 und 1905 zur legislativen Gegenwehr.

Selbst für Platzhoff-Lejeune, einen Fürsprecher der Werbung, war die Allgegenwart der Reklameschilder zuviel: «Hysterische Leute und schwangere Frauen müssen ja in furchtbare Aufregung geraten, wenn sie sich so unaufhörlich in Anspruch genommen und systematisch bearbeitet sehen. Auch für Gesunde ist jede ruhige Fläche verschwunden, jede friedliche Oasis im modernen Getriebe beseitigt. Bis in das einsamste Gebirgsdorf, ... bis auf den höchsten Gipfel und zum tiefsten See verfolgt uns die Reklame, die Welt verhässlichend, alle Schönheit zerstörend, allen Zauber brechend, alle Harmonie vernichtend.» [2])

Hodler als Pate

Unabhängig voneinander und doch ineinandergreifend geschah folgendes. Über die Mono-Karten stiessen junge Schweizer Maler auf ein unentdecktes, brachliegendes Gebiet: die künstlerische Reklame. Gleichzeitig begann die Plakatgesellschaft von Genf aus, die übrige Schweiz zu erobern; bereits 1906 fasste sie in Zürich Fuss. Die ersten ordentlichen Plakatwände und -säulen entstanden, die allerdings noch nicht für das spätere Weltformat, sondern für die damals üblichen Fantasieformate geeignet waren.

Und noch eine Voraussetzung für das Entstehen des Schweizer Künstlerplakates trat ein: Ferdinand Hodler hatte seine Anerkennung erkämpft. Im Wettbewerb für die «Ausschmückung» des schweizerischen Landesmuseums in Zürich gewann er im Jahre 1897 den ersten Preis. Seinen Gegnern, allen voran dem Museumsdirektor, gelang es vorerst, die Ausführung des Entwurfes zu verhindern. Nach einem, durch seine Heftigkeit in der Schweizer Kunstgeschichte einzigartigen Streit konnte Hodler im Dezember 1899 mit dem Malen seiner Fresken beginnen. Die Bestätigung seines europäischen Ranges an der Wiener Ausstellung 1904 führte schliesslich auch in der Schweiz allmählich zu einem Wandel im Empfinden und Urteil über die neue Malerei.

Mit Hodlers künstlerischem Durchbruch bekam das Schweizer Plakat seine Chance. Hodlers neue, radikale Sicht und Malweise, die stilisierte Strenge seiner Landschaften, die Monumentalität seiner Personen, die Reinheit seiner Farben, begeisterte und beeinflusste jene jungen Maler, die das moderne Schweizer Plakat schaffen sollten.

Die herrschende Aufbruchstimmung einer selbstbewussten Gründergeneration kam der neuen Kunstgattung ebenfalls entgegen. Nachdem «die gewaltig heranrollende und mit jedem Tag sich steigernde Wucht der kapitalistischen und technischen Entwicklung so manche Schönheit aus alter Zeit zermalmt hat», las der Bürger in der «Neuen Zürcher Zeitung» vom 29.5.1911, «ist das neue Jahrhundert nun bestrebt, die Lücke auszufüllen». Albert Baur (1877–1949), jahrzehntelang bei gestalterischen Umweltfragen engagiert (Heimatschutz, Werkbund, «Beobachter»-Titelblätter) — als erster Bibliothekar des Basler Gewerbemuseums baute er die bekannte Bücherei auf —, meinte weiter: «Eines der grossen Bedürfnisse der kapitalistischen Kultur ist die Reklame ..., die von einem Zeugen der Unkultur zu einem Ferment künstlerischer Kultur umzumodeln» sei.

Das Mono des Karl W. Bührer

«Als wir jung waren», erinnerte sich der Schriftsteller Carl Seelig, «machten wir eifrig Jagd auf die Monos. Das waren illustrierte Karten, die von den Geschäften an die Kunden verteilt wurden. Sie zu sammeln und miteinander auszutauschen, war eine Passion wie das Suchen nach Briefmarken oder nach Schmetterlingen. Schon damals lernten wir das Langweilige vom Phantasievollen, das Triviale vom Neuen zu unterscheiden. Dazu kamen die Plakatwände und Plakatsäulen, die modernen Zeitungen der Strasse. Leider konnte man sie nicht mit nach Hause nehmen.» (APG, 1948).

Die Mono-Karten waren die Vorläufer des künstlerischen Malerplakates. In dieser kleinformatigen Reklame erprobten die Künstler, befreit von allegorischem Ballast, die farbliche und räumliche Aufteilung der Fläche. Der malerische Einfall stand, ohne die Konkurrenz der Schrift fürchten zu müssen, im Mittelpunkt. Texte wurden auf die Rückseite verwiesen. Im Mono manifestierte sich erstmals der Geschmacks- und Gesinnungswandel, der sich in der Schweiz nach Hodlers künstlerischem Durchbruch allmählich vollzog.

Der Name Mono leitet sich von der auf der Rückseite der Karte stehenden Firmen-*Mono*grafie ab, die neben sorgfältig abgefassten Werbetexten stand. Zur Aufbewahrung der Karten konnten Wechselrahmen, Sammelalben oder -schachteln erworben werden. Das Angebot dieses künstlerischen Sammelobjektes reichte von der direkten, mehrfarbigen Firmenwerbung bis zu zweifarbigen thematischen Serien mit historischen, landschaftlichen und architektonischen Sujets.

Die Gestaltung des Monos übernahmen junge Maler wie Cardinaux, Gilsi, Hardmeyer, Hohlwein, Mangold, Moos, Schaupp und Stiefel: Namen, die in der Frühzeit des Schweizer Plakates wieder auftauchen werden.

Erfinder und Organisator dieser neuartigen Werbung um 1905 war der Ostschweizer Karl W. Bührer (1861–1917), Gründer und erster Redakteur der Halbmonatsschrift «Die Schweiz», die während fast 20 Jahren als die führende literarische und künstlerische Zeitschrift der deutschen Schweiz galt. Kurze Zeit später gründete Bührer die «Internationale Mono-Gesellschaft Winterthur».

1908 liessen sich auch die Schweizerischen Bundesbahnen (SBB) für das Mono gewinnen und brachten unter dem Titel «Mit Künstleraugen durch die Schweiz» über eine Million Karten heraus. Ihrem Beispiel folgten der Verkehrsverein Bern und die Berninabahn. René Thiessing, Leiter des SBB-Publizitätsdienstes, über die Mono-Karten: «Dank ihrer bestrickenden Formel und der faszinierenden Beredsamkeit ihres Begründers und Apostels K. W. Bührer trug sie diesem bemerkenswerte Anfangserfolge ein.»[3])

Trotz zeitweiser Ausbreitung seiner Karten auf Deutschland und Österreich war der kaufmännische Erfolg gering. Die Schwierigkeiten dieses Schrittmachers der modernen Künstlerreklame beklagte C. A. Loosli in seiner Cardinaux-Monografie: «Wie alle seine Lands-Leute, die auf irgendeinem edelkulturellen Gebiete über den Tag und dessen kurzfristige Anforderungen hinaussehen, wurde Bührer, weil unverstanden, nur lau unterstützt, endlich fallen gelassen, womit auch seine Gründungen bald darauf in sich zusammensanken, und er selber genötigt ward, seine Tätigkeit ins Ausland zu verlegen.»

Das Weltformat

Enttäuscht von der Schweiz zog Bührer nach dem Zusammenbruch seiner Mono-Gesellschaft nach München und gründete 1911 die «Brücke». Mit der 1905 entstandenen Gemeinschaft, in der sich um die Expressionisten Kirchner und Heckel wahlverwandte Künstler gruppierten, hat Bührers Gesellschaft nur den Namen gemein. Seine «Brükke», deren weitgespannte Pläne durch seinen Tod und den Weltkrieg unverwirklicht blieben, sollte sich mit ihrem Kampf für ein Weltformat bleibend um das Schweizer Plakat verdient machen.

Das Weltformat, wie es «Brücke»-Mitarbeiter und Nobelpreisträger Wilhelm Ostwald definierte und wie es in «Das Plakat» (4/1913) vorgestellt wurde, geht von der Diagonalen des Quadratzentimeters aus ($\sqrt{2} = 1,414$). Weltformat I hat die Masse 1 × 1,41 cm; Weltformat X, als Briefbogen gedacht, misst durch Verdoppelung des jeweils kleineren Formates 22,6 × 32 cm und Weltformat XIV schliesslich, 90,5 × 128 cm, sollte zum Schweizer Plakatformat werden. Bührer wurde im gleichen Text so gewürdigt: «Was Gutenberg auf einem Teilgebiet erdacht hat, das ist von dem genialen Schöpfer der Brückenidee, dem bescheidenen Schweizer Karl Wilhelm Bührer, auf hundert Gebieten, alle menschliche Tätigkeit umfassend, erdacht worden.»

Die zeitliche Einführung des Plakat-Weltformates in der Schweiz wurde bisher überall[4]) mit 1903 oder 1904 angegeben. Dieses Datum ist um ein Jahrzehnt zu früh. Noch *1908* kennt die Allgemeine Plakatgesellschaft in ihrem Prospekt das angeblich «1903» eingeführte Weltformat nicht, wohl aber die verschiedensten anderen Formate von 5 × 65 cm bis 100 × 195 cm. (Durch das Anpreisen von «Reklame-Wagen», «Sandwich-Männern» — pro Mann und Tag zehn Franken —, «Tram- und Giebelreklamen» usw. bestätigt dieser Tarif-Katalog übrigens die immer noch untergeordnete Rolle des Papierplakates in der Aussenreklame.)

Zu spät datiert der Werbefachmann Markus Kutter in seinem Buch «Abschied von der Werbung» (1976) die Einführung des Weltformates: «... das sogenannte Weltformat soll dank einer Absprache zwischen dem Zürcher Plakatgesellschaftsdirektor Edwin Lüthy und der Druckerei J. E. Wolfensberger entstanden sein. ... dieses Format erklärte die APG dieser persönlichen Freundschaft zuliebe dann kurzerhand zum in Zukunft verbindlichen Normalformat». Die Anekdote ist gut; nur wurde Lüthy erst 1930 Direktor der APG Zürich.

Hingegen war Johann E. Wolfensberger tatsächlich ein Befürworter des genormten Plakates, was er schon seinem Freund Karl Bührer schuldig gewesen wäre. Die Bekanntschaft datierte aus der Zeit, als Bührer seine Mono-Karten bei Wolfensberger drucken liess. Diese entsprachen ja schon bis auf einige Millimeter dem Weltformat VIII. Jenes Plakat aber, das 1911 den Umzug Wolfensbergers aus den zu klein gewordenen Räumen an der Dianastrasse in sein neues Haus zum Wolfsberg anzeigte, hatte gleichwohl noch das Fantasieformat 96 × 130 cm.

Das Weltformat kam erstmals an der Landesausstellung 1914 in Bern zum Zug. Den Anstoss gab die «Brücke», die an das Reklamekomitee gelangt war, das schon 1911 einen Plakat- und Bildmarken-Wettbewerb ausgeschrieben hatte. Alle offiziellen Drucksachen der Ausstellung — von der Bildmarke (Weltformat IV, 2,83 × 4 cm) über die verschiedenen Kataloge (Weltformat IX, 16 × 22,6 cm) bis zu den Plakaten (Weltformat XIII, 64 × 90,5 cm, und Weltformat XIV, 90,5 × 128 cm) — entsprachen genau der «Brücke»-Norm. Das vom Preisgericht ausgewählte Plakat von Emil Cardinaux (202) wurde bereits 1913 in 3720 Exemplaren im Weltformat in der Schweiz angeschlagen. Nach diesem würdigen und auch ausschlaggebenden Start begann sich das Weltformat durchzusetzen. Allerdings nur im Plakat und obendrein allein für die Inlandwerbung. Das grösstenteils fürs Ausland bestimmte Tourismusplakat pendelte sich auf das kuriose Englisch- oder Royal-Format (64 × 102 cm) ein und wich damit sowohl von der Weltformat- als auch der späteren A-Reihe ab.

Die Schweizerische Normalien-Vereinigung, 1918 vom Maschinenindustriellen-Verein gegründet, bediente sich bei der Festlegung des Normalformates der Proportionen des Weltformates. Während aber das Weltformat (mit der Verhältniszahl 1 × 1,41 als Grundlage für die kleinste Einheit) durch Verdoppelung erreicht wird, verläuft es bei der noch heute gültigen A-Reihe umgekehrt. Ausgehend vom grössten Format A 0 (84,1 × 118,9 cm entspricht gleichzeitig der Fläche eines Quadratmeters), werden die kleineren Formate durch jeweilige Halbierung gewonnen. Die Idee der Normung hatte rasch Erfolg. Die ersten Drucksachen im neuen Normalformat gab 1921 die Eidgenössische Post- und Telegrafenverwaltung heraus. 1924 erklärte der Bundesrat die A-Reihe für Verwaltung und Bundesbahn als verbindlich, kantonale und städtische Behörden folgten dem Beschluss.

Zurück zum Weltformat. Die Allgemeine Plakatgesellschaft stellte schon ab 1914 neue Litfass-Säulen und Plakatgerüste auf, die dem Weltformat entsprachen. Besonders schön angelegte Anschlagflächen, die Rahmen mit Ornamenten verziert und mit Efeu bepflanzt, wurden 1915 in in- und ausländischen Zeitschriften abgebildet. Erst der Einsatz der Plakatgesellschaft ermöglichte diesen gepflegten Aushang im neuen Weltformat, der in der Frühzeit so viel Erstaunen und Bewunderung auslöste, der dem blühenden Künstlerplakat den repräsentativen Rahmen bot und der deshalb die Beobachter von der *Galerie der Strasse* schreiben liess.

Karl W. Bührer starb noch vor Ende des Ersten Weltkrieges in Berlin und wurde vergessen (selbst das «Historisch-Biographische Lexikon der Schweiz» kennt ihn nicht). Im Weltformat aber leben er und sein Mono weiter.

Emil Cardinaux

Einer der ersten, der die sich eröffnenden Möglichkeiten für das Plakat nutzte, war Emil Cardinaux. Der Berner Maler zeigte seine Landschaften seit 1900 in Schweizer Ausstellungen und galt bald, wie auch Amiet, Buri, Colombi und andere als «Vollblut-Hodlerianer».

Cardinaux hatte eben sein Studium in München hinter sich, wo er den Hörsaal der Juristen mit der Künstlerwerkstatt von Franz Stuck vertauschte, und verbrachte den Winter 1903 in Paris. Dort erreichten ihn die Bedingungen für einen der ersten in der Schweiz ausgeschriebenen Plakatwettbewerbe. Die Schweizerischen Bundesbahnen suchten Künstler «zur Ausführung von Originalentwürfen zu sechs farbig illustrierten Plakaten, welche vornehmlich in Bahnhöfen, Hotels und auf Dampfbooten des Auslandes ausgestellt werden sollten». Aus diesem Wettbewerb gingen Darstellungen verschiedener Landesgegenden hervor, die anfingen das Bild der Schweiz zu prägen.

2 Emil Cardinaux, *1906*

Cardinaux erhielt für seinen allerersten Plakatentwurf eine Ehrenmeldung. Darauf beauftragte ihn der Leiter der Schokoladenfabrik Villars, W. Kaiser, mit zwei Plakaten, die 1905 als seine ersten öffentlich angeschlagen wurden. Schon 1906 lithografierte Cardinaux Plakate, die den kommenden Meister erkennen lassen. Da war vor allem sein gross- und querformatiges «Bern» (2), das durch seine neuartige Farbigkeit, die klare Zonengliederung und die Strenge der Darstellung auffiel.

Das «Matterhorn»

Ebenfalls 1906 entwarf Cardinaux sechs Mono-Karten, darunter eine für den Verkehrsverein Zermatt mit dem Matterhorn. 1908 als Plakat (1) gedruckt, sollte es berühmt werden. (Viele zuverlässige Quellen nennen 1906 als Erscheinungsjahr; die Mono-Karte als Vorläufer erklärt die unterschiedliche Datierung.)

Mit dem «Matterhorn» schuf Cardinaux gleich am Anfang der Schweizer Plakatkunst einen Höhepunkt. Wie der Berg aus der Landschaft, so ragte das Plakat aus seiner Umgebung. Weit und breit stand ihm nichts Vergleichbares entgegen. Wache Beobachter vermerkten das Entstehen einer neuen Kunstgattung und erkannten früh Cardinaux' reklamekünstlerische Begabung und die Bedeutung des «Matterhorns».

1913 schrieb Albert Sautier: «*Dieses Blatt kann in ästhetischer wie zweckdienlicher Beziehung direkt als eine Musterleistung bezeichnet werden. Es ist von unübertroffener Fernwirkung, ohne etwa in der Nähe betrachtet brutal zu wirken. Es dient daher ebensogut in den Innenräumen von Wartsälen und Restaurants wie an der Plakatsäule im grellen Sonnenlicht. Der Künstler erreichte dies, indem er nicht nur die Farbenskala aufs äusserste beschränkte, sondern auch eine Beleuchtung wählte — die der ersten Morgenstunden — welche ihm gestattete, scharf gesonderte Farbenflächen einander gegenüberzustellen, die sich dann doch wieder zum harmonischen Dreiklang zusammenschliessen. Die mächtige Basis des Berges liegt in tiefem Schatten, dessen weicher grauschwarzer Ton durch lasurenartiges Überdecken des braunen Grundes mit dunkelgrünen und schwarzen Strichlagen erzeugt wurde; ihr entsteigt, vom ersten Sonnenstrahl umfangen, die kühngeschwungene, orangebraune Masse des Matterhorns, dessen so unendlich ausdrucksvolle Konturen durch grüne Linien scharf vom lilafarbenen Morgenhimmel losgelöst sind.*»[5])

1917, Hermann Röthlisberger: «*Und erst das Matterhorn. Noch erinnere ich mich an die Freude, wenn ich vor Jahren auf ausländischen Bahnhöfen im Vorbeiflitzen ... dieses Schweizer Plakats gewahr wurde. Es war so etwas Neues, in seiner weitgehenden Beschränkung etwas Schlagendes, dass unter den aquarellmässig getiftelten Blättern weit und breit keines dagegen aufkommen konnte.»* [6])

1928, Carl Albert Loosli: «*.... so dass etwa das ‹Matterhorn› sich immer noch als eines der bedeutendsten und werbekräftigsten Plakate erweist, obwohl sein Entstehen ebenfalls um mehr denn zwanzig Jahre zurückliegt.*» [7])

1944, Hans Kasser: «*Den formlosen Naturalismus aber, der den ersten schweizerischen Verkehrsplakaten anhaftete, unter anderem den Arbeiten von A. Reckziegel, verdrängte Cardinaux mit einer meisterhaften Synthese des Natureindrucks, die bereits im Jahre 1906 im Matterhornplakat vollendeten Ausdruck fand. Was dieser Sprung in die Abstraktion damals bedeutete, geht deutlich aus einer Gegenüberstellung der Matterhornplakate von Reckziegel und Cardinaux hervor.*» [8])

1958, Fritz Bühler: «*Herrliches Beispiel des typischen Künstlerplakates malerischer Art. Das Bild ist so packend wuchtig, so fesselnd richtig auf das Gefühl des Bergfreundes eingestellt, dass ihm auch die miserable Schrift nicht schaden kann.*» [9])

Die grosse Nachfrage und die Beliebtheit des «Matterhorns» in der Öffentlichkeit bewogen Wolfensberger, einen «Luxus»-Druck dieses Plakates auf festes Papier und ohne Impressum zu erstellen. Nach Ausbruch des Ersten Weltkrieges schmückte dieser die von Frauen eiligst eingerichteten Soldatenstuben, und sogar jahrzehntelang später noch war er gerahmt in Amtsstuben und Schulzimmern anzutreffen.

Das «grüne Ross»

Mit dem heute legendären Plakat für die Landesausstellung 1914 (202) verursachte Cardinaux einen Riesenwirbel. Die Bevölkerung reagierte erbost, als sich die neue Malerei aufs Plakat einer Ausstellung wagte, mit der sie sich identifizierte. Die Verwirklichung des skandalträchtigen Entwurfes war einer mutigen Wettbewerbsjury zu danken, zu deren Mitgliedern auch Ferdinand Hodler gehörte. Der zweite Preis ging an Eduard Renggli, den Luzerner «Hodlerianer», für eine ungewöhnlich dichte Darstellung von kreisförmig versammelten Männern, die Kantonalfahnen haltend. Er musste ihn allerdings mit Otto Baumberger teilen, der einen kraftvollen Sämann eingeschickt hatte. Dieser Entwurf wurde als Bildmarke (zu Reklamezwecken auf Drucksachen usw.) realisiert. Zwanzig Jahre später verwendete Baumberger das Motiv für ein «Bally»-Plakat.

3 *1914*

Ulrich Gutersohn, Zeichenlehrer und Plakatsammler (seine Sammlung ist heute im Besitz des Verkehrshauses der Schweiz, Luzern), schrieb: «*Das ‹berühmteste› Schweizerplakat ist zur Zeit dasjenige von Emil Cardinaux, welches bei der Plakatkonkurrenz für die Landesausstellung in Bern mit dem 1. Preise von 2000 Franken ausgezeichnet wurde. Soviel Geld für einen Plakatentwurf auszuwerfen, ist von vielen Leuten als etwas Ausserordentliches empfunden worden ... Land auf Land ab spricht und schreibt man über ‹Das grüne Ross› für die Landesausstellung. Es kam in kürzester Zeit dazu, dass der Anschlag an verschiedenen Orten verboten wurde. Bereits sind einige ‹Umarbeitungen› des grünen Rosses in witziger Form auf Postkarten (3) erschienen, und zur Karnevalszeit musste es als Gegenstand humorvoller Darbietungen dienen ... Dass dabei auf die heutige Schweizerkunst im allgemeinen, sowie auf Ferdinand Hodler und seine Nachahmer im besonderen auch etwas abfiel, ist leicht erklärlich ...*» («Das Plakat», 4/1914).

Selbst das Ausland reagierte unwirsch auf ein Schweizer Plakat ohne Berge. Eiligst musste noch ein Landschafts- und ein Schriftplakat herausgegeben werden. Im Ausstellungsbericht heisst es: «*Es zeigte sich nämlich, dass der freiwillige Anschlag in grösserem Umfange an den Bahnhöfen der romanischen Länder nur mit einem anderen Plakat zu erzielen war. Ein provisorisch erstelltes Schriftplakat brachte noch nicht die gewünschte praktische Lösung. Die betreffenden Stellen verlangten ein landschaftliches Plakat, und so entstand [das Plakat] ‹Blick auf die Jungfrau› von P. Colombi ...*» [10])

Vom «grünen Ross», von Cardinaux selbst lithografiert, wurden insgesamt 31 194 Exemplare gedruckt, davon 16 444 im Weltformat XIV, 90,5 × 128 cm (deutsch, französisch, italienisch), à 50 Rappen und 14 750 im Weltformat XIII, 64 × 90,5 cm (deutsch, französisch, englisch), à 35 Rappen pro Stück.

Schweizer Art

Emil Cardinaux hatte die dem Plakat gemässen, auf Fernwirkung eingestellten Stil- und Kompositionsgesetze erkannt: Konzentration auf ein dominierendes Hauptmotiv, Wirkung durch neue ungewohnte Farbigkeit, Beschränkung und Integration des Textes. Seine Persönlichkeit und das Einhalten dieser Grundsätze — fraglich blieben höchstens Wahl und Plazierung der Schrift — formten das unverwechselbare Cardinaux-Plakat der Frühzeit.

Der Kühnheit der Ideen entsprach das handwerkliche Können der Ausführung. Cardinaux lernte in München lithografieren und zeichnete seine Plakate direkt auf den Stein. Karl W. Bührer brachte den Maler 1904 mit J. E. Wolfensberger zusammen. Dieser unermüdliche Förderer schweizerischer Plakatkunst scharte eine ganze Generation von jungen Schweizer Künstlern um sich und «erzog» sie zur Lithografie. Er war der richtige Mann für Cardinaux, gewissenhafter, reeller Geschäfts- und Berufsmann, gleichzeitig aber unbefangener und wagemutiger Neuerer.

In Cardinaux' Werk dominieren die Plakate für Touristikwerbung. Dem herben Reiz der Landschaften entsprechen die Darstellungen von rauhen, in der Erde wurzelnden Menschen für seine politischen und kommerziellen Affichen. Mit über hundert Plakaten wurde er zum anerkannten Plakatkünstler der ersten Stunde.

Cardinaux' Matterhorn stand am Anfang des Künstlerplakates in der Schweiz. Die neue Kunst war durchdrungen von unverwechselbarer helvetischer Eigentümlichkeit. Hodlers Wille, eine nationale Malerei zu schaffen, die Eigenart von Volk und Staat ausdrückt, verwirklichte sich in der Schweizer Plakatkunst der Frühzeit.

Die anderen

Auch weitere Maler befassten sich, freilich eher beiläufig, bereits vor 1910 mit dem Plakat. Erstaunlich ist die grosse Zahl der Romanen, vor allem aus der französischen Schweiz, die sich in der Frühzeit mit Reklamekunst beschäftigten. Für Ereignisse in Paris scheint der Westschweizer schon damals hellhörig gewesen zu sein. Auch für Cardinaux, von seiner Herkunft her an der Nahtstelle der beiden Kulturen lebend, war dieser Einfluss bedeutsam. Auch die ersten Publikationen über das Künstlerplakat in der Schweiz stammen aus dem französischen Sprachgebiet.

Die erste Frau, die sich in der Schweiz mit Gebrauchsgrafik befasste, Marguerite Burnat-Provins, Malerin, Dichterin und Gründerin des westschweizerischen Heimatschutzes, wohnte zu dieser Zeit ebenfalls am Genfer See, also im französischsprachigen Teil der Schweiz. Neben den italienischsprechenden Plinio Colombi und dem wieder entdeckten Giovanni Giacometti malten Plakate: die Genfer Edouard-Louis Baud, Henri Claude Forestier und François Gos; die Neuenburger François Jaques, Edmond Bille und Charles L'Eplattenier, Maler des Monumentalen und Lehrer von Le Corbusier, und der Waadtländer Albert Muret.

Das Plakat in der deutschen Schweiz entwarfen in dieser frühen Zeit, ausser später einzeln beschriebenen Malern, vor allem: der Schwyzer Lithograf und Reklamezeichner Melchior Annen; Fritz Boscovits, der unermüdliche «Nebelspalter»-Zeichner; der Preusse Paul (Joseph) Krawutschke *(PIK)*, der 1912 bei seiner Abreise nach Berlin einige ungemein gekonnte Plakatzeichnungen zurückliess; der Appenzeller Maler Carl Liner, Gründer der «Gesellschaft Schweizerischer Maler, Bildhauer und Architekten» (GSMBA), St. Gallen; der gebürtige Böhme Anton Reckziegel, der während seiner Tätigkeit in der Schweiz (1895–1909) ungezählte Landschaftsplakate herkömmlicher Art lithografierte; der Basler Böcklin-Schüler Hans Sandreuter; der vor allem in München tätige Sanktgaller Richard Schaupp und der Zürcher Eduard Stiefel, ehemaliger Lithograf und späterer Lehrer an der Kunstgewerbeschule Zürich, dessen Entwurf für das Eidgenössische Turnfest in Bern 1906 (498) als eines der frühesten modernen Plakate in der Schweiz bezeichnet werden kann.

Plakat-Frühling

Nach 1910 entfaltete sich das Schweizer Plakat zu voller Blüte. Diese frühe Pracht kam aus den Kulturzentren des Landes: Nach dem Berner Cardinaux waren es vor allem der Basler Mangold und der Zürcher Baumberger, denen das frühe Plakat seinen Aufschwung verdankte.

Burkhard Mangold

Der eigenwilligste Plakatpionier war der Basler Bilder- und Glasmaler Burkhard Mangold. Stellte er in der Glasmalerei seine klar gefügten Flächen einem vorherrschenden, idealisierenden Pseudo-Naturalismus entgegen, so versuchte er in gleicher Weise, das Plakat aus seinem romantischen Schlaf zu wecken. Von Mangold waren schon bis 1910 gegen 40 Plakate bekannt, die meisten Spitzenleistungen entstanden allerdings später.

Er arbeitete völlig unabhängig von Cardinaux und dessen künstlerischen Wurzeln. Mangolds feinfühlige, humane, manchmal witzige, dann wieder beinahe lyrische, immer aber ungemein malerischen Plakate hatten anderen Grund: Sein Nährboden war Basel, die Stadt mit der eigenen Sprache und Kultur, die Stadt mit ihren kosmopolitischen Lokalpatrioten. Der Einfluss eines andern Basler Malers, Hans Sandreuter, Schüler und Freund Böcklins, war denn auch in den frühen Arbeiten spürbar.

Sein «Winter in Davos», 1914 (27), zählt zu den schönsten Schweizer Plakaten. Unerreicht ist die farbige, fröhliche Eleganz der Schlittschuhläufer. Das kühne, ungewohnte Anschneiden der beschwingten Paare auf dem Eis durch den Bildrand setzt sie tatsächlich in kreisende Bewegung. Dem grossen Wurf gingen einige Versuche voraus. Erstmals griff Mangold das Thema in seiner Lithografie «Rollschuhwalzer» auf, die, zusammen mit zwölf anderen originalgrafischen Arbeiten, von der Künstlervereinigung «Die Walze», deren Mitglied Mangold war, herausgegeben wurde (München 1912).

Trotz seiner Erfolge hielt Mangold zum Plakat zeitlebens eine skeptisch-ironische Distanz. Er zitierte gerne einen Kollegen aus der französischen Schweiz: «Puisqu'il est nécessaire que l'affiche fasse le trottoir, qu'elle le fasse gentiment» und schrieb: «Eine Menge junger Leute bilden sich zum Plakatmaler aus und, wenn ihnen dies nicht gelungen, werden sie – Bildermaler.»[11])

Otto Baumberger

Mit einem Paukenschlag, mit fünf Plakaten allein im Jahre 1911 nämlich, begann der Zürcher Otto Baumberger seinen Aufstieg zum erfolgreichsten Plakatkünstler der Frühzeit. Bis 1917 hatte er bereits 45 eigene Entwürfe lithografiert, und insgesamt entwarf Baumberger gegen 250 Plakate. Sein Erfolg war bestimmt durch die steigende Nachfrage, die Bedeutung seines Wohnortes, vor allem aber durch sein sicheres Gespür und enormes Können.

Baumberger verstand sich als Maler und sah das Plakatmachen als Broterwerb an. Bevor der 25jährige 1914 als ständiger freier Mitarbeiter bei Wolfensberger zu lithografieren begann, hatte er bereits zwei handwerkliche Lehren hinter sich: Eine aufgegebene als Musterzeichner für die Seidenindustrie und eine «miserable», wie Baumberger sie bezeichnete, als Lithograf. Sein Kunststudium an den Schulen der damaligen Metropolen (München, Berlin, Paris) hatte der Ausbruch des Ersten Weltkrieges unterbrochen.

An Hans Sachs, den grossen Plakatsammler und Herausgeber der Zeitschrift «Das Plakat», schrieb Baumberger 1917: «*Die Plakat-, überhaupt Reklamekunst ist vorläufig mein Broterwerb; eigentlich bin ich Maler ... Die Gebrauchsgraphik, obschon ich mich auch auf diesem Gebiete bemühe, trotz steter ‹Galopparbeit›, die gefordert wird, mein Bestes zu leisten, hauptsächlich im Plakat, das mich interessiert, im Gegensatz zu Weinetiketten, Katalogdecken und dergleichen Scherzen, füllt mein Leben eben nicht ...*» («Das Plakat», 4/1917).

Während Baumberger als Plakatmacher bereits brillierte, rang er in der Malerei noch nach dem eigenen Ausdruck. 1923 notierte er in sein Tagebuch: «Jede Stil-Imitation ist Kunstsünde». Als Plakatmaler scheute sich Baumberger aber nicht, Stilarten zu benutzen, die ihm als Künstler fremd waren, und unnötigerweise fiel er damit in die Rolle des Tausendsassas, des Grafikers mit künstlerischen Ambitionen. Seiner Verwirklichung als Maler – Hodlers Arbeiten sah er ohne Verständnis, und die Plakatdarstellung von dessen Tochter (29) als «Kinderäktchen» – stand sein Können, sein grafisches Talent, im Wege.

In Baumbergers Arbeiten ist bereits die Loslösung des Plakates vom Maler zu beobachten und das Dilemma sichtbar, das diesen Trennungsprozess begleiten wird. Zu zahlreich und vielschichtig ist sein Plakatwerk – auch stand Baumberger unter zu starkem Produktionsdruck –, als dass es die Eigenständigkeit und Geschlossenheit anderer Künstler aufweisen könnte.

Manche seiner Plakate aber stehen als Meilensteine in der Geschichte der Schweizer Plakatkunst. Sie bestechen durch den Einfall und eine originale, oft lapidare Umsetzung (15). Nach 1930 wandte sich Baumberger vermehrt der Malerei zu und wurde Zeichenlehrer an der Eidgenössischen Technischen Hochschule (ETH) in Zürich.

Bilder- und Plakatmaler

Es gab in diesen Jahren wenig Maler, die kein Verhältnis – von flüchtiger Bekanntschaft bis lebenslanger Treue – zum Plakat gehabt hätten. Die nach neuen Ausdrucksformen suchenden Künstler fühlten sich angezogen von der grossen, mattglänzend geschliffenen Steinplatte, auf der sie neue Bildvorstellungen verwirklichen konnten. Und da es sich «nur» um ein Plakat handelte, geriet das Formen- und Farbenexperiment oft kühner als auf dem Staffeleibild. Dies wiederum kam dem Plakat zugute, das ja vom Auffallen lebt. Viele Maler zeichneten ihren Entwurf *selbst* auf den Stein, und das angeschlagene Plakat war also eine Original-Lithographie.

In dieser Blütezeit des Schweizer Künstlerplakates finden sich auch die Malerinnen Helen Haasbauer-Wallrath, Basel, sowie die Zürcherinnen Dora Hauth-Trachsler und Erica von Kager. Ihr Anteil am frühen Plakat entspricht ungefähr dem in der Malerei dieser Zeit.

Bei den Malern sind es, ausser den bereits aufgeführten und später einzeln beschriebenen vor allem: Hans Berger, Karl Bickel, Alexandre Blanchet, Arnold Brügger, Wilhelm F. Burger, Daniele Buzzi, Rudolf Dürrwang, Edouard Elzingre, Fritz Gilsi, François Gos, Eugen Henziross, Iwan E. Hugentobler, Ernst Linck, Alfred Marxer, Paul Kammüller, Jean Morax, Eduard Renggli, Carl Roesch, Ernst Georg Rüegg, Ernst E. Schlatter, Victor Surbek, Fred Stauffer, Rudolf Urech, Edouard Vallet, Hans Beat Wieland, Paul Wyss und Otto Wyler.

Ein Sonderfall ist John Graz, der 1920 nach Brasilien emigrierte und als Wegweiser der Moderne bekannt wurde. Bereits 1922 nahm er an der «Semaine d'art moderne» in São Paulo teil, einer Avantgarde-Ausstellung mit weitreichenden Folgen. Graz habe am Entstehen moderner Kunst in Brasilien entscheidenden Anteil, schrieb Vizekonsul Hermann Buff in São Paulo an den Verfasser dieses Textes. Von seinen wenigen Plakaten, die in der Schweiz zurückblieben, zeigen «Yverdon – Ste-Croix», 1914 (273), und «Le Royal», 1917 (255), grosszügige, farbig pointierte Darstellungen. Vielleicht sind sie die einzigen Belege für Graz' künstlerisches Schaffen in seiner Heimat.

Ein Pionier, der keiner war

Robert Hardmeyer war Landschaftsmaler und illustrierte Kinder- und Schulbücher. Für «Die Schweiz», solange sie ihr Gründer Karl W. Bührer redigierte, zeichnete Hardmeyer Kopfleisten und mitunter ein schmuckes Titelblatt. Auch kommerzielle Kleingrafik ernährte «den aus bescheidenen Verhältnissen stammenden Künstler». Als Hardmeyer 1919 während der Grippeepidemie starb, wusste noch niemand, dass ein Wegbereiter der Plakatkunst verschieden war, da von ihm damals einzig ein Kleinanschlag bekannt war. Das mit «Hardmeyer 05» gezeichnete Genre-Bild warb für die «Weinhandlung J. Diener Sohn, Erlenbach am Zürichsee».

Erst 40 Jahre nach seinem Tode wurde Hardmeyer zu einem «Meister der Plakatkunst». Im Katalog zur gleichnamigen Ausstellung im Kunstgewerbemuseum Zürich, 1959: «Im ersten Jahrzehnt dieses Jahrhunderts beteiligt sich Hardmeier aktiv an der Erneuerung der Plakatkunst in der Schweiz.

Neben Plakaten zahlreiche farbige Monos». Nun stand posthumem Ruhm nichts mehr im Wege. Das «Künstler-Lexikon der Schweiz» übernahm wohl diesen Text, machte aus Monos gar Monotypien, und einschlägige Publikationen wiederholen das seither fleissig. (In «Geschichte des Plakates», Zürich 1971, steht Hardmeyer schon in einer Reihe mit Hodler, Giacometti und Cardinaux.)

Als Beleg dient immer das gleiche Plakat: Ein Hahn im Hemd, ganz in weiss, mit Stehkragen, gestärkter Brust und Manschette auf schwarzem Hintergrund. Nur der Kopf mit feuerrotem Kamm ragt ins restliche gelbe Viertel der Fläche. Eine serifenlose Schrift als Abschluss trägt die Darstellung.

Das so effektvoll auf Fernwirkung angelegte Plakat (231) ist im Weltformat bei Wolfensberger gedruckt und wurde bisher mit 1905 datiert. Abgesehen davon, dass um diese Zeit das Weltformat noch nicht existierte, wenn Hardmeyer schon «aktiv an der Erneuerung der Plakatkunst» beteiligt gewesen wäre, müssten sich ausser diesem einzigen Beispiel weitere finden lassen.

4 Robert Hardmeyer, *1904*

Wie kam es zu diesem Missverständnis? Wieder einmal ist die Mono-Karte, die dem Schweizer Künstlerplakat vorausging, der Grund des Irrtums. Jakob E. Wolfensberger erzählte, wie Hardmeyer mit einem konturierten «Gockel» in die Druckerei kam. Die zweifarbige Umrissdarstellung war in Wasserfarbe auf ein weisses Blatt gemalt. Bei Wolfensberger fand man den schwarz-gelben Hintergrund und kreierte aus der Aquarellskizze ein wunderschönes Mono (4) für die Waschanstalt AG, dessen Vorderseite textlos blieb, vom Vermerk «Hardmeyer 04» rechts oben abgesehen.

Zehn Jahre später wünschte die Firma ein Plakat. Der Lithograf verkürzte das Hemd des Hahns, straffte die Konturen, veränderte die Proportionen der Hintergrundflächen, setzte den Text unter die Darstellung, und Ulrich Gutersohn konnte nach Berlin schreiben: «Ein in allen Beziehungen mustergültiges Plakat erstellte die Waschanstalt A.G. in Zürich. Sie wählte dafür das von R. Hardmeyer vor zehn Jahren als Motto (richtig: *Mono*) gezeichnete Bild, den Hahn im weissen, langen Hemde.» («Das Plakat», 4/1914)

Das Waschanstalt-Plakat blieb unsigniert und zeigte den grossen Einfluss der lithografischen Kunstanstalten auf die Gestaltung ihrer Erzeugnisse. Hervorragende Plakate, von Lithografiezeichnern entworfen, blieben anonym, und der Druckvermerk ersetzte die Künstlersignatur. Hardmeyers ver-*herr*-lichter Hahn, sein «Manns-Gockel» aber, wird von der Firma noch heute als Hausmarke benutzt.

Ausländer in der Schweiz

Bedeutende ausländische Künstler, deren Plakate in der Schweiz angeschlagen waren, geniessen im nachfolgenden Bildteil Gastrecht. In der Frühzeit bereicherten ihre Anschläge die Plakatwände. Das eigene Künstlerplakat war von solcher Kraft und Eigenständigkeit, dass weder Beeinflussung oder gar Nachahmung sichtbar wurde.

Der Italiener Leonetto Cappiello überführte Chérets Stil ins neue Jahrhundert. In den späteren Plakaten versachlichte er seine Darstellungen und stellte sie in einen direkten Bezug zum Produkt. Den Eisbären für «Frigor», 1929 (465), wird der Betrachter zwar mit der erfrischenden Füllung der Schokolade in Verbindung bringen, er lässt aber der Fantasie gleichwohl noch Spielraum. In Paris sicherte sich der Drucker und Verleger P. Vercasson die Mitarbeit Cappiellos. Von seinem Nachfolger bei Vercasson, Jean d'Ylan, sind übrigens ebenfalls Plakate für die Schweiz bekannt (439).

Charles Loupot ist in der Schweiz aufgewachsen und entwarf – bevor er anfangs der zwanziger Jahre nach Paris zog – eine Vielzahl hervorragender Plakate für Schweizer Firmen. Trotz ihrer zarten, duftigen Manier hatten die Plakate starke Wirkung. Wie wichtig eine ebenbürtige Übertragung des Entwurfes auf den Stein war, belegt ein stümperhaft lithografierter Nachdruck von Loupots wundervollem Plakat «Fourrures Canton», 1922 (335) aus den sechziger Jahren, der die ursprüngliche Schönheit nur noch ahnen lässt. Loupot wurde in den vierziger und fünfziger Jahren zum führenden Werbekünstler Frankreichs.

Selbst vom wichtigsten Plakatkünstler des zwanzigsten Jahrhunderts, A.M. Cassandre, hingen Plakate in der Schweiz, vor allem für Zigaretten, Stumpen (489) und Tabak der Firma Vautier. Auch die erste Monografie über den Künstler, mit dem deutschen, französischen oder englischen Text seines Freundes Maximilien Vox, erschien 1948 in der Schweiz. Arthur Niggli, damals Verlagsleiter bei Zollikofer, holte Cassandre, dessen wegweisendes Werk ihm ins Verlagsprogramm passte, nach St. Gallen. Für Plakate, die nicht mehr aufzufinden oder in zu schlechtem Zustand waren, zeichnete Cassandre neue Vorlagen. Auch einige nicht realisierte Affichen – ebenso den Schutzumschlag – klischierte der Chemigraf direkt vom Originalentwurf.

Der belgische Maler Jules de Praetere, «Umgestalter von Kunstgewerbeschulen, Gründer der Schweizer Mustermesse» (Walter Kern), «eine eigenwillige, nonkonformistische, wohl auch schillernde Persönlichkeit» (Willy Rotzler), war von 1905–1912 Direktor der Kunstgewerbeschule Zürich und von 1915–1917 Direktor der Kunstgewerbeschule Basel. Die flämische Aussprache seines Namens («Prater») war seine Signatur als Maler. Praetere entwarf nicht viele Plakate für die Schweiz, dafür aber aussergewöhnliche: Seine suggestiven Farbkreise für «Labitzke»-Farben, 1916 (226), sind sicherlich das erste ungegenständliche Warenplakat überhaupt, das Interieur einer Wohnküche mit «Maggi»-Produkten, 1932 (448), hingegen malte er mit der liebevollen Detailtreue eines Naiven.

Der Hamburger Walther Koch kam 1898 lungenkrank nach Davos. Nach der Kur machte der junge Maler den unfreiwilligen Aufenthalt 1902 zum Wohnort. Wie früher die Lüneburger Heide, so begeisterte ihn jetzt die Gebirgslandschaft und ihr malerischer Bezwinger, Hodler. Für Davos entwarf Koch eine Reihe Plakate, die zu den besten ihrer Zeit gehören. «Wintersport in Graubünden», 1906 (267), ist den ersten modernen Plakaten in der Schweiz überhaupt zuzuordnen. Für den Verkehrsverein des Kurortes schuf er an der Landesausstellung 1914 das Davoser Haus, das ihm den grossen Ausstellungspreis einbrachte. Bis zu seinem Tode, 1915, entstanden gegen zwanzig Plakate.

Einer der produktivsten Plakatmacher nach Chéret war der Münchner Ludwig Hohlwein. In der Schweiz führte er sich schon 1904, beim Erscheinen der Mono-Karten, als Reklamekünstler ein. Später zeichnete er auch Plakate für Schweizer Firmen. Hohlwein wurde der führende Plakatkünstler Deutschlands. Der Anschlag für «Pfaff», 1912 (396), mit dem grossen Buchstaben und der mit ihm verbundenen Nähmaschine, zeigt nicht nur zeichnerische Qualität, er ist auch Teil der Dokumentation über die «Metamorphose eines P» im Bildteil. Erstmals um die Jahrhundertwende verwendete Emil Doepler (395) das grosse P als Blickfang für sein Genrebild. Nach Hohlwein war es Eric de Coulon (397), dem das riesige Schriftzeichnen sowieso ins gestalterische Konzept passte, und schliesslich August Trueb (398), der, immer noch mit dem gleichen Buchstaben, eine konstruktivistische Lösung anstrebte.

Carl Moos war Bürger von Zug, wird aber, da er in München geboren war und bis zu seinem Wegzug 1915 schon eine ansehnliche Zahl beachteter Plakate entwarf, von den Deutschen gerne als einer der Ihren beansprucht. Er war Mitbegründer der Vereinigung Münchner Plakatkünstler «die 6», die mit ihrem Zusammenschluss dem Schwergewicht Hohlweins entgegentraten. Sie machten den Besteller, der sich sein Plakat aus *sechs* Entwürfen der *sechs* Grafiker auswählen konnte, zum Preisrichter. Moos zeichnete auch zahlreiche Mono-Karten, seine Alpfahrt für «Klaus»-Schokolade erschien um 1915 auch als Plakat (464).

Gleich wie Hardmeyers Hahn wurde bisher auch dieses Plakat mit 1905, dem Erscheinungsjahr des entsprechenden Monos, datiert und als spektakuläre Leistung der Vorgeschichte des Schweizer Plakates zugerechnet. Als 37jähriger wechselte Moos nach Zürich und kreierte in der kriegsverschonten Schweiz, vor allem zwischen 1915 und 1925, noch manches überdurchschnittliche Plakat im Stil der Münchner Schule.

Schweizer im Ausland

Der Anerkennung der Leistungen ausländischer Gestalter darf die Freude über die Bedeutung der von Schweizern im Ausland geschaffenen Plakate folgen. (Da der Bildteil aber nur in der Schweiz angeschlagene Plakate zeigt, von einem Sonderfall abgesehen, sind diese Künstler dort nicht vertreten.)

Eugène Grasset (1841–1917), im Stil noch dem Historismus verpflichtet, malte bereits 1887 für die «Librairie Romantique» eine Affiche, die die Merkmale des neuen Plakates aufwies. Seine schwerblütigen Plakatmädchen stehen im Gegensatz zu Chérets frivolen und Steinlens kämpferischen Frauen. Seine späteren Plakate gerieten in den Schatten des gleichzeitig, aber erfolgreicher arbeitenden Jules Chéret, der mit seinen über tausend Affichen als Vater des Plakates gilt. Für die Schweiz entwarf Grasset 1900 die 5-, 10- und 25-Rappen-Briefmarke «25 Jahre Weltpostverein» und 1914 die dreifränkige Marke «Mythen» aus der Gebirgslandschaften-Serie.

Théophile Alexandre Steinlen (1859—1923) war einer der bedeutenden Maler, der neben Toulouse-Lautrec gegen das Jahrhundertende die Plakatkunst begründete. Die vielen sozialkritischen Darstellungen aus dem Proletarierleben waren sein Beitrag im Kampf gegen das herrschende Elend, den seine Freunde Zola und Anatole France mit dem Wort führten. In seinen über 45 Affichen erreichte er trotz seines malerischen Stils grosse plakative Wirkung.

Félix Vallotton (1865—1925) setzte sich wenig mit dem Plakat auseinander. Sein Holzschnitt für die Kunsthandlung Sagot in Paris zeigte ihn als unerreichten Meister der Schwarzweisskunst. Seine Lithografie für «L'art nouveau», das gleichnamige Geschäft in Paris und das grossformatige humorvolle Revue-Plakat «Ah! La Pé, la Pé, la Pépinière!» mit einem Motiv aus einem Holzschnitt «Le couplet patriotique» waren weitere Plakatproben. Wie aktuell Vallotton noch immer ist, zeigt die Adaptierung seines Stils für die «Schweppes»-Werbung: 1981 erschien sein Holzschnitt «Le mensonge» (1897) als Mittelteil eines B-12-Plakates (5).

Von Karl Walser (1877—1943) ist das phantastische Plakat «Revolutions-Ball» (um 1905) bekannt. Es lud zum «Faschings-Fest der Secession» in Berlin ein, deren Mitglied Walser seit 1902 war.

5 Marc Boss und Jeanette Vuillemin, *1981*
Werbeagentur: Jaquet

Das Künstlerplakat

Die hier mit Hodler und in seiner Folge vorgestellten Maler vereint ihr Interesse am Plakat. Gleichzeitig weisen die unterschiedlichen Stilrichtungen auf spätere, unabhängig vom Meister und auch unabhängig voneinander verlaufende Entwicklungen in der Schweizer Malerei. Es ist die grosse Zeit des Künstlerplakates in der Schweiz.

Als Künstlerplakat bezeichnen wir, unabhängig von Inhalt und Druckverfahren, das vom Maler entworfene Plakat. Es kann, muss aber überhaupt nicht, ein Kunstausstellungsplakat sein, im Gegenteil: Wenn der Maler sich entschloss oder entschliessen musste, in die «Niederungen» des Kommerz, der Politik oder des Sports hinabzusteigen, wurde es erst recht spannend. Je profaner der Werbegegenstand, desto schwieriger die Lösung der Aufgabe. Während er als Künstler jeder Effekthascherei aus dem Wege zu gehen hatte, musste er nun, als Plakatmacher, Wirkung erzielen.

Je stärker die Persönlichkeit des Künstlers, desto sicherer bewegte er sich in diesem Spannungsfeld und desto besser gelang ihm die Zusammenführung der eigenen Bildvorstellung mit dem Auftragsziel. Ein Amiet- oder Giacometti-Plakat bleibt immer eine unverwechselbare Arbeit dieser Maler, ungeachtet, ob sie für eine eigene Ausstellung oder für ein Bahnhofbuffet werben. Ein Plakatauftrag konnte den Maler denn auch mehr Mühe kosten als eine nicht zweckgebundene Arbeit.

Im geglückten Künstlerplakat brachte der Maler sein Können in direkten Zusammenhang mit der Zeit, in der seine Arbeit für den Alltag, für den Gebrauch entstand. Dieser Bezug zur Wirklichkeit ist es denn auch, der zur Aufwertung der Gebrauchskunst in den letzten Jahren geführt und damit ein jahrzehntelanges Versäumnis wettgemacht hat. Kunst im Zusammenhang mit Reklame galt allzu lange als minderwertig, zu sehr wurde zwischen hehrer und niederer, zwischen Sonntags- und Werktags-Kunst unterschieden. Manche Maler übernahmen diese Einstellung und liessen ihre Plakate anonym erscheinen oder bekannten sich allenfalls verschämt zu ihnen.

Gleichsam als Reaktion auf diese Geringschätzung ist seit einiger Zeit eine gegensätzliche Tendenz zu beobachten. Die spielerisch-unterhaltende Komponente, die der Künstler ins Plakat brachte, wird ignoriert, und einzig die strengen, sachbezogenen Objektdarstellungen gelten noch. Otto Baumberger schrieb: «Es handelt sich in der Bewertung der Gegensätze zwischen ‹sachlichem› und ‹künstlerischem› Plakat nicht um mehr oder weniger Naturalismen, sondern darum, ob denn wirklich nicht auch eine gewisse innere Wärme ein Plakat oder eine sonstige Werbearbeit durchpulsen dürfe ... Die

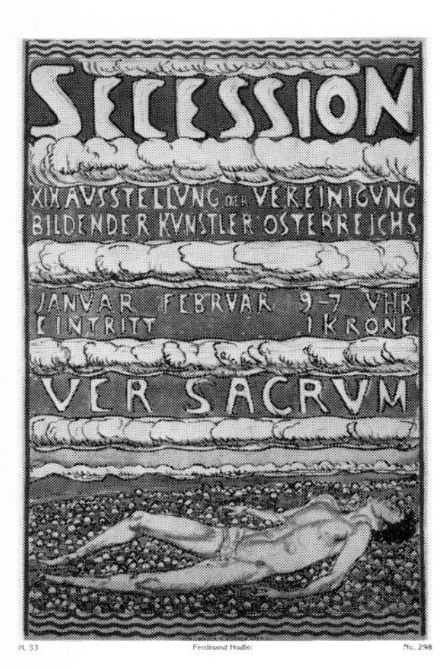

6 Ferdinand Hodler, *1904*

7 Ferdinand Hodler, *1917*

8 Ferdinand Hodler, *1918*

9 Cuno Amiet, *1939*

Negierung dieses Gemütswertes bedeutet das Ende einer kurzen Epoche des Werbewesens, die man Plakat-Kunst nannte, zugunsten einer Werbewissenschaft.» [12])

Die Reproduktion des Künstlerplakates kann ohne Mitwirkung des Malers erfolgen. Was zählt, ist der Entwurf, den er eigens für den bestimmten Anlass gemacht hat. Wird der Druckträger vom Maler selber bearbeitet (Stein, Holz, Linol usw.), wie es in der Frühzeit üblich war, kommt aus der Maschine eine originalgrafische Arbeit. Ist das Konzept ohne Mitwirkung des Malers entstanden und zeigte das Plakat das schönste seiner Bilder, ist es selbstverständlich nicht mehr von ihm, sondern allenfalls ein Plakat des jeweiligen Gestalters.

Das Künstlerplakat hat im Laufe seiner Geschichte die neuen Kunstrichtungen — vom Jugendstil bis zu den «neuen Wilden» — popularisiert, der Öffentlichkeit nähergebracht und stets noch genügend Anregungen enthalten, um auch noch einige Tausendsassas am Leben zu erhalten.

Ferdinand Hodler

Hodler malte 1904 das Plakat für die von ihm dominierte XIX. Ausstellung der Secession in Wien (6). Die starke Wirkung des Plakates ergibt sich aus dem Gegensatz der betont horizontal angelegten Bildelemente zum schlanken, hohen Format und der gekonnt integrierten Schrift, die mit der sinnbildlichen Jugendstilmalerei eine Einheit bildet. Der durchschlagende Erfolg Hodlers in Wien beschleunigte übrigens die Wandlung der öffentlichen Meinung und seine Anerkennung im eigenen Land.

Das erste bildliche Plakat für eine Ausstellung in der Schweiz zeichnete Hodler 1915 (29) für die 6. Ausstellung der Gesellschaft schweizerischer Maler, Bildhauer und Architekten (GSMBA), deren Präsident er war. Welch ein Gegensatz zum Wiener Plakat! Anstelle der oben zitierten Darstellung zeigt Hodler auf diesem Plakat seine kurz zuvor geborene Tochter Pauline in realistischer Malweise — den vergeistigten Symbolismus des Plakates von 1904 hinter sich lassend. Er arbeitete vor allem den Kopf des Kindes heraus, von dem denn auch, wie der Hodler-Forscher Jura Brüschweiler in einem Brief an den Verfasser dieses Textes berichtet, verschiedene Skizzen und Versuche existieren.

1917 endlich, ein Jahr vor seinem Tode, zollte die Schweiz ihrem grössten Maler Anerkennung. Das Kunsthaus Zürich zeigte in einer Retrospektive 500 Gemälde und Zeichnungen. Auf das Ausstellungsplakat nahm Hodler den knienden Krieger (7), ein Motiv aus seinem Fresko für das Landesmuseum, das 20 Jahre zuvor den riesigen Kunststreit entfesselt hatte.

Die Stadt Genf ernannte Hodler 1918 zum Ehrenbürger. Die von der Genfer Galerie Moos als Ehrung veranstaltete Werkschau wurde zur Gedenkausstellung: Hodler starb am 19. Mai, acht Tage nach der Eröffnung, an der er noch teilgenommen hatte. Für sein letztes Plakat wählte der Meister eine Kopfstudie seines Freundes Felix Vibert, Genfer Polizeikommissar, aus seinem letzten Historienbild «Schlacht von Murten», 1917, und zwar die krasseste unter den ohnehin schon blutrünstigen Landsknechtdarstellungen (8). (Seit im Katalogtext dieser Ausstellung der Bildhauer James Vibert, Bruder des Felix, als Modell bezeichnet wurde — Johannes Widmer: «... et puis ce ‹Vibert›, vraie incarnation du sculpteur ...» —, weichen auch Kunsthistoriker nicht mehr von diesem Irrtum ab.)

Die Darstellungen auf den Hodler-Plakaten, in der gleichen Form sonst nicht bestehend, sind wohl eigens dafür gezeichnet oder doch aus ihrer ursprünglichen Umgebung herausgenommen worden. Die drei Hodler-Plakate für die Schweiz lithografierte Otto Baumberger bei Wolfensberger.

Cuno Amiet

Auch Amiet entwarf bereits 1902 ein Plakat für seine Gemeinschaftsausstellung mit der Malerin Frieda Liermann. Schon in diesem ersten Blatt griff er das Motiv des Apfelbaums und seiner Früchte auf, mit dem er sich später in seiner Malerei intensiv auseinandersetzte und das er in seinen Plakaten bis ins hohe Alter variierte. Besonders schön setzte er das Thema um für seine Sonderausstellung im Kunstsalon Wolfsberg 1920 (33).

1912 lithografierte Amiet ein Plakat für das Bernische Kantonalschützenfest in Herzogenbuchsee (512). Der Maler zeichnete in ihr Dorf heimkehrende Schützen mit dem vorausmarschierenden Fähnrich. Anstelle pathetischer Heroisierung zeigte Amiet eine heitere Momentaufnahme, die jedem Schützen vertraut ist. Mit seiner unprätentiösen Darstellung drang der Künstler in ein Reservat ein, das bislang dem Dorfmaler und dem Traditionalisten gehörte.

Amiet lithografierte für vier Kunstausstellungen nicht nur die damals üblichen deutschen und französischen Weltformat-Plakate, sondern ausserdem noch die querformatigen Kleinplakate für den Aushang in Eisenbahnwagen («Hodler», Kunstmuseum Bern, 1921; «Schweizer Kunst von Witz bis Hodler», Kunsthalle Bern, 1924; «Cuno Amiet und seine Schüler», Kunstmuseum Bern, 1928; «Frank Buchser», Solothurn, 1928). Das Querformat (29 × 25 cm) bedingte die Neugestaltung von Sujet und Schrift. Auch von diesen kleinen Original-Lithografien hing in den SBB-Wagen die gegeneinander geklebte deutsche und französische Ausgabe.

Ein Unikum war sein Plakat für die eigene Ausstellung im Kunsthaus Zürich, 1938: Amiet kolorierte die gesamte Auflage von Hand. Zur schwarzen Schrift und Umrissdarstellung fügte er einen wasserblauen Hintergrund, rot malte er die Umhüllung von Mutter und Kind samt Baumstamm aus.

Ein weiteres Beispiel für Amiets Freude am Plakat war seine Werbung für das Bahnhofbuffet Basel, 1921 (299), und das Klostermuseum Stein am Rhein, 1939 (9). Er entwarf für jede seiner vielen eigenen Ausstellungen ein Plakat, das letzte noch als 92jähriger für seine Ausstellung in der Kunsthalle Basel, 1960, ein Jahr vor seinem Tode.

10 Augusto Giacometti, *1930*

Augusto Giacometti

Giacomettis Plakate für die Touristikwerbung wurden berühmt. Der rote Sonnenschirm für die Rhätische Bahn, 1924 (28), der drei Viertel des Raumes einnimmt, gehört zu den besten Schweizer Plakaten.

Furore machte «Die schöne Schweiz», 1930 (10), mit dem Riesenschmetterling, der mit seinem Körper die Diagonale des Plakates bildet. Es ging Giacometti weniger um das liebenswerte Insekt, dessen Flügel er beidseitig anschnitt, als um eine Form für seine ineinanderfliessenden wolkigen Farbtöne. Die ersten Versuche von ungegenständlicher Farbanordnung – übrigens auch an Schmetterlingsflügeln – unternahm Giacometti schon Ende 1890. Sie gehörten zu den ersten Abstraktionsproben überhaupt.

Motiv und Manier übernahm der Maler seinem eigenen Plakat für die XVII. Nationale Kunstausstellung, 1928 (56), und reicherte, dem neuen Zweck entsprechend, die ehemals dezente Farbskala schwelgerisch an. Schlicht behauptete der Zeit- und Eidgenosse Traugott Schalcher: «Ein Farbenwunder und ein Wurf von grösster Kühnheit ist das Plakat ‹Die schöne Schweiz› von A. G. Die Plakatkunst aller Völker hat nichts Vollendeteres hervorgebracht» (SGM, 9/1935). Übrigens entwarf Giacometti, wie auch Amiet, zufällig sogar im gleichen Jahr, 1921, ein Bahnhofbuffet-Plakat (301).

1928 schenkte der Maler dem Verband der Studierenden an der ETH das wenig bekannte Ferienplakat (278). Eine wundervolle «tachistische» Komposition, die von sattem Gelb über Rot und Blau bis zu tiefem Violett reicht. Inmitten der Farbsymphonie ist ein weisser Fleck als Kirchlein auszumachen. Die Farbwolken wecken Vorstellungen von sonnigen Halden samt benachbarter Waldeskühle unter einem alles überspannenden Sommerhimmel.

Alfred Heinrich Pellegrini

Pellegrini hinterliess thematisch ein buntes, mannigfaltiges Plakatwerk. Es reicht von der Werbung für «Lutz»-Kriminalromane, Sportveranstaltungen und Basare bis zum Theater-, Ausstellungs- und politischen Plakat. Seine Tendenz zur grossflächigen, figürlichen Malerei, die ihn zum fruchtbarsten Wandmaler der Nach-Hodlergeneration machte, stimmte mit der Anforderung des Plakates überein.

Von 1902 bis 1906 arbeitete Pellegrini in der lithografischen Anstalt Atar in Genf. Dort zeichnete er 1903 wohl den frühesten Fussballer (11). Freilich nicht für «Servette» und nicht für «das erste Fussballplakat in der Schweiz», wie im Buch «Fussball in Basel und Umgebung» steht, sondern für «La Suisse sportive. Journal de tous les sports». Dieses offizielle Organ des Automobilclubs der Schweiz und der wichtigsten schweizerischen Sportvereine mag allerdings das erste Sport-Periodikum unseres Landes gewesen sein.

Die Nationalratswahl 1919, nach dem Generalstreik erstmals im Proporz durchgeführt, war die Stunde des künstlerischen politischen Plakates. Für

11 Alfred Heinrich Pellegrini, *1903*

12 Alfred Heinrich Pellegrini, *1920*

die neue Aufgabe beauftragten die bürgerlichen Parteien alsbald die grossen Meister: Cardinaux, Mangold, Baumberger und Stoecklin. Pellegrini aber wollte mit seinen Plakaten, wie er sagte, «auf die wirklich bittere Not hinweisen, in der, ohne Schuld, noch viele unserer Mitmenschen stecken».

Bei der ersten Frauenstimmrechts-Abstimmung in Basel, 1920, war er mit seiner Pflegerin wieder auf der Seite der Schwachen: «Eure Schwester, gebt ihr Recht nicht nur Pflicht» (12). 1924 lithografierte Pellegrini gegen die Arbeitszeitverlängerung und 1926 für die kantonale Alters-Fürsorge. Seine in Zeichnung und Text eigenwilligen politischen Aussagen unterschieden sich wohltuend von der Demagogie benachbarter Anschläge.

Otto Morach

Giacometti gleich, entfernte sich auch der zehn Jahre jüngere Morach vom Naturvorbild, gelangte jedoch mit kubischen Konstruktionen zu einer gänzlich anderen Auflösung. Seine künstlerischen Experimente liefen parallel mit der Vision eines von Kunst durchdrungenen Alltags: «Unser Glaubensziel ist die brüderliche Kunst ... Kunst zwingt zur Eindeutigkeit, soll Fundament des neuen Menschen bilden, jedem einzelnen und keiner Klasse gehören», stand 1919 im «Manifest radikaler Künstler Zürich». Morach war, zusammen mit Giacometti, Gründungsmitglied dieses Zürcher Kindes der Dada-Bewegung und Mitverfasser der «Auslassung unter diesem unanmutigen Titel», wie die «Neue Zürcher Zeitung» (4.5.1919) den einzig bekannten Abdruck dieses Manifestes einleitete.

Gleichzeitig (1919–1923) gehörte er mit Arp, Janco und Picabia zur Basler Gruppe «Neues Leben». Morach schuf Glasfenster, Wandbilder, Mosaiken, Teppichentwürfe und war mit Sophie Taeuber-Arp, Ernst Gubler und Carl Fischer ein Pionier des Schweizer Marionettentheaters. Als Lehrer an der Kunstgewerbeschule Zürich beteiligte er sich an deren Experimentierbühne und hatte über Oskar Schlemmer Kontakt zum Bauhaus.

Dieser Radikalismus ist der Hintergrund, vor dem Morachs eigenartige Plakate zu betrachten sind. Von seinen Verkehrs- und Tourismusplakaten ist «Der Weg zu Kraft u. Gesundheit führt über Davos», 1926 (245), eines seiner unbequemsten. Es zeigt in straffer Vereinfachung ein winziges Davos mit seinem charakteristischen Kirchturm. Suggestiv wird der Blick durch zusammengefasste Farbflächen auf das eingekeilte, perspektivisch geschaute Dorf gelenkt, das von Morach mit riesigen Viadukten überspannt wird. Die wirklichkeitsfremde (das einzige Viadukt der Umgebung steht bei Filisur, 30 Kilometer entfernt), streng architektonische Komposition widersetzt sich zwar dem schnellen Betrachter und seiner Erwartung einer lieblichen Kurortansicht, erfüllt das Plakat aber mit ungewöhnlicher Spannung.

Mit welcher Umsicht Morach an einen Plakatauftrag herantrat, belegen die zahlreichen Entwürfe. Auch seinem bekanntesten Plakat «Bremgarten-Dietikon-Bahn», 1921 (241), gingen Dutzende von Skizzen voraus. Der Künstler zeichnete die heimischen Bauten von Bremgarten im Detail – alte Wirtshausschilder liess er so wenig aus wie Flammenornamente an Fensterläden –, betrachtete das Städtchen aus der Umgebung von verschiedenen Standorten, und erst die vertraute Nähe und die gewonnene Weitsicht erlaubten den grossen Wurf.

Ob Geschäfts- oder Verkehrs-Plakat, Morachs Botschaft warb in einer bisher in der Schweiz nicht bekannten Sprache: Vorerst unverständlich, dann deutlich als internationale Stimme mit schweizerischem Akzent auszumachen.

Maurice Barraud

Kaum einer malte die Mädchen so oft und so unbefangen wie Barraud. Mit warmen, pastellartig lasierenden Farben und ausgewogenen Kompositionen schuf er eine heitere, lichte Bildwelt. Blühend und unbeschwert brachte er seine Mädchen auch auf die Plakate: als Reiterin für einen Concours hippique (522), als junge Mutter ins Bahnabteil der SBB oder als Lesende für eine Genfer Buchhandlung (168).

Hier gelang Barraud schon 1917 mit wenigen weichen Strichen und allein mit den Farben Gelb, Braun und Rot ein kühnes Plakat, das auch nach 65 Jahren seine Frische und seinen Charme nicht verloren hat.

Barraud begann gleich nach seiner Grafikerlehre zu malen. 1914 gründete er die Künstlergruppe «Falot» in Genf, der auch Berger, Buchet u.a. angehörten. Für die Ausstellung der Gruppe 1915 bei Moos in Genf lithografierte Barraud sein zweites und zugleich frechstes Plakat. Anstelle der anmutigen Genferin füllt eine sitzende, nackte Schwarze das Bild beinahe bedrohlich und schaut den Betrachter, ihm halb den Rücken zukehrend, über die Schulter an (36).

1916 stellte die Gruppe «Falot» im Kunsthaus Zürich aus, und Barraud kehrte mit «Mädchen und Katze» auf dem Plakat in die ihm eigene Darstellungswelt zurück. Die gegen 30 Plakate, die der Künstler von 1915–1945 entwarf, sind Originallithografien.

Niklaus Stoecklin

Als in den frühen zwanziger Jahren der Basler Maler Niklaus Stoecklin anfing, sich mit dem Plakat zu befassen, begann die fruchtbarste Verbindung zwischen Kunst und Reklame. Burkhard Mangold, selber hervorragender Plakatmaler, war sein erster Lehrer an der Gewerbeschule Basel. Bilder des zwanzigjährigen «Basler Wunderkindes» waren bereits von solcher Qualität, dass sie für sein Gesamtwerk gültig bleiben. Diese frühe Meisterschaft und Eigenständigkeit wuchs weiterhin, unbeeinflusst von den verschiedenen Kunstrichtungen.

Heute wird Stoecklins Malerei der Neuen Sachlichkeit – Untertitel: Magischer Realismus – zugeordnet. Auch viele seiner Plakate weisen in diese

13 Hugo Laubi, *1920*

14 Carl Scherer, *1933*

Richtung. Der Maler selbst wollte die von ihm realistisch dargestellten Personen oder Dinge weder mystifizieren noch verzaubern. Der Betrachter ist es, der betroffen vor einer Darstellung aus ungewohntem Blickwinkel, vor einer von ihm übersehenen Alltags-Schönheit oder vor einem aus seiner gewohnten Umgebung herausgenommenen und vergrösserten Gegenstand zu solchem Etikett greift.

Seine malerische, oft poetische Gegenständlichkeit übertrug Stoecklin ungebrochen in seine Plakate. Freie und angewandte Kunst, Maler und Grafiker verschmolzen zu einer neuen Einheit: Das Spiegeleier-Stilleben aus den vierziger Jahren konnte er 1961 kurzerhand in ein Plakat umformen. Sein heute berühmtes Plakat, der Mann mit der Melone, 1934 (334) – im «PKZ»-Wettbewerb errang es den zweiten Platz (1. Rang: Peter Birkhäuser) –, könnte, modifiziert, ein Bild sein. Seine Liebe zum Unscheinbaren befähigte ihn zu dem hinreissenden Stilleben Zahnbürste mit «Binaca»-Tube im Glas, 1941 (428).

Die Meisterschaft im Verkürzen einer bildlichen Aussage kam vor allem seinen frühen Plakaten zugute. Ein eindruckvolles Beispiel dafür ist die «Gaba»-Kopfsilhouette, 1927 (435). Dieses vielleicht stärkste Schweizer Plakat hält einem Vergleich mit Cassandres besten Arbeiten stand. Zehn Jahre später wurde die Originallithografie unverändert im Buchdruck (Linolschnitt) nachgedruckt. Nur die Schrift wollte der Auftraggeber verbessern, anstelle von Stoecklins schöner Egyptienne trat der modische Namenszug.

Im Gegensatz zu andern Malern blieb Stoecklin dem Plakat zeitlebens treu. Er hat etwa 120 Plakate geschaffen. Noch als 75jähriger warb er, wieder einmal, für das Schweizer Ei.

Otto Ernst, Hugo Laubi, Carl Scherer

Sie standen im Schatten ihrer bekannten Kollegen, und in Ausstellungen wie in der Plakatliteratur fehlten ihre Namen jahrzehntelang. Und doch hätten die Anschlagsäulen der Zwischenkriegszeit ohne ihre vielen hundert Plakate an lebendiger Vielfalt verloren. Einige ihrer Plakate wurden ungemein populär, und ein Aspekt der Plakatkunst ist eben auch ihre Volkstümlichkeit. Verliert sie zuviel von dieser Substanz, wird sie arm und blutleer.

Otto Ernst besuchte in Paris den Unterricht des Schweizers Eugène Grasset. Von 1920–1945 arbeitete er in Aarau für die Lithographie-Anstalt Trüb. In dieser Firma entwarf er zahllose Plakate, von denen einige ihre Zeit überdauerten, wie seine konstruktivistisch anmutende Werbung für Linoleum (403) oder das malerische «Maxim»-Plakat (388), auf dem sich die Dame entrückt ersten Radioklängen hingibt. Bekannt und beliebt war seine Werbung für landwirtschaftliche Erzeugnisse.

Der Zürcher Hugo Laubi hatte, Baumberger gleich, eine schlechte Lithografenlehre hinter sich, als er 1918 als künstlerischer Leiter in die Graphischen Werkstätten der Gebr. Fretz eintrat. Als einer der ersten brachte er Humor ins Plakat. Ein Wurf war sein behäbiger Herr Türler, 1920 (13), der 1966 nachgedruckt, als Firmenzeichen noch heute über seinen Embonpoint auf die gezückte Taschenuhr schaut. Aber weil sich nur der bekannte Name mit dem Plakat verknüpft, ist es eben kein Laubi-, sondern ein Türler-Plakat. Anfangs der vierziger Jahre war der Slogan «Casimir raucht Capitol» in aller Munde. Das dazugehörende populäre Männlein war ebenfalls eine Laubi-Kreation. Seine Plakate signierte er stets mit einem kleinen Blatt (Laub). Wenn ihm der Auftraggeber zuviel in den Entwurf hineingeredet hatte, setzte er anstelle des Blättchens die Buchstaben N. V. = Nach Vorschrift.

Der Basler Maler Carl Scherer entwarf ungezählte politische Plakate, hauptsächlich für die Sozialdemokratische Partei. Schon für die erste Proporz-Nationalratswahl 1919 malte er der Arbeiterpartei eine rote Fahne. Scherers Ungeheuer in Form eines Hakenkreuzes, 1933 (14), das sich gegen das Bündnis der bürgerlichen Parteien mit der Nationalen Front richtete, wurde weit über Zürich hinaus bekannt. Sein schönstes Plakat entwarf der Basler für die Zürcher Stadtratswahl 1938 (574): Scherer erwies sich als brillanter Portraitist und verband seine Kohlezeichnung des Klöti-Kopfes (erster sozialdemokratischer Stadtrat seit 1928) organisch mit dem bunten Zürcher Stadtplan. In der Referendums-Abstimmung über das «Auto- und Radfahrer-Gesetz», 1927, zeichnete Scherer den Velofahrern eine riesige Weltkugel mit einer winzigen Schweiz und dem Text: «In der ganzen Welt keine Velonummern! Nur der ‹freie› Schweizer lässt sich numerieren.»

Maler und Schrift

Die Maler hatten wenig Beziehung zur Schrift. Vorhandene Kenntnisse stammten aus eher beiläufigen Unterweisungen über Reklamekunst. Der Text eines Plakates war eben das notwendige Übel.

Womöglich noch mehr Mühe als die Wahl der Schrift bereitete dem Maler deren Integration. Höchst ungern liess er seine Kompositionen durch profanen Text zerstören. Von besonders gelungenen Darstellungen wünschte er denn auch einige Belegexemplare *ohne Schrift*. Von den Ausnahmen, wo Schrift und Sujet zur Einheit werden, abgesehen, behalf sich der Maler, indem er den Text über oder unter die Illustration stellte. Auch freier Raum neben dem Bild wurde für die Plazierung der Schrift benutzt.

Emil Cardinaux liess anfänglich die Schrift von der Lithografieanstalt auf den dafür reservierten Platz eintragen. Die auf den Stein übertragenen Buchdruck- oder gezeichneten Fantasieschriften ergaben ein unbefriedigendes Resultat. Später, ab ungefähr 1915, arbeitete er meist mit einer neutralen Schrift ohne Serifen.

Auf einem der schönsten Cardinaux-Plakate «Sommer in Graubünden» (262), 1909 bei Fretz gedruckt, ist die Schrift dem von Peter Behrens entworfenen Alphabet (1902 von den Gebr. Klingspor herausgebracht) angeglichen. So misslungen die Schriftwahl ist, durch ihre diskrete Plazierung bleibt

15 Otto Baumberger, *1937*

die sonnenbeschienene Wiese, zwei Drittel des Plakates einnehmend, erhalten. Um 1915 druckte Wolfensberger das Plakat im neuen Weltformat nach. Jetzt trat die Schrift – gross, plump, modisch – in den Mittelpunkt und zerstört die Intimität des Plakates. So schlecht die Schrift auf frühen Plakaten oft ist, die Behutsamkeit, mit der sie meistens ins Bild eingefügt wurde, tat dem Plakat gut.

Auch Otto Baumberger war kein Meister der Schrift, ihre Wahl besprach er wiederholt mit Kollegen. Hugo Laubi erzählte, dass er Baumberger bei der Schriftbestimmung sogar beim bekannten Baumann-Zylinder (339) mit «Rat und Tat» unterstützt habe. Auch wenn sich Baumberger als Maler sah und seine rein grafischen Werbelösungen eher gering schätzte, gehören gerade einige dieser Arbeiten, wie «Brak-Bitter» (15) mit dem B als majestätischer Majuskel, zu den bedeutenden Plakaten der Vorkriegszeit.

Hodler liess bei zwei seiner Plakate den Text in seiner hölzernen Handschrift einsetzen. Auch Pellegrini bevorzugte die eigene Schrift. Wenn der Künstler seine Handschrift ins Plakat brachte, konnten sich Duktus und Darstellung organisch verbinden. (Käthe Kollwitz und Picasso nützten diesen Effekt gleichfalls für ihre politischen Plakate.)

Augusto Giacometti hatte eine ausgesprochene Vorliebe für die Blockschrift, deren plumpe Form er durch Abrunden der Ecken und Schattierung der Konturen milderte. Er setzte sie für alle seine Plakate ausschliesslich in Grossbuchstaben ein. Auch Amiet benutzte nichts anderes als Versalien, die er handschriftlich übertrug.

Für den Neuerer Morach war auch die Schrift Experimentiermaterial. Das gewagte Plakat für die Werkbund-Ausstellung, 1918 (42) – es wurde im SWB-Wettbewerb mit dem ersten Preis ausgezeichnet –, ist das erste neuzeitlich gestaltete Schriftplakat überhaupt. Der Werkbund verwendete die Buchstabenkombination künftig als Signet. Sein «Bally»-Plakat (363) kommt wohl ohne Schuhe, nicht aber ohne Schrift aus. Sie beherrscht sogar das Plakat: Vier breite, aufwärts laufende Querbalken, den Text tragend und die flächig angelegte Figur diagonal durchschneidend, setzen den Schreitenden in Bewegung. Dieser Eindruck verstärkt sich bei mehreren, nebeneinander angeschlagenen Plakaten.

Niklaus Stoecklin ist der jüngste der hier vorgestellten, vor 1900 geborenen Maler und als Meister im Gebrauch der Schrift die Ausnahme. Er setzte eine Egyptienne ebenso souverän ein wie die Gotisch oder eine englische Schreibschrift.

Die dreissiger Jahre

Nachdem der Grafiker den Maler als Plakatgestalter abgelöst hatte, verschwand das malerische Künstlerplakat mehr und mehr. Neben Anschlägen für eigene Ausstellungen blieb ein bisschen Verkehrswerbung oft die einzige Beziehung der Maler zum Plakat. In den Jahren der Massenarbeitslosigkeit verarmten auch die Plakatwände. Die Pioniere waren müde geworden, und neue Tendenzen sties-

16 Victor Surbek, *1936*

sen auf mutlose Auftraggeber oder zimperliche Jurymitglieder.

Der seit seinem Tod berühmte Basler Maler Walter Kurt Wiemken beteiligte sich in den dreissiger Jahren an verschiedenen Plakatwettbewerben. In der Ausschreibung für «Das neue Basler Stadtplakat», einem Wettbewerb des Basler Kunstkredites von 1933, erreichten seine Entwürfe den 3. und 7. Rang. 1936 beteiligte sich Wiemken an den Wettbewerben «Eidgenössisches Turnfest in Winterthur», «Frühling in der Schweiz» und «Schweizer Jura». Wiemkens Plakatentwürfe hatten keine Chance. Sein surrealistischer Nachbar Otto Tschumi errang 1935 im Wettbewerb für ein Stadt-Bern-Plakat immerhin den 2. Preis (ein erster wurde gar nicht erst verliehen).

Neue Tendenzen mussten versuchen, ausserhalb der offiziellen Vergabepraxis zu überleben und der durch die nationalsozialistische Propaganda bestärkten Neigung zu einem «Heimatstil» entgegenzutreten. Die 1937 gegründete «Allianz»-Gruppe der ungegenständlichen und surrealistischen Maler musste sich denn auch «ausländisch und unschweizerisch» empfundener Ausdrucksformen wegen rechtfertigen: «Sie ist von Schweizern gemacht und deshalb schweizerisch» trotzte Leo Leuppi, Präsident der Gruppe, im «Almanach neuer Kunst» (Zürich 1940).

Während Victor Surbek 1936 mit einem blühenden Apfelbaum zur Ausstellung «Schweizerkunst in Bern» (16) einlud, fand gleichzeitig in Zürich die erste Museumsausstellung neuer Schweizer Kunst statt. Das Plakat zur Ausstellung «zeitprobleme in der schweizer malerei und plastik» (66) gestaltete Max Bill, der Erneuerer mit der grössten Spannweite. Seine Neuerungslust reichte über die Malerei hinaus und schloss Plastik, Architektur, Produktgestaltung und Typografie mit ein. Bills Plakate überraschten durch neuartige, bisher nicht benutzte Gestaltungselemente. Von seinen über hundert Plakaten sind einige für Firmen und politische Anlässe, der Grossteil aber für kulturelle und eigene Ausstellungen entstanden.

Neuer Frühling

Die Plakatwand lebt aber nicht vom Kulturplakat allein. Erst wenn der Maler sich der Alltagswerbung annimmt, beginnt sie zu leben. Nach 1940 waren es vor allem Carigiet, Erni und Falk, die mit ihren malerischen Plakaten die *Galerie der Strasse* neu belebten.

Von Alois Carigiet gab es schon in den dreissiger Jahren manches originelle Plakat. Als für die Mitfinanzierung der Landesausstellung 1939 die heutige Interkantonale Landeslotterie entstand, entwarf Carigiet 1937 das vierblättrige rote Kleeblatt mit dem Glückskäfer (191). Unverändert wurde dieser Wurf bis 1954 angeschlagen und zu einem der erfolgreichsten Schweizer Plakate. Sein grüner Arm, 1933 (549), dem die Parole «Lohnabbau Nein» die Lebenskraft abschnürt, bleibt eines der stärksten politischen Plakate der Schweiz und einzigartig in

17 Plinio Colombi, *1904*

der Verbindung von Sujet und Text. Auch Carigiets malerische Plakate der vierziger Jahre hatten grossen Erfolg, da sich das Publikum trotz künstlerischer Qualität nicht überfordert fühlte. «Seine Plakate waren sehr unmittelbar, ein wenig anekdotisch, aber sie sind nicht klassisch geworden» (Hans Neuburg).

Hans Erni wies sich selbst in seiner Publikation «Plakate 1929—1976» (Luzern 1976) 164 Plakate nach, wobei ihm sein allererstes von 1928 für eine Luzerner Tanzschule allerdings entgangen ist. Noch im Wettbewerb für das Eidgenössische Schützenfest 1939 in Luzern schnappte ihm der junge Leupin den ersten Preis weg, und er musste sich «anatomischer Defekte» wegen mit dem dritten begnügen. Dann aber begann Ernis Siegeszug durch die Schweizer Plakatlandschaft.

Allein in den vierziger Jahren entstanden 30 Plakate, darunter so neue und grossartige wie: Die surrealistisch angehauchten «Mit dem Ferienabonnement durch helvetisches Land», 1940, und «Mehr anbauen oder hungern», 1942 (155); «SBB — rasch beladen, rasch entladen, voll beladen», 1942 (297), mit seinen sinnvoll eingesetzten Linienkonstruktionen; das vom Bundesrat verbotene «Gesellschaft Schweiz—Sowjetunion», 1944 (580); oder das einzige politische Tourismusplakat mit der zukunftsgläubigen Parole und einer verdächtig den Umrissen der Sowjetunion ähnelnden Wolke «Macht Ferien! Sammelt Kräfte für die neue Zeit!», 1945 (280); das für die erste Nachkriegsabstimmung über das Frauenstimmrecht «Gleiche Pflicht — gleiches Recht», 1946 (578); das Plakat für die Alters- und Hinterbliebenen-Versicherung, 1947 (581), der Abstimmung mit der Rekordbeteiligung und den weitreichenden Folgen; sein einziges kommerzielles Plakat «Seiden-Grieder», 1947 (328); das für die «Büchergilde Gutenberg», 1948; oder die drei Plakate für die Abstimmung über das Eidgenössische Beamtengesetz von 1949, die, einander ergänzend, zusammen angeschlagen wurden.

Schon Hans Falks erstes Plakat («Ferien», 1942) — es wurde gleich prämiert — offenbarte die Merkmale seines gesamten Plakatwerkes: impressionistische Eleganz, brillante Zeichnung und gekonnte Integration des Textes. Seine Bewunderung für Toulouse-Lautrec verhehlte Falk zu keiner Zeit. Sie äusserte sich in der bildhaften Komposition, in seiner grossen Vorliebe zur weichen, gemalten Mediävalschrift und in einem Fall sogar bis zur Nachahmung des Signums des genialen Plakatkünstlers («Sozialdemokraten und Gewerkschafter», 1946).

Mit welcher Umsicht und Sorgfalt Falk einen Plakatauftrag ausführte, belegen seine etwa 80 Skizzen zum wunderschönen Plakat für die «Pro Infirmis», 1948 (161). Angesichts des behinderten Mädchens im Rollstuhl erschien ihm seine Mediäval für einmal zu frivol, und er wählte die strengere englische Caslon-Schrift (erwischte aber anstelle des Versals I für Infirmis das kleine l). Seine Hinwendung zur informellen Malerei hält das bildschöne Olma-Plakat von 1959 fest.

Besessen malte Falk bereits seine abstrakt-expressiven Stromboli-Bilder, als die Jury ihm ermöglichte, die sieben Plakate für die Landesausstellung 1964 zu realisieren. Die Entrüstung über die Tachismus-Serie ähnelte der über Cardinaux' «grünes Ross» von 1914. Sogar der eilige Druck eines Ersatzplakates wiederholte sich. Im Wettbewerb für die Landesausstellung 1939 hatte die abstrakt-geometrische Darstellung des zwanzigjährigen Falk «nur» den zweiten Rang erreicht, den er ausserdem noch mit drei anderen teilen musste (1. Preis: Alois Carigiet). Mit dem farbenprächtigen Siebner-Bouquet und der Genugtuung seines Sieges über 244 weitere Wettbewerbsteilnehmer verabschiedete sich der malerischste Plakatmacher seit Burkhard Mangold und wandte sich der Galeriekunst zu.

Die Maler und die SBB

Ihren ersten Plakatwettbewerb, der sich an die Künstler richtete, schrieben die Schweizerischen Bundesbahnen (SBB) schon 1903 aus (17). Diese frühe Zusammenarbeit mit den Malern pflegten die Bahnen weiter. In den zwanziger Jahren war es René Thiessing, der das Künstlerplakat förderte. Er war es, der Giacomettis Schmetterling (10) herausbrachte und als Beispiel einer geglückten Verbindung von Kunst und Werbung betrachtete. Nach seinem Übertritt in die Schweizer Verkehrszentrale, 1940, waren es seine Nachfolger, Oskar Kihm und Hans Schillig, die den Malern die Bahn ebneten. So entstand allein in den vierziger und fünfziger Jahren eine grossartige Serie mit Plakaten von Maurice Barraud, Hans Erni, Hans Falk, Max Gubler (291), Adrien Holy (300), Karl Hügin (292), Iwan E. Hugentobler (296), Ernst Morgenthaler (290), Albert Pfister und Hugo Wetli.

Ein Beispiel, wie wichtig der Künstler das Plakat nahm, schildert Ernst Morgenthaler. Er hatte seinen ersten SBB-Auftrag erhalten, machte sich an die Arbeit, verzeichnete während Tagen massenweise Papier und fand keine Lösung. Morgenthaler hatte immer noch kein Plakat, wohl aber inzwischen das Aufgebot zum Militärdienst erhalten. In Stammheim, im Zürcher Unterland, fand er beim Dorfpolizisten Quartier: «... *und als der Morgen kam, trat ich ahnungslos ans offene Fenster. Was sah ich da?! Ich kann nicht beschreiben, wie betroffen ich war: da war mir ja mein Plakat mit den rot-weissen Barrieren vor die Nase gestellt. Ein heller Weg, der in eine blühende Landschaft hinausführte, ein grosser Blütenbaum, ein blauer Berg — alles war da, ich brauchte es nur abzuschreiben ... Heute, nach zwölf Jahren noch, hängt es in vielen Eisenbahnstationen der Schweiz. Es ist mein populärstes Werk geworden.*»[13])

Das dichterische, duftige Plakat «Mit der Bahn hinaus ins Freie», 1943 (290), wurde zwar nicht prämiert, fand aber beim Publikum und bei den SBB Anklang, und Morgenthaler malte im folgenden Jahr gleich nochmals ein nicht minder bewundertes SBB-Plakat.

Als Max Gubler, auf dem Höhepunkt seiner Meisterschaft, den Verantwortlichen des SBB-Publizitätsdienstes seinen Entwurf vorlegte, fanden sie ihn zwar gut, vermissten aber darauf Züge oder deren Attribute. Um den Eisenbahnern entgegenzukommen, fügte Gubler seiner expressiv-dramatisch gesteigerten Landschaft in der oberen Hälfte eine feine horizontale Linie hinzu; mit vier, fünf winzigen Senkrechtstrichen deutete er Bahnmaste an, und bei ganz genauem Hinsehen können sogar die gewünschten Wagen ausgemacht werden. «Mit der Bahn abseits der Strasse», 1955 (291), ist eines der bedeutendsten Künstlerplakate der SBB geblieben, und sein Slogan ist sogar noch aktueller geworden.

1954 stiess Werner Belmont zum SBB-Publizitätsdienst. Von seinen vielen griffigen Slogans samt Bildideen haften einige bis heute («Der Kluge reist im Zuge»). 1974 versuchte Belmont, seine Sloganplakate sogar mit konkreter Abstraktion zu kuppeln. Er textete für Max Bill, der bereit war, ein Plakat zu entwerfen: «Die sicherste Verbindung zwischen zwei Punkten — SBB». Bill habe Spass am Projekt gehabt und im Jahr danach auch Lust, schrieb Belmont dem Verfasser dieses Textes, und habe eine A6-Skizze geschickt: Vom Rand vertikal, horizontal und diagonal ausgehende Farbstiftlinien liefen ins Zentrum, das sie kreisförmig aussparten. In den oberen Teil des Entwurfes setzte er SBB, in den unteren CFF. Der Kreis selbst blieb leer. Anschliessend schien sich der Spass aber verflüchtigt zu haben, weder Bill noch SBB verfolgten den Entwurf weiter.

Die Grafiker kommen

Das malerische Künstlerplakat hatte sich seinen Platz als neue, selbständige Kunstgattung kaum erobert, als schon die ersten Grafiker die Maler als Plakatmacher zu verdrängen begannen. Mit Baumberger, dessen vielen Bildplakaten schon eine Anzahl grafischer Arbeiten gegenüberstanden, vor allem aber mit Stoecklins signethaften Lösungen — seinen grossartigen Verkürzungen bildlicher Aussagen —, hatte die künftige Trennung zwischen dem malerischen und grafischen Plakat bereits in den zwanziger Jahren begonnen. Aber erst die entsprechende Berufsausbildung sollte aus den von den Pionieren gefühlsmässig erkannten Grundsätzen allgemeine Richtlinien entwickeln.

Ernst Keller

1918 holte Direktor Altherr den ehemaligen Lithografiezeichner Ernst Keller als ersten Grafiklehrer an die Kunstgewerbeschule Zürich. Keller legte die Grundlagen für die Ausbildung in diesem neuen Fachgebiet. Aus früher eher nebenbei erfolgten Anweisungen über Reklamekunst entstand eine selbständige Fachschule. (Während St. Gallen dem Zürcher Beispiel bereits Mitte der zwanziger Jahre folgte, nahm Basel die Berufsausbildung des Grafikers erst 1937/38 auf.)

Kellers grossartige Leistung war es, der angewandten Grafik einen ebenbürtigen und klar abgegrenzten Platz neben der freien Kunst zu schaffen. Für diese neue Aufgabe bildete er Hunderte von Grafikern heran. Seine Forderung von der wesenseigenen Lösung jeder Werbeaufgabe erfüllte er mit seinen eigenen Arbeiten.

Keller hat gegen 100 Plakate geschaffen, karitative, kommerzielle, politische, grösstenteils aber für Ausstellungen des Kunstgewerbemuseums. Die Plakate wurden meist im Buchdruck, von Kellers eigenen, oft mehrfarbigen Linolschnitten hergestellt. Die bevorzugte Anwendung dieses Druckträgers — rückblickend eine Hommage an den aussterbenden Buchdruck — forderte ihn als künstlerischen Handwerker und prägte seine gedrängt stilisierten Formen samt der dazugehörenden Schrift.

Als «Vater der Schweizer Grafik» feierte ihn der bekannte Grafiker Pierre Gauchat, der sein Schüler war. Tatsächlich ist an Ernst Keller und vor allem an seine Schüler zu denken, wenn in den vierziger und fünfziger Jahren das Schweizer Plakat wieder Gesicht und Anerkennung erhielt.

Zurück von der internationalen Plakatausstellung in London, 1951, stellte Willy Rotzler fest: «In keinem andern Land ist der Anteil der guten, überdurchschnittlichen Plakate an der Gesamtproduktion so gross wie in der Schweiz.»

Rotzler konnte nun also wiederholen, was 30 Jahre vor ihm Albert Baur in seinem Vortrag anlässlich der Plakatausstellung während der fünften Basler Mustermesse behauptete: «Es gibt heute kein Land der Welt, das eine ähnliche Sammlung von Plakaten aufzuweisen vermöchte, kein einziges, man mag schauen, wohin man will.» Das Besondere, ein Plakat mit helvetischem Gepräge, das Cardinaux und seine malenden Zeitgenossen schufen, wiederholte sich eine Generation später noch einmal im Grafiker-Plakat. Um der späteren internationalen Nivellierung zu widerstehen, erwies es sich allerdings als zu wenig standhaft.

Eric de Coulon

Im Paris der frühen zwanziger Jahre zählte der Schweizer Coulon zu den bekannten und erfolgreichen Plakatgestaltern. Im Sonderheft «Posters & Publicity» der englischen Zeitschrift «The Studio», 1926, gehörte er zu den meistabgebildeten Künstlern. Dazu veröffentlichten internationale Zeitschriften wie «Commercial Art», «Vendre», «Gebrauchsgraphik» Arbeiten von ihm und über ihn. M.-P. Verneuil feierte Coulon sogar mit einer Monografie als «Affichiste» (Neuchâtel 1933), eine Würdigung, die erst Herbert Leupin, 25 Jahre später, wieder erfuhr. Die deutsche Schweiz aber nahm den Landsmann 50 Jahre lang nicht zur Kenntnis.

Coulon studierte Architektur in Zürich und München — unbefriedigt, da ihm das Studium «zuviel Mathematik und zuwenig Zeichnung» bot. In La Chaux-de-Fonds besuchte er den Unterricht des Malers und Pädagogen L'Eplattenier, der schon einen gewissen Jeanneret, den späteren Le Corbusier, beeinflusst hatte. 1913 erfüllte sich Coulons Traum: Paris. Seinen ersten Plakatauftrag bekam der junge, selbständige Grafiker gleich von den renommierten Galeries Lafayettes, für die Cappiello und andere Meister arbeiteten.

Eric de Coulon fand für seine Plakate einen völlig neuen Stil. Früher stellte das erzählende Plakat den Werbegegenstand in eine bestimmte Situation, und der Text musste die Verbindung zwischen Geschehen und Produkt herstellen. Das spätere Sachplakat verzichtete auf diesen Umweg, zeigte die Ware direkt und brauchte nur noch ihre Vorzüge und die Marke zu nennen. Coulon ging noch einen Schritt weiter und stellte den Text in den Mittelpunkt. Aus dieser Auffassung entstanden jedoch keine typografischen Plakate: Er benützte die Schrift als Bild, entnahm dem knappen Text einen Buchstaben und steigerte seine charakteristische Form ins Monumentale. Das stilisierte Sujet integrierte er in seine Letternkomposition und erreichte die weitestmögliche Identifikation des Textes mit der Ware oder Marke. Nicht verschiedenartige Elemente erregten die Aufmerksamkeit, sondern gleichzeitig wirkende. Text und Gegenstand verschmolzen zu einem Blickfang.

Seine schönsten, konsequentesten Buchstaben-Bilder entstanden um 1920 für Pariser Firmen. In den dreissiger Jahren und vor allem für Plakate schweizerischer Auftraggeber, die sein «lettre-sujet» als zu intellektuell empfanden, rückte Coulon den Gegenstand vermehrt in den Mittelpunkt. Auch hinterliess wohl der geniale Cassandre, mit seinem grossen Einfluss auf die Plakatmacher jener Zeit, Spuren im Schaffen des ohnehin wesensverwandten Schweizers.

Der welsche Charakter, das Grosszügige und Unzimperliche aber, blieb auch seinen späteren Plakaten erhalten. Der diagonal gestellte Stumpen «Cigares Fivaz» (488) von 1937 war eines der erfolgreichsten Schweizer Plakate überhaupt und während Jahrzehnten unverändert angeschlagen. Grossartig verbinden sich Zahnpaste und Zahnbürste für «Sérodent» (427) aus dem gleichen Jahr.

1939 — wieder einmal Kriegsausbruch — kehrte Coulon in die Schweiz zurück. Für neue Höhenflüge eignete sich das Klima nicht.

Hans Handschin

Von allen Vergessenen, die es im Zusammenhang mit dieser Arbeit aufzuspüren galt, war Handschin der Vergessenste. (So vergessen, dass selbst das Erkunden seines Vornamens – eigentlich Johann – für den Verfasser schwierig war.) Hans Handschin, im letzten Jahr des alten Jahrhunderts geboren, war als Architekt ausgebildet. Neben seiner Berufsarbeit malte Handschin Schaufenster-Plakate und konnte 1923 als Werbekünstler in Walter Siegrists «Reklameindustrie Wisa», Basel, eintreten. Seine ersten Weltformatplakate – vor allem das im Wettbewerb für die Gartenbauausstellung in Basel von 1929 mit dem ersten Preis ausgezeichnete – machten den Werbechef der Firma Henkel in Pratteln, Ernst Bircher, auf ihn aufmerksam. Handschins moderner, sachlich informativer Stil entsprach seinen Vorstellungen von zeitgemässer Werbung.

Die langjährige Zusammenarbeit brachte Handschin, nun als freischaffender Grafiker arbeitend, ein eigenes Atelier im Corsohaus am Spalenring in Basel. Die Henkel & Cie. kam durch ihn zu einer stolzen Reihe aussergewöhnlicher «Persil»-, «Henco»-, «Per»- und «Krisit»-Plakate. Auch Sunlight, Villiger, Feldpausch, Idewe, Ciba, Bernina und andere Firmen erteilten ihm Aufträge.

Handschins «Per»-Plakat von 1933 (406) zeigt die riesig vergrösserte Frontansicht der Schachtel, diagonal in den Raum gestellt, diesen beinahe füllend, und doch noch Platz lassend für den sich mit ihr famos verbindenden Werbespruch und seine bildliche Umsetzung. Trotz sparsam eingesetzter Bunttöne erreichte der Gestalter eine ungewöhnliche Farbigkeit.

Handschins Spezialität war die Spritzpistole, mit der er fotografische Effekte direkt auf seine verkürzt monumentalen Sachdarstellungen übertrug. Schlagschatten oder Ausläufe hingegen spritzte er mit Hilfe von Schablonen, die etwas von der Unterlage abgehoben, auch unscharfe Übergänge zuliessen. Als Spritzfarben benützte er verdünnte Tempera- oder Tuschfarben. Damit der feine Farbnebel auf dem Weg von der Düse zum Papier nicht austrocknete, benützte Handschin Kohlensäuregas anstelle der Druckluft. Diese neuartige Technik bereitete dem Lithografen viel Kummer. Seine Werkzeuge für die Punktiermanier, von der Feder bis zur Zahnbürste, eigneten sich nicht für die Übertragung solcher Finessen.

Die beiden Plakate für Silvaplana zeigen Handschins eigenwillige Schilderung der Oberengadiner Landschaft. Im Sommer-Plakat, 1934 (272), erreicht das erste Sonnenlicht gerade den Gipfel des «Engadiner Matterhorns», des massigen Piz della Margna. Bergrücken und See verbleiben im klarblauen Licht und tintigen Dunkel des frühen Morgens. Berge und Landschaft sind stark vereinfacht, ihre Spiegelung im See sogar rechtwinklig stilisiert wiedergegeben. Das Winter-Plakat von 1935 (275) zeigt als Pendant die gleiche Landschaft, aus verändertem Blickwinkel und schneebedeckt in klirrender Kälte, und ein kaltblauer Margna ragt in die Stille.

Der Kriegsbeginn mit häufigem, monatelangem Militärdienst unterbrach Handschins weitere Möglichkeiten. Er starb 49jährig an einem Herzinfarkt.

Noch mehr Grafiker

So verschieden wie bei den drei genannten Pionieren ist Herkunft, Ausbildung und Lebensweg auch der weiteren vor 1900 geborenen Grafiker. Aus unterschiedlichen gewerblichen Berufen kommend, teilweise Ausländer, Kurse oder Schulen besuchend (die allerdings keine Fachschulen im heutigen Sinne waren), meist aber Autodidakten, vereint sie ihre zeichnerischen Fähigkeiten. Diese lassen denn auch die Grenzen zum Malerplakat gelegentlich fliessend erscheinen.

Die Schwierigkeiten der ersten selbständigen Grafiker waren gross. Zum Anrüchigen, das dem Reklamemachen anhaftete, kamen Existenzsorgen. Der Drucksachenauftrag gelangte meistens direkt in die Lithografieanstalt, die ihn entweder selber gestaltete oder an einen mit der Druckerei verbundenen Künstler weitergab. Wenn die Grafiker nicht gerade das Glück hatten, für eine Grossfirma oder Verkehrszentrale zu arbeiten, stiessen neuartige Lösungen auf Misstrauen und Ablehnung.

Wenn trotzdem immer wieder Plakate entstanden, die ihre Zeit überdauerten, ist auch an ihre Gestalter zu erinnern. Da sie aber mehrheitlich in keinem einschlägigen Lexikon vermerkt sind, haben sie noch keine Biografie, und entsprechend schwierig gestalten sich Nachforschungen. Die nachstehenden Hinweise sind denn auch weniger auf biografische und lexikalische Einheitlichkeit hin angelegt; sie sind eher als Mitteilung und Information aus langjährigen Recherchen zu verstehen.

Der Österreicher Johann Arnhold arbeitete als «Zeichner auf eig. Rechnung» in den frühen zwanziger Jahren in Basel und Umgebung. Vor seiner Abreise nach Wien, 1935, war er als Lithografiezeichner bei Wolfensberger in Zürich beschäftigt. Seine in der Schweiz zurückgelassenen Plakate zeigen stets die grosszügige, flächig angebotene und das Format ausfüllende Darstellung einer Person. Bei seinem frühen Entwurf für den Plakatwettbewerb der Firma «Suchard», 1925 (bei dem sich ein gewisser, erst siebzehnjähriger Max Bill den ersten Preis holte), war es das kraftvolle Trachtenmädchen, für «Hürlimann» der joviale Biertrinker oder für PKZ der schicke Herr. In seinem der politischen Bedeutung wegen bekanntesten Plakat «Kriseninitiative Ja», 1935 (545), steht der brotschneidenden Mutter das bittende Kind gegenüber.

Den Weltkrieg überlebte Arnhold in Wien, und 1955, als 64jähriger, hatte er genug von Europa und zog nun als «John» Arnhold nach New York.

Selbst an der Signatur seiner Arbeiten lässt sich die künstlerische Entwicklung des Carl Böckli ablesen. Als grafischer Mitarbeiter der Lithografieanstalt Trüb in Aarau, um 1920, zeichnete er seine Plakate als Boeckly. Später, als «Nebelspalter»-Karikaturist, fand er den ihm gemässen künstlerischen Ausdruck. Seinen populären, lapidaren Zeichnungen entsprach die neue Namensschreibung – Böckli – und das kurz und bündige *Bö* als Signum.

Sein bestes Plakat, der Pfau für Teppich-Schuster, 1922 (372), entstand während der Zusammenarbeit mit der Aarauer Druckerei. Böckli kreierte aus aktuellen Stilrichtungen der Zeit – Futurismus und Expressionismus – eine gelungene Komposition. Gerade über die zeitgenössischen Kunstrichtungen aber wurde Böckli nicht müde, sich als «Nebelspalter»-Chefredakteur zu mokieren. Die Verwendung moderner Stilrichtungen war Böckli so wenig gemäss wie die ursprüngliche gestelzte Schreibweise seines Namens.

In St. Gallen, am Unteren Graben, betrieb Böckli ein grafisches Atelier, das er 1926 bei seinem Wegzug nach Rorschach zum «Nebelspalter» aufgab. Noch als Grafiker hatte er einen Lehrling ausgebildet: Willi Tanner. Dieser junge Mann wechselte zwar gleich nach der Lehre seinen Beruf, entwarf aber vorher noch das Plakat «Thermalbad Ragaz», 1927 (18), das als sein erstes (und einziges) gleich einschlug.

18 Willi Tanner, *1927*

Jules Courvoisier, von La Chaux-de-Fonds kommend, hatte, wie die nur wenig jüngeren Eric de Coulon und Le Corbusier, eine L'Eplattenier-Ausbildung hinter sich, als er Genf um 1910 als Wohnort wählte. Ähnlich dem Genfer Grafiker Noël Fontanet entwarf er vor allem eine Vielzahl politischer Plakate.

Emil Ebner lernte Reklamezeichner (1911–1915) bei Melchior Annen, der mit seinem Bruder Carl von 1902 bis 1919 ein grafisches Atelier in Zürich betrieb. Gleich nach der Lehre stiess Ebner zu Max Dalang, der ihn zum Atelierchef machte. Von 1931 an war er freier Mitarbeiter bei den Reklameberatern Steinmann & Bolliger, wo er speziell für «Hero» arbeitete. Neben dem kommerziellen Plakat befasste sich Ebner hauptsächlich mit dem Inserat und dem Prospekt.

Um 1910 fiel der St. Galler Emil Huber mit schmissigen Titelblättern für die illustrierte Zeitung «Sport» auf (19), die an die «Simplicissimus»-Zeichner Bruno Paul und Eduard Thöny erinnerten. Huber, der in Zürich als freier Grafiker arbeitete, lehnte sich auch in seinen frühen dekorativen Plakaten an die Münchner Plakatschule an. Später, in den dreissiger Jahren, als dieser Stil angestaubt wirkte, hatte auch er, ähnlich wie der bekanntere Carl Moos und andere Pioniere, Mühe mit einer zeitgemässen Grafik.

Nach seiner Lehre in der Anstalt Hopf an der Hottingerstrasse in Zürich arbeitete Alfred Hermann Koelliker als Lithograf bei J. C. Müller und besuchte die Abendkurse der Kunstgewerbeschule. Militärdienst und Arbeitslosigkeit unterbrachen während des Ersten Weltkrieges die Berufstätigkeit immer wieder. Nach dem Krieg, als sich die Grenzen öffneten, besuchte Koelliker die Kunstgewerbeschule in Berlin. Nach seiner Rückkehr 1921 wurde er selbständiger Grafiker in Zürich. Von seinen Plakaten überzeugen heute noch das stilisierte Männchen für «Sissa»-Mineralwasser, 1932 (475), und die «kubistische» Lösung für «Eptinger», 1936 (476). Der schwerfällige Schriftzug der Marke wird zur Schlagzeile und kontrastiert mit der eleganten, kunstvollen Darstellung. Auch sein Alphornbläser für «Firn Ice Cream», 1936, den er exakt der Brienzer Holzschnitzerei nachbildete, mag heute noch bestehen.

19 Emil Huber, *1910*

Auf der langjährigen Suche nach M. Kopp, dem Entwerfer des «Seiden-Grieder»-Plakates (326), wurde zu guter Letzt noch der bekannte Architekt Max Kopp behelligt. Er schrieb dem Verfasser:

«*Sie sind tatsächlich an der richtigen Adresse. Das Grieder-Plakat von 1915 stammt von mir. Und das kam so: Ich studierte in München an der technischen Hochschule Architektur und schloss 1914 unmittelbar vor dem Ausbruch des 1. Weltkrieges mein Diplomexamen ab. Mit dem letzten fahrplanmässigen Zug bin ich noch heimgereist. Ich stamme aus Luzern. Als junger Leutnant bin ich am 3. August 1914 mit dem Bataillon 43 eingerückt. In den Pausen zwischen den Ablösungsdiensten war mit Architektur wenig anzufangen. Dafür nahm ich an einem Wettbewerb teil, den die Firma Grieder für eine Hausmarke ausgeschrieben hatte. Mit dem ‹Griederfraueli› errang ich den ersten Preis. Es hat jahrzehnte lang als Hausmarke bestanden. 1915 wünschte die Firma Grieder ein Plakat auf Grund der Hausmarke. Ich war damals im Militärdienst als Instruktor in einer Feld-Unteroffiziers-Schule in Basel. Wolfensberger in Zürich sandte mir Lithographen-Kreide und Papier und in der Kaserne Basel habe ich das Plakat in dienstfreien Stunden gezeichnet. Das ist seine Entstehungsgeschichte. Seither habe ich nie mehr Plakate entworfen, denn die Baukunst nahm mich voll in Anspruch. Seit 1924 hatte ich in Zürich ein selbständiges Architekturbüro. Unter anderm schuf ich 1939 das ‹Landidörfli›. Am 16. Januar 1981 konnte ich bei guter Gesundheit meinen 90. Geburtstag feiern.*»

Erwin Roth, gelernter Goldschmied, arbeitete als «Kunstzeichner» von 1914–1917 in Zürich. In dieser Zeit entstand die Dreiergruppe für das Restaurant, das Hotel und das Café «St. Gotthard» (251, 252, 254), mit der Roth die Idee des späteren B-12-Formates vorwegnahm und versuchte, das eben erst eingeführte Weltformat auszuweiten.

Ein herrliches Büro-Stilleben, mit dem heute nicht mehr ohne weiteres bekannten Siegel samt der dazugehörenden Lackstange im Vordergrund, entwarf er für «Scholl», 1916 (220).

Roth zog später wieder in seine Geburtsstadt Aarau und arbeitete als Grafiker in der Konservenfabrik «Hero» in Lenzburg.

In der «bestillustrierten Kunstzeitschrift in Deutschland» (Karl Popitz) *Das Plakat* Gegenstand der Titelgeschichte samt Umschlag zu werden, widerfuhr bis 1915 nur zwei Schweizern und dem in der Schweiz tätigen Hermann Rudolf Seifert. (Die Vorstellung Cardinaux' im ersten Jahrgang, 1910, und Mangolds, 1911, zeigt im übrigen das Gespür des Redakteurs dieser Zeitschrift und Plakatsammlers Hans Sachs für Qualität). 1906, als 21jähriger, kam Seifert nach einer «mittelmässigen Lithografenlehre» nach Zürich. Einen anderthalbjährigen Besuch der Kunstgewerbeschule finanzierte er mit nächtlichen Auftragsarbeiten und einem «Stipendium von seiten seines Vaterlandes», das die österreichisch-ungarische Monarchie gewesen sein muss, da Seifert Bürger des heutigen CS-Sternberk war. Bei Wolfensberger arbeitete er als Lithograf, schon 1910 aber eröffnete er in Zürich ein «Atelier für grafische Kunst». In dieser Zeit entstand das Plakat für die «Bayrische Bierhalle Kropf, Zürich», 1914 (256), das durch das ungewöhnliche Einbeziehen der die Darstellung umgebenden Fläche auffällt.

Seifert zog 1918 nach Olten, kehrte 1931 nach Zürich zurück und reiste mitten im Krieg, 1941, nach Wien ab. Dort starb er 1954.

Der Auslandschweizer André Simon wurde in Moskau geboren. Während der Revolution flüchtete er, 19jährig, in seine Heimatgemeinde Niederurnen GL. Als Zeichner in der dortigen Maschinenfabrik Aeschbach fühlte er sich zu eingeengt, wurde Bauarbeiter in Genf und besuchte die Abendschule der Ecole des beaux arts. Anfangs der dreissiger Jahre zog Simon nach Paris, wo er eine beachtete Reihe von Plakaten schuf. Der Kriegsausbruch erzwang die Rückkehr nach Genf, und nun kamen vor allem Schweizer Zigarettenfirmen (493) und die «Loterie Romande» zu seinen originellen, grosszügigen Plakaten.

Nach dem Krieg, 1950, entschwand Simon wieder nach Paris.

Das Schriftplakat

Nach dem Aufkommen der Buchdruckerkunst stand die Schrift im Mittelpunkt der damaligen kleinformatigen Anschläge, deren endlose, geschwätzige Schlagzeilen die Buchtitel ihrer Zeit imitierten. Im 17. und 18. Jahrhundert reicherten Schausteller und Händler ihre Anschläge mit Holzschnitten an. Aber erst die Lithografie im folgenden Jahrhundert vermochte die Schrift an den Rand zu drängen. Um 1900 wertete ein formbewusster Jugendstil die Schrift wieder auf, die er als zusätzliches dekoratives Element benutzte oder aber sie bis an die Grenzen der Lesbarkeit mit seinen Formen verschmolz.

Mit den Überbleibseln des Jugendstils setzte sich der 1913 gegründete Schweizerische Werkbund auseinander und warb für seine Vorstellungen von einer neuen Umwelt mit dem von Ornamentik befreiten Schriftplakat. Als kühnes Beispiel für diese Bemühungen steht das Morach-Plakat, 1918 (42).

An der neu eröffneten Grafikerklasse der Kunstgewerbeschule Zürich befassten sich von Anfang an Ernst Keller und später auch seine Kollegen Walter Käch, Heinrich Kümpel und Alfred Willimann, die teilweise noch seine Schüler waren, mit Schrift und Plakat. Sie versuchten der «Neuen» oder «funktionalen» Typografie, wie sie nach 1925 auch deutsche Plakate aufwiesen, ein eigenständiges, helvetisches Schriftbild entgegenzuhalten.

Die *Neue Typographie* zeigte axiale Satzgruppen – meist in Groteskschrift – in spannungsvoller Beziehung zur Fläche samt fetten Balken und anderen Zutaten aus dem Setzkasten. Ihr Wortführer war Tschichold, der sich vom altmeisterlichen Kalligrafen zum Vorkämpfer entwickelt hatte und sogar seine Vornamen – von Johannes über Iwan zu Jan – seinem künstlerischen Credo anpasste.

20 El Lissitzky, *1929*

Rückblickend schrieb Tschichold über die «Neue Typographie»: *«Es scheint mir aber kein Zufall, dass diese Typographie fast nur in Deutschland geübt wurde und in den anderen Ländern kaum Eingang fand. Entspricht doch ihre unduldsame Haltung ganz besonders dem deutschen Hang zum Unbedingten, ihr militärischer Ordnungswille und ihr Anspruch auf Alleinherrschaft jener fürchterlichen Komponente deutschen Wesens, die Hitlers Herrschaft und den zweiten Weltkrieg ausgelöst hat»* (SGM, 6/1946).

Nach Hitlers Machtergreifung 1933 emigrierte Tschichold in die Schweiz. Sein stilles und ausgewogenes, mit einfachen Mitteln gestaltetes Plakat für die Kunsthalle Basel «Konstruktivisten», 1937 (61), zeigt ihn bereits als Sucher nach neuer Harmonie. Er fand sie schliesslich im klassischen, symmetrischen Antiqua-Satz.

In dieser Zeit stellte Tschichold sein grosses Können übrigens auch in den Dienst des Verlages des hier vorgelegten Buches. Er arbeitete von 1941–1946 in Basel, und seine vorbildliche Gestaltung der «Birkhäuser Klassiker» mag als Ergebnis der oben zitierten «Suche nach neuer Harmonie» gelten.[14])

Unbeeinflusst von diesen Tendenzen schuf der Neuenburger Eric de Coulon bereits in den zwanziger Jahren in Paris ungewöhnliche Schriftplakate.

Auftrieb erhielt das Typografieplakat nach 1930 durch Max Bill, der «als amateur eine natürliche begabung für grafik hatte» (Bill). Wie erwähnt, holte sich Max Bill schon als Siebzehnjähriger mit einem Schriftplakat im Wettbewerb der Schokoladenfabrik Suchard zu ihrem 100jährigen Bestehen den 1. Preis (Fr. 2500.–). Sein Entwurf hielt das festliche Ereignis in klassischer Schrift und Anordnung fest, einer Gedenktafel ähnlich. Die Beschäftigung mit der Typografie brachte Bill nach seiner Rückkehr vom Bauhaus die notwendigen Einkünfte. Die Typografie verdankt ihm wesentliche Impulse.

In den «Allianz»-Plakaten manifestierte sich seine typografische Pionierarbeit am schönsten. Hier verwirklichte er seine Thesen von der «funktionellen» oder «organischen» Typografie, vom «logischen aufbau mit dem sich daraus ergebenden ausdruck in einem harmonischen gebilde» und vom «verschwinden der einstmals als charakteristische, modische zutat erschienenen fetten balken und linien, der grossen punkte, der überdimensionierten paginaziffern und ähnlichen attributen», sogar Jahre bevor er sie formulierte (SGM, 5/1946).

Endlich kamen die Schriften des Setzers zum Zug. Die Drucklettern durften ihrem Charakter und ihrer Grösse entsprechend wirken und frei laufen, ohne im Versalsatz auf willkürliche Längen gequält zu werden.

Bill war stolz, wenn einzelne Textpassagen auf seinen Entwürfen mit der Maschine gesetzt werden konnten. Mit gleichem Stolz erwähnte er die Erstellung eines Wohnhauses aus vorfabrizierten Elementen. Diesem Bekenntnis zum Fortschritt entsprach Bills konsequente Kleinschreibung, die er bis heute beibehalten hat.

21 Walter Cyliax, *1930*

Jan Tschichold hatte sich vom Sprecher der *Neuen Typografie* zum Gegenspieler Bills entwickelt und schrieb: «*Ein Künstler wie Bill ahnt vielleicht nicht, welche Opfer an Blut und Tränen die Anwendung rationalisierter Produktionsmethoden der ‹zivilisierten› Menschheit und jeden einzelnen Arbeiter kostet. ... Die maschinelle Produktion hat also für den Arbeiter eine schwere, fast tödliche Einbusse an Erlebniswerten zur Folge, und es ist ganz und gar abwegig, sie auf ein Piedestal zu erheben.*» Auch die bisher letzte Konsequenz dieser Entwicklung sah Tschichold: «*Die modernsten Erzeugnisse unserer ‹Kultur› sind V-Waffen und die Atombombe. Diese schicken sich bereits an, unsern Lebensstil zu bestimmen, und werden gewiss den ‹Fortschritt› unaufhaltsam weiterverbreiten*» (SGM, 6/1946).

In den fünfziger und sechziger Jahren erhielt das Schriftplakat neue Impulse durch Emil Ruder und Armin Hofmann in Basel sowie Josef Müller-Brockmann in Zürich.

Erste Fotoplakate

Die Meister des Sachplakates, Stoecklin und Baumberger, hatten zwar mit hyperrealistischen Objektdarstellungen in den zwanziger Jahren das Fotoplakat bereits vorweggenommen, selber aber keine Beziehung zur Fotografie. Sie lehnten sie nicht nur ab, Baumberger machte sich sogar rückblickend noch lustig: «Dieses Plakat, längst vor dem Photorummel und vor der Epoche der sogenannten neuen Sachlichkeit angeschlagen, zeigte ein riesig vergrössertes Manteldetail (312). Die Firma und ich wurden immer wieder von allen möglichen ausländischen Fachzeitschriften um Wiedergabeerlaubnis angegangen, im Glauben, es handle sich um eine farbige Photoreproduktion. Wenn ich dann jeweils höhnisch-freundlich aufmerksam machte, dass das bewunderte Meisterwerk ‹nur gezeichnet› und gemalt sei, flaute die Begeisterung auf einen Schlag ab.» [15]).

Im Sachplakat der zwanziger Jahre — dem übrigens die gegenstandsbezogene Malerei, eben die «sogenannte neue Sachlichkeit», durchaus entsprach — kam der Wille zur klaren und direkten Information zum Ausdruck. Diese Tendenz, von der auch das Schriftplakat profitierte, und ein verbesserter Tiefdruck waren Voraussetzungen für das Fotoplakat.

Anfänglich war die Fotografie «typographisches Material» (Maholy-Nagy), mit dem die Plakatgestalter experimentierten. Die ersten Versuche in der Schweiz mit Fotos auf Plakaten folgten dieser Auffassung. 1927 kombinierten sowohl Keller wie auch Käch Bild mit Schrift, die aber noch deutlich im Vordergrund stand.

1929 zeigte das Kunstgewerbemuseum Zürich die «Russische Ausstellung», für die El Lissitzkys inzwischen weltberühmte Fotomontage warb (20). Der Einfluss der Ausstellung auf die jungen Gestalter in der Schweiz war enorm. Unter ihnen war Walter Cyliax der erste, der die Fotografie überlegen im Plakat einsetzte. In seinem Plakat «Koch, Optiker», 1929 (217), rückte die Fotografie erstmals ins Zentrum: Sie war eigenständig geworden. Noch dominierender und unabhängiger von der Schrift verwendete Cyliax die Fotografie für «simmen»-Möbel, 1930 (21); die angeschnittene Kommode füllt das ganze Format. Im gleichen Jahr bildeten «Werk» und «Arts et métiers graphiques» die grosse Neuigkeit ab.

Walter Kern, Freund und Mitarbeiter Cyliax', erinnerte sich: «In seinen Plakaten wurde er stark durch die Ausstellung russischer Plakate im Kunstgewerbemuseum angeregt. Ich erinnere mich noch der lebhaften Diskussionen um die Photomontage und das Photoplakat, die damals diese hervorragende Schau heraufbeschwor» (TM 10/1945). In der «ausstellung der sammlung jan tschichold: plakate der avantgarde», München 1930, sind die Arbeiten von Cyliax die einzigen Belege aus der Schweiz. Tschichold gleich, wandte sich auch Cyliax um 1940 von der Fotografie und der neuen Typografie ab und der klassischen Buchdruckerkunst zu.

Entgegengesetzt verlief das Leben der beiden Pioniere: Tschichold verliess Hitlerdeutschland 1933, Cyliax kehrte 1936 heim, um zuerst in Stuttgart, später in Wien eine Druckerei zu übernehmen.

1930 brachten auch die Gebrüder Kurtz die Fotografie ins Plakat. Für die Ausstellung «Neue Hauswirtschaft» (399) versuchten sie der weichkopierten Montage eines Wohnzimmers die Küche mit modernem Geschirr gegenüberzustellen. Ihre berufliche Ausbildung machte sie zum idealen Gespann. Helmuth zeichnete und gestaltete, Heinrich, der seine Ausbildung nach einer Lithografenlehre in der neueröffneten Fotoklasse der Kunstgewerbeschule Stuttgart erhalten hatte, fotografierte. Im gemeinsamen Atelier entwickelte er sich zum Beleuchtungsspezialisten, der seine Sachaufnahmen nicht mehr retuschierte und der es im Sinn des Wortes verstand, aus einer fotografierten Mücke ein Monstrum zu machen. Für «Shell Tox» (412) lichtete Heinrich Kurtz ein kaum zentimetergrosses Insekt ab, das, 80fach vergrössert, als noch nie gesehene Horrorvision das Plakat beherrscht.

Zwar behauptete Georg Schmidt, damals Assistent an der Basler Gewerbeschule, später Direktor des Kunstmuseums Basel, bereits 1929 vom Fotoplakat: «Man kann es nur noch machen, man kann es aber nicht mehr als Neuheit verkündigen und verteidigen» («Werk», 9/1929). Gerade diese Neuheit aber sollte das Fotoplakat noch jahrelang bleiben.

Fotografische Glanzlichter

1931 wurde die Fotografie erstmals für ein politisches Plakat benutzt. Paul Senn, der damals für die «Zürcher Illustrierte» arbeitete, fotografierte für die Sozialdemokraten das Mädchen und den Burschen aus dem Arbeiterturnverein Bümpliz mit erhobenen Armen (562). Emil Pfefferli, trotz politischer Gegnerschaft: «Es ist unstreitig das beste von allen Wahlplakaten, die man in den letzten Jahren zu sehen bekam. Im Inhalt und in der Gestaltung frappant, ist es ein charakteristisches Beispiel der Verbindung von Photographie und Typographie mit sehr starker Werbewirkung» (SGM, 11/1931).

Die Kommunisten gingen noch einen Schritt weiter und benutzten 1935 eine kühne Fotomontage für ihr Wahlplakat. Carigiet montierte zwar 1933 — angeregt auch er durch sowjetische Plakate — dem zeichnerisch dargestellten Zürcher Stadtpräsidenten einen fotografierten Kopf ein; die Montage von Fotos für politische Propaganda aber war für die Schweiz neu. Den aus der Menge ragenden Arbeiterkopf fotografierte und montierte, inspiriert durch John Heartfield, Filmregisseur Hans Trommer (573).

Trommer zählte zum Kreis um Max Dalang (1882–1962), der nicht nur eine der ersten professionellen Werbeagenturen aufbaute und die ersten Reklameberater ausbildete, sondern dessen Atelier auch Treff- und Mittelpunkt der neue Wege suchenden Grafiker war. Zu ihnen gehörten, neben Heiri Steiner und dem Deutschen Anton Stankowski, auch Ernst A. Heiniger, die fasziniert von der Fotografie das neue Medium sofort auch für Plakate benützten. «Damals, in den frühen dreissiger Jahren, in denen Heiniger begann», erinnerte sich Richard P. Lohse, «erlebte die Schweiz auf kulturellem Gebiet die durchdringende Kraft eines neuen Sehens». Anders sah es Traugott Schalcher: «Es ist weder schweizerisch noch künstlerisch, es ist nur ‹modern›. Das Photo ist für das Plakat eine Gefahr» (SGM, 9/1935).

Einen Höhepunkt erreichte das farbige Fotoplakat um 1935 mit Walter Herdegs St. Moritz-Werbung, vor allem aber mit Herbert Matters sensationellen Fotomontagen. Das Staunen über seine Aufnahmen für die Werbung — ausser Plakaten fotografierte und montierte Matter Zeitschriftenumschläge, Kataloge und Prospekte — hält heute, nach bald 50 Jahren, noch an. Ob ein Gesicht im Vordergrund das Plakatthema schon ausdrückt oder ob eine menschenleere Strasse in eine von ihm montierte Gebirgslandschaft führt, die in ihrer neuen Wirklichkeit surrealistisch anmutet, immer komponiert er subtile Bilder mit harmonisch integriertem Text. Zwischen 1934–1936 entstanden gegen zehn dieser einzigartigen Montagen, und als die letzten Plakate angeschlagen wurden, war Matter schon in den Vereinigten Staaten: «Sie sollten das Land sein, welches seinen internationalen Ruhm begründete» (Hugo Loetscher).

Nach diesen Spitzenleistungen hatte es das Fotoplakat schwer. Unter den 240 prämierten Plakaten der ersten zehn Jahre, 1941–1951, wurden fünf Fotoplakate ausgezeichnet. Während Walter Kern 1943 glaubte: «Das Photoplakat konnte nur durch die ebenso grosse Sachlichkeit und Liebe zum Objekt eines Niklaus Stoecklin wirklich überwunden werden» («Werk», 8/1943), stellt Berchtold von Grünigen im gleichen Jahr überrascht fest: «... dass sich das Photoplakat in einer ganz verschwindend kleinen Zahl vorfindet ... Es könnte das Photoplakat ein fruchtbarer Ausweg aus dem überspitzten Naturalismus werden, der ja zusehends immer mehr eine pseudophotographische Oberflächennachbildung wird» (APG, 1943).

So verwundert es nicht, wenn Mitte der fünfziger Jahre Müller-Brockmanns Fotoplakate für die Verkehrserziehung schon wieder Neuigkeitswert hatten. Seither gewann das Fotoplakat stetig an Bedeutung — immer neue Effekte wurden der Fotografie abgerungen —, bis es sich in seiner gängigen Form in den siebziger Jahren als Konfektionsware schliesslich totlief.

Der Linolschnitt

Heute, im Zeitalter der Reproduktion, da bald im kleinsten Dorf eine Offsetmaschine läuft, ist es schwer vorstellbar, wie schwierig und kostspielig noch vor wenigen Jahrzehnten die Wiedergabe eines grossen Bildes war. Als der Offsetdruck noch in den Kinderschuhen steckte, war die Lithografie für Plakate mit Bilddarstellungen das übliche und günstigste Druckverfahren. (Ein geglückter Offsetdruck aus den Jahren 1910 bis 1930 ist denn auch rarer als die von Schwärmern gerühmte Handlithografie aus der gleichen Zeit.) Lithografische Anstalten aber waren ausser in einigen Städten nicht mehr zu finden, nachdem die vielen kleinen Lithografiewerkstätten, die noch um die Jahrhundertwende betrieben wurden, verschwunden waren.

So landete der ländliche und kleinstädtische Plakatauftrag in der Buchdruckerei des nächstgrösseren Ortes. Dort wurde die gewünschte bildliche Darstellung vom zeichnerisch begabten Schriftsetzer in Linoleum geschnitten, die im Buchdruckverfahren — oft sogar noch mehrfarbig — wiedergegeben wurde. Für regionale Sport- und Kulturvereine entstanden auf diese Weise kleine Meisterwerke, die es eigentlich verdienten, besonders gewürdigt zu werden.

Das Bearbeiten des weichen Linoleums bereitete taktiles, ja sinnliches Vergnügen, und das Herstellen des Druckstockes nach eigenem Entwurf machte den Handwerker zum Künstler.

An der Kunstgewerbeschule Zürich schnitt vor allem Ernst Keller seine Plakate vorzugsweise in Linol. Seine Meisterschaft erlaubte ihm, den pfeifenrauchenden Indianer für das Ausstellungsplakat «Tabak», 1929 (484), in fünf Farben zu drucken, dessen Buntheit er durch Farbüberdrucke noch steigerte. (Die Schrift glich er dem damals weit verbreiteten und populären, bisher anonymen Plakat für «Tabak 24», 1922 (485), an, das der Tessiner Maler Luigi Taddei in Zusammenarbeit mit dem Auftraggeber geschaffen hatte.)

In Basel schnitt der Keller-Schüler Theo Ballmer für die Kommunistische Partei eine Vielzahl von Plakaten in Linol. Ballmer kehrte 1930 vom Bauhaus in Dessau nach Basel zurück und wurde Lehrer für Schrift und Grafik, später auch für Fotografie, an der Allgemeinen Gewerbeschule. Die Genossenschaftsbuchdruckerei Basel, seit der Spaltung 1921 in den Händen der Kommunisten, besass keine Druckmaschine für das Weltformat. Ballmer musste seine Plakate deshalb in zwei Hälften schneiden, so dass sie erst beim Aushang ein Ganzes bildeten. Seine originale und lapidare Formensprache, auf von ihm gefundene Symbole verkürzt, machten ihn zum stärksten Politgrafiker der dreissiger Jahre.

In den dreissiger und vierziger Jahren waren es Max Bill und andere Zürcher Konkrete, die für ihre Plakate den Linolschnitt entdeckten. Die Farben ihrer Kompositionen kamen im Buchdruck satter heraus als in jedem anderen Druckverfahren. Das änderte sich erst mit der Verbreitung des Siebdrukkes. Noch 1960 schnitt Bill für das Plakat seiner Ausstellung im Kunsthaus Winterthur (68) nicht nur die vier ungleich langen Linien des auf die Ecke gestellten Quadrates in Linol, sondern gleich den gesamten Text. Auch Emil Ruder benutzte den Linolschnitt für die meisten seiner Ausstellungsplakate. Der Druck der Raster-Komposition für «ungegenständliche Photographie», 1960 (55), ab Linolschnitt ist allerdings schon fast ein Unikum.

Ein Sonderfall waren die Linolschnitte der Buchdruckerei Jacques Bollmann in Zürich. Das Linoleum – damals Behelf und zugleich Spezialität einiger Künstler – wurde zur Grundlage für die Herstellung des kommerziellen Plakates. Nach dem Zweiten Weltkrieg spezialisierte sich die Firma auf den Druck von Weltformat-Linolschnittplakaten, der vor allem in den fünfziger Jahren florierte. Da liefen ständig zwei riesige Zweitouren-Buchdruckmaschinen, die mit abgeändertem Farbwerk samt Doppeleinfärbung ausgerüstet worden waren. Trotz ihrer geringen Stundenleistung vermochte das Verfahren wegen des preisgünstigen Druckstocks während eines Jahrzehnts sowohl mit der verschwindenden Lithografie als auch mit dem aufkommenden Offsetdruck zu konkurrieren.

Walter Weber, ein begnadeter Linolschneider, legte den Grundstein für diesen Erfolg. Mit Episkop, Transparent- und Pauspapier übertrug er den Entwurf auf das vorgewärmte Speziallinoleum und bearbeitete anschliessend die grosse Platte von Hand. An seine Geschicklichkeit und an seine Kniffe – durch Aufrauhen der Oberfläche erzeugte Weber Halbtonwerte in verschiedenen Abstufungen – ist denn auch zu denken, wenn das fertige Plakat eine Bestimmung der Drucktechnik nur schwer zulässt.

Ebenfalls in Zürich, mitten in der Altstadt, druckte in diesen Jahren die City AG Linolschnitte im Weltformat. Vor allem Künstler gingen in dieser Buchdruckerei ein und aus, und manches Plakat von Keller, Gauchat, Leuppi, Bill u.a. kam aus dieser Presse.

Die Drucker

Der steigende Bedarf an lithografischen Erzeugnissen, die im Unterschied zum Buchdruck ohne Setzerei hergestellt werden konnten, begünstigte das Aufkommen einer Vielzahl kleiner Lithografie-Werkstätten nach 1850 in der ganzen Schweiz. So wurden 1875 allein in der Stadt Bern 20 lithografische Unternehmungen gezählt. Das Streben nach besserer Druckqualität und leistungsfähigerem Betrieb liess aber bald grössere Firmen entstehen. Manche dieser um 1900 gegründeten lithografischen Kunstanstalten, wie sie sich nun stolz nannten, stehen als Druckvermerk auf den im Abbildungsteil wiedergegebenen Plakaten.

Vielsagendes Impressum

Aus dem Druckvermerk «Ateliers Art. Müller & Trüb, Aarau und Lausanne», wie er um 1900 auf manchen Plakaten anzutreffen ist, lassen sich drei grosse, heute bekannte und voneinander unabhängige Firmen herauslesen.

1820 gründeten die Brüder Billinger in Aarau eine der ersten Lithografie-Werkstätten in der Schweiz. Bei einem Nachfolger erlernte der Lehrling Jakob Clemens Müller das Drucken. 1859 gründete dieser eine eigene Druckerei, wo nun sein Sohn Jakob eine Lehre antrat, infolge einer «besonders nachhaltigen Ohrfeige» (Carl Müller) hingegen abbrach und in die Ferne zog. Als späterer Besitzer des väterlichen Geschäftes nahm Jakob Müller 1884 seinen Schwager August Trüb-Müller in die Firma auf und gründete in den neunziger Jahren eine Filiale in Lausanne.

1903, nach «einem handfesten Krach» (Hans Trüb) – hat Jakob Müller seine bezogenen Ohrfeigen weitergereicht? – trennten sich die beiden, und August Trüb übernahm die noch heute bekannte Druckerei Trüb AG in Aarau. Sein Schwiegersohn, Rudolf Roth-Trüb, führte die ehemalige Filiale in Lausanne als Imprimerie du Simplon SA weiter. Dessen Sohn vereinigte sich mit Karl Sauter zur Druckerei Roth & Sauter SA in Lausanne. Die Firma zog in den siebziger Jahren in ihre neuen Gebäude nach dem nahen Denges.

Jakob Müller aber wurde Direktor der Kunstanstalt Künzli im Seefeld in Zürich. Diese Firma hatte ihrerseits eine überaus wechselvolle Geschichte hinter sich. Sie geht auf die 1840 von Caspar Knüsli am Neumarkt gegründete Druckerei zurück, die auch den ersten Jahrgang des «Nebelspalters» gedruckt hatte. Und genau bei diesem Caspar Knüsli arbeitete August Trüb als Vertreter, bevor er zum vorübergehenden Kompagnon von Jakob Müller wurde.

1906 kaufte Jakob Müller die Druckerei Künzli. Sein Sohn, Jakob Carl, übernahm 1908 die Firma und baute das noch heute bekannte Unternehmen J. C. Müller auf. Hans Falk, der viele seiner Plakate selber lithografierte, erinnerte sich: «Ich sehe den guten, alten J. C. Müller im weissen, langen Mantel vor mir, kritisch meinen Entwurf prüfend. Wenn er mit donnernder Stimme zum Ergebnis kam, das Plakat sei ein ‹Wurf›, dann wusste ich, dass ihm nichts zuviel ward, dass Überzeit und sogar eine Mehrfarbe aus seiner Tasche aufgewendet würden, bis die letzte Maschinenprobe neben dem Original im kleinen Hof an der Seefeldstrasse hing. Hie und da drohte er mir aber auch mit einem ‹Wurf› durchs Maschinensaalfenster, wenn ich jetzt nicht sofort Schaber und Bimsstein aus den Händen gäbe.» [16])

Nach seinem Tode führten seine Schwiegersöhne die Firma weiter, und die fünfte Generation ist heute durch Peter Neeser vertreten.

J. E. Wolfensberger

«Der ‹Alte› war ein gestrenger Herr. Er konnte in den Arbeitssälen und Büros herumwüten, dass einem Hören und Sehen verging. Aber trotzdem nannten wir ihn ‹de Vatter›. Das kam von der Achtung, welche seine Beherrschung des Beruflichen bis ins Detail hinein einflösste, auch davon, dass man bis zum Stift hinunter wusste, dass in seiner Offizin nur gedruckt wurde, was der Prinzipal formal und technisch verantworten konnte, dass er einträgliche Arbeiten abwies, wenn er sie nicht nach seinem Willen formen durfte. Und vor allem, er war von seinem Beruf wirklich besessen, handelte eben nicht mit Drucksachen wie mit Rüben oder Besenstielen, sondern jede Arbeit erschien ihm wie eine Art eigenes Kind.» [17])

Dies war Baumbergers Bild von Johann Edwin Wolfensberger, der als Zwanzigjähriger aus Kaufbeuren (bei München), wo er sich als Sohn eines Auslandschweizers zum Steindrucker ausgebildet hatte, in die Kunstanstalt Trüb kam. Lange hielt es Wolfensberger aber nicht in Aarau: Um 1900 eröffnete er eine eigene Druckerei an der Gessnerallee in Zürich. Von dort zog er an die Dianastrasse und 1911 in das eigene Haus zum Wolfsberg an der Bederstrasse, das Druckerei, Kunstsalon und Wohnung vereinte. Er war inzwischen der weithin anerkannte Fachmann geworden.

Auf dem Plakat, das Burkhard Mangold diesem Ereignis widmete, stand: «*Der Wolf zieht um, ah! Drum staut sich die Menge in lebensgefährlichem Gedränge auf dem Weg nach der Enge! Denn die Enge im alten Haus trieb ihn hinaus. Nun recket er seine Riesengestalt, grad wie's ihm g'fallt und buhlet — hoffentlich nit umeinsunst — mit seiner Kunst um der Kenner Gunst und um den Segen seiner Herren Kollegen!*»

Nach dem Tode von Johann Edwin Wolfensberger (1873—1944) schrieb Otto Baumberger: «Wenn einmal die Geschichte des schweizerischen Steindruckes und der Gebrauchsgrafik geschrieben werden sollte, so wird ... J. E. Wolfensbergers unbeugsames Wirken als wahrer Qualitätsfanatiker gewürdigt und, als Aktivum schweizerischer Kulturförderung, hoch eingeschätzt werden müssen» («Graphis», 7—8/1945).

Der Sohn Jakob Edwin Wolfensberger (1901—1971) führte die Firma weiter, und heute ist in den imposanten Gebäuden die dritte Generation tätig.

Die lithografische Kunstanstalt

Weitere und heute noch bestehende Druckereien, die durch ihre Qualitätsarbeit am Erfolg des Schweizer Plakates der Frühzeit beteiligt waren, sind vor allem:

Sonor S. A., Genf (1929 von der Tageszeitung «La Suisse» übernommen, vormals Société Suisse d'affiches et de réclames artistiques); Säuberlin & Pfeiffer SA, Vevey; Wassermann AG, Basel (vormals Wassermann & Schäublin); Kümmerly & Frey AG, Bern (1884 bis 1898: Gebrüder Kümmerly); Orell Füssli AG, Zürich; Gebrüder Fretz AG, Zürich (1980 von der «Neuen Zürcher Zeitung» übernommen); Eidenbenz & Co, St. Gallen (1863—1925: Seitz & Co, 1926—1961: Eidenbenz-Seitz & Co).

Nicht jeder Maler zeichnete seinen Entwurf selber auf den Stein. Dann übernahm der Lithografiezeichner, der auf seine Weise genauso ein Künstler war, diese Arbeit. Auch der Drucker war ein Meister mit grossem künstlerischem und handwerklichem Können.

Diese Fachleute organisierten sich früh im 1888 gegründeten Schweizerischen Lithographenbund. Dieser erreichte 1897 eine Verkürzung der Arbeitszeit von 62 auf 59 und 1903 von 59 auf 54 Stunden pro Woche. Schon 1911 erkämpfte die Gewerkschaft eine Berufsordnung samt Tarifvertrag (Wochenlohn für Frischausgelernte Fr. 33.—), die 51-Stunden-Woche erreichten die Arbeiter jedoch erst beim Abschluss des neuen Gesamtarbeitsvertrages 1916. Die 48-Stunden-Woche verwirklichte sich unter dem Druck des Generalstreiks 1919.

Der klassische Lithografiestein kam aus dem Solnhofer-Kalksteinbruch im Altmühltal zwischen München und Nürnberg. Ein besserer fand sich nie. Die meisten Plakatsteine waren gelblich und kosteten zwischen 500 bis 1000 Franken. Für die besonders von Künstlern bevorzugten härteren blaugrauen Steine mussten bis zu 2000 Franken bezahlt werden. Der massige Druckträger war mancherorts zum Zeichnen auf eine «Staffelei» gestellt, ähnlich wie beim Malen die gespannte Leinwand; und zu Recht kontrollierte der Lithograf von Zeit zu Zeit die Vorrichtung, die den Stein über seinen Füssen festhielt. Nach dem Druck schliff der Hilfsarbeiter die seitenverkehrt angeätzte Zeichnung mit Feuersteinsand ab, und der Stein war wieder bereit, eine neue Vorlage aufzunehmen.

Ein solcher Stein, wie er für jede einzelne Farbe eines Plakates notwendig war, wog aber zwischen 500 bis 600 Kilogramm. Gegenüber der leichten Zinkplatte als Druckträger des Offsetverfahrens hatte er keine Chance. Der Offsetdruck kam Anfang 1900 aus Amerika, und bereits 1910 waren in der Schweiz gegen ein Dutzend dieser neuartigen Maschinen in Betrieb. Die damalige Lithografieanstalt Seitz & Co, St. Gallen, liess 1917 ihre erste Offsetmaschine laufen, und 1927 druckte auch J. C. Müller in Zürich ausser auf seinen fünf Steindruck-Schnellpressen schon im Offsetverfahren. Ende der vierziger Jahre zeichnete sich allmählich die Überlegenheit dieses rationellen Druckverfahrens ab. Doch erst Ende der fünfziger Jahre begannen die ehemaligen Lithografieanstalten, die gemächlich hin und her rumpelnden Steindruckmaschinen abzumontieren und verschrotten zu lassen. Der Siegeszug des Offsetdrucks war damit allerdings noch keineswegs zu Ende; 20 Jahre später hatte er auch dem Buchdruck, dem ältesten Druckverfahren überhaupt, den Garaus gemacht.

Plakat und Öffentlichkeit

Die Auftraggeber

Die Gleichung ist einfach: Ohne Auftraggeber keine Plakate, ohne beherzte Auftraggeber keine neuartigen Plakate. Wer heute staunend vor Künstlerplakaten der Frühzeit steht, hingerissen von der Kühnheit der Idee und der Ausführung, sollte auch der Auftraggeber gedenken.

Die Vermittlerrolle zwischen Künstler und Besteller übernahm oft die Druckerei. Als Mittelsmann war es wieder vor allem J. E. Wolfensberger, der für seine Maler eintrat. Immer wieder erreichte er auch für einen unüblichen Entwurf die Zustimmung des Auftraggebers. Es war ein Wagnis, einen weder anerkannten noch unbestrittenen Künstler mit einem Plakatentwurf zu beauftragen, der weit übers Gängige hinausragte, und der eher schockierte als Wohlgefallen auslöste.

Was bewog «Bally» (363), 1926 mit einem derart verrückten Plakat von Morach, auf dem weder Kopf noch Schuh zu sehen ist, herauszukommen? Wem hat Giacomettis Sonnenschirm (28) 1924 gefallen? Dem Publikum, den anvisierten Gästen oder dem Direktor der Rhätischen Bahn? Hermann Behrmann, 1924: «Das Bild ist nicht überall richtig verstanden worden. In romanischen Gegenden und in England zieht man erfahrungsgemäss die kitschigen ‹Ansichten› vor und scheint dieses Plakat als Schirmreklame aufzufassen.»

Die überaus heftige Opposition mit ihren weitreichenden Folgen gegen Cardinaux' «grünes Ross» (202) für das Landesausstellungsplakat von 1914 zeigte, mit welchen Konsequenzen die Zustimmung zu einem neuartigen Entwurf verbunden sein konnte. In der standhaften Jury sass neben Hodler auch der eben zitierte Werbefachmann Hermann Behrmann.

Für manchen Maler war das Plakatentwerfen Brotarbeit. Immer wieder verwirklichten sich Bildvorstellungen des Künstlers auf dem Plakat statt auf der Leinwand und bereicherten die schon zitierte «Galerie der Strasse». Der dahinterstehende Auftraggeber sah sich freilich nicht so sehr als Mäzen, sondern als Geschäftsmann, der dem Überraschungseffekt des Neuartigen vertraute.

Die Säulen des Herrn Litfass

1914 liess Stadtbaumeister Fierz zusammen mit Constanz Vogelsanger, dem Direktor der Allgemeinen Plakatgesellschaft, auf Zürichs Strassen neue Plakatsäulen aufstellen. Acht Plakate im neuen Weltformat konnten daran angeschlagen werden. Mit ihrem charakteristischen Betondach entsprachen sie immer noch der «eingerollten Anschlagfläche» des Ernst Litfass, der ein «Institut der Anschlags-Säulen» gegründet und am 24. Juni 1855 in sämtlichen Berliner Zeitungen inseriert hatte:

«Durchdrungen von der Überzeugung, dass eine Umgestaltung und zeitgemässe Organisation des Placatwesens, welches für den Verkehr ein unabweisbares Bedürfnis geworden ist, höchst wünschenswerth sei, damit endlich einmal allen Übelständen abgeholfen werde, die aus dem bisher beobachteten Verfahren, beim Anheften der Zettel an die Strassen-Ecken, Brunnengehäuse und Bäume usw. erwuchsen, entwarf der Unterzeichnete den nun in's Leben tretenden Plan, welcher sich der raschen Genehmigung und der dankenswerthesten energischen Unterstützung und Förderung von Seiten des Königl. Polizei-Präsidiums und dessen hochverdienten Chefs, des Herrn General-Polizei-Directors von Hinckeldey zu erfreuen hatten.»

Daneben entstanden einheitlich bemalte und verzierte Gerüste mit Holzrahmen als Plakatwände, die auch Neubauten einkleideten. Auffallend war der gepflegte Anschlag, den das künstlerische Plakat damals erhielt. Den Effekt, den zum Beispiel Erwin Roth mit seiner Dreiergruppe für das Restaurant, das Hotel und das Café «St. Gotthard» (251, 252, 254) erreichte – also die Balance zwischen dunkler Fläche mit Darstellungen auf weissem Grund –, übertrug die Plakatgesellschaft auf den gesamten Aushang. Ob eine Wand 14 oder gar die doppelte Anzahl Plakate aufwies, ihre Anschlagtechnik machte aus den einzelnen Künstlerplakaten eine einfallsreiche Grosskomposition. Dieser kunstvolle Anschlag entsprach der Achtung vor der Arbeit von Gestalter und Drucker, aber auch den Interessen des Auftraggebers, und liess die «Galerie der Strasse» entstehen.

Die Litfass-Säule verbreitete sich über die ganze Schweiz. Erst während der «Sanierungswelle» der Hochkonjunktur verschwanden sie allmählich und wurden durch schmetterlings-, dreieck- und sternförmige Aluminiumständer ersetzt. Eine Zunahme der B-12-Plakate (dreimal Weltformat) und noch grösserer Formate war in den siebziger Jahren zu beobachten. 1982 war die gute alte Anschlagsäule plötzlich wieder im Gespräch. Ihr Comeback feierte sie in Basel: Auf dem neugestalteten Claraplatz stehen bereits wieder vier Plakatsäulen.

Das Geschäft

Die Allgemeine Plakatgesellschaft, 1900 in Genf gegründet, breitete sich von der Westschweiz im ersten Vierteljahrhundert über die ganze Schweiz aus. Sie besitzt die Konzession für den Plakatanschlag in der Schweiz. Verträge mit gegen 3000 Gemeinden sichern ihr nahezu das Alleinrecht auf den Aushang von jährlich etwa 2 Millionen Plakaten. Der vierzehntägige Anschlag eines Weltformatplakates kostet 1983 Fr. 10.75.

Als Aussenseiter im Anschlaggeschäft kämpfte Hans Erb in Zürich seit 1927 gegen die städtische Alleinkonzession an die APG. Stur wiederholte er alle zehn Jahre seine Anmeldung — 1958 bekam Erb im Gemeinderat erstmals die Unterstützung der politischen Parteien —, um 1969 in seinem Prospekt zu triumphieren: «Das Zürcher Plakat-Monopol ist gesprengt!» Erbs Plakanda AG bekam vom Stadtrat die Kreise 6, 10 und 11 (24 Prozent des gesamten Aushangvolumens) in Zürich zugesprochen.

In den über 900 Bahnhöfen der Schweiz hatte seit jeher die Orell Füssli Expo AG das Recht, die Plakatwerbung zu betreiben. 1982 gelang es der kleinen Impacta AG, Bern, die allerdings mit dem Marktleader APG liiert ist, die renommierte Zürcher Werbefirma aus dem Millionengeschäft zu drängen und von den SBB die Alleinkonzession zu erhalten.

So interessant das Geschäft mit den etwa hunderttausend Plakaten, die in der Schweiz hängen, auch ist: ihr Anteil an der 1980 erstmals überschrittenen Milliarde für den Gesamtaufwand der Werbung ist auch mit etwa 100 Millionen Franken doch bescheiden. Ein deutlicher Boom sorgt allerdings dafür, dass der Plakatanteil ständig wächst und umsatzmässig bereits der TV-Werbung auf den Fersen ist.

Doch auch dieser Entwicklung sind Grenzen gesetzt. Eine zunehmende Zahl von Gemeinden — es sind bereits über 200 Städte und Dörfer, vor allem aus der Deutschschweiz —, die auf öffentlichem Grund die Plakatwerbung für Alkohol und Nikotin verbietet, lässt sich seit der Ablehnung der eidgenössischen Initiative «Gegen Suchtmittelreklame», 1979, beobachten. Der Allgemeinen Plakatgesellschaft fehlen denn auch bereits Zehntausende von Anschlagflächen.

Die Prämierung

Der Feldzug gegen «entartete Kunst» in Hitler-Deutschland gab dem «gesunden Volksempfinden» in der Schweiz Auftrieb. Die Plakat-Auftraggeber begannen gegenüber modernen künstlerischen Formulierungen ängstlicher zu werden. Als neue Ideen nicht mehr gefragt waren, machte sich das Mittelmass breit. Der ehemalige Direktor der Allgemeinen Gewerbeschule und des Gewerbemuseums Basel, Berchtold von Grünigen: «Es musste etwas geschehen, das dem lähmenden, jede Hoffnung zermürbenden Verhalten vieler Auftraggeber entgegenwirkte.»

Und es geschah etwas: Berchtold von Grünigen, Edwin Lüthy, Direktor der Allgemeinen Plakatgesellschaft Zürich, und der Grafiker Pierre Gauchat trafen sich, einer Anregung Gauchats folgend, im Herbst 1940 im Zürcher «Odeon». Aus dieser Besprechung entstand die seit 1941 durchgeführte Prämierung der besten Plakate.

Der vom Departement des Innern bestellten und präsidierten Jury gehören vier Gestalter, drei Werbeberater und ein Vertreter der Allgemeinen Plakatgesellschaft an. Sie wählen aus der Gesamtproduktion des Vorjahres die Plakate, die sich durch künstlerische und drucktechnische Qualität und durch ihre Werbewirkung auszeichnen. Entwerfer, Drucker und Auftraggeber erhalten eine Anerkennungsurkunde vom Bundesrat des Kulturdepartementes. Die Allgemeine Plakatgesellschaft zeigt die prämierten Plakate jeweils in etwa 40 grösseren Orten.

Wenn das Interesse der Öffentlichkeit am Plakat wach blieb, seit einiger Zeit sogar wächst, hat das auch mit dieser Zusatzleistung der Plakatgesellschaft zu tun. 1983 verlieh die Jury von den 1022 zum erstenmal erschienenen Plakaten des Vorjahres (mehr als 1000 Neuerscheinungen gab es erstmals 1980) anstelle der üblichen 20 bis 30 Auszeichnungen bloss deren 14. Die in schwerer Zeit entstandene Absicht, Auftraggeber und Künstler zu ermutigen, hat sich, trotz der obligat umstrittenen Entscheidungen bei solchen Prämierungen, bis heute bewährt.

Verbotene Plakate

Verbote, die in der Geschichte des Schweizer Plakates heute noch zu belegen sind, erfolgten aus sittlichen und politischen Gründen. Der bundesrätliche Bann zielte meist aufs unerwünschte Polit-Plakat. Schien hingegen die Moral in Gefahr, schritten kantonale und lokale Behörden ein. Dass aber auch einmal der Aushang eines offiziellen Plakates an verschiedenen Orten unterblieb, und zwar allein seiner Farbgebung wegen, bleibt ein Unikum. Die erbitterte Ablehnung, vor allem der bäuerlichen Bevölkerung, von Cardinaux' «grünem Ross» für die Landesausstellung 1914, gipfelte mancherorts in einem Anschlagverbot («Das Plakat», 4/1914). In der lautstarken Empörung über die grüne Tönung des Pferdes — weder Aussage noch Darstellung wurden beanstandet — verbarg sich der noch nicht überwundene Schock durch die moderne Kunst.

Der Aushang für die «Zweite Frühlingsausstellung im Kunstsalon Wolfsberg», 1918, mit einem auf die Umrisse beschränkten Frauenakt von Alexandre Blanchet war in Zürich mit Schwierigkeiten verbunden: «... gegen die Einmischung von Sittlichkeits- und Frauenvereinen, die ein Veto zustande bringen, wenn als Ankündigung für eine Kunstausstellung ein Plakat ... angeschlagen werden soll», protestierte Hermann Röthlisberger, denn: «Gerade dem Plakat kommen grosse Verdienste zu im Kampf gegen die Prüderie, in der Zerstreuung von Vorurteilen neuzeitlichen Kunstanschauungen gegenüber» («Werk», 8/1919).

22 Friedrich Kuhn, *1968*
Typografie: Ernst Gloor

23 Bruno Gasser, *1975*
Foto: Jean-Marc Wipf

24 Theo Ballmer, *1931*

25 Max Truninger, *1938*

Der kraftvolle Mädchenakt von Karl Bickel durfte 1932 in Basel und St. Gallen nicht angeschlagen werden. Das Plakat warb für eine Ausstellung des Künstlers, wiederum im Kunstsalon Wolfsberg in Zürich. Der Schweizerische Künstlerbund protestierte gegen das Verbot, da «es sich um ein ernstes Kunstwerk handelt, das die öffentliche Sittlichkeit in keiner Hinsicht gefährdet» («Schweizer Kunst», 1/1932).

Dass Eiferer sich furchtlos auch an internationalen Künstlern vergriffen, demonstrierte der Bannstrahl des Oltener Polizeipräsidenten gegen das Chagall-Bild «Les rives de la Seine», 1953, reproduziert auf dem Plakat des Basler Kunstvereins für die Ausstellung «Internationale Malerei seit 1950», anlässlich seines 125-Jahr-Jubiläums, 1964. Trotz der fabulösen Darstellung wollte der Ordnungshüter in der unteren roten Diagonale Anstössiges, nämlich Schamhaare, geortet haben und verbot am 3. Juli, am Solothurnertag der Expo, das Plakat. Allerdings musste der Polizeichef später – «Die ganze Schweiz lacht sich nun über Olten wieder einen Schranz» («Oltener Tagblatt», 8.7.1964) – sein Veto zurücknehmen.

1968 beanstandete die Züricher Polizei den Busen der Dame unter den «Palmen des Friedrich Kuhn» (22). Die Galerie wurde verpflichtet, auf den bereits hängenden Plakaten die Brüste mit Sternchen abzudecken. Dadurch wurde das Plakat noch kurzweiliger und die Ausstellung ein Erfolg.

Den Anschlag für «Rifle»-Jeans, 1982, mit nacktem Hinterteil, verbot zuerst die Gewerbepolizei im Kanton Zürich; später wurde das Plakat – ausser in Basel und Graubünden – auch in der übrigen Schweiz untersagt. Ebenfalls 1982 durfte in Lausanne und Luzern das Plakat mit der Dali-Reproduktion «Le jugement de Paris» für seine Ausstellung im Musée d'Athenée in Genf, ein weibliches Geschlecht zeigend, nicht ausgehängt werden.

Waren es bisher Frauendarstellungen, die Unwillen erregten, so 1975 das Foto von zwei nackten, bemalten Männern, die miteinander um die Gunst der Teilnahme an der Basler Weihnachtsausstellung rangen (23). Den Aushang des Plakates ausserhalb der Kunsthalle untersagte der Präsident des Kunstvereins.

Verbote von unerwünschten politischen Plakaten betrafen in erster Linie die Linke. Das Theaterplakat von Theo Ballmer «der welt not», 1930 (24), wurde auf Anweisung der Polizei gleichentags überklebt. Das Theaterstück von Franz Welti (der als Anwalt im Diplomatenmord-Prozess Worowski zum Ankläger wurde) mit Hunderten von Mitwirkenden wurde dennoch vor 4000 Zuschauern aufgeführt. Auch Ballmers Plakat «Sexualerziehung und Geburtenregelung» (Spritze und Ziankali-Flasche) wurde sofort verboten.

Der Anpassung und Neigung der Landesregierung, mit dringlichen Bundesbeschlüssen zu regieren, trat die Sozialdemokratische Partei der Schweiz 1938 mit öffentlichen Kundgebungen entgegen. Das Plakat (25) zeigt u. a. eine Uniformmütze auf einer Stange, die mit den Emblemen der Schweizer Frontisten und der faschistischen Staaten (Japan, Deutschland, Italien, Ungarn) versehen ist. Der St. Galler Stadtrat verbot das Plakat, weil es vier Bundesräte zusammen mit dem Gesslerhut zeige.

Solche Verbote waren beileibe kein Vorrecht der städtischen Verwaltungen, auch die oberste Landesbehörde war daran mehrfach beteiligt. Nach dem Zweiten Weltkrieg bemühte sich der Bundesrat um die Aufnahme diplomatischer Beziehungen zur Sowjetunion, die seit 1918 getrübt und unterbrochen waren, als der Bundesrat während des Generalstreikes die rote Gesandtschaft, eskortiert von Kavallerie, an die Grenze stellen liess. Auch der Maler Hans Erni wollte die Kontakte zu Russland wieder verbessern und entwarf ein Plakat, das der Bundesrat jedoch, nach Edgar Bonjour mit «fadenscheiniger Begründung», verbot. Der Historiker fragte, wie sich die Sowjets von der Schweiz ein Bild machen sollten, «wenn man sogar das harmlose Plakat der ‹Gesellschaft Schweiz-Sowjetunion› (580) noch im Februar 1945 verbot, weil sein Text lautete: ‹Wir erstreben freundschaftliche und vertrauensvolle Beziehungen zwischen unserem Lande und der Sowjetunion›?» [18])

Mehr Glück hatte Hans Erni mit seinem Plakat «Atomkrieg Nein» (579), das er 1954 der Schweizerischen Bewegung für den Frieden schenkte. Das Bild seiner Weltkugel als berstendem Totenkopf war lediglich während des Aufenthaltes des amerikanischen Aussenministers in der Schweiz verboten. Hans Erni: «Nach der Wegreise von John Foster Dulles durfte das Plakat wieder öffentlich erscheinen.»

Zu Beginn des Kalten Krieges, 1950/51, notierte Fritz Heeb, Solschenizyns späterer Anwalt, innerhalb von acht Monaten, ausser untersagten Reden und Zeitungen, drei Plakat-Verbote: «23. November: Die Polizeidirektion des Kantons Thurgau verbietet den Anschlag des Plakates der Partei der Arbeit der Schweiz zur Abstimmung über die Bundesfinanzreform. 15. Juni: Der Bundesrat verbietet den Anschlag des Plakates für die Weltfestspiele der Jugend in Berlin. 10. Juli: Der Bundesrat verbietet den Anschlag des Plakates der schweizerischen Friedensbewegung mit dem Aufruf zum Abschluss eines Friedenspaktes zwischen den Mächten» («Vorwärts», 6.10.1951).

Der Anschlag des Palästina-Komitees «Ein Vierteljahrhundert Besetzung Palästinas durch den Zionismus» untersagte der Bundesrat 1971. Die Verwaltungspolizei der Stadt Zürich verbot 1981 den Aushang des Plakates «Zürcher Tribunal» des Vereins Pro AJZ, das eine Verhaftungsszene zeigt (26).

Ausstellungen und Publikationen

Das Interesse der Öffentlichkeit am Kulturträger Plakat kann an den verschiedenen Ausstellungen und Publikationen belegt werden. Das neue Plakat wurde zu Beginn unseres Jahrhunderts nicht nur eifrig gezeigt und beschrieben, es hatte auch seine eigene Zeitschrift, seinen eigenen Verein und

26 Peter Hajnoczky, *1981*
Projekt: Jürgmeier

weltweit seine Sammler. Die Verlautbarungen wurden allerdings spärlich, wenn sie sich auf das Schweizer Plakat bezogen, das jahrzehntelang trotz seines Wertes und internationalem Lob ein Schattendasein führte.

Die Schweizer Aussteller selber waren es, die das eigene Plakatschaffen stets nur in Verbindung mit der internationalen Spitze zeigten. Diese musste quasi die goldene Brücke zum Schweizer Plakat bauen. Diese Praxis hat sich erst in den letzten Jahren geändert. Nicht zuletzt war es die Anerkennung des Schweizer Plakates und seiner Gestalter im Ausland, die zu seiner Aufwertung im eigenen Lande führte.

Das Kunstgewerbemuseum Zürich, das über die wohl grösste Sammlung verfügt, hat sich ständig für das Plakat eingesetzt. Bereits 1911 zeigte es in einer Sonderausstellung «Das moderne Plakat und die künstlerische Reklame». Seit 1933, dem Jahr der Übersiedlung in die heutigen Gebäude, veranstaltete es fünf grosse Plakatausstellungen. Erstmals 1974 durfte das Schweizer Plakat allein, ohne die internationalen Zugpferde, eine Schau tragen («Kulturelle Plakate der Schweiz»). Diesem Einbruch in die bisherige Praxis folgte 1982 «Werbestil 1930–1940», wo erstmals Plakate von Coulon, Handschin, Ernst, Laubi, Scherer und anderen, bisher nicht als ausstellungswürdig erachteten Gestaltern, gezeigt wurden. Für 1983 (Oktober) plant das Kunstgewerbemuseum eine weitere grosse Plakatausstellung unter dem Titel «Ferdinand Hodler und das Schweizer Künstlerplakat 1890–1920».

Die beiden genannten Ausstellungen von 1974 und 1982 boten zusätzlich die Möglichkeit, das Plakat auch als Zeitspiegel, als Barometer der Gesellschaft, zu entdecken. Um solche zusätzlichen Positionen des facettenreichen Bindegliedes zwischen Kunst und Werbung zu zeigen, sind kurze Abweichungen vom Pfad des Stilvollen, der rein ästhetischen Richtung, notwendig.

Die von Hunderttausenden besuchte Schau «L'Affiche de Toulouse-Lautrec à Cassandre», 1957, anlässlich der «Graphic 57» in Lausanne, stellte ebenfalls die Sammlung des Kunstgewerbemuseums Zürich zur Verfügung. Ausstellungen über das internationale Plakatschaffen in dieser Qualität und aus eigenem Bestand ermöglichte vor allem ein weitsichtiger Entscheid des Zürcher Stadtrates: 1955 erwarb er die Plakatsammlung von Fred Schneckenburger aus Frauenfeld. Der Ankauf dieser legendären Kollektion von rund 15000 Plakaten verdoppelte den damaligen eigenen Bestand nahezu und brachte dem Museum zahlreiche einmalige Kulturdokumente, sammelte Schneckenburger doch neben dem künstlerischen vor allem auch das politische Plakat. Schwerpunkte seiner Kollektion bildeten Plakate der Russischen Revolution, des Spanischen Bürgerkrieges und vom Aufstieg und Fall Hitlerdeutschlands. 1976 schenkte die Allgemeine Plakatgesellschaft dem Kunstgewerbemuseum Zürich schätzungsweise 50000 Blätter, so dass die Sammlung heute gegen 150000 Plakate umfassen dürfte.

Trotz mannigfaltiger Plakatausstellungen von Basel bis Lugano und von St. Gallen bis Genf ist noch nie eine Übersicht, eine zusammengefasste Geschichte des Schweizer Plakates, geboten worden. Die bisher umfassendste Ausstellung stellte im Kriegssommer 1941 in Davos Cyliax-Mitarbeiter Walter Kern, «Maler, Zeichner, Grafiker, Dichter, Kunstschriftsteller» («Künstler-Lexikon der Schweiz»), damals Kurdirektor, später Leiter der Druckerei Winterthur AG, für die Kunstgesellschaft Davos zusammen.

«50 Jahre Schweizerplakat», so der Titel dieser Ausstellung zeigte über 250 Blätter aus allen Bereichen des Alltags, ausgenommen des ... politischen. Die Spannweite reichte von den Vorläufern über die Pioniere bis zu den neuen Tendenzen des Ausstellungsjahres. Die «Neue Zürcher Zeitung» hob die Bedeutung der Schau hervor und behauptete: «Das Schweizer Plakat darf wohl den ersten Platz innerhalb der europäischen Plakatkunst beanspruchen.»

Um 1915, zu Beginn ihres Siegeszugs durch die Kulturlandschaft, registrierten und kommentierten in der Schweiz zahlreiche Zeitschriften und Kalender das Entstehen der Plakatkunst. Hingegen befassten sich nur wenige selbständige Publikationen allein mit dem Schweizer Plakat. Am ehesten fand das politische Plakat Beachtung.

Edwin Lüthy, später Direktor der Allgemeinen Plakatgesellschaft Zürich, verfasste 1920 «Das künstlerische politische Plakat in der Schweiz». 1923 zog die Société générale d'Affichage nach und ergänzte den deutschsprachigen Titel mit «L'Affiche politique en Suisse» mit einem Text von Charles Saby. Diese wertvollen Schriften mit grösstenteils farbigen Abbildungen entstanden unter dem Eindruck der Nationalratswahlen von 1919, die erstmals im Proporz stattfanden und das politische Künstlerplakat hervorbrachten. Zugleich stellte damit die Schweiz der amtlichen Publikation «Das politische Plakat», die 1919 im Verlag «Das Plakat» in Berlin erschien und das deutsche «Revolutions-Plakat» zeigte, zwei eigene Veröffentlichungen gegenüber.

50 Jahre später stellte der Verfasser dieses Buches erneut politische Plakate vor («Plakate der schweizerischen Arbeiterbewegung 1919 bis 1973»), was wiederum ein Autorenteam aus der französischen Schweiz zu einer Untersuchung über das Abstimmungsplakat inspirierte und einige Jahre darauf zur Herausgabe von «Aux urnes, Citoyens!» führte.

Die Allgemeine Plakatgesellschaft fasste 1965 die seit 1941 prämierten Plakate zu einem Buch zusammen. Wegen der zeitlichen und thematischen Beschränkung fehlten die Vorkriegsplakate sowie die politischen, die von der Prämierung ausgeschlossen sind. Seit 1980 erschienene Bücher stellten Plakatwerbung für Tourismus, Gastgewerbe und Sportanlässe vor.

Halbzeit

Das Schweizer Plakat entwickelte sich nach 1910 zu einer neuen, selbständigen Kunstform. Maler, deren künstlerisches Werk wir heute bewundern oder das oftmals gerade ihre eigenen Plakate in den Hintergrund drängte (Cardinaux, Mangold, Baumberger), sind die Pioniere des Schweizer Plakates. Selbst als sie später durch die Grafiker als Plakatmacher abgelöst wurden und das malerische Künstlerplakat in den dreissiger Jahren hinwelkte, blieben ihre Impulse spürbar.

Die Leistung der aufkommenden Grafiker und ihrer Lehrer bestand darin, dass sie sich einen prominenten Platz neben der freien Kunst schufen. *Das* Ereignis der dreissiger Jahre war das Aufkommen der Fotografie, Herbert Matters Umgang mit ihr und die neue Formensprache von Max Bill u.a. Im übrigen waren es die Krisenjahre samt drohender Katastrophe und die Jahre der «Heimkehrer».

Allein nach Basel kehrten zurück: Fritz Bühler und Herbert Leupin aus Paris, Donald Brun aus Berlin, die Keller-Schüler Theo Ballmer vom Bauhaus und Hermann Eidenbenz als Lehrer aus Magdeburg. Diese Konzentration von Talenten machte sich allerdings erst nach 1940 bemerkbar, dann aber beherrschten die Basler während mancher Jahre die Plakatwände.

Die zweite Welle

Zwischen *1900 und 1920* geborene Gestalter, von denen einzelne schon in den dreissiger Jahren bedeutende Plakate entwarfen, hauptsächlich aber das Plakat nach 1940 schufen oder gar prägten, lösten die im letzten Jahrhundert geborenen Pioniere ab.

Mit diesen Gestaltern gelangte das Schweizer Plakat an die internationale Spitze und zu Weltruhm. Viele gehörten zur ersten Generation, die eine Fachschule für angewandte Grafik besuchten. Die Kunstgewerbeschule Zürich mit ihren herausragenden Lehrern der ersten Stunde hatte teil an diesem Erfolg.

Neben den Grafikern nahmen wieder verschiedene Künstler an dieser Erneuerung teil. Alois Carigiet, Hans Erni, Hans Falk und Hugo Wetli führten die Tradition des Malerplakates weiter. Als Schrittmacher der konkreten Richtung agierten Max Bill, Richard P. Lohse und Carlo Vivarelli.

Besondere Umstände führten Max von Moos und Otto Tschumi zum Plakat, deren persönliche Bildsprache sonst nur schwer mit Werbung zusammengebracht werden kann.

Von verwandten Berufen kommend, sind der Architekt Ernst Mumenthaler, Basel, und der Bühnenbildner Roman Clemens aus Zürich, zu erwähnen, die sich als Neuerer ebenfalls mit dem Plakat auseinandersetzten.

Frauen, in der fraglichen Zeit geboren, sind selten unter den Plakatgestaltern. Als das Plakat noch Sache der Maler war, entsprach ihr Anteil dem in der Malerei. Sie verloren ihn, als der Beruf des Werbegrafikers entstand. In der französischen Schweiz entwarf Marguerite Bournoud-Schorp Plakate, in der deutschen Schweiz die Keller-Schülerin Warja Lavater, meist gemeinsam mit ihrem Mann, Gottfried Honegger.

Einen wichtigen Beitrag zum neuen Plakat, das sich zu Beginn der dreissiger Jahre ankündigte – die Pioniere waren müde geworden –, leistete die Fotografie. Fasziniert von der Möglichkeit der technischen Abbildung, benutzten ihre Schrittmacher sie auch fürs Plakat: Werner Bischof, Ernst A. Heiniger, Walter Herdeg, Heinrich und Helmuth Kurtz, Herbert Matter, Paul Senn, Emil Schulthess, Anton Stankowski und Heiri Steiner (der sich später einer figürlichen, höchst eigenwilligen Menschendarstellung zuwandte).

Weiter ist an die folgenden Grafiker der *besagten Jahrgänge,* die nachfolgend nach dem regionalen Lebens- und Arbeitsraum gegliedert sind, zu denken, wenn das Schweizer Plakat schon während und nach dem Zweiten Weltkrieg wieder zu blühen begann.

Basel: Theo Ballmer, Peter Birkhäuser, Donald Brun, Fritz Bühler, Hermann und Willi Eidenbenz, Jules und Otto Glaser. Walter Grieder, Armin Hofmann, Kurt Hauri, Herbert Leupin, Numa Rick, Emil Ruder, Jan Tschichold.

Bern: Hans Fischer (fis), Adolf Flückiger, Hans Hartmann, Hans Thöni, Kurt Wirth.

Innerschweiz: Martin Peikert.

Ostschweiz: Robert Geisser, René Gilsi, Werner Weiskönig.

Westschweiz und Tessin: Felice Filippini, Samuel Henchoz, Max Huber (früher Mailand), Pierre Kramer, Pierre Monnerat, Viktor Rutz.

Zürich: Hans Aeschbach, Walter Bangerter, Walter Diethelm, Alex W. Diggelmann, Heini und Leo Gantenbein, Pierre Gauchat, Willi Günthart, Walter Käch, Charles Kuhn, Heinrich Kümpel, Eugen und Max Lenz, Hans Looser, Gérard Miedinger, Josef Müller-Brockmann, Hans Neuburg, Albert Rüegg, Willy Trapp, Alfred Willimann.

Die Ausstrahlung und Auswirkung des Schweizer Plakates im kriegsverwüsteten Europa war nicht zu übersehen. Pieter Brattinga, holländischer Gestalter, Publizist und Lehrer in seiner Untersuchung über «Einflüsse auf die niederländische Plakatkunst in der ersten Hälfte des 20. Jahrhunderts»: «Das kommerzielle Plakat dagegen stand in den Nachkriegsjahren unter dem Einfluss der hervorragenden Arbeiten, die aus der Schweiz kamen.»

Für einige dieser Werbe-Botschafter wurde das Plakat zur Spezialität und ihr Signum zum Gütezeichen. So hat Herbert Leupin von seinen ungezählten Plakaten in einmaliger Kontinuität allein für die Mineralquelle Eptingen AG von 1941 bis 1976 für «Eptinger» und von 1951 bis 1975 für «Pepita» (laut Manuel Gasser war Leupin sogar an der Namensgebung beteiligt) Jahr für Jahr ein Plakat entworfen. Zusammen mit den Anschlägen für das Ausland, allein für Deutschland sind es über 300, schuf Leupin mit etwa 1000 Plakaten wohl das umfangreichste Werk der letzten Jahrzehnte. Zusammen mit seinem Urahn Chéret und dem Deutschen Hohlwein wird Leupin zu den erfolgreichsten Plakatmachern überhaupt gehören.

Blick nach vorn

Der Schwung der zweiten Erneuerungswelle wirkte weit in die Nachkriegszeit hinein und verebbte erst Mitte der sechziger Jahre. An der beginnenden Verödung der *ehemaligen* «Galerie der Strasse» hatte das genormte Fotoplakat grossen Anteil. Das einstmalige Ereignis war zur wohlfeilen Konfektion verkommen. Jan Lenica, einer der grossen Erneuerer des polnischen Plakates, berichtete von der sechsten Internationalen Plakatbiennale 1976 in Warschau: «Auf der ganzen Ausstellung scheint nur die Schweizer Gruppe einen gewissen Traditionalismus zu verteidigen und den Zeichen der Zeit zu widerstehen, die nun nach einem Vierteljahrhundert sichtbar geworden sind» («Graphis», 186).

Das Plakat lebt von der Originalität und erhielt durch den Einfall des Malers oder Grafikers seine individuelle Kontur. Heute liefern oft Werbeagenturen die Ideen, die sich auch noch für Inserat und TV-Spot eignen sollen und damit dem Gestalter nur wenig Spielraum lassen. Das Künstlerplakat, das einst das Interesse des Publikums an der Werbung überhaupt erst weckte, hat unter solchen Voraussetzungen ohnehin keinen Platz mehr.

Es ist augenfällig: Das Plakat steht vor einer Neuorientierung. Das war vor der Blütezeit der vierziger Jahre ähnlich, nur stützten sich seine Wegbereiter auf gültige Richtlinien, kamen diese nun aus eigenen Schulen oder noch vom Bauhaus her. Ihre formalen Grundsätze standen in direkter Beziehung zu den Erfordernissen des Alltags und wurden von den meisten Gestaltern übernommen. Sie reichten über die zeitgemässe Gestaltung von Reklamedrucksachen bis zur Beschriftung des Geschäftes, des Schaufensters und seiner Auslagen. Ein solcher Maßstab fehlt heute.

Nicht zu übersehen ist auch, dass sich die Funktion des Plakates gewandelt hat. Bisher hat es sich allen Veränderungen des Alltags angepasst. Als das Plakat die Nachfolge des Herolds, des Ausrufers, antrat, fand der Fussgänger selbst in der Großstadt noch Zeit, gemächlich Reklamebilder zu betrachten und Texte zu lesen. Je eiliger es der Städter hatte, desto knapper wurde die Werbebotschaft, um so assoziationsreicher die Bildsprache.

Inzwischen hat das Plakat seine Monopolstellung in der Bild-Werbung verloren. Die Anforderungen an das Plakat sollten mit seinen Möglichkeiten, die nicht überschätzt werden dürfen, übereinstimmen. Die Verführung scheint sich nicht mehr in der Öffentlichkeit, sondern vornehmlich in den eigenen vier Wänden abzuspielen. Die bunte Direktwerbung ist so umfangreich geworden, dass sich die Post ausserstande sieht, sie noch zu verteilen. Das Fernsehen bringt seine «laufenden» Reklamebilder ebenfalls direkt ins Haus.

Neben handwerklichen Berufen, die auch der vielzitierte «goldene Boden» nicht vor dem Untergang zu retten vermochte, zogen vor allem Werbung und Produktgestaltung immer wieder künstlerische Talente an, deren Einfälle in der Praxis auf ihre Tragfähigkeit hin ausprobiert worden sind. Nun bemächtigt sich Wissenschaftlichkeit und Aufgabenteilung auch bald dieser letzten Metiers, die Ideen und Originalität erforderten. Der Konsumgegenstand indessen – von der Werbung grossgezogen – findet als Bild- und Plastik-Thema Eingang in die Kunst.

Der gewaltige technische Umbruch mit seinen schier unbegrenzten Möglichkeiten veränderte aber nicht nur die Aufgabe des Plakates, sondern auch Sehgewohnheit und Formempfinden des Publikums. Gestalter mit wachem Stilempfinden setzen sich seit Jahren mit diesen Veränderungen auseinander. Ihre neuartigen Plakate, wie solche mit unterschiedlich zusammenwirkenden Rastern und anderen Elementen, zeigen die ungewohnte Anwendung von längst verfügbaren Elementen und Materialien. Die Typografie auf diesen Plakat-Bildern folgt weniger früheren Gesetzmässigkeiten als der Bedeutung des Wortes, der Texte, die sie wiedergebend gleichsam hinterfragen.

Die Bedeutung des Plakates in der Werbung ist unbestritten. Neue ästhetische Werte setzen sich allmählich durch. Dadurch gewinnt das Plakat wieder an Elan und Originalität. Vermehrt akzeptiert auch der Auftraggeber auffallende und ausgefallene Lösungen von neuen Plakatmachern, die neue Ausdrucksformen erproben. Ein zunehmendes Interesse am Plakat fördert diese Entwicklung.

Das Schweizer Plakat leistete in der Frühzeit und nach seiner Erneuerung in den Nachkriegsjahren einen selbständigen, bedeutenden Beitrag zum internationalen Plakatschaffen. Im eigenen Lande hat es seine Vermittlerrolle zwischen Kunst und Kommerz ernst genommen. Darüber hinaus war es hervorragender Chronist seiner Zeit. Seine Entdeckung und Wiedergeburt steht noch bevor.

Abkürzungen

APG Allgemeine Plakatgesellschaft (Faltprospekte mit Texten verschiedener Autoren und Abbildungen der prämierten Plakate).
SGM «Schweizerische Graphische Mitteilungen»
TM «Typografische Monatsblätter»

Quellen

[1]) Carl Albert Loosli: Emil Cardinaux, S. 65, Zürich 1928.
[2]) Eduard Platzhoff-Lejeune: Die Reklame, S. 48, Stuttgart 1909.
[3]) René Thiessing: Die Verkehrswerbung der Schweizer Bahnen, S. 29, Frauenfeld 1954.
[4]) Hans Kasser: Das Schweizer Plakat, Zürich 1950.
Berchtold von Grünigen: 25 Jahre Schweizer Plakatkunst, in: Schweizer Plakatkunst, S. T. 15, Zürich 1968.
Stefan Paradowski: Das Schweizer Typoplakat im 20. Jahrhundert, S. 17, Zürich 1980.
Margit Weinberg-Staber: Von Steinlen zu Stoecklin, in: Wegleitung 335 (Kunstgewerbemuseum Zürich), S. 21, Zürich 1981.
[5]) Albert Sautier: Schweizer Plakate, in: Die Schweiz, S. 201, Zürich 1913.
[6]) Hermann Röthlisberger: Vom schweizerischen Plakat, in: O mein Heimatland, S. 91, Bern, Zürich, Genf 1917.
[7]) Carl Albert Loosli: Emil Cardinaux, S. 71, Zürich 1928.
[8]) Hans Kasser: Das Plakat, in: Die Lithographie in der Schweiz, S. 256, Bern 1944.
[9]) Fritz Bühler: Wohin zielt das Schweizer Plakat?, Aarau 1958.
[10]) Emil Locher und Hans Horber: Schweizer Landesausstellung in Bern 1914, S. 270, Bern 1917.
[11]) Burkhard Mangold, in: Das künstlerische politische Plakat in der Schweiz, S. 12, Basel 1920.
[12]) Otto Baumberger: Der innere Weg eines Malers, S. 83, Zürich, Stuttgart 1963.
[13]) Ernst Morgenthaler: Ein Maler erzählt, S. 45, Zürich 1957.
[14]) Jan Tschichold: Ausgewählte Aufsätze über Fragen der Gestalt des Buches und der Typographie. Basel 1975.
[15]) Otto Baumberger: Blick nach aussen und innen, S. 175, Weiningen-Zürich 1966.
[16]) Hans Falk, in: Brief von der Insel Stromboli an die Vernissage-Teilnehmer der Falk-Plakat-Ausstellung am «Schwarzen Brett» der Plakanda AG, Zürich, 2. November 1962.
[17]) Otto Baumberger: Blick nach aussen und innen, S. 114, Weiningen-Zürich 1966.
[18]) Edgar Bonjour: Geschichte der schweizerischen Neutralität, Bd. V, S. 407, Basel, Stuttgart 1970.

27 Burkhard Mangold, *1914*

WINTER-IN-DAVOS
GRAPH·ANSTALT J.E. WOLFENSBERGER ZÜRICH

In the Beginning was the Matterhorn

The early Swiss Poster and its Pioneers

The Turn of the Century

Background

It is to the painters that poster art owes its origins. Along with the cinema it is one of the few new art forms which the twentieth century has produced. Both are materialized only as copies; both, as it were, have ushered in an era of reproduction and become the characteristic art of their time: art for everyman.

French, English and American painters discovered the poster as a new medium of expression before the 19th century was over. The German Alois Senefelder, it is true, had discovered lithography — the process of reproducing drawings and print on stone — as early as 1797, but it was only when the mass production of consumer goods to meet long-term needs was combined with this rational new printing process that the scene was set for the modern poster, for a new art.

At the turn of the century a glance over the frontiers was enough to show the poor quality and backwardness of the Swiss poster. How it rose in a short time to enjoy international prestige and how it originated and prospered at the beginning of the century — that is the story told by this book, which traces the development of the Swiss poster until 1940. Setting our time limit at this point enables us to see how painters as the early creators of the poster were replaced by graphic designers and to witness the advent of the photographic poster. But, in anticipatory comments in the text, our attention will be repeatedly drawn to post-1940 events. Painters and designers born prior to 1910, both famous and unknown, and posters and their printers are described. Artists born between *1900 and 1920* are presented whereas designers born after 1920 appear in the list of artists. In the current text the figure in brackets after a poster has been mentioned refers to the number of the corresponding illustration*. Whereas the text is subject to these chronological restrictions, the illustrated section of the book shows the Swiss poster from 1900 to the present day.

* The examples numbered from 1 to 26 will be found in the text in German.

''Devoid of taste''

In Paris Chéret, Toulouse-Lautrec, Bonnard and the Swiss Steinlen were showing their enchanting posters from 1890 onwards while in Switzerland the walls were plastered with fulsome kitsch.

That was the way Jean Louis Sponsel saw the situation in his 300-page édition de luxe ''Das moderne Plakat'', 1897. Examples were shown of the origins of poster art in remote countries such as Japan or Norway, but there was nothing from Switzerland. Nor did Switzerland receive a word of mention by the authors of the book ''Les affiches étrangères illustrées'', which appeared in Paris in the same year.

The Swiss poster was first mentioned abroad by Walter von Zur Westen (''Reklamekunst'', 1903). He considered the posters of Reckziegel, Schaupp, Baud und Forestier to be worthy of detailed comment (examples of their work can be seen among the illustrations) and in particular Sandreuter's exhibition posters (30).

Admittedly the paper poster was still of negligible importance in outdoor advertising in Switzerland at the turn of the century. The *Allgemeine Plakatgesellschaft* (General Poster Company), which had just been founded, had not yet succeeded in reducing the chaos on the billboards to order or establishing a regular system for bill-posting, nor was the artist-designed poster at all common as yet. Commercial firms, the chocolate manufacturers to the fore, seized upon the available surfaces and painted their large advertisements directly on the town walls, house facades and gable ends. At the same time tinplate and enamel signs were in vogue and were displayed on a scale that soon provoked a reaction from the conservationists.

In their publication they called for a ''campaign against the advertising blight'', accused industry of ''barbaric Americanism'', and taxed it with the despoliation of the countryside and townscape by a ''plague of tinplate and a ''pestilence of posters''.

The omnipresence of advertising signs was too much even for Platzhoff-Lejeune, an advocate of publicity: *''The nerves of hysterical persons and pregnant women must indeed be sorely tried by the constant solicitation of their attention and the systematic designs practised on it. Even the healthy find that every reposeful surface has vanished and every oasis of quietude has been eliminated. Wherever we go — to the loneliest mountain village, to the highest peak or to the deepest lake, we are pursued by advertising, uglifying the world, destroying all beauty, dispelling all magic, disrupting all harmony.''*[1])

Hodler as godfather

Independent of one another and yet interlocked, the following events took place. Through "mono cards" young Swiss artists were led to an undiscovered land awaiting cultivation: artistic advertising. At the same time the Plakatgesellschaft, starting in Geneva, began establishing its ascendancy over the rest of Switzerland; as early as 1906 it had obtained a footing in Zurich. The first billboards and advertising pillars appeared, not yet designed for the later *weltformat* but for the fancy sizes which were customary at the time.

And then another condition essential to the creation of the Swiss artist-designed poster was fulfilled: Ferdinand Hodler won through to recognition. In the competition for the "interior decoration" of the Swiss National Museum in Zurich he won the first prize. His enemies, the director of the museum in particular, were at first successful in hindering the execution of the design. After a quarrel, unique in the annals of Swiss art history for its violence, Hodler was able to begin painting his frescos in December 1899. The confirmation of his European status at the Vienna exhibition in 1904 also gradually led to a change in feelings and judgments about the new painting in Switzerland.

With Hodler's artistic breakthrough, the Swiss poster had its chance. His new radical vision and method of painting, the stylized severity of his landscapes, the monumentality of his human figures inspired and influenced those young painters who were to create the Swiss poster.

The spirit of change animating a self-assured generation of business promoters was also favourable to the new genre of art. After "so many beauties of old times have been crushed by the mighty advance and daily redoubling force of capitalistic and technical development", the citizen read in the "Neue Zürcher Zeitung" of 29.5.1911, "the new century is endeavouring to fill the gap". Albert Baur, who had been concerned for many years with questions of environmental design, went on to say: "One of the greatest needs of capitalist civilization is advertising ... which (is to be) transformed from being evidence of rampant barbarism into a leaven of artistic culture."

The "mono" of Karl W. Bührer

"When we were young", recalled the writer Carl Seelig, "we were all keen 'mono' hunters. These were illustrated cards which shops distributed to their customers. Collecting and swapping them was a passion, like collecting stamps or butterflies. Even at that early age we learnt to distinguish the tedious from the imaginative and the trivial from the new. And then to these were added the billboard and the advertising pillar, the modern newspapers of the street. It was a pity we couldn't take them home." (APG, 1948)

These "mono" cards were the predecessors of the artist-designed poster. Within the small format of these cards artists tried their hand at laying out the surface and dividing it into areas of colour. The painter could give free rein to his inspiration without fear of competition from the print. Texts were relegated to the back. It was in the "mono" that the shift in taste and outlook following Hodler's artistic breakthrough gradually came to fruition.

The name "mono" is derived from the firm's *mono*graph on the reverse side of the card placed next to carefully worded advertising copy. Passe-partouts, albums and boxes were to be had for keeping the cards in. These collector's items ranged from multicolour advertisements for individual firms to series in two colours devoted to landscapes and historical and architectural subjects.

These monos were designed by young artists such as Cardinaux, Gilsi, Hardmeyer, Hohlwein, Mangold, Moos, Schaupp and Stiefel: names which will crop up again in the early history of the Swiss poster.

The inventor and organizer of this new type of advertising c. 1905 was the East Swiss Karl W. Bührer (1861–1917). He was the founder and first editor of the fortnightly review "Die Schweiz", which for almost 20 years was regarded as the leading literary and artistic magazine in German-speaking Switzerland. Shortly afterwards Bührer founded the "Internationale Mono-Gesellschaft Winterthur".

In 1908 Swiss Federal Railways were won over to the mono and brought out over one million cards under the title "With an artist's eye through Switzerland". Their example was followed by the tourist office of Berne and the Bernina Railway Company.

Although they sometimes spread to Germany and Austria, the mono cards were not a great commercial success.

The "weltformat"

Disappointed with Switzerland, Bührer moved after the collapse of his Mono-Gesellschaft to Munich and founded the "Brücke" there in 1911. Bührer's company had only its name in common with the group of like-minded artists who gathered round the Expressionists Kirchner and Heckel in 1905. His "Brücke", whose ambitious plans remained unrealized because of his death and the war, was to deserve well of the Swiss poster because of its fight for a *weltformat* (an international size for posters).

The weltformat, as defined by the Nobel laureate Wilhelm Ostwald, who worked with the "Brücke", and presented in "Das Plakat" (4/1913), was based on the diagonal of the square centimetre ($\sqrt{2}=1.414$). Weltformat I measured 1×1.41 cm; weltformat X, intended as a size of notepaper, measured 22.6×32 cm, obtained by doubling the next smallest size, and finally weltformat XIV, measuring 90.5×128 cm, was to become the Swiss poster format.

The weltformat first came into its own at the

National Exhibition in Berne in 1914. The impetus came from the "Brücke", which was represented on the publicity committee. As early as 1911 the committee had organized a competition for the design of a poster and postage stamp. All the official prints of the exhibition – the postage stamp (weltformat IV, 2.83 × 4 cm), various catalogues (weltformat IX, 16 × 22.6 cm), and posters (weltformat XIII, 64 × 90.5 cm and weltformat XIV, 90.5 × 128 cm) – were in strict compliance with the "Brücke" standard.

In Switzerland 3720 copies in weltformat of the poster by Emil Cardinaux (202), which the panel of judges had selected, were put on display in 1913. After this commendable and decisive start the weltformat began to gain acceptance. But only for posters and then only for advertising within Switzerland. The tourist poster, which was mainly intended for use abroad, settled eventually on the curious English or Royal format (64 × 102 cm) and thus conformed neither to the weltformat nor to the later "A" series.

From 1914 onwards the Allgemeine Plakatgesellschaft set up new advertising pillars and hoardings designed to take the weltformat. Particularly attractive display surfaces with decorated and ivy-wreathed frames were illustrated in Swiss and foreign periodicals in 1915. It was through the efforts of the Plakatgesellschaft that this sophisticated poster in weltformat came into being and, in these early days, provoked so much astonishment and admiration, provided the budding artist-designed poster with a worthy setting, and induced observers to write of the "art gallery of the street".

Emil Cardinaux

One of the first to take advantage of the new openings for the poster was Emil Cardinaux. Since 1900 the Bernese painter had been showing his landscapes in Swiss exhibitions and, like Amiet, Buri, Colombi and others, soon came to be regarded as a "thoroughbred Hodlerian".

Cardinaux had just completed his studies in Munich, where he had exchanged the law-students' lecture hall for Franz Stuck's artist's studio, and had spent the winter of 1903 in Paris. While he was there he received the conditions for one of the first poster competitions to be held in Switzerland. Swiss Federal Railways was looking for artists "for the execution of original designs for illustrated posters in six colours chiefly for display in stations, hotels and steamships abroad". This competition resulted in pictures which portrayed various regions of the country and began to create the distinctive image of Switzerland.

For his very first poster design Cardinaux received an honourable mention. He was then commissioned by W. Kaiser, the manager of the Villars chocolate factory, with two posters, which were put up in 1905 as his first publicly displayed works. As early as 1906 Cardinaux was lithographing posters which were an intimation of the master to come. Prominent among these was his large oblong poster "Berne" (2), which stood out by reason of its novel feeling for colour, its clean-cut zoning, and the austerity of its delineation.

The "Matterhorn"

It was also in 1906 that Cardinaux designed six mono cards, including one with the Matterhorn for the Zermatt tourist office. Printed as a poster (1) in 1908, it was destined to become famous. (Many reliable sources give 1906 as the year of its appearance; the mono card as its forerunner explains the difference in dating.)

With his "Matterhorn" Cardinaux created an outstanding work at the very beginning of Swiss poster art. The poster stands out above the common ruck just as the mountain soars above the landscape. Far and wide there was nothing that could be compared with it. Alert observers noted the arrival of a new art and were quick to recognize Cardinaux' talent as an advertising artist and the importance of the "Matterhorn".

In 1913 Albert Sautier wrote: *"This poster can be described without hesitation as an exemplary work with regard to both its aesthetics and its function. Its impact at a distance is unsurpassed and yet it does not look crude at close range. It is therefore just as effective in the interiors of waiting rooms and restaurants as on an advertising pillar in broad daylight. The artist achieved this not only by reducing his colour scale to the minimum but also by choosing a light – that of the early morning – which allowed him to contrast his sharply demarcated areas of colour and yet at the same time reunite them in a harmonious three-tone chord. The mighty base of the mountain lies in deep shadow, whose soft grey-black tone has been created by dark green and black strokes applied over the brown ground like a glaze; out of this rises, caught by the first ray of the sun, the bold sweep of the orange-brown mass of the Matterhorn, whose infinitely expressive contours are sharply detached by green lines from the lilac morning sky."*[2])

1928. Carl Albert Loosli: *"... so that the Matterhorn is still one of the most important and successful posters although it is more than twenty years since it was first produced."*[3])

The popularity of the "Matterhorn" and the public demand for it induced the printer Wolfensberger to produce a "de luxe" print of this poster on strong paper and without an imprint. On the outbreak of World War I it decorated the soldiers' recreation rooms which the women had hastily fitted out, and even years afterwards, it was to be seen framed on the walls of government offices and schoolrooms.

The "Green Horse"

With his now legendary poster for the National Exhibition 1914 (202) Cardinaux fluttered the dovecotes. The populace was furious when the new painting dared to intrude on the poster of an exhibition with which it identified itself. The fact that this design with its scandalous potentialities was actually used was due to a courageous panel of judges among whom was Ferdinand Hodler. The second prize went to Eduard Renggli, the Lucerne "Hodlerian", for an unusually compact representation of men gathered in a circle and bearing cantonal banners. However, he had to share it with Otto Baumberger, who had submitted a vigorous figure of a man sowing. This design was chosen as a pictorial emblem (for advertising on printed matter). Twenty years later Baumberger used the motif for a "Bally" poster.

Ulrich Gutersohn, drawing master and poster collector, wrote: *"The most 'famous' Swiss poster at present is that by Emil Cardinaux, which was awarded the 1st prize of 2000 francs in the poster competition for the National Exhibition in Berne. A great many people felt it was an extraordinary thing to do to grant such a sum of money for a poster design ... All over the country people are talking and writing about 'The Green Horse' for the National Exhibition. It was very soon forbidden to display the poster in various places. Postcards* (3) *have already appeared with witty 'revised versions' of the green horse and at carnival time it became the butt of humourists ... That some of this has rubbed off on contemporary Swiss art in general and on Ferdinand Hodler and his imitators in particular is readily explained ..."* ("Das Plakat", 4/1914).

A Swiss poster with no mountains also failed to go down well abroad. A landscape and a printed poster had to be rushed off the press. In the exhibition report we read: *"It was found that a major display in the railway stations of the Latin countries on a voluntary basis could be achieved only with another poster. A printed placard, produced as a stopgap, was not a practical success either. The authorities in question demanded a landscape poster and so the poster 'View of the Jungfrau' was produced by P. Colombi ..."*[4])

A total of 31 194 copies of "The Green Horse", lithographed by Cardinaux himself, was printed.

The Swiss way

Emil Cardinaux recognized the laws of style and composition which, by seeking an effect at a distance, are proper to the poster: concentration on a dominant main motif, impact through new and unusual colouring, and limitation and integration of the text. His personality and adherence to these principles – only the choice and placement of the text could possibly be criticized – made the unmistakable Cardinaux poster of these early years.

The boldness of his ideas was matched by his craftsman's skill in execution. Cardinaux learnt to lithograph in Munich and drew his posters straight onto the stone. In 1904 Karl W. Bührer introduced the painter to the printer J. E. Wolfensberger. This indefatigable promoter of Swiss poster art gathered a whole generation of young artists round him and "educated" them in lithography. He was the right man for Cardinaux, conscientious and a true professional and businessman, and yet at the same time a bold and self-assured innovator.

In Cardinaux' works posters promoting tourism take pride of place. The austere beauty of the landscapes is matched by the homespun individuals, close to their native soil, he depicted in his political and commercial posters. With over one hundred posters to his credit, he became the recognized poster artist of these early years.

Cardinaux' Matterhorn marked the beginning of the artist-designed poster in Switzerland. The new art was permeated throughout by an unmistakable Swiss spirit. Hodler's intent to create a national style of painting which should express the true character of the people and the country was realized in the Swiss poster art of this early period.

The others

Other artists also did posters – albeit rather as casual work – even before 1910. It is astonishing how many Latins, particularly from French-speaking Switzerland, took up advertising art in the early years. Even at that time the French Swiss seem to have had a keen ear for events in Paris, and for Cardinaux, by origin and choice a denizen of the marches dividing the two cultures, this influence was important. The first publications on the artist-designed poster in Switzerland also came from the French-speaking area.

The first woman in Switzerland to go in for applied art, Marguerite Burnat-Provins, painter, poetess and founder of the French-Swiss branch of the society for the protection of natural beauties and historic sites, lived at this time by the Lake of Geneva, and thus in the French-speaking part of the country. Besides the Italian-speaking Plinio Colombi and the rediscovered Giovanni Giacometti, posters were also painted by: the Genevans Edouard-Louis Baud, Henri Claude Forestier and François Gos; the Neuchâtelois François Jaques, Edmond Bille and Charles L'Eplattenier, painter of the monumental and the teacher of Le Corbusier; and the Vaudois Albert Muret.

In German-speaking Switzerland in these early years, besides the work of painters described individually later in the book, posters also came from the studios of: the Schwyz lithographer and graphic designer Melchior Annen; Fritz Boscovits; the Prussian Paul (Joseph) Krawutschke (PIK), who, on leaving for Berlin in 1912 left behind some poster drawings of rare skill; the Appenzell painter Carl Liner, founder of the "Society of Swiss Painters, Sculptors and Architects" (GSAMBA), St Gall; Anton Reckziegel, a Bohemian by birth, who, while working in Switzerland (1895—1909) lithographed innumerable landscape posters of the traditional kind; the Basler Hans Sandreuter, a pupil of Böcklin; Richard Schaupp of St Gall, who worked chiefly in Munich; and Eduard Stiefel, of Zurich, a former lithographer and later teacher at the School of Arts and Crafts in Zurich, whose design for the Federal Gymnastic Display in Berne 1906 (498) can be called one of the earliest modern posters in Switzerland.

The Poster Spring

After 1910 came the full flowering time of the Swiss poster. This early glory emanated from the cultural centres of the country: After the Bernese Cardinaux it was mainly Mangold in Basle and Baumberger in Zurich to whom the early poster owed its impetus.

Burkhard Mangold

The most highly individual poster pioneer was the Basle easel- and glass-painter Burkhard Mangold. In his glass painting he contrasted his clearly patterned surfaces with a predominant idealizing pseudo-naturalism, and in a similar manner he sought to rouse the poster from its romantic slumbers. Mangold is known to have done some 40 posters by 1910, but his finest efforts were to come later.

He worked quite independently of Cardinaux and his artistic roots. Mangold's posters — delicately perceived, humane, sometimes witty and then almost lyrical again but always profoundly painterly — had a different background: He drew his sustenance from Basle, a city with its own language and culture, a city of cosmopolitan local patriots. The influence of another Basle painter, Hans Sandreuter, pupil and friend of Böcklin, was also perceptible in his early works.

His "Winter in Davos", 1914 (27), is one of the finest Swiss posters. The light-hearted and colourful elegance of the skaters is unparalleled. The bold way in which the edge of the picture cuts the figures of the swiftly moving couples on the ice does in fact impart a turning movement to them.

In spite of his success Mangold maintained an attitude of sceptical irony towards the poster. He liked to quote a colleague from French-speaking Switzerland: "Puisqu'il est nécessaire que l'affiche fasse le trottoir, qu'elle le fasse gentiment" and wrote: "A lot of young people train to be poster painters and, if they don't succeed, they become — easel-painters."[5])

Otto Baumberger

Otto Baumberger began his rise to fame as the most successful poster artist of the early years with a flourish: five posters in 1911 alone. By 1917 he had already lithographed 45 of his own designs and altogether Baumberger designed some 250 posters. His success was due to the increasing demand, the importance of the city he lived in, but above all to his pronounced flair and his prodigious skill.

Baumberger considered himself to be a painter and saw the making of posters as a livelihood.

In 1917 he wrote to Hans Sachs, the great poster collector and publisher of the periodical "Das Plakat": "*The poster and advertising art in general are a makeshift way of earning a living; actually I am a painter ... Although applied art is a field in which, in spite of the rush work that is always demanded, I give of my best, particularly as regards the poster, which interests me unlike wine labels, catalogue covers and other nonsense of that kind, it does not fill my life ...*" ("Das Plakat", 4/1917).

Whereas Baumberger was already a brilliant exponent of the poster, he still had to find his identity as a painter. His ability, his graphic talent, was an impediment to his realization as a painter — he had no understanding for Hodler's work and regarded his poster picture of his daughter (29) as an "infant nudelet".

In Baumberger's works one can already see how the poster is becoming dissociated from the painter, and the dilemma accompanying this process of separation is apparent. His poster work is too voluminous and too multifarious — and the pressure Baumberger was always under to produce, too great — for it to display the independence and unity of design of other artists.

Yet many of his posters stand as milestones in the history of Swiss poster art. Their appeal lies in their inspiration and the original and often lapidary form in which they were embodied (15). After 1930 Baumberger turned more to painting and taught drawing at the Federal Institute of Technology (ETH) in Zurich.

Painters of pictures and posters

During these years there were few painters who had no connection — ranging from a fleeting acquaintance to a life-long devotion — with the poster. Artists in quest of new forms of expression felt drawn to the large stone slab with its smooth and gleaming surface on which they could express new pictorial ideas. And since it was "only" a poster, their experiment in form and colour was often bolder in its execution than in an easel-painting. This in turn benefited the poster since it is of its essence to arrest the attention. Many painters drew their design on the stone *themselves* and the poster displayed was thus an original lithograph.

During this heyday of the Swiss artist's poster, the women painters Helen Haasbauer-Wallrath, Basle, and the Zurich painters Dora Hauth-Trachsler and Erica von Kager were at work. Their share in the early poster corresponds roughly to their contribution to the painting of this period.

Apart from those already mentioned or to be described individually later, the following were the principal artists: Hans Berger, Karl Bickel, Alexandre Blanchet, Arnold Brügger, Wilhelm F. Burger, Daniele Buzzi, Rudolf Dürrwang, Edouard Elzingre, Fritz Gilsi, François Gos, Eugen Henziross, Iwan E. Hugentobler, Ernst Linck, Alfred Marxer, Paul Kammüller, Jean Morax, Eduard Renggli, Carl Roesch, Ernst Georg Rüegg, Ernst E. Schlatter, Victor Surbek, Fred Stauffer, Rudolf Urech, Edouard Vallet, Hans Beat Wieland, Paul Wyss and Otto Wyler.

John Graz is a special case. In 1920 he emigrated to Brazil and became known as a leader of the modern movement. As early as 1922 he took part in the "Semaine d'art moderne" in São Paulo, an avant-garde exhibition with wide-ranging consequences. Graz played a crucial part in the growth of modern art in Brazil, wrote vice-consul Hermann Buff in São Paulo to the author. Of his few posters remaining in Switzerland, "Yverdon — Ste-Croix", 1914 (273), and "Le Royal", 1917 (255), are generous and well-designed works with emphatic touches of colour. They may well be the only examples of Graz's artistic work still remaining in his native country.

A pioneer who never was

Robert Hardmeyer was a landscape painter and illustrated children's and school books. Small commercial art jobs also helped the artist "who came from humble origins" to eke out a living. When Hardmeyer died in 1919 during a flu epidemic, no one knew that a pioneer of poster art had departed this world, for at that time only one small poster by him was known. The genre picture bearing the signature "Hardmeyer 05" was an advertisement for the "Weinhandlung J. Diener Sohn, Erlenbach am Zürichsee".

It was not until 40 years after his death that Hardmeyer became a "master of poster art". In the catalogue to an exhibition of the same name in the Museum of Applied Arts in Zurich in 1959 we read: *"In the first decade of this century Hardmeier played an active part in the revival of poster art in Switzerland. In addition to posters, numerous coloured monos."* Now there was no hindrance to posthumous fame.

It is always the same poster that is quoted as an example: A cockerel in a shirt, all in white, with a high collar, starched shirt-front and cuffs against a black background. Only the head with a fiery red comb projects into the upper yellow quarter of the surface. Sans-serif lettering forms a base for the figure.

This poster in weltformat (231), which is so well calculated to produce its effect at a distance, was printed by Wolfensberger and has hitherto been dated 1905. For one thing the weltformat still did not exist at that time, and for another, if Hardmeyer had already been "actively engaged in the renewal of poster art", there must have been other works of his to be found besides this isolated example.

How did this misunderstanding come about? Once again the mono card which preceded the Swiss artist-designed poster is responsible for the error. Jakob E. Wolfensberger tells how Hardmeyer came into the printing office with a line drawing of a "cockerel". The sketch was done in two colours in watercolour on a white sheet of paper. The black-yellow background was invented at Wolfensberger's and out of this watercolour sketch they produced a fine mono (4) with no text on the front except the remark "Hardmeyer 04", in the upper right corner.

Ten years later the firm wanted a poster. The lithographer shortened the cockerel's shirt, tightened up the outlines, altered the proportions of the background areas and placed a text below the picture; the result was that Ulrich Gutersohn could write to Berlin: "The Waschanstalt AG in Zurich has come out with a poster that is exemplary in every respect. For it they chose a picture, a cockerel in a long white shirt, which R. Hardmeyer had drawn as a motto (correctly: *mono*) ten years before." ("Das Plakat", 4/1914)

This laundry poster remained unsigned and shows the great influence of the lithographic art printers on the design of their products. Outstanding posters, designed by lithographic draughtsmen, remained anonymous and the printer's imprint replaced the artist's signature. Hardmeyer's cockerel in its gentlemanly apparel is still used by the firm today as an emblem.

Foreigners in Switzerland

Important foreign artists whose posters were displayed in Switzerland are guests in the following illustrated sections. In the early years their posters were an enrichment to the advertising hoardings. A poster designed by the artist himself was so infused with vigour and originality that no hint of influence, let alone imitation, could be seen.

The Italian Leonetto Cappiello carried Chéret's style over into the new century. In his later posters he made his designs more realistic and related them closely to the product. The polar bear for "Frigor", 1929 (465), is associated in the viewer's mind with the refreshing filling of the chocolate but it nevertheless leaves scope for imagination.

Charles Loupot grew up in Switzerland, and before he moved to Paris in the early twenties, he designed a number of excellent posters for Swiss firms. In spite of their delicacy and daintiness these posters made a strong impact. How important it was for just as light a touch to be used when transferring the design to the stone is underlined by a botched lithographic reprint of Loupot's splendid poster "Fourrures Canton", 1922 (335), that appeared in the sixties and gives no more than a faint hint of its original beauty. In the forties and fifties Loupot became the leading graphic designer.

In Switzerland one could even see posters by A. M. Cassandre, the most important poster artist of the twentieth century, mainly advertising cigarettes, cigars (489) and tobacco for the firm of Vautier. Even the first monograph on the artist, along with the German, French or English text by his friend Maximilien Vox, came out in Switzerland in 1948.

The Belgian painter Jules de Praetere, an idiosyncratic, non-conformist and quizzical personality, was director of the School of Arts and Crafts in Zurich from 1905 to 1912 and then, from 1915 to 1917, director of the School of Arts and Crafts in Basle. The Flemish pronunciation of his name ("Prater") was his signature as a painter. Praetere did not do many posters for Switzerland but what he did were outstanding: Though his evocative colour circles for "Labitzke" colours, 1916 (226), are quite certainly the first abstract product-featuring poster ever created, he painted his kitchen parlour interior with "Maggi" products, 1932 (448), with the naif's loving care for detail.

In 1898 Walther Koch came to Davos from Hamburg with tuberculosis. On leaving the sanatorium in 1902 the young painter settled down to live in the place of his enforced sojourn. Koch designed a series of posters for Davos which are among the best of his time. "Winter sport in the Grisons", 1906 (267), is one of the first truly modern posters ever produced in Switzerland.

One of the most prolific poster designers after Chéret was Ludwig Hohlwein from Munich. He made his appearance in Switzerland as a commercial artist as early as 1904 when mono cards were coming into vogue. Later he also designed posters for Swiss firms. Hohlwein was Germany's leading poster artist. The poster for "Pfaff", 1912 (396), with the large letters combined with the sewing machine is not only a fine piece of draughtsmanship but is also a piece of documentation on what might be called the "metamorphosis of a P" in the picture area. It was about the turn of the century when Emil Doepler (395) first used a capital P as an eye-catcher for his genre picture. After Hohlwein it was the turn of Eric de Coulon (397), in whose design philosophy the giant letter found a natural place, and finally August Trueb (398), who tried to find a constructivist design solution using the same letter.

Carl Moos was co-founder of the Association of Munich Poster Artists, "the 6", who, by forming themselves into a group, were able to take on the heavyweight Hohlwein. They gave the client six designs by six designers to choose from and thus made him the judge. Moos also drew a number of mono cards; his "procession of cows to the alp" for "Klaus" chocolate also appeared as a poster about 1915 (464).

Swiss abroad

Having paid tribute to the achievements of foreign designers it is legitimate to take pleasure in the importance of posters which Swiss artists produced abroad. (As the illustrated section deals only with posters displayed in Switzerland, these artists, with one exception, are not represented there.)

Although still committed to historicism in style, Eugène Grasset (1841–1917) nevertheless painted in 1887, for the "Librairie Romantique", a poster which is one of the first modern works. His grave poster girls contrast with Chéret's frivolous and Steinlen's combative women. His later posters were overshadowed by his more successful contemporary Jules Chéret who, with more than one thousand posters to his credit, can claim to be the father of the poster.

Théophile Alexandre Steinlen (1859–1923) was one of the important painters who, along with Toulouse-Lautrec, founded the art of the poster towards the turn of the century. His many works of social criticism depicting scenes from working-class life were his contribution to the fight against the prevailing squalor which his friends Zola and Anatole France waged with the pen. In the more than 45 posters he produced he achieved a true poster-like impact in spite of his painterly style.

Félix Vallotton (1865–1925) did little poster work. His woodcut for the Sagot art-dealer's shop in Paris reveals him to be an unsurpassed master in the art of black-and-white. His lithograph for "L'art nouveau", a shop of the same name in Paris, and the humorous large-size revue poster "Ah! La Pé, la Pé, la Pépinière!" with a motif from a woodcut "Le couplet patriotique" were other essays of his in the art of the poster. Just how topical Vallotton still is can be seen from the adaptation of his style to "Schweppes" advertising: in 1981 his woodcut "Le mensonge" (1897) appeared as the central section of a B-12 poster (5).

Karl Walser (1877–1943) is known for his fantastic poster "Revolutions-Ball" (c. 1905). It was an invitation to the "Faschingsfest der Secession" in Berlin, of which Walser had been a member since 1902.

The Artist-Designed Poster

The painters presented here along with Hodler and succeeding him were all united by an interest in the poster. At the same time the different stylistic trends pointed to subsequent movements in Swiss painting which developed independently of the master and also independently of each other. This was the great period of the artist-designed poster in Switzerland.

What characterized these posters was that, irrespective of content and printing process, they were designed by the painter. Such a poster might be, but was by no means necessarily, a poster for an art exhibition. Not at all. If in fact the master decided or was forced to descend into the "netherworld" of commerce, politics or sport, then the situation was piquant. The more mundane the object of the advertisement, the more difficult it was for him to find a design solution. While as an artist he had to avoid sensationalism, he had now, as a poster designer, to create an impact.

The stronger the artist's personality, the greater was the assurance with which he moved in this field of tension. A poster by Amiet or Giacometti always remains an unmistakable work of these artists whether it advertises one of their own exhibitions or a railway station buffet. Moreover, a commission for a poster might well cost the painter more effort than a subject bound to no specific purpose.

In a successful poster of this kind the painter brought his skills into direct contact with the age out of which, for the purposes and uses of everyday, his work originated. And it is this reference to reality which has led in recent years to the upgrading of applied art, thus remedying a situation going back decades. For far too long, art was thought to be demeaned by advertising and too great a distinction was drawn between the lofty and the mundane, between Sunday and workaday art. Many artists adopted this view and allowed their posters to appear anonymously or confessed themselves to be ashamed of their productions.

Almost as a reaction to this neglect, there has recently been a trend in the contrary direction. The playful and entertaining element which the artist put into his poster is ignored and only austere and object-oriented designs have status. Otto Baumberger writes: *"In evaluating the contrasts between the 'objective' and the 'artistic' poster, it is no longer a question of more or less naturalism but rather of deciding whether a certain inner warmth may not also infuse a poster or other advertising creation ... The negation of this emotional value spells the end of the short period of advertising called poster art and makes way for advertising science."*[6])

The artist-designed poster can be reproduced without the cooperation of the artist. What counts is the design which he has created specially for the specific occasion. If the artist himself works on the reproductive surface (stone, wood, linoleum, etc.), as was once the general practice, what issues from the press is an original graphic. If the design has come into being without the painter's intervention and uses his most beautiful picture as a poster, it is of course no longer a work by him but, at most, a poster by whoever did the designing.

In the course of its history the artist-designed poster has popularized new trends in art – from Art Nouveau to the "neue Wilde" – brought them closer to the public and always contained enough stimulating ideas to keep a few more jacks-of-all-arts alive.

Ferdinand Hodler

In 1904 Hodler painted the poster for the XIXth Exhibition of the Vienna Secession (6) which he dominated. The strong impact made by this poster comes from the contrast between the marked horizontal arrangement of the pictorial elements and the tall, slender format and the skilfully integrated lettering which is unified with the symbolic Art Nouveau painting. Hodler's successful breakthrough in Vienna, incidentally, hastened the revolution in public opinion and his recognition in his own country.

Hodler designed the first picture poster for an exhibition in Switzerland in 1915 (29) for the Sixth Exhibition of the Society of Swiss Painters, Sculptors and Architects (GSMBA), of which he was president. What a contrast to the Vienna poster! Instead of the parable-like poster of 1904 Hodler this time used a realistic portrayal of his recently born daughter, Pauline.

In 1917 at last, one year before his death, Switzerland granted its greatest painter full recognition. The Kunsthaus in Zurich showed 500 paintings and drawings in a retrospective. For the exhibition poster Hodler took the kneeling warrior (7), a motif from his fresco for the National Museum, which, 20 years before, had unleashed the great art dispute. In 1918 Hodler was given the freedom of the City of Geneva. The display of his works held in his honour by the Galerie Moos became a memorial exhibition, for Hodler died on 19 May, eight days after the opening, in which he had taken part. For his last poster Hodler chose the study of the head of his friend, Felix Vibert, chief of police in Geneva, from his last historical picture "Schlacht bei Murten", 1918, which was the most realistic of his, in any case, sanguinary pictures of lansquenets (8).

Cuno Amiet

As early as 1902 Amiet also designed a poster for a joint exhibition in collaboration with the artist Frieda Liermann. For this very first poster he took the theme of the apple-tree and its fruit which was later to occupy him so intensively in his paintings and on which he rang the changes in his posters until an advanced age. He transformed the theme in a particularly appealing way for his special exhibition in the Wolfensberger art gallery 1920 (33).

In 1912 Amiet lithographed a poster for the Bernese Cantonal Sharpshooters' Contest at Herzogenbuchsee (512). The painter drew the marksmen returning to their village with the standard-bearer marching ahead of them. Instead of grandiloquent heroics Amiet produced a light-hearted snapshot of a moment with which every sharpshooter is familiar. With this unpretentious design, the artist broke into a preserve which had been previously the prerogative of the village artist and the traditionalist.

Another example of the pleasure Amiet felt in the poster is his advertisement for the station buffet in Basle, 1921 (299) and the Abbey Museum at Stein am Rhein, 1939 (9). Needless to say, he designed a poster for each of his many exhibitions, the last when he was 92 years old for his exhibition at the Kunsthalle in Basle, in 1960, a year before his death.

Augusto Giacometti

Giacometti's posters for tourist publicity became famous. The red sunshade for the Rhaetian Railway, 1924 (28), which occupies three quarters of the space, is one of the best Swiss posters.

"Beautiful Switzerland", 1930 (10), caused a furore with its giant butterfly forming the diagonal of the poster with its body. Giacometti was less concerned with the charming insect, whose wings he cut on both sides, than with a form for his intermingling cloudy colours. Giacometti's first attempts at abstract colour patterns, again on butterfly wings, go back as far as 1890. They are among the first abstract experiments of any kind.

The artist took over the manner and motif of his own poster for the XVIIth National Art Exhibition, 1928 (56), and, to match it to the new purpose, gave his hitherto subdued colour scale a voluptuous richness.

In 1928 the painter presented to the Students' Union at the Swiss Federal Institute of Technology (ETH) this little-known holiday poster (278). It is a splendid piece of tachisme, ranging from rich yellow via red and blue to deep violet. In the midst of this colour symphony the white patch of a church can be discerned. The clouds of colour evoke images of sunny mountainsides and the coolness of neighbouring woods all under an overarching summer sky.

Alfred Heinrich Pellegrini

Pellegrini left behind a multifarious legacy of colourful posters devoted to a great variety of subjects. His themes range from "Lutz" thrillers, sports events and bazaars to posters for theatres, exhibitions and political causes. His inclination was to figure painting in large flat areas of unbroken colour, which made him the most prolific muralist of the post-Hodler generation and chimed well with the requirements of the poster.

From 1902 to 1906 Pellegrini worked in the Atar lithographic establishment in Geneva. There he drew in 1903 what was probably the earliest picture of a footballer (11) for the periodical "La Suisse sportive".

The National Assembly elections in 1919 which, in the wake of the general strike, were conducted for the first time on the proportional representation system, were the heyday of the artist-designed political poster. For this new task the non-socialist parties immediately recruited the great masters: Cardinaux, Mangold, Baumberger and Stoecklin. But Pellegrini, through his posters, wanted, as he said, to "call attention to the really dire need in which, through no fault of their own, many of our fellow citizens live".

When the first referendum was held on votes for women in Basle, 1920, he, together with his patroness, was once again on the side of the weak: "Give your sister rights, not only duties" (12). What he had to say through draughtsmanship and text was highly individual and made a refreshing contrast to the demagogy on the neighbouring posters.

Otto Morach

Morach, ten years younger than Giacometti, was akin to him inasmuch as he also discarded close adherence to nature but, with his cubic constructions, he arrived at quite different design solutions. His artistic experiments were the parallel of a vision of a workday world permeated by art. "The object of our creed is fraternal art ... art compels us to be unequivocal and should be the foundation of the new man and belong to every individual and no class" was the message contained in the "Manifesto of Radical Zurich Artists" of 1919. Morach was, together with Giacometti, a founder member of this offspring of the Dada movement.

At the same time (1919–1923) he belonged to the Basle group "Neues Leben" along with Arp, Janco and Picabia. Morach designed stained-glass windows, murals, mosaics, and tapestry cartoons, and together with Sophie Taeuber-Arp, Ernst Gubler and Carl Fischer, was a pioneer of the Swiss marionette theatre. As a teacher at the School of Arts and Crafts in Zurich he was associated with its experimental theatre and was in contact with the Bauhaus through Oskar Schlemmer.

Morach's characteristic posters must be seen against this background of radicalism. Of his posters for tourism, "The Way of Strength and Health is via Davos", 1926 (245), is one of the most astringent. It is a highly simplified version of a tiny Davos with its characteristic church tower. The eye is led suggestively through massed areas of colour in which the village, seen in perspective, is wedged and overarched by giant viaducts. This composition, severely architectural in style and divorced from reality (the nearest viaduct is 20 miles away), disappoints the superficial observer's expectations of a picturesque view of a resort but gives the poster an unwonted quality of taut excitement.

The many preparatory sketches Morach drew for a poster are evidence of the careful way he approached a commission. His most famous poster, "Bremgarten-Dietikon Railway", 1921 (241), was preceded by dozens of drafts. The artist drew the local buildings of Bremgarten in detail — leaving out neither the old inn signs nor the flamboyant patterns on shutters — viewed the little town from many angles, and it was only when he was as familiar with its intimate details as with its overall appearance that he ventured on the final version.

Whether his posters were for tourism or business, Morach stated his message in an idiom previously unknown in Switzerland: incomprehensible at first it gradually became distinguishable as an international voice with a Swiss accent.

Maurice Barraud

Hardly any other artist painted girls so often and so freely as Barraud. Using a balanced composition and warm pastel-like glazing colours he created a luminous and light-hearted visual world. These airy and gracious creatures he also transferred without demur to his posters: as a horsewoman for a horse show (522), as a young mother in a railway compartment of Swiss Federal Railways, or as a woman reading for a Geneva bookshop (168).

Using a few soft strokes and only yellow, brown and red as colours, Barraud succeeded in creating in this work of 1917 a boldly characterized poster which has lost none of its freshness and charm after 65 years.

Barraud began to paint as soon as he had served his apprenticeship as a commercial artist. In 1914 he founded in Geneva the group of artists known as "Falot", which included Berger, Buchet and others among its members. For the group's exhibition in the Moos gallery in Geneva in 1915 Barraud lithographed his second and at the same time sauciest poster. Instead of featuring a charming Genevan girl, the picture is filled almost menacingly by the seated figure of a naked black woman, who looks at the viewer over her shoulder with her back half turned to him (36).

In 1916 the "Falot" group exhibited in the Kunsthaus in Zurich and, in his poster, Barraud returned to his wonted visual world with a "Girl and Cat". The 30 or so posters which the artist designed between 1915 and 1945 are original lithographs.

Niklaus Stoecklin

When the Basle painter Niklaus Stoecklin turned to the poster in the early twenties, there began the most fruitful conjunction of art and publicity. Burkhard Mangold, himself a poster artist of distinction, was his first teacher at the Basle Technical School. The pictures of the twenty-year-old "boy wonder" were already of such quality that they can stand for his œuvre as a whole.

Today Stoecklin's painting is classed with the New Objectivity — for which a fair subtitle might be Magic Realism. The same leanings can be seen in many of his posters. Stoecklin could transfer the often poetical objectivity of his paintings to posters without anything being lost. Art absolute and applied and the skills of the painter and graphic designer merged together into a new unity.

His now famous poster, the man with the bowler 1934, (334) — it won the second prize in the PKZ clothier's competition (the first went to Peter Birkhäuser) could, with a few modifications, be a picture. His love for the unobtrusive enabled him to produce the delightful still life of a toothbrush with a tube of "Binaca" toothpaste in a glass, 1941 (428).

His skill in foreshortening a pictorial statement stood him in good stead, particularly in his early posters. An impressive example is the "Gaba" silhouette of a head, 1927 (435). This poster, perhaps the strongest work by a Swiss, can bear comparison with Cassandre's best.

Unlike other painters Stoecklin remained true to the poster throughout his life. He created some 120 posters. When he was 75 years old he produced yet another, this time for the Swiss egg.

Otto Ernst, Hugo Laubi, Carl Scherer

They were overshadowed by their better known colleagues and for years their names did not appear in exhibitions or in poster literature. And yet, without their many hundreds of posters, the advertising pillars between the wars would have been deprived of a lot of their colourful variety. Some of their posters became extraordinarily popular and, after all, popularity is one aspect of poster art. It must have appeal or it becomes impoverished and anaemic.

Otto Ernst studied in Paris with the Swiss Eugène Grasset. He designed innumerable posters, some of which outlasted their period, like his advertisement for linoleum (403) with its constructivist overtones, or the picturesque "Maxim" poster (388), in which the lady listens in ecstasies to the first strains from a radio.

The Zurcher Hugo Laubi was one of the first to introduce humour into the poster. One design was his portly Mr Türler, 1920 (13); this was reprinted in 1966 and still today, as a symbol for a firm, Mr Türler looks over his embonpoint at the watch he has plucked from his pocket. Hugo Laubi always signed his posters with a small leaf (Laub = leaf). If the client had had too great a say in the design, he replaced the leaf with the letters N.V. = according to instructions.

The Basle painter Carl Scherer designed untold political posters, mainly for the Social Democratic party. Scherer's monster in the form of a swastika, 1933 (14), which was aimed at the alliance of the non-socialist parties with the National Front, was famous far beyond the boundaries of Zurich. The ''Basler'' did his best poster for the Zurich City Council elections 1938 (574).

Painters and lettering

The painters had little to do with lettering. What knowledge they had was picked up from rather casual instruction in commercial art. The lettering of a poster was just a necessary evil.

Even more troublesome, if that was possible, than the choice of lettering was its integration with the design. The artist was most reluctant to have his composition disrupted by mundane texts. And if his design had come off particularly well, he would ask for a few copies *without lettering*. With the exception of those works on which the subject and the lettering were unified, the painter tried to evade the difficulty by placing his text over or under the illustration. Empty space beside the picture was also utilized for lettering.

At first Emil Cardinaux had the lettering inserted by the lithographic establishment in the space reserved for it. But letterpress or drawn fancy lettering were unsatisfactory when transferred to the stone. Later, after about 1915, he usually worked with neutral sans-serif letters.

In one of the most attractive of Cardinaux' posters ''Summer in the Grisons'' (262), printed by Fretz in 1909, the lettering is assimilated to the alphabet designed by Peter Behrens (published in 1902 by Klingspor Bros.). Mismatched though the lettering may be, it is discretely placed and the sun-drenched meadow occupying two thirds of the poster remains unspoiled. About 1915 Wolfensberger printed the poster in the new weltformat. Now the lettering — large, ponderous and modish — occupied the centre, and the intimacy of the poster was destroyed. The lettering on early posters was often bad but the care with which it was inserted stood the poster in good stead.

Nor was Otto Baumberger a master of lettering; before making his choice, he would talk it over with colleagues. Hugo Laubi said that he gave Baumberger the benefit of his advice even for the famous Baumann top hat (339). Even if Baumberger accounted himself a painter and took a rather low view of his advertising work, some of these designs, such as ''Brak Bitter'' (15) with its majestic capital B, are in fact among the most important works of the pre-war period.

In two of his posters Hodler had the text inserted in his awkward handwriting. Pellegrini also preferred his own writing. If the artist used his handwriting in the poster, it was possible for the ductus of the writing and the illustration to combine and form an organic whole. Käthe Kollwitz and Picasso used this effect for their political posters.

For the innovator Morach lettering was also material for experimentation. The bold poster for the Werkbund Exhibition, 1918 (42) — it was awarded the first prize in the SWB competition — was the first of modern posters with lettering only. Afterwards the Werkbund took the letter combination to use as a device. His ''Bally'' poster (363) can manage without shoes but not without lettering. It even dominates the poster. Four broad upward inclined bars bearing the text and cutting diagonally through the figure depicted in flat areas of colour impart the striding motion.

Niklaus Stoecklin is the youngest of the painters presented here who were born before 1900 and he is the exception in being a master of lettering. He used a slab serif with the same sovereign skill as black letter or an English copperplate.

The thirties

After the graphic designer had taken the place of the artist as the creator of posters, the painterly artist-designed poster became increasingly rare. Apart from posters for their own exhibitions, the only link painters retained with the poster was the odd tourist advertising job. In the years of mass unemployment the billboards also looked impoverished. The pioneers had lost their zest and the new trends had to contend with pusillanimous clients and kidglove panels of judges.

New trends had to seek survival outside the official commissioning practice and to offer resistance to the ''leather shorts'' regionalism which had been given additional impetus by National Socialist propaganda. The ''Alliance'' group, founded in 1937, in which abstract and surrealist painters were united, had to defend themselves against a charge of using ''forms felt to be foreign and un-Swiss'' in their work: ''It is made by Swiss and therefore Swiss'' wrote Leo Leuppi, president of the group, in the ''Almanach neuer Kunst'' (Zurich 1940).

While in 1936 Victor Surbek used a blossoming apple-tree (16) to advertise the 19th National Art Exhibition, the first museum exhibition of new Swiss art was also being held in Zurich. The poster for the exhibition — ''current problems in Swiss painting and sculpture'' (66) — was designed by Max Bill, the innovator with the widest range of skills. His drive for innovation went beyond painting and embraced sculpture, architecture, product design and typography. Bill's posters strike the viewer by reason of novel design elements no one had used before. Some of the more than one hundred posters he designed are for firms and political events but the majority are for cultural events and his own exhibitions.

But the billboard or hoarding cannot live by cultural posters alone. It is only when painters take up everyday advertising that it comes alive. After 1940 it was chiefly Alois Carigiet, Hans Erni and Hans Falk who revitalized the *art gallery of the street* with painterly posters.

The Graphic Designers Arrive

The painterly artist-designed poster had scarcely secured its position as an independent art form when the first graphic designers began to supplant the painters as creators of posters. With Baumberger, who already had to his name a number of purely graphic works contrasting with his many pictorial posters, and particularly with Stoecklin's lapidary design solutions – his splendid foreshortening of pictorial statements – the first signs appeared in the twenties of the future split between the painterly and the graphic poster.

Ernst Keller

In 1918 the former lithographic draughtsman Ernst Keller was called to the School of Arts and Crafts in Zurich as the first teacher of graphic design. Keller laid the foundation for training in this new technical subject. The previous somewhat casually imparted instruction on commercial art grew into an independent line of technical teaching.

It was Keller's great achievement that he was able to create for applied arts a well-defined place by the side of and equal in status with pure art. For this new task he trained hundreds of graphic designers.

His insistence that the solution to each design problem in advertising should be matched to its essential character was reflected in his own work.

Keller created more than 100 posters, for charitable, commercial and political purposes, but most of them were done for exhibitions of the Museum of Applied Arts. The posters were reproduced, usually in letterpress, from Keller's own linocuts, which were often in several colours. His predilection for this medium – which can be seen in retrospect as a tribute to the dying technique of letterpress – was a challenge to his skill as a craftsman and left its mark on his compact stylized forms and the lettering that went with them.

The well-known graphic designer Pierre Gauchat, who was his pupil, eulogized him as the "father of Swiss graphic design". And if in the forties and fifties the Swiss poster again acquired a personality and enjoyed recognition the credit is largely due to Ernst Keller and especially to his pupils.

On his return from the International Poster Exhibition in London, 1951, Willy Rotzler said: "In no other country is the number of good and better-than-average posters so high as in Switzerland."

Rotzler was thus able to reiterate what Albert Baur had said 30 years before him in his lecture at the poster exhibition held during the fifth Basle Swiss Industries Fair: "Look where you will, there is no country in the world, not a single one, with such a collection of posters." What Cardinaux and his painter contemporaries had succeeded in creating – a poster with a special Swiss character – was repeated a generation later in the poster work of the graphic designers. However, this proved to be too lacking in substance to survive the subsequent international levelling process.

Eric de Coulon

Eric de Coulon found an entirely new style for his posters. Previously the narrative poster had placed the object to be advertised in a specific situation and the text had to establish the link between the happening and the product. The later product-featuring poster did without this roundabout approach, displayed the product directly, and only needed to call attention to its merits and its brand name. Coulon went a step further and placed the text in the centre. However, the result was not a typographic poster. He used the lettering as his picture, took one letter out of a concise text and scaled up its characteristic shape into the monumental. He integrated the stylized subject in his letter composition and thus achieved the closest possible identification between the text and the product or brand name. It was not the diversity of elements that attracted attention but rather the simultaneous impact of text and product which were unified so as to strike the eye.

But his later posters still retained their French-Swiss character, their generous handling, and their straightforwardness. The diagonally arranged cigars "Cigares Fivaz" (488), of 1937, was one of the most successful Swiss posters of all time and continued to be displayed unchanged for years. And in the poster for "Sérodent" (427) of the same year, toothpaste and toothbrush are brought into splendid conjunction.

Hans Handschin

Of all the forgotten artists who had to be tracked down for this book, Hans Handschin was the most forgotten of all. Born in the last year of last century, he was trained as an architect. His first weltformat posters brought him to the notice of the advertising manager of Messrs Henkel in Pratteln. Handschin's modern, objective and informative style struck him as being everything contemporary advertising should be.

Handschin's "Per" poster of 1933 (406) shows the front view of a box blown up to giant size, arranged diagonally in the space and almost filling it, but leaving enough room for it to be combined most successfully with the slogan and its pictorial expression. Although he made sparing use of bright hues, the designer achieved a quite unwonted colourfulness.

Handschin's speciality was the air-brush, with which he applied photographic effects directly to his monumental, foreshortened depictions of objects.

His two posters for Silvaplana show Handschin's highly individual version of the Upper Engadine landscape. In the summer poster, 1934 (272), the first rays of the sun are just touching the peak of the "Engadine Matterhorn", the massive Piz della Margna. The ridge of the mountain and the lake remain in the clear blue light and ink-like shadow of early morning. The mountains and landscape are severely simplified and their reflection in the lake even becomes a stylized pattern of right angles. The winter poster of 1935 (275), a pendant of the first, shows the same landscape but seen from a different angle, bitter chill and covered with snow, while the cold blue Margna rears its peak into the serene sky.

Still more graphic designers

The other graphic artists born before 1900 differ no less in their origins, training and career than the three pioneers we have mentioned. Coming from various crafts and trades, sometimes foreigners, sometimes trained in courses and schools but usually self-taught, they all had in common their skill as draughtsmen. Because of this the dividing line between their work and painters' posters is sometimes blurred.

The first independent graphic designers had serious difficulties to contend with. Besides the odium that clung to the making of advertisements, they also found it difficult to make a livelihood. In most cases printing orders went straight to the lithographic establishments which either did their own designing or passed the work on to an artist associated with the firm. Unless the designer was fortunate enough to work for a big firm or a tourist office, novel design solutions met with mistrust and rejection.

If, in spite of all this, posters were created which outlasted their age, their designers also deserve to be remembered. There follows a simple list of the best-known among them. The reader desirous of knowing more will find additional information in the index of artists in the German section. If posters by these artists figure in the illustrated section, this is indicated by the number placed in brackets: Johann Arnhold (545); Carl Böckli (372); Willi Tanner (18); Jules Courvoisier; Emil Ebner; Emil Huber (19); Alfred Hermann Koelliker (475, 476); Max Kopp (326); Erwin Roth (251, 252, 254, 220); Hermann Rudolf Seifert (256); André Simon (493).

The poster with lettering only

After the advent of letterpress printing, the written message was the central feature of the diminutive posters of the time whose unending and verbose headlines imitated contemporary book titles. In the 17th and 18th century exhibitors and tradesmen adorned their posters with woodcuts. It was only when lithography arrived on the scene in the following century that lettering had to take second place. Around 1900 Art Nouveau, with its passion for forms, once again upgraded lettering, which it used for additional decoration but integrated it with its forms to the point where legibility was compromised.

The Swiss Werkbund, founded in 1913, took in hand the legacy of Art Nouveau and propagated its notions of a new environment in lettered posters devoid of all ornamentation. The Morach poster, 1918 (42), is a bold example of this approach.

In the newly introduced course for graphic designers at the School of Arts and Crafts in Zurich, Ernst Keller, and later also his colleagues, some of whom were still his students, Walter Käch, Heinrich Kümpel and Alfred Willimann, addressed themselves to lettering and the poster from the very outset. They sought an independent Swiss counterpart to the "new" or "functional" typography which was also beginning to figure in German posters after 1925.

The *New Typography* had groups of type matter — usually in sans serif — arranged axially and tautly related to the surface along with thick bars and other elements from the compositor's case. Its spokesman was Tschichold, who had developed from a patriarch of calligraphy into a pioneer and even adapted his first name — from Johannes via Iwan to Jan — to fit in with his artistic credo.

Looking back, Tschichold wrote about the New Typography: *"It seems to me to be more than a mere coincidence that this typography was practised almost exclusively in Germany and was hardly ever adopted by other countries. For its uncompromising attitude was peculiarly congenial to the German penchant for the absolute, their military organizing spirit, and their claim to sole dominion over those frightful components of the German character which led to Hitler's rule and World War II."* (SGM, 6/1946).

After Hitler's accession to power in 1933 Tschichold emigrated to Switzerland. His reposeful and well-balanced poster for the Kunsthalle Basle "Konstruktivisten", 1937 (61), composed with the simplest means, already reveals him to be in quest of a new harmony. Finally he found it in the classical and symmetrical roman print.

The typographic poster received a new impetus after 1930 from Max Bill, who "as an amateur had a natural gift for graphic design" (Bill). On his return from the Bauhaus Bill was able to earn a living from typography and typography is indebted to him for important new ideas.

Finally the letters of the compositor came into their own. Printed letters were allowed to produce their effect in accordance with their character and size and to run free without being tormented into arbitrary lengths in majuscules.

Bill was proud when individual passages of text on his designs could be set by machine. It was with the same pride that he mentioned that, for the first time, a house had been erected from prefabricated units. This confession of faith in progress is reflected in Bill's consistent practice of dispensing with capital letters, which he has retained to the present day.

Jan Tschichold had developed from being the spokesman of the *New Typography* into Bill's antagonist, and he wrote: *''An artist like Bill perhaps has no idea of the sacrifices in blood and tears rationalized production methods have cost 'civilized' humanity and every single worker ... For the worker, mechanical production has led to a serious and almost fatal loss of values in daily experience and it is utterly and entirely wrong to place it on a pedestal.''* Tschichold also saw the final consequence of this development: *''The most modern products of our 'civilization' are V-weapons and the atomic bomb. These are already shaping up to determine our lifestyle and will certainly ensure that the advance of 'progress' is ineluctable''* (SGM, 6/1946).

In the fifties and sixties the poster consisting of lettering only was given an added impetus by Emil Ruder and Armin Hofmann in Basle and Josef Müller-Brockmann in Zurich.

The first photo posters

The masters of the product-featuring poster Stoecklin and Baumberger had already anticipated the photo poster in the twenties with their hyperrealistic representation of objects but they themselves had no connection with photography. They did not merely reject it. In retrospect Baumberger even made fun of it: ''This poster, already tainted by the photo racket and the age of so-called new objectivity, showed an enormously enlarged detail of a coat (312). The firm and I were approached again and again by every possible foreign trade journal for permission to reproduce it in the belief that it was a coloured photographic reproduction. When I subsequently pointed out, in tones of amiable irony, that the much-admired masterpiece was 'only drawn' and painted, the enthusiasm evaporated.''[7])

The product-featuring poster of the twenties — which was the precise counterpart of object-related painting, i.e. the so-called ''New Objectivity'' — was intended to convey clear and direct information. It was this trend, from which the lettered poster also benefited, and also improved gravure techniques that created the basis for the photographic poster.

In 1929 the Museum of Applied Arts in Zurich staged the ''Russian Exhibition''. This was advertised by El Lissitzky's photomontage that has meanwhile won worldwide fame (20). The exhibition had prodigious influence on young designers in Switzerland. Among these was Walter Cyliax, who was the first to make considered use of photography in the poster. In his poster ''Koch, Optiker'', 1929 (217), it was the photograph that figured centrally for the first time: it had become independent. For ''simmen'' furniture, 1930 (21), Cyliax gave photography an even greater dominance and independence: the cut-off chest of drawers fills the whole format. In the same year ''Werk'' and ''Arts et métiers graphiques'' illustrated this great novelty.

In 1930 the Kurtz brothers also put photography into the poster. For the exhibition ''Neue Hauswirtschaft'' (399) they used a design in which a kitchen complete with modern chinaware was juxtaposed to a soft-focus montage of a living room. For ''Shell Tox'' (412) Heinrich Kurtz photographed an insect hardly a centimetre in length and blew it up to 80 times its natural size to make an unprecedented vision of horror in the poster.

The coloured photo poster reached its apogee round 1935 with Walter Herdeg's St Moritz advertising and particularly with Herbert Matter's sensational photomontages. Astonishment at his publicity photographs — besides posters Matter photographed and montaged covers for magazines, catalogues and brochures — has not diminished today, 50 years later. Whether a face in the foreground epitomizes the subject of the poster or a deserted road winds into a montaged mountainscape with a hint of surrealism in its ''new reality'', he invariably composed subtle pictures with harmoniously integrated texts. Between 1934 and 1936 some ten of these unique montages appeared.

The Printers

The rising demand for lithographic products which, unlike letterpress, can be made without a composing room, favoured the appearance of small lithographic workshops all over Switzerland after 1850. For instance, in 1875 there were in Berne alone 20 lithographic establishments. However, endeavours to improve printing quality and achieve higher capacity and efficiency soon brought large firms on the scene. Many of these lithographic art printers, as they proudly called themselves, were established about 1900 and it is their impress we see on the posters reproduced in the illustrated section.

J. E. Wolfensberger

''The 'Old Man' was a hard master. He could rage round the workrooms and the offices till no one could hear or see straight. All the same we called him 'the governor'. That came from the respect inspired by his mastery of the craft in every detail and because everyone down to the apprentice knew that in his printing office nothing was printed

unless the master could vouch for its design and technical quality, and that he turned down lucrative work if he was not allowed to design it as he wanted. And, above all, he was really obsessed by his work, for he did not handle printed matter as if it were carrots and broomsticks but seemed to treat each job as if it were his own child.''[8])

This was the picture drawn by Baumberger of Johann Edwin Wolfensberger who had come to the Trüb printing office as a twenty-year-old from Kaufbeuren (near Munich) where, as the son of a Swiss expatriate, he had trained as a lithographer. But Wolfensberger did not stay long in Aarau: About 1900 he opened his own printing works in the Gessnerallee in Zurich. From there he moved to Dianastrasse and in 1911 into his own house ''zum Wolfsberg'' in Bederstrasse which accommodated the printing office, art salon and residence. In the meantime he had become a widely recognized expert.

On the death of Johann Edwin Wolfensberger (1873—1944) Otto Baumberger wrote: ''If ever the history of Swiss lithography and advertising art should be written ... his indomitable work as a fanatical seeker after quality will be recognized and the highest tribute paid to his contributions to the promotion of Swiss culture.'' (''Graphis'', 7—8/1945).

His son Jakob Edwin Wolfensberger (1901—1971) continued the firm and today the third generation is in charge.

The lithographic art printer

Other printing firms which are still in existence and contributed to the success of the early Swiss poster through the quality of their work include: Eidenbenz & Co., St Gall; Gebr. Fretz AG, Zurich; Orell Füssli AG, Zurich; Kümmerly & Frey AG, Berne; J.C. Müller AG, Zurich; Säuberlin & Pfeiffer SA, Vevey; Sonor SA, Geneva; Trüb AG, Aarau; Wassermann AG, Basle.

Not every artist drew his own design on the stone. In such a case the work was done by a lithographic draughtsman, who was just as much an artist in his way. The printer too, was a master highly skilled in his craft and with a fine artistic sense.

The classic lithography stone came from the Solnhofer limestone quarry in the Altmühltal between Munich and Nuremberg. It had no superior. Most of the poster stones were yellowish and cost between 500 and 1000 francs each. As much as 2000 francs was the price for the harder blue-grey stones which artists preferred. In some places the massive stone was set up on an easel like a canvas for painting; and from time to time the lithographer understandably checked the device that held the stone poised above his feet. When the printing was finished, the assistant used flint sand to remove the design drawn in reverse and the stone was ready for the next job.

Such a stone was needed for each single colour of a poster and weighed between 500 and 600 kilograms. It just could not compete with the light zinc plate which formed the printing surface in the offset process. Offset printing came from America at the beginning of 1900, and already by 1910 there were a dozen or so of these new machines operating in Switzerland. The firm of Seitz & Co., St Gall, lithographers, set up its first offset machine in 1917, and in 1927 J.C. Müller was already printing by offset in addition to its 5 lithographic presses. By the end of the forties the superiority of this efficient printing technique gradually became established. But it was not until the end of the fifties that the former lithographic establishments dismounted the old presses that used to rumble to and fro in a leisurely manner and sold them for scrap. But the triumphal progress of offset printing was not yet at an end: 20 years later it had dealt a deathblow to letterpress, the oldest printing method of them all.

Poster and Public

The clients

The equation is simple: Without clients, no posters, without clients with a spirit of adventure, no novel posters. Anyone who wonders at the artist-designed posters of the early period, enchanted by the boldness of the idea and execution, should also give a thought to the client.

It was often the printer that played the role of go-between for artist and client. And in this role it was once again J. E. Wolfensberger who took up the cudgels for his painters. Time and again he wrung consent out of the client for an unusual design. It was an act of great daring to commission an artist who was neither recognized nor uncontroversial with a poster design which went far beyond what found ready acceptance and provoked shock rather than pleasurable satisfaction.

What was it that induced ''Bally'' (363), 1926, to come out with such a crazy poster as the one by Morach in which neither head nor shoe can be seen? Who was it that took a liking to Giacometti's sunshade (28), 1924? The public, the guests it is addressed to, or the manager of the Rhaetian Railway? A Swiss observer wrote in 1924: ''The picture was not always understood everywhere. In Latin countries and in England experience shows that people prefer 'chocolate-box' views and appear to interpret this picture as an advertisement for sunshades.''

For many painters poster designs were potboilers and a commission was a welcome source of income. Time and again pictorial ideas in the artist's mind found expression in a poster instead of being painted on canvas and in this way enriched the "art gallery of the street". The client behind the poster did not regard himself so much as a patron as a businessman who was trusting that the surprise effect of novelty would pay off.

The Business

The Allgemeine Plakatgesellschaft, founded in Geneva in 1910, expanded its activities from French Switzerland to the whole of the country in the first quarter of the century. It holds the concession for poster display in Switzerland. Through contracts with some 3000 communes it is assured of virtually the sole right to display about 2 million posters a year. In 1983 it cost Fr. 10.75 to exhibit a weltformat poster for a fortnight.

Profitable though the business may be with a hundred thousand or so posters on the hoardings of Switzerland, its share of 100 million francs in the country's total outlay on advertising (1 billion for the first time in 1980) is modest. However, there is a definite boom in poster advertising; the percentage it accounts for of total publicity expenditure is increasing and, in terms of turnover, it is already close on the heels of television.

However, there are limits set even to this trend. Since the Federal initiative against alcohol and tobacco advertising was turned down in 1979 there has been a growing number of communes — already more than 200 towns and villages, mainly in German-speaking Switzerland — which have placed a ban on posters advertising drink and nicotine. And so the Allgemeine Plakatgesellschaft has to go short of tens of thousands of poster sites.

Prize awards

The campaign against "degenerate art" in Hitlerian Germany gave a boost to "a positive attitude to matters of national concern" in Switzerland. Poster clients began to be more diffident about designs embodying the ideas of modern art. Since novel ideas were not in demand, mediocrity became rampant. Something had to be done to countervail the attitude of many clients which was paralysing effort and frustrating hopes. And in fact something was done: Since 1941 prizes have been awarded annually for the best Swiss posters.

The jury appointed by and under the chairmanship of the Federal Department of the Interior comprises four designers, three advertising consultants and a representative of the Allgemeine Plakatgesellschaft. From the entire production of the preceding year they select posters which are outstanding for their artistic and printing quality and their impact as advertisements. Designer, printer and client receive a certificate of recognition from the federal councillor responsible for cultural affairs. The Allgemeine Plakatgesellschaft displays the prize-winning posters in some 40 of the larger towns.

If public interest in the poster has remained alive and even grown in recent times, one of the reasons is this additional service of the Plakatgesellschaft. In 1983, out of the 1022 posters appearing for the first time in the preceding year, only 14 received awards instead of the usual 20 to 30. And so the idea conceived in a difficult period with a view to encouraging clients and artists has, in spite of the disagreements inseparable from such awards, proved its worth down to the present day.

Exhibitions

If evidence were needed of the public interest in the poster as a cultural medium, one has only to look at the various exhibitions. At the beginning of our century, posters were not only displayed and described with zest but also had their own periodical and their own association, and were collected all over the world. However, published reports tended to be thin when they referred to the Swiss poster which, in spite of its value and international esteem, lived in the shadow.

The Swiss exhibitors themselves never gave their own poster production a showing except in combination with the international top class. It was this international elite which had, as it were, to give the Swiss poster the break it deserved. Only in the last few years has this practice changed. And one of the main reasons why the Swiss poster is now more honoured in its own country is the fact that it and its creators have won recognition abroad.

The Museum of Applied Arts in Zurich, which probably has the largest collection, has always championed the poster. As long ago as 1911 it devoted a special exhibition to "The Modern Poster and Artistic Advertising". Since 1930, the year it moved into its present building, it has held five large poster exhibitions. For the first time in 1974 the Swiss poster, without the star attraction of international exhibits, was given a show all of its own ("Cultural Posters in Switzerland"). This departure from previous practice was followed in 1982 by "Advertising Style 1930–1940", where posters by Coulon, Handschin, Ernst, Laubi, Scherer and others, hitherto regarded as unworthy of exhibition, were put on show for the first time. The Museum of Applied Arts is planning for 1983 (October) another large poster exhibition with the title "Ferdinand Hodler and the Swiss Art Poster 1890–1920".

The exhibition "L'Affiche de Toulouse-Lautrec à Cassandre", held in connection with the "Graphic 57" and visited by hundreds of thousands, also made the collection of the Museum of Applied Arts in Zurich accessible to a larger public. Exhibitions of international posters of this quality comprising items from Swiss museum holdings were made a possibility by a wise decision of the Zurich City Council: in 1955 it acquired the poster collection of Fred Schneckenburger. The purchase of this legendary collection of some 15000 posters almost doubled the museum's own holding and supplied it with a large number of unique cultural documents, for

Schneckenburger had, in addition to art posters, made political posters his speciality. Items of particular importance in his collection include posters of the Russian Revolution, the Spanish Civil War and the rise and fall of Hitlerian Germany. In 1976 the Allgemeine Plakatgesellschaft gave the Museum of Applied Arts in Zurich an estimated 50000 sheets, so that it now has some 150000 posters in its collection.

Halftime

After 1910 the Swiss poster developed into a new and independent form of art. Painters who inspire our admiration today by their artistic work, which has often led to their posters being overshadowed (Cardinaux, Mangold, Baumberger), were the pioneers of the Swiss poster. Even though they were later supplanted by the graphic designers as poster makers and the artist-designed poster petered out in the thirties, their inspiration has remained palpable.

The achievement of the up-and-coming graphic designers and their teachers was that they created for themselves a prominent position side by side with pure art.

The *real* event of the thirties was the advent of photography, Herbert Matter's handling of it, and the new formal language of Max Bill among others. Moreover, these were years of crisis, of imminent catastrophe, and the years of the "repatriates".

To Basle alone returned Fritz Bühler and Herbert Leupin from Paris, Donald Brun from Berlin, Theo Ballmer, Keller's pupil, from the Bauhaus and Hermann Eidenbenz as a teacher from Magdeburg. However, this concentration of talent did not make itself felt until after 1940, but then the hoardings were dominated by the "Baslers" for many years.

The second wave

Designers born between *1900 and 1920*, some of whom were already producing important posters during the thirties, but mainly created or left their mark on the poster after 1940, stepped into the place of pioneers born in the last century.

With these designers the Swiss poster reached the top international class and became world famous. Many of them belong to the first generation that attended a technical school of applied arts. The School of Arts and Crafts in Zurich with its early teachers of outstanding ability, made its contribution to this success.

Apart from the graphic designers, various artists again played a part in this renewal. Alois Carigiet, Hans Erni, Hans Falk and Hugo Wetli continued the tradition of the artist-designed poster. Max Bill, Richard P. Lohse and Carlo Vivarelli pioneered the more concrete aspects.

Max von Moos and Otto Tschumi found their way to the poster under unusual circumstances, for their personal pictorial language is difficult to reconcile with advertising.

Ernst Mumenthaler, architect, of Basle, and Roman Clemens, stage designer, of Zurich, both with a similar professional background, also took up the poster as innovators and deserve mention.

Women born during the period in question are rarely found among the poster artists. When the poster was still the prerogative of the artists, their share in poster work corresponded to that in art generally. They lost it when the profession of graphic designer came into being. In French-speaking Switzerland Marguerite Bournoud-Schorp designed posters while in German-speaking Switzerland Warja Lavater, a pupil of Keller's, did poster work jointly with her husband, Gottfried Honegger.

At the beginning of the thirties — when the pioneers had lost their first impetus — advertising was given a vital new impulse by the advent of photography.

Fascinated by all its potentialities for technical illustration, the pioneers applied it to the poster: Werner Bischof, Ernst A. Heiniger, Walter Herdeg, Heinrich and Helmuth Kurtz, Herbert Matter, Paul Senn, Emil Schulthess, Anton Stankowski and Heiri Steiner.

And when the Swiss poster began to flourish again after World War II, and even during it, the following graphic designers, *born in the years mentioned*, deserve to be recalled and are classified below according to the regions in which they lived and worked.

Basle: Theo Ballmer, Peter Birkhäuser, Donald Brun, Fritz Bühler, Hermann and Willi Eidenbenz, Jules and Otto Glaser, Walter Grieder, Armin Hofmann, Kurt Hauri, Herbert Leupin, Numa Rick, Emil Ruder, Jan Tschichold.

Berne: Hans Fischer (fis), Adolf Flückiger, Hans Hartmann, Hans Thöni, Kurth Wirth.

Central Switzerland: Martin Peikert.

Eastern Switzerland: Robert Geisser, René Gilsi, Werner Weiskönig.

Western Switzerland and Ticino: Felice Filippini, Samuel Henchoz, Max Huber (previously Milan), Pierre Monnerat, Viktor Rutz.

Zurich: Hans Aeschbach, Walter Bangerter, Walter Diethelm, Alex W. Diggelmann, Heini and Leo Gantenbein, Pierre Gauchat, Willi Günthart, Walter Käch, Charles Kuhn, Heinrich Kümpel, Eugen and Max Lenz, Hans Looser, Gérard Miedinger, Josef Müller-Brockmann, Hans Neuburg, Albert Rüegg, Willy Trapp, Alfred Willimann.

No one could fail to appreciate the influence and effect of the Swiss poster on war-ravaged Europe. Pieter Brattinga, graphic designer, journalist and teacher wrote in his investigation into the "Influences on Dutch poster art in the first half of the 20th century": "On the other hand, during the post-war years, the commercial poster came under the influence of the excellent work coming out of Switzerland."

Looking ahead

The impetus of the second wave continued far into the post-war period and did not subside until the mid-sixties. The standardized photographic poster played a major part in ruining the *former* "art gallery of the street". What had once been an event of originality degenerated into a cheap range of ready-mades. Jan Lenica, one of the great renovationists of the Polish poster, reported on the Sixth International Poster Biennial 1976 in Warsaw. "Throughout the exhibition only the Swiss group seems to defend a certain traditionalism and to resist the signs of the times which, after a quarter of a century, have become plain to see." ("Graphis", 186).

It is obvious. The poster is about to move in a new direction. The position is similar to that preceding the flowering time of the forties, only in those days the pioneers could refer to guidelines derived either from their own schools or still a late legacy from the Bauhaus. Their formal principles stood in a direct relationship with the requirements of everyday and were accepted by most designers. They embraced up-to-date printed advertising material, shop-front lettering, and display management. Today there is no such standard.

The prodigious technical revolution with its seemingly infinite possibilities has altered visual habits and the sense of form. But new aesthetic values still have to be evolved.

Since the end of the seventies the poster seems to be regaining a certain dash and originality. New poster designers are trying out new styles and resources and the client is more ready to accept striking and unusual design solutions. And the increasing interest in the poster today is encouraging this development.

In the early days and after its revival in the post-war years the Swiss poster had an independent and important contribution to make to international poster creation. In its own country it takes its role as an intermediary between art and commerce seriously. Moreover, it has been an outstanding chronicler of its age. Its discovery and rebirth still lie before us.

Sources

1) Eduard Platzhoff-Lejeune: Die Reklame, p. 48, Stuttgart 1909.
2) Albert Sautier: Schweizer Plakate, in: Die Schweiz, p. 201, Zurich 1913.
3) Carl Albert Loosli: Emil Cardinaux, p. 71, Zurich 1928.
4) Emil Locher and Hans Horber: Schweizer Landesausstellung in Bern 1914, p. 270, Berne 1917.
5) Burkhard Mangold, in: Das künstlerische politische Plakat in der Schweiz, p. 12, Basle 1920.
6) Otto Baumberger: Der innere Weg eines Malers, p. 83, Zurich, Stuttgart 1963.
7) Otto Baumberger: Blick nach aussen und innen, p. 175, Weiningen-Zurich 1966.
8) Otto Baumberger: Blick nach aussen und innen, p. 114, Weiningen-Zurich 1966.

28 Augusto Giacometti, *1924*

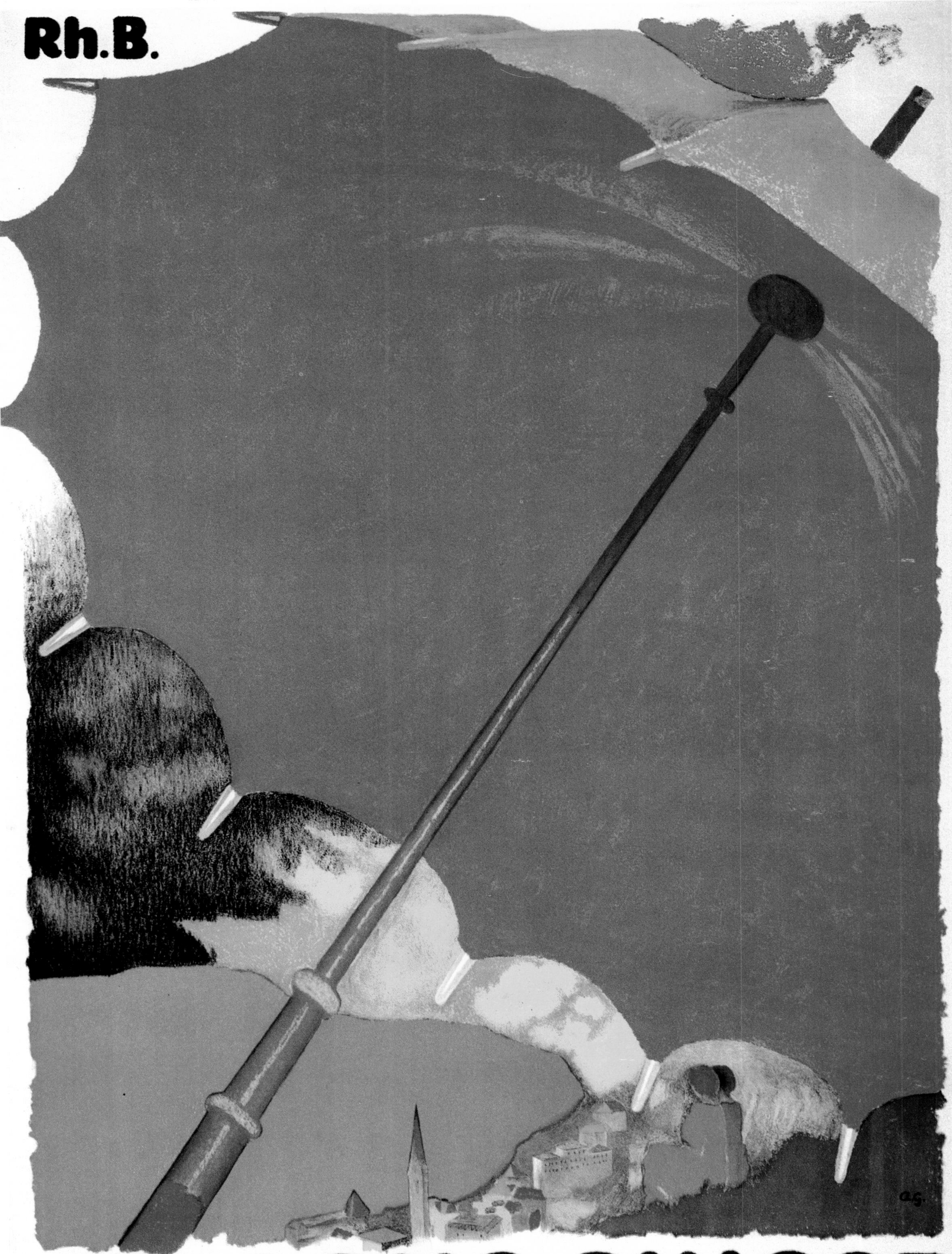
Rh.B.
a.G.
GRISONS-SUISSE
„WOLFSBERG" ZURICH

Au début, le Mont Cervin

Les débuts et les pionniers de l'affiche suisse

Autour de 1900

Introduction

L'art de l'affiche doit son existence aux peintres. Avec le cinéma, il est un des rares nouveaux genres artistiques que notre siècle ait produit. Représentants caractéristiques d'une époque de reproduction, qui se manifestent sous forme de copie, ils constituent un «art pour tous».

Des peintres français, anglais et américains ont découvert l'affiche en tant que nouveau moyen d'expression dès la fin du 19e siècle. Bien que l'allemand Alois Senefelder ait inventé la lithographie — procédé permettant de reproduire des images et des textes dessinés sur une pierre de calcaire — dès 1797, il a fallu attendre la fabrication en séries de marchandises pour que cette technique soit utilisée au service de l'affiche moderne, au service d'un nouvel art.

Autour de 1900, il suffisait de jeter un regard au-delà des frontières pour constater le retard et la médiocrité de l'affiche en Suisse. Son ascension rapide à une renommée internationale, au début de ce siècle, et son évolution jusqu'en 1940 sont le sujet de cet ouvrage. Cela nous permettra d'observer comment les graphistes ont pris la relève des peintres et comment s'est développée l'affiche photographique. Nous parlerons de peintres et de graphistes nés avant 1900, devenus célèbres ou non, d'imprimeurs et d'affiches, mais nous présenterons aussi des artistes nés entre *1900 et 1920*. En ce qui concerne ceux qui sont nés plus tard, on les trouvera dans l'index.

Le chiffre figurant entre parenthèses à la suite d'une affiche citée dans le texte correspond au numéro de celle-ci dans la partie des illustrations*.

Si le texte s'arrête à l'année 1940, les illustrations, elles, vont jusqu'à nos jours.

Le désert, le chaos

Lorsqu'en 1890 les parisiens découvrirent les affiches admirables de Chéret, de Toulouse-Lautrec, de Bonnard et du suisse Steinlen, les murs de la Suisse étaient encore recouverts du Kitsch le plus délirant. Ainsi, en 1897, Jean Louis Sponsel, dans son merveilleux ouvrage de 300 pages sur «L'affiche moderne», a pu citer des exemples de pays aussi lointains que le Japon et la Norvège, mais aucun de Suisse. De même, les auteurs de l'ouvrage «Les affiches étrangères illustrées», paru à Paris la même année, ne mentionnaient même pas notre pays.

Ce n'est qu'en 1903 que Walter von Zur Westen décrit les affiches suisses dans son ouvrage «Reklamekunst» (l'art de la publicité) et notamment des affiches de Reckziegel, Schaupp, Baud, Forestier (on trouvera des exemples dans la partie des illustrations) ainsi que les affiches d'expositions de Sandreuter (30).

Bien sûr, à cette époque-là, l'affiche-papier dans les rues était rare en Suisse. La «Société générale d'affichage» (SGA) nouvellement fondée n'avait pas encore pu mettre de l'ordre dans l'affichage chaotique pour offrir des surfaces cohérentes à ses clients. Aussi, les grandes marques et surtout l'industrie du chocolat accaparaient toutes les surfaces disponibles et faisaient peindre directement sur les murs leurs énormes images publicitaires. A côté de cela, il y avait une telle quantité d'affiches sur tôle et en émail que la «Ligue suisse du patrimoine national» finit par protester. Dans son organe, elle appela au combat «contre les nuisances de la publicité», reprocha à l'industrie «un américanisme barbare» et la rendit responsable de la dégradation des paysages et des villes par «la peste de la tôle et les calamités de l'affiche».

Même Platzhoff-Lejeune, pourtant partisan de la publicité, trouvait l'omniprésence des panneaux excessive: «Les personnes hystériques, les femmes enceintes seront terriblement perturbées de se voir sans arrêt sollicitées, harcelées. Même pour des gens solides, il ne reste plus on coin tranquille, pas le moindre havre de paix dans cette agitation moderne. Jusque dans les villages les plus reculés, jusqu'aux sommets les plus élevés et les lacs les plus profonds, nous sommes poursuivis par la publicité qui enlaidit le monde et détruit l'harmonie ...».[1])

Hodler, le parrain

Se produisirent alors, indépendamment les uns des autres, des événements, qui s'interpénétrèrent pourtant étroitement.

Les cartes mono firent découvrir aux jeunes artistes-peintres suisses un nouveau domaine, inexploité: la publicité. D'un autre côté, la SGA se mit, de Genève, à conquérir tout le reste de la Suisse; en 1906, elle s'installa à Zurich. De cette époque

* Celles numérotées de 1 à 26 se trouvent dans le texte allemand du livre.

datent les premiers panneaux et les premières colonnes d'affichage, n'utilisant encore que des formats fantaisie et non le format mondial, qui viendra plus tard.

Et puis, autre condition pour la naissance de l'affiche artistique suisse: la percée de Ferdinand Hodler. En 1897, il obtint le premier prix dans un concours pour la «décoration» du Musée national suisse à Zurich. Ses adversaires, et à leur tête le directeur du musée, réussirent dans un premier temps à empêcher la réalisation de son projet, mais après une controverse d'une violence inédite dans les annales de l'histoire de l'art suisse, Hodler put commencer ses fresques en décembre 1899. Sa consécration à l'échelle européenne lors de l'exposition de Vienne en 1904 favorisa finalement en Suisse une évolution dans la manière de ressentir et de juger la nouvelle peinture.

Ce succès du peintre Hodler donna sa chance à l'affiche suisse. La nouvelle vision et la technique radicale du maître, la rigueur stylisée de ses paysages, la monumentalité de ses personnages, la pureté de ses couleurs enthousiasmèrent et influencèrent les jeunes peintres qui allaient créer l'affiche moderne en Suisse.

Chez cette génération de pionniers sûre d'elle-même régnait un état d'esprit d'innovation qui favorisa également ce nouveau genre. Dans la «Neue Zürcher Zeitung» du 29 mai 1911, on pouvait lire que «la puissance de plus en plus grande de l'évolution technique capitaliste ayant écrasé au passage tant de beauté du passé, heureusement le nouveau siècle se met à la reconstruction». Albert Baur, engagé depuis des années dans les problèmes de l'environnement, poursuivait: «Un des grands besoins de la culture capitaliste est la publicité... qui de nuisance, témoin de la non-culture, doit être transformée en ferment d'une culture artistique.»

Les monos de Karl W. Bührer

«Lorsque nous étions jeunes», se souvient l'écrivain Carl Seelig, «nous recherchions avidement les monos. C'étaient des cartes illustrées que les magasins distribuaient aux clients. Nous les collectionnions et échangions avec la même passion que d'autres les timbres ou les papillons. C'est là que nous avons appris à distinguer les images ennuyeuses de celles pleines d'imagination, le banal de l'original. Ajoutez à cela les panneaux et les colonnes d'affichage, ces nouveaux journaux de la rue, dont l'unique défaut était qu'on ne pouvait pas les emporter chez soi» (SGA, 1948).

C'est la monographie de la firme figurant au verso à côté de textes publicitaires soigneusement rédigés qui donna son nom à ces cartes. Les collectionneurs pouvaient acheter des cadres, des boitiers, des albums pour les cartes dont l'échantillonnage allait de la publicité directe, polychrome, jusqu'aux séries bichromes sur des sujets de l'histoire, de la géographie et de l'architecture.

Ces cartes mono furent en quelque sorte les coups d'envoi des artistes de l'affiche. C'est sur ce petit support publicitaire qu'ils firent leur apprentissage. L'idée picturale était au centre, sans craindre la concurrence d'un texte qui, lui, était relégué au verso. Et c'est dans ces monos que se manifesta tout d'abord le changement en Suisse, à la suite de la percée de Hodler, dans les goûts et les manières de voir.

Les monos étaient créées par de jeunes peintres tels que Cardinaux, Gilsi, Hardmeyer, Hohlwein, Mangold, Moos, Schaupp et Stiefel — des noms que nous retrouverons tous aux origines de l'affiche suisse.

L'inventeur et organisateur de ce nouveau support de publicité, en 1905, fut Karl W. Bührer (1861 à 1917) qui était aussi le fondateur et premier rédacteur en chef du bimensuel «Die Schweiz» — une revue littéraire et artistique qui fut pendant vingt ans la plus importante en Suisse. Peu de temps après, Bührer fonda la «Internationale Mono-Gesellschaft Winterthur».

En 1908, la Compagnie fédérale des chemins de fer (CFF) se laissa gagner elle aussi a la mono et édita plus d'un million de cartes: des paysages suisses vus par des artistes. Son exemple fut suivi par le syndicat d'initiative de Berne et les chemins de fer de la Bernina.

Ces cartes étaient parfois diffusées même en Allemagne et en Autriche. Malgré cela, le succès commercial en était faible.

Le format mondial

La «Mono-Gesellschaft» fit faillite. Déçu, Bührer partit pour Munich où, en 1911, il fonda la «Brücke» (n'ayant en commun avec le groupe des expressionnistes autour de Kirchner et Heckel que le nom). Cette association lutta pour le format mondial et même si ses autres grands projets furent anéantis par la Première guerre mondiale et la mort de Bührer, l'affiche suisse lui doit beaucoup dans ce domaine.

Le format mondial, tel que le prix Nobel et collaborateur de la «Brücke» Wilhelm Ostwald l'a défini et tel qu'il a été présenté dans la revue «Das Plakat» (4/1913), se base sur la diagonale du centimètre carré ($\sqrt{2} = 1,414$). Le format mondial I mesure 1 × 1,41 cm, le format X, pour papier à lettres, est obtenu en doublant le facteur le plus petit jusqu'à obtenir 22,6 × 32 cm. Le format XIV, enfin, aux dimensions 90,5 × 128 cm, devait être celui de l'affiche suisse.

Ce format mondial s'imposa lors de l'exposition nationale suisse de 1914 à Berne, la «Brücke» l'ayant proposé au comité de publicité qui avait dès 1911 organisé un concours. Tous les imprimés de l'exposition allaient correspondre aux formats mondiaux: la vignette (format IV, 2,83 × 4 cm) les catalogues (format IX, 16 × 22,6 cm) et les affiches (formats XIII, 64 × 90,5 cm, et XIV, 90,5 × 128 cm).

Les projet d'Emil Cardinaux (202) choisi par le jury fut réalisé en format mondial et 3720 exemplaires en furent affichés dès 1913 dans la Suisse entière.

Après ce début glorieux, le format mondial gagna du terrain, mais seulement pour l'affiche et seulement en Suisse. L'affiche de tourisme, par exemple, destinée surtout à l'étranger, aboutit après quelques hésitations au format anglais « Royal » (64 × 102 cm) s'écartant ainsi du format mondial aussi bien que de la série A ultérieure.

La SGA implanta dès 1914 des colonnes et des panneaux d'affichage correspondant au format mondial. Des panneaux particulièrement beaux, entourés de cadres ornés ou recouverts de lierre, ont été présentés en 1915 dans des revues suisses et étrangères. C'est grâce à la SGA que l'affichage en format mondial devint si raffiné, suscita tant d'admiration et put devenir le cadre capable de mettre en valeur l'affiche artistique en une véritable *galerie dans la rue*.

Emil Cardinaux

L'un des premiers à saisir les possibilités qu'offrait l'affiche fut Emil Cardinaux. Depuis 1900, ce peintre bernois exposait ses paysages dans des galeries suisses et il fut bientôt considéré comme « Hodlérien pur sang », tout comme Amiet, Buri ou Colombi, par exemple.

Cardinaux venait de quitter Munich, où il avait fini par abandonner la faculté de droit pour faire son apprentissage dans l'atelier du peintre Franz Stuck. Il alla passer l'hiver à Paris et c'est de là qu'il participa à l'un des premiers concours suisses concernant l'affiche. La CFF désirait six affiches polychromes destinées à l'étranger et notamment pour les gares, les hôtels et les bateaux à vapeur. C'est de ce concours que devaient sortir quelques-uns de ces paysages qui allaient façonner l'image de la Suisse à l'étranger.

Cardinaux obtint un prix d'honneur pour son tout premier projet et c'est à la suite de cela que W. Kaiser, directeur de l'usine des chocolats Villars, lui commanda ses deux premières affiches. Elles sortirent en 1905. Dès 1906, Cardinaux créa des lithographies qui annonçaient déjà le futur maître du genre. Ce fut surtout son « Berne » (2) en grand format oblong qui frappa par ses coloris inhabituels, ses plans nettement délimités et sa rigueur picturale.

Le « Matterhorn »

C'est également en 1906 que Cardinaux créa six cartes mono dont une, pour le syndicat d'initiative de Zermatt, avec le Mont Cervin. Reprise deux ans plus tard comme affiche (1), cette illustration devint célèbre. Certaines sources, par ailleurs dignes de foi, datent cette affiche de 1906, en la confondant avec la carte mono.

Avec le « Mont Cervin », Cardinaux atteignit un sommet dans l'art de l'affiche suisse. Tout comme le mont lui-même, cette affiche dépassait de très haut tout ce qui l'entourait. Les observateurs attentifs remarquèrent la naissance d'un nouveau genre artistique et reconnurent d'emblée le génie de Cardinaux pour l'affiche, ainsi que toute la portée de son « Mont Cervin ».

En 1913, Albert Sautier déclara: « *Cette affiche est exemplaire, tant pour sa valeur esthétique que pour son effet publicitaire. Admirable vue de loin, elle n'apparaît pourtant nullement grossière vue de près. Elle peut donc aussi bien être affichée à l'intérieur, dans les salles d'attente ou les restaurants, qu'à l'extérieur au grand soleil sur des colonnes Morris. L'artiste a obtenu cet effet en limitant à l'extrême ses couleurs et en choisissant un éclairage — celui de l'aube — qui lui permit de placer en opposition des plans de couleur bien définis, s'harmonisant pourtant dans un accord parfait. La base monumentale de la montagne est plongée dans l'ombre — un fond brun à hachures en vert foncé et en noir, recouvert en transparence d'un ton gris-noir très doux. De là s'élance la splendide forme du mont, en marron-orange, avec ses contours infiniment expressifs, tracés en un vert qui crée un puissant contraste avec le ciel mauve de l'aurore.* »[2])

Et en 1928, Carl Albert Loosli déclara que le « Mont Cervin » demeurait l'une des affiches les plus imposantes et d'un impact publicitaire inégalé, bien que vieille de vingt ans.[3])

La popularité de cette affiche et la très grande demande incitèrent Wolfensberger à sortir une reproduction « de luxe » sur du beau papier et sans texte. Durant toute la Première guerre mondiale, elle orna les cantines des soldats que les femmes avaient installées en hâte, et pendant des décennies encore, on trouva cette affiche, encadrée comme un tableau, dans les administrations et les écoles.

Le « Cheval vert »

Aujourd'hui légendaire, cette affiche de Cardinaux pour l'exposition nationale suisse de 1914 (202) créa des remous considérables. La population était furieuse de voir la peinture moderne s'emparer d'une affiche pour « son expo ». Que ce projet hardi ait pu être réalisé, nous le devons au jury courageux du concours, dont Hodler était. Le deuxième prix fut attribué à Eduard Renggli, le Hodlérien lucernois, qui avait proposé une image très dense d'hommes assemblés en un cercle et brandissant les drapeaux des cantons. Il dut partager son prix avec Otto Baumberger, dont le projet d'un puissant semeur fut réalisé comme vignette publicitaire sur les divers imprimés. Vingt ans plus tard, Baumberger reprit ce motif pour une affiche Bally.

Ulrich Gutersohn, professeur de dessin et collectionneur d'affiches, écrivit: «*L'affiche suisse la plus ‹célèbre› est actuellement celle d'Emil Cardinaux, qui a obtenu le premier prix — 2000 F — à la suite du concours pour l'exposition de Berne. Bien des gens ont trouvé que c'était une somme excessive, pour un projet d'affiche ... Dans les quatre coins du pays, on parle, on écrit à propos du ‹Cheval vert› pour l'exposition. Récemment, l'affichage en a été interdit en plusieurs endroits et déjà on en voit des caricatures sur des cartes postales* (3). *A l'époque du carnaval, il a dû donner lieu à bien des plaisanteries. Qu'à cette occasion la peinture suisse en général, et Ferdinand Hodler et ses disciples en particulier, eurent leur part en sarcasmes est aisément compréhensible.*» («Das Plakat» 4/1914)

A l'étranger, on n'était pas non plus d'accord avec cette affiche suisse sans montagnes et il fallut fabriquer hâtivement une affiche «touristique» et une affiche typographique. Dans le compte rendu de l'exposition, on peut lire: «*Il devint évident qu'un affichage dans les gares des pays latins ne pouvait pas être obtenu. Une affiche typographique n'apporta pas non plus la solution. On exigea un paysage. Et c'est ce qui mena à la ‹Vue sur la Jungfrau› de P. Colombi...*».[4])

Le «Cheval vert», une lithographie originale, a été édité en 31 194 exemplaires.

La particularité suisse

L'affiche doit être efficace à distance — Emil Cardinaux en avait reconnu les règles de style et de composition: concentration sur un motif dominant, effet crée par des coloris inhabituels, réduction et intégration du texte. La personnalité de ce peintre et la rigueur de ses principes — seuls le choix des caractères et la disposition du texte sont peut-être parfois contestables — caractérisent infailliblement l'affiche Cardinaux des débuts.

A l'audace de ses conceptions correspondait un savoir-faire; Cardinaux avait appris la lithographie à Munich. Karl W. Bührer le mit en relation avec l'imprimeur J. E. Wolfensberger. Cet infatigable promoteur de l'affiche suisse s'était entouré de toute une génération de jeunes artistes qu'il initiait à la lithografie. C'était l'homme qu'il fallait à Cardinaux: un homme de métier et un homme d'affaires, et en même temps un novateur audacieux et sans préjugés.

Dans l'œuvre de Cardinaux dominent les affiches touristiques. Mais tout aussi convainquants furent ses personnages rudes, enracinés dans le sol de leur paysage rustique, sur ses affiches politiques ou commerciales. Avec plus de cent affiches, Cardinaux devint le grand maître des débuts.

Son «Mont Cervin» fut à la base de l'affiche artistique en Suisse. Hodler avait voulu créer une peinture nationale qui exprimerait la particularité helvétique des hommes et de l'état. Cette ambition se réalisa dans les premières affiches du pays.

Les autres

Bien d'autres peintres s'étaient intéressés à l'affiche dès le début du siècle, mais d'une façon moins régulière. Ce qui frappe, c'est le grand nombre d'artistes romands. Sans doute, ils étaient particulièrement attentifs à ce qui se passait à Paris, tout comme Cardinaux, qui de par ses origines était tributaire des deux cultures. Et c'est de la Suisse romande que nous viennent aussi les premiers livres sur l'art de l'affiche dans notre pays.

Marguerite Burnat-Provins, la première femme en Suisse à s'occuper d'arts graphiques appliqués, était peintre, poète et fondatrice de la Ligue romande pour la protection du patrimoine. Elle vivait à cette époque sur les rives de lac Léman.

Plinio Colombi, de la Suisse italienne, et Giovanni Giacometti, qu'on a redécouvert, ont également réalisé des affiches, ainsi que les genevois Edouard-Louis Baud, Henri Claude Forestier et François Gos; les neuchâtelois François Jaques, Edmond Bille et Charles l'Eplattenier — ce peintre du monumental et professeur du Corbusier — et enfin le vaudois Albert Muret.

En Suisse alémanique, nous trouvons, à côté d'artistes dont nous parlerons plus loin, le lithographe et publicitaire de Schwyz Melchior Annen; Fritz Boscovits; le prussien Paul (Joseph) Krawutschke (PIK) qui, en repartant à Berlin en 1912, laissa quelques affiches magistrales; le peintre de l'Appenzell Carl Liner, fondateur de la Société des peintres, sculpteurs et architectes suisses (SPSAS) à St-Gall; Anton Reckziegel, originaire de Bohême et créateur, durant son séjour en Suisse entre 1895 et 1909, d'innombrables lithographies de paysages; le bâlois Hans Sandreuter, élève de Böcklin; Richard Schaupp, un peintre de St-Gall mais travaillant surtout à Munich; et enfin le zurichois Eduard Stiefel, lithographe et plus tard professeur à l'école des arts appliqués de Zurich et dont l'affiche pour la «Fête fédérale de gymnastique» de 1906 à Berne (498) peut être considérée comme une des premières affiches modernes en Suisse.

Le printemps de l'affiche

Dès 1910, l'affiche suisse s'épanouit pleinement. Cette floraison prend ses racines dans les centres culturels. Après le bernois Cardinaux, ce furent surtout le bâlois Mangold et le zurichois Baumberger auxquels l'art de l'affiche dut son essor.

Burkhard Mangold

Le pionnier le plus original fut le peintre et verrier bâlois Mangold. Dans ses vitraux, il opposa au pseudo-naturalisme idéalisant alors en vogue des plans nets. Il tenta également de réveiller l'affiche de son romantique sommeil. En 1910, on lui connaissait déjà environ quarante affiches, mais ses meilleures ne sont venues que plus tard.

Mangold était tout à fait indépendant de Cardinaux et de ses racines artistiques. Ses affiches sensibles, humaines, parfois drôles, parfois lyriques et toujours très picturales ont poussé sur un autre sol: Bâle, cette ville avec sa propre langue et sa propre culture, cette ville des «chauvins cosmopolites»! En fait, l'influence d'un autre peintre bâlois, l'élève et ami de Böcklin Hans Sandreuter, est manifeste dans les premières œuvres de Mangold.

Son «Hiver à Davos» de 1914 (27) fait partie des plus belles affiches suisses. La lumineuse et joyeuse élégance des patineurs est une réussite inégalable. Le procédé audacieux et inhabituel consistant à représenter les personnages en amorce donne aux couples qui patinent un dynamisme tel qu'on croit les voir valser sur la glace.

Malgré ses succès, Mangold garda toujours une certaine distance ironique avec l'affiche. Il aimait citer un confrère romand: «Puisqu'il est nécessaire que l'affiche fasse le trottoir, qu'elle le fasse gentiment» et il écrivit: «Beaucoup de jeunes essaient d'apprendre à faire des affiches. Et quand ils échouent, ils se mettent à faire de la peinture». [5])

Otto Baumberger

L'entrée en scène du zurichois Otto Baumberger, en 1911, est fracassante. Avec cinq affiches en une seule année, il débute une glorieuse carrière. En 1917, il avait déjà fait 45 lithographies originales et tout au long de sa carrière il aura produit près de 250 affiches. Son succès est dû à une demande de plus en plus grande, à l'importance de sa ville de Zurich, mais surtout à la sûreté de son intuition et à son immense savoir-faire.

Baumberger se voulait peintre et ne voyait en l'affiche qu'un gagne-pain. En 1917, il écrivit à Hans Sachs, le grand collectionneur d'affiches et éditeur de la revue «Das Plakat»: «*L'affiche et l'art publicitaire en général constituent actuellement mon gagne-pain. En réalité, je suis peintre ... Bien que j'essaie de donner le meilleur de moi-même — et ce malgré les délais toujours si courts — ce travail publicitaire ne remplit pas ma vie ... Mais l'affiche m'intéresse, beaucoup plus que les étiquettes de vin, les couvertures de catalogues et autres plaisanteries de ce genre ...*» («Das Plakat» 4/1917).

Brillant dans ses affiches, il chercha encore son style dans la peinture. La maîtrise technique et son talent de dessinateur étaient plutôt des entraves pour ce peintre qui ne comprenait pas l'œuvre de Hodler et n'eut qu'ironie pour l'affiche que celui-ci avait créée avec l'image de sa fille (29).

Dans les affiches de Baumberger, on peut déjà observer comment l'art de l'affiche se détacha de la peinture et quels conflits ponctuèrent cette séparation. Sa production publicitaire est trop grande et trop variée — et Baumberger était trop pressé par les commandes — pour qu'on puisse y reconnaître l'originalité et le style d'autres créateurs. Mais certaines de ses affiches sont des jalons dans l'histoire de l'affiche suisse, saisissantes par l'originalité de l'idée et sa mise en valeur, souvent lapidaire (15). Après 1930, Baumberger se consacra davantage à sa peinture et devint professeur de dessin à l'école polytechnique fédérale à Zurich.

Les affiches et la peinture

Dans ces années, rares étaient les peintres qui n'entretenaient aucun rapport — passager ou durable — avec l'art de l'affiche. Pour ces peintres à la recherche de nouveaux moyens d'expression, la grande pierre de lithographie, lisse et plane, était un aimant, qui les invitait à la réalisation de nouvelles visions picturales. Et comme il ne s'agissait «que» d'une affiche, ils y montrèrent souvent plus d'audace dans les formes et les couleurs que sur leur chevalet. Ceci servait l'affiche, qui vit de l'effet produit. Bien des peintres travaillaient eux-mêmes sur la pierre et les affiches qu'on voyait sur les murs étaient donc souvent des lithographies originales.

A cette apogée de l'affiche artistique suisse contribuèrent aussi des femmes, à peu près dans la même proportion que dans la peinture. Nous y trouvons notamment la bâloise Helen Haasbauer-Wallrath et les deux zurichoises Dora Hauth-Trachsler et Erica von Kager. Mis à part les peintres que nous présenterons individuellement, il convient de mentionner Hans Berger, Karl Bickel, Alexandre Blanchet, Arnold Brügger, Wilhelm F. Burger, Daniele Buzzi, Rudolf Dürrwang, Edouard Elzingre, Fritz Gilsi, François Gos, Eugen Henziross, Iwan E. Hugentobler, Ernst Linck, Alfred Marxer, Paul Kammüller, Jean Morax, Eduard Renggli, Carl Roesch, Ernst Georg Rüegg, Ernst E. Schlatter, Victor Surbek, Fred Stauffer, Edouard Vallet, Hans Beat Wieland, Paul Wyss et Otto Wyler.

John Graz, qui émigra en 1920 au Brésil, est un cas particulier. Dès 1922, il participa à la «Semaine d'art moderne» à Sao Paulo, une exposition d'avant-garde d'une grande portée. Le vice-consul suisse à Sao Paulo, Hermann Buff, a fait remarquer à quel point l'influence de Graz sur l'art moderne au Brésil fut importante. Parmi les quelques affiches de Graz datant de son époque suisse, «Yverdon-Ste-Croix», 1914 (273), et «Le Royal», 1917 (255), sont des images généreuses et nuancées — peut-être les seuls témoins de l'œuvre artistique de Graz dans son pays.

Robert Hardmeyer — un pionnier?

Cet artiste, de condition modeste, peignait des paysages et illustrait des livres d'enfants, sans dédaigner des commandes publicitaires comme gagne-pain. Lorsqu'il mourut pendant une épidémie de grippe en 1919, personne ne savait qu'avec lui avait disparu «un précurseur de l'art de l'affiche», car à l'époque on ne connaissait de lui qu'une affichette signée «Hardmeyer 05» pour le commerçant de vins «J. Diener Sohn, Erlenbach» sur le lac de Zurich.

Or, quarante ans après sa mort, Hardmeyer devient tout d'un coup un «précurseur de l'art de l'affiche». On lit dans le catalogue de l'exposition de 1959 sur les «Maîtres de l'affiche» au musée des arts appliqués de Zurich que durant les premières dix années de ce siècle, Hardmeyer avait eu le mérite d'une «active collaboration au renouveau de l'art de l'affiche en Suisse et avait aussi créé de nombreuses monos». Dès lors, plus rien ne peut entraver la gloire posthume de Hardmeyer.

C'est toujours la même affiche qui sert de référence: Sur fond noir, un coq en chemise blanche avec col montant, la poitrine et les manchettes empesées. La tête et la crête rouge-feu ressortent sur un fond jaune dans la partie supérieure de l'affiche. En bas, un texte en caractères antiques.

Cette affiche des plus expressives, même à distance, fut imprimée en format mondial chez Wolfensberger et jusqu'à présent, on la datait de 1905 (231). Mais ce format n'existant pas encore à cette date et aucune autre affiche se trouvant pour prouver cette «active collaboration au renouveau de l'art de l'affiche», on se demande comment un tel malentendu a pu se produire.

Une fois de plus, c'est la carte mono qui fut à l'origine d'une affiche. J. E. Wolfensberger raconte comment Hardmeyer apporta son coq à l'imprimerie. La maquette était une aquarelle en deux couleurs sur papier blanc. Chez Wolfensberger, on ajouta le fond noir et jaune et on tira de cette maquette une excellente carte mono (4) sans texte au recto à part la signature «Hardmeyer 04».

Dix ans plus tard, la firme voulut une affiche. Le lithographe raccourcit la chemise du coq, raffermit les contours, modifia les proportions du fond et disposa le texte sous l'image. Ulrich Gutersohn put alors écrire que «la Waschanstalt AG (une grande blanchisserie-teinturerie) de Zurich avait créé une affiche exemplaire avec un coq en longue chemise blanche, dessiné pour une mono dix ans plus tôt par R. Hardmeyer» («Das Plakat» 4/1914). Monsieur Coq est en fait devenu et resté le sigle de la «Waschanstalt».

Cette affiche sans signature est un exemple du grand pouvoir des lithographes sur leurs réalisations. D'excellentes affiches conçues par eux sont restées anonymes, avec la seule signature de l'imprimerie.

Les étrangers en Suisse

Comment ne pas donner droit de cité, dans la partie des illustrations qui suit, aux grands artistes étrangers dont les affiches étaient dans nos rues dès les débuts?

L'italien Leonetto Cappiello prolongea le style de Chéret dans le nouveau siècle. Ce n'est que dans ses affiches ultérieures que ses représentations devinrent plus objectives et plus directement liées au produit. L'ours polaire de 1929 pour «Frigor» (465) rappelle bien la qualité rafraîchissante de ce chocolat, sans pour autant trop limiter l'imagination.

Charles Loupot a passé sa jeunesse en Suisse et y réalisa un grand nombre d'excellentes affiches pour des firmes suisses, avant de partir pour Paris dans les années vingt et y devenir vers 1940 un grand maître de la publicité. L'effet de ses affiches était fort, malgré leur aspect doux et vaporeux. Celle de 1922 pour les «Fourrures Canton» (335), superbe, illustre parfaitement l'importance du lithographe en la matière: dans les années soixante, on en fit une si médiocre reproduction que sa beauté originale ne pouvait à peine être soupçonnée.

Même le plus grand créateur d'affiches du vingtième siècle, A. M. Cassandre, fit des affiches pour la Suisse, notamment pour les cigarettes, les cigares (489) et les tabacs de la maison Vautier. Aussi, la première monographie sur cet artiste, avec un texte en allemand, français et anglais de son ami Maximilien Vox, parût en Suisse dès 1948.

Le peintre belge Jules de Praetere, une personnalité nonconformiste, aux multiples facettes, fut directeur de l'école des arts appliqués de Zurich entre 1905 et 1912 et de celle de Bâle entre 1915 et 1917. La prononciation flamande de son nom (Prater) était sa signature de peintre. Il fit très peu d'affiches pour la Suisse, mais elles étaient extraordinaires. Les cercles colorés, très suggestifs, de 1916, pour les couleurs «Labitzke» (226) constituent certainement la première affiche publicitaire abstraite. Par contre, en 1932, dans une affiche des produits Maggi (448), Praetere choisit la manière naïve pour reproduire une cuisine avec force détails.

Walther Koch arriva de Hambourg à Davos en 1898 pour y soigner sa tuberculose. Guéri en 1902, il y resta et consacra à son nouveau lieu de résidence toute une série d'affiches qui comptent parmi les meilleures de son temps. «Sports d'hiver aux Grisons» de 1906 (267) fait partie des premières affiches modernes.

Un des artistes d'affiches les plus productifs après Chéret fut le munichois Ludwig Hohlwein. Connu en Suisse dès 1904 comme peintre de cartes mono, il y créa plus tard également des affiches. En Allemagne, il devint un des tout grands.

Son affiche pour «Pfaff» de 1912 (396) montre la machine à coudre reliée aux grands caractères du nom. Outre la qualité de son dessin, cette affiche montre une des étapes de «la métamorphose d'un P». En effet, au début du siècle, Emil Doepler (395) avait utilisé le grand P pour accrocher le regard, et après Hohlwein, ce fut Eric de Coulon (397) dont les conceptions artistiques s'accommodaient parfaitement de cette immense lettre, et enfin August Trueb (398) qui, toujours avec le P, fit une tentative constructiviste.

Carl Moos fut l'un des fondateurs d'une association munichoise réunissant des artistes de l'affiche, «les 6», qui fit contrepoids à la prédominance de Hohlwein. Le client qui commandait une affiche pouvait choisir entre les six projets des six graphistes. En Suisse, Moos signa plusieurs cartes mono et sa «Montée à l'alpage» pour les chocolats «Klaus» parût comme affiche (464) en 1915.

Les suisses à l'étranger

Après avoir vanté les mérites des étrangers en Suisse, réjouissons-nous de ceux des suisses à l'étranger, bien que nos illustrations ne montrent, à une exception près, que des œuvres affichées en Suisse.

Le style d'Eugène Grasset (1841 à 1917) était assez traditionnel. Pourtant, il créa en 1887 pour la «Librairie Romantique» une des premières affiches modernes. Ses graves personnages féminins s'opposent aux créatures frivoles de Chéret aussi bien qu'aux femmes combatives de Steinlen. Plus tard, les affiches de Grasset furent éclipsées par le succès de Jules Chéret, qu'on peut considérer comme le père de l'affiche et qui en produisit plus de mille.

Théophile Alexandre Steinlen (1859 à 1923) fut un des grands peintres du début du siècle. Avec Toulouse-Lautrec, il instaura l'art de l'affiche. Par ses nombreuses représentations critiques de la réalité du prolétariat, il lutta contre la misère aux côtés de ses amis Emile Zola et Anatole France. Ses affiches — plus de 45 — étaient d'un puissant effet, malgré leur style pictural.

Félix Vallotton (1865 à 1925) s'occupa peu de l'affiche. La gravure sur bois pour le marchand de tableaux Sagot à Paris met en évidence sa maîtrise du noir-et-blanc. Citons sa lithographie pour «L'art nouveau», un magasin à Paris, ainsi que l'affiche humoristique «Ah! La Pé, la Pé, la Pépinière» pour une revue de music-hall, avec un motif de la gravure sur bois «Le couplet patriotique». L'adaptation du style Valloton pour la publicité du «Schweppes» prouve à quel point celuici est resté moderne. En 1981, la gravure sur bois «Le mensonge» du peintre (de 1897) fut utilisée pour la partie centrale d'une affiche en format B 12 (5).

Enfin, l'affiche fantastique «Le bal révolutionnaire» créée vers 1905 par Karl Walser (1877 à 1943) est bien connue. C'était une invitation à la fête du carnaval de la Sécession de Berlin, dont Walser était membre depuis 1902.

L'affiche artistique

Les artistes-peintres autour de Hodler ont en commun leur intérêt pour l'affiche, mais leurs styles différents font pressentir leurs évolutions individuelles, indépendantes. C'est l'apogée de l'affiche artistique en Suisse.

Nous nommons affiche artistique celle qui a été conçue par un artiste-peintre, indépendamment de son sujet et du mode de reproduction. Elle ne concerne pas nécessairement une exposition d'art. Au contraire, c'est quand un peintre se décidait à s'abaisser bon gré mal gré jusqu'aux domaines du commerce, de la politique, des sports, que cela devenait intéressant. Plus le sujet de l'affiche est profane, plus la tâche est difficile. Car la recherche de l'effet, bannie pour une peinture, est indispensable pour une affiche. En fait, la création d'une affiche pouvait demander bien plus d'efforts qu'une peinture.

Si la personnalité du peintre est forte, il parvient à maîtriser ces contradictions en une synthèse réunissant sa façon de voir et l'effet à produire. Ainsi, une œuvre d'Amiet ou de Giacometti, par exemple, reste toujours dans le style de l'artiste, même si c'est une affiche pour un buffet de gare.

Dans l'affiche artistique réussie, on trouve une relation directe entre l'art du peintre et les exigences de son temps. Et c'est précisément cette prise avec la réalité quotidienne qui a, ces derniers temps, revalorisé les arts appliqués, après un retard d'une dixaine d'années. On a trop distingué entre l'art de musée et l'art de la rue, en méprisant ce dernier. Bien des peintres pensaient d'ailleurs de même, ne signant pas leurs affiches et s'en démarquant d'une façon ou d'une autre.

En réaction à cette dépréciation, on peut observer depuis quelque temps une tendance contraire. Le côté enjoué, amusant que le peintre donnait à son affiche est rejeté: on n'exige plus que l'objectivité, la rigoureuse objectivité. Otto Baumberger écrit: «Dans l'appréciation des contradictions entre affiche objective et affiche artistique, il ne s'agit pas de plus ou moins de naturalisme, mais de savoir si une certaine chaleur humaine doit ou peut animer l'affiche ou n'importe quelle autre publicité... La négation de cette valeur émotionnelle marque la fin d'une brève période d'un art de la publicité et le début d'une science de la publicité.» [6])

La reproduction d'une affiche artistique peut se passer de la présence du peintre. Ce qui compte, c'est la maquette qu'il a créée en exécution de la commande. Mais si le peintre travaille lui-même la pierre, le bois, le linoléum, comme c'était le cas dans les débuts, il en tire une lithographie ou une gravure originale. Par contre, si le projet est réalisé sans sa contribution, l'affiche, même si elle reproduit le plus beau des tableaux du peintre, n'est évidemment plus un original, mais l'œuvre de son imprimeur.

Au cours de son histoire, l'affiche artistique a popularisé les nouvelles tendances de l'art, du Modern Style jusqu'aux Nouveaux Fauves allemands.

Ferdinand Hodler

Hodler a peint l'affiche pour la XIXe exposition de la Sécession de Vienne en 1904 (6). Cette affiche tire son puissant effet du contraste entre la composition horizontale et le format vertical élancé ainsi que de l'intégration magistrale de l'écriture dans l'image, peinte en Modern Style. Le glorieux succès de Hodler à Vienne a d'ailleurs favorisé l'évolution de l'opinion publique par rapport à son œuvre dans son propre pays.

C'est en 1915 que Hodler dessina sa première affiche pour une exposition en Suisse (29) — la sixième exposition de l'SPSAS (Société des peintres, sculpteurs et architectes suisses) dont il était le président. Quelle différence avec l'affiche viennoise de 1904! Au lieu d'une image symbolique, Hodler a représenté avec réalisme sa fille Pauline, qui venait de naître.

En 1917, la Suisse rendit enfin hommage à son plus grand peintre. Le musée d'art de Zurich montra une rétrospective réunissant 500 tableaux et dessins du maître. Pour l'affiche, il avait choisi le soldat agenouillé (7) de sa fresque au musée national suisse, qui avait déchaîné tant de passion vingt ans plus tôt.

En 1918, la ville de Genève nomma Hodler citoyen d'honneur. A cette occasion, la galerie Moos à Genève organisa une exposition — qui devait devenir une exposition commémorative: huit jours après l'inauguration, à laquelle il avait participé, Hodler mourut, le 20 mai.

Pour la dernière affiche qu'il devait encore créer, il utilisa le portrait de son ami Félix Vibert, commissaire de police à Genève — portrait qu'il avait également utilisé en 1917 pour le plus sanguinaire des lansquenets (8) dans sa dernière peinture historique, «La bataille de Morat».

Cuno Amiet

Pour une exposition en commun avec Frieda Liermann, Amiet créa en 1902 une affiche qui montrait déjà ce thème du pommier avec ses fruits qu'il devait travailler tout au long de sa vie de peintre et également pour ses affiches. Une des plus belles de ses nombreuses versions est l'affiche pour son exposition à la galerie Wolfensberger en 1920 (33).

En 1912, Amiet fit une lithographie pour la «Fête du tir du canton de Berne» à Herzogenbuchsee (512). Elle représente le joyeux retour au village des tireurs derrière le porte-drapeau. A la place d'un héroïsme patriotique, Amiet montra un chaleureux «instantané», familier à tout sportif. Avec cette image sans prétention, Amiet avait pénétré dans un domaine jusqu'alors réservé aux peintres locaux, en général traditionnels.

Autres exemples du plaisir qu'Amiet prenait à faire des affiches: celle de 1921 pour le buffet de la gare de Bâle (299) et celle de 1939 pour le musée du cloître de Stein am Rhein (9). Evidemment, il composa les affiches pour chacune de ses nombreuses expositions, la dernière étant celle pour l'exposition de Bâle en 1960, un an avant sa mort à 92 ans.

Augusto Giacometti

Les affiches touristiques de Giacometti sont célèbres et celle de 1924 pour les chemins de fer des Grisons (28) — un parasol rouge qui couvre les trois quarts de la surface — compte parmi les meilleures affiches suisses.

L'affiche «Die schöne Schweiz» (la belle Suisse) de 1930 (10) fit sensation. Un papillon immense, plus grand que l'affiche, la traverse en diagonale, ses ailes permettant à l'artiste de mettre en valeur les nuances vaporeuses de teintes fondues. Dès 1890, Giacometti avait fait des essais de ce genre, également avec un papillon. Ils font partie de sa recherche de l'abstraction et furent d'ailleurs les premières de cet ordre. Le motif et le style en étaient repris de l'affiche que Giacometti avait créée pour la XVIIe exposition nationale d'art en 1928 (56), mais ici avec une échelle de couleurs enrichie par rapport à ses anciens coloris plus discrets.

En 1928, le peintre offrit à l'union des étudiants de l'école polytechnique fédérale une affiche touristique (278) peu connue: une merveilleuse composition tachiste allant d'un jaune profond au rouge, au bleu et au violet intense. Au beau milieu de cette symphonie de couleurs, une tache blanche fait penser à une chapelle et alors, les plans de couleurs évoquent des prés ensoleillés, la fraîcheur de la forêt, sous un grand ciel d'été.

Alfred Heinrich Pellegrini

Pellegrini a créé une multitude d'affiches sur les sujets les plus divers: romans policiers «Lutz», événements sportifs, magasins, spectacles, expositions, propagande politique. Sa prédilection pour une peinture figurative aux grandes formes, qui fit de lui le peintre le plus productif pour la fresque après Hodler, concordait bien avec les exigences de l'affiche.

De 1902 à 1906, Pellegrini travailla dans les ateliers de lithographie Atar à Genève et c'est là qu'il dessina en 1903, pour la revue «La Suisse sportive», le premier footballeur (11) qu'on pût sans doute voir sur une affiche.

Les élections au conseil national de 1919, pour la première fois à la proportionnelle grâce à la grève générale, donnèrent naissance à l'affiche politique artistique. Les grands partis bourgeois mobilisèrent les maîtres — Cardinaux, Mangold, Baumberger et Stoecklin. Pellegrini, lui, entendait attirer l'attention «sur la misère criante, injuste, dans laquelle se trouvent encore tant de gens». En 1920, lors du premier référendum sur le droit de vote des femmes, il était encore du côté des opprimés, avec son infirmière et un texte réclamant des droits, et non seulement des devoirs «pour votre sœur» (12).

Ses témoignages politiques, originaux aussi bien par le dessin que par le texte, se distinguent agréablement de la démagogie des autres affiches du même genre.

Otto Morach

Comme Giacometti, de dix ans son aîné, Morach s'est éloigné du réalisme, mais pour aboutir à une construction cubiste. Sa recherche artistique suivait sa vision d'un quotidien imprégné d'art. «Notre but est un art pour tous. L'art exige une prise de position, il doit établir les fondations d'un être humain nouveau, il doit appartenir à tous et non pas à une certaine classe sociale», lisait-on en 1919 dans le «Manifeste des artistes radicaux de Zurich». Comme Giacometti, Morach était un des membres fondateurs de ce groupe zurichois issu du mouvement Dada. Entre 1919 et 1923, il fit également partie du groupe bâlois «Neues Leben» (nouvelle vie) qui réunissait entre autres Arp, Janco et Picabia.

Morach a créé des vitraux, des mosaïques, des tentures murales et des tapis. Avec Sophie Taeuber-Arp, Ernst Gubler et Carl Fischer, il fut un pionnier du théâtre de marionnettes suisse; en tant que professeur à l'école des arts appliqués de Zurich, il participa à son théâtre expérimental; et par l'intermédiaire de Oskar Schlemmer, il était relié au Bauhaus.

C'est sur cet arrière-plan de radicalisme qu'il faut voir les affiches, très particulières, de Morach. Parmi ses affiches touristiques, celle de 1926 (245) disant que «la voie vers la santé et la force passe par Davos», est une des plus troublantes. On y voit, en une rigoureuse simplification, un tout petit Davos avec son clocher caractéristique, enserré par des pans de couleurs et dominé par d'énormes viaducs. Cette composition irréelle — le seul viaduc de la région est à 30 km — et très architecturale résiste au passant pressé qui désire une image idyllique, mais donne une très forte tension à cette affiche.

Les nombreuses esquisses de Morach témoignent du sérieux de son approche. Son affiche pour le chemin de fer Bremgarten—Dietikon de 1921 (241) fut également précédée de nombreuses esquisses. L'artiste a dessiné les constructions typiques de Bremgarten, sans négliger des détails tels qu'enseignes ou volet décorés, et il a observé la ville sous les différents angles qu'offraient les environs. Après avoir ainsi exploré la ville de près et de loin, Morach a pu réussir son chef-d'œuvre.

Publicitaires ou touristiques, les affiches de Morach tenaient un langage inconnu en Suisse, incompréhensible au début, mais qui devint cependant une langue internationale à l'accent helvétique.

Maurice Barraud

Rares sont ceux qui ont peint autant de jeunes filles que Barraud. Avec des couleurs chaleureuses et la douce transparence du pastel, ce peintre créa un monde clair, joyeux, charmant, qu'on retrouve sur ses affiches: une jeune fille à cheval pour un concours hippique (522), une jeune mère pour la CFF, une lectrice pour une librairie genevoise (168).

Dans cette dernière affiche, de 1917, Barraud avait réussi une audacieuse composition en quelques traits doux avec les seules couleurs jaune, marron et rouge. Le charme et la fraîcheur de cette affiche vieille de 65 ans sont restés intacts.

Après avoir appris son métier de dessinateur, Barraud s'est mis à peindre et en 1914, il a fondé le groupe d'artistes «Falot» à Genève, auquel appartenaient entre autres Berger et Buchet. Pour l'exposition du groupe en 1915 chez Moos à Genève, Barraud a lithographié sa seconde affiche, et sa plus insolente. Ce n'est pas l'image d'une ravissante genevoise, mais celle d'une femme noire, inquiétante, qui, en lui tournant à moitié le dos, regarde le passant par-dessus son épaule (36).

En 1916, le groupe «Falot» exposa au musée de Zurich et Barraud retourna dans son monde familier avec l'affiche d'une jeune fille et son chat. Les quelque trente affiches de l'artiste, créées entre 1915 et 1945, sont toutes des lithographies originales.

Niklaus Stoecklin

Lorsqu'au début des années vingt le peintre bâlois Niklaus Stoecklin commença à s'intéresser à l'affiche, ce fut le début d'une fructueuse association de l'art et de la publicité. Son premier professeur à l'école des arts et métiers de Bâle avait été Burkhard Mangold, lui-même grand créateur d'affiches.

Les peintures de «l'enfant prodige» de Bâle — il avait à peine vingt ans — témoignent déjà de son talent, confirmé par l'ensemble de son œuvre. Aujourd'hui, on classe Stoecklin parmi les peintres de la Nouvelle objectivité et plus précisément du Réalisme magique. En effet, plusieurs de ses affiches font preuve de cette tendance.

Stoecklin mit en pratique une peinture figurative, souvent poétique. L'art tout court et les arts appliqués se rejoignaient, sans clivage entre le peintre et le graphiste.

Son affiche restée la plus célèbre, l'homme au melon, pour la maison de confection masculine PKZ, en 1934 (334) (deuxième prix d'un concours dont Peter Birkhäuser obtint le premier) pourrait, à peine modifiée, être un tableau. Stoecklin aimait les petites choses; témoin sa merveilleuse nature morte d'un verre avec brosse à dent et tube de «Binaca» en 1941 (428).

Maître du raccourci pictural, qu'on admire surtout dans ses premières affiches, il créa par exemple l'affiche «Gaba» en 1927 (435) qui est peut-être l'affiche suisse la plus forte, supportant aisément la comparaison avec les chefs-d'œuvres de Cassandre.

Contrairement à bien d'autres artistes, Stoecklin est resté fidèle à l'affiche toute sa vie. Il produisit environ 120 affiches et à 75 ans, il en fit encore une pour l'œuf suisse.

Otto Ernst, Hugo Laubi, Carl Scherer

Restés dans l'ombre des peintres plus célèbres, ces artistes ne figurèrent pas dans les catalogues de peinture ou de publicité pendant des décennies. Et pourtant, sans eux, les panneaux et les colonnes d'affichage d'entre les deux guerres auraient été bien pauvres. Certaines de leurs affiches sont devenues très populaires, ce qui est capital dans ce domaine. En effet, sans cet aspect conquérant, l'affiche serait bien anémique.

Otto Ernst, élève du Suisse Eugène Grasset à Paris, créa d'innombrables affiches, dont certaines ont résisté au temps, par exemple celle, constructiviste, pour le linoléum (403) ou celle, très picturale, pour «Maxim» (388) montrant une dame se pâmant aux premiers sons de la radio.

Le zurichois Hugo Laubi fut un des premiers à mettre de l'humour dans ses affiches. Avec le sympathique Monsieur Türler qui consulte sa montre de poche sur son gros ventre, Laubi a réussi son grand coup en 1920 (13). Réimprimé en 1966, ce gros bourgeois est devenu l'emblême de l'horlogerie Türler.

Hugo Laubi signait ses affiches avec une petite feuille, son nom pouvant être traduit par feuillage. Si son client s'était par trop mêlé de sa conception, il mettait un N.V. agacé — initiales de «sur ordre» en allemand.

Le bâlois Carl Scherer créa d'innombrables affiches politiques, notamment pour les socialistes. Son monstre en forme de croix gammée de 1933 (14), affiche qui devait combattre l'union des partis bourgeois avec le Front National, se fit connaître au-delà des frontières. Et c'est pour l'élection du conseil de la ville de Zurich en 1938 que ce bâlois fit sa plus belle affiche (574).

Peinture et écriture

Ne possédant en général que quelques notions typographiques par un enseignement plutôt épisodique de l'art publicitaire, les peintres considéraient le texte comme une contrainte. Si le choix du caractère leur était déjà malaisé, l'intégration d'un texte, «profane», dans la composition était un franc ennui. De ses créations les plus réussies, le peintre demandait inévitablement quelques épreuves *sans texte*. En général, celui-ci était donc placé soit au-dessus, soit au-dessous de l'image, à moins qu'il pût être mis en marge.

Au début, Emil Cardinaux faisait exécuter le texte par son lithographe. Les caractères — typographiques ou de fantaisie — lithographiés donnant un résultat peu satisfaisant, il utilisa, à partir de 1915 environ, des caractères antiques neutres.

L'écriture choisie était donc souvent médiocre, mais disposée avec soin et goût. Sur une des meilleures affiches de Cardinaux, l'été aux Grisons (262), imprimée en 1909 chez Fretz, les caractères sont une adaptation de l'alphabet créé dans le goût du jour par Peter Behrens et sorti en 1902 par les frères Klingspor. Ce fut un mauvais choix, mais le texte, discrètement placé, n'entravait pas l'effet du pré ensoleillé qui couvrait les deux tiers de l'affiche. Lorsqu'en 1915, Wolfensberger réimprima cette affiche en format mondial, les caractères, devenus gros et lourds, détruisirent l'aspect intime de cette affiche.

Otto Baumberger n'était pas non plus maître en la matière et prit souvent conseil pour le choix des écritures. Hugo Laubi a raconté comment il l'avait ainsi conseillé et aidé pour son célèbre haut-de-forme Baumann (339). Mais même si Baumberger, se voulant peintre avant tout, méprisait plutôt ses réalisations graphiques, certaines de ses affiches se distinguent justement par l'utilisation des caractères, comme par exemple le «Brak Bitter» (15) et son majestueux B, qui est une des affiches les plus importantes de l'avant-guerre.

Pour deux de ses affiches, Hodler utilisa l'écriture de sa propre main, anguleuse et énergique. Pellegrini en fit souvent autant, comme le firent du reste Picasso et Käthe Kollwitz pour leurs affiches politiques, la calligraphie personnelle renforçant évidemment le style de l'artiste.

Le novateur Morach, par contre, considéra les caractères comme objets d'expérimentation. L'audacieuse affiche de 1918 pour l'exposition de l'union «Werkbund» (42) est la première affiche à typographie moderne et le «Werkbund» utilisa dorénavant cette disposition des lettres comme sigle. Son affiche pour «Bally» (363) peut se passer des chaussures, mais pas du texte, qui est tout à fait prédominant, placé comme il l'est sur quatre larges bandes traversant diagonalement un personnage qui ainsi semble marcher.

Niklaus Stoecklin, le plus jeune des peintres nés avant 1900 et présentés ici, était, lui, exceptionnel dans son utilisation des caractères. Que ce soit l'égyptienne, la gothique ou l'anglaise, il choisissait et disposait les écritures avec une grande maîtrise.

Les années trente

Les graphistes ayant supplanté les peintres, l'affiche picturale disparaît. A part quelques-unes pour le tourisme et celles pour leurs propres expositions, les peintres n'en font presque plus.

Durant les années noires, les panneaux d'affichage s'appauvrissent de plus en plus. Les pionnier étaient fatigués et les nouvelles tendances étaient en butte à des clients timorés ou à des jurys bornés.

En fait, les nouvelles tendances devaient se frayer leur voie en dehors des circuits officiels, notamment en s'opposant au «Heimatstil», ce style patriotique-traditionnel tant favorisé par la propagande nazie. Ainsi, le groupe «Allianz», fondé en 1937 et réunissant des peintres abstraits et surréalistes, eut à se justifier du reproche qui lui était fait d'utiliser des moyens d'expression «étrangers et non suisses». Le président, Leo Leuppi, rétorqua simplement dans l'«Almanach neuer Kunst» (Zurich, 1940) que les créations du groupe étaient «celles de suisses, donc suisses».

En 1936, Victor Surbek invita à la 19e exposition nationale, avec un pommier en fleurs (16), et Max Bill à une exposition au musée de Zurich sur «les problèmes contemporains des beaux-arts en Suisse» (66). Son esprit novateur très large embrassait, au-delà de la peinture, la sculpture, l'architecture, la mise en page et la typographie. Ses affiches surprenaient toujours par des éléments nouveaux et jamais encore utilisés. Parmi ses affiches — une bonne centaine — quelques-unes sont publicitaires ou politiques, mais la plupart concernent des expositions.

Un panneau d'affichage n'est vivant que par la diversité des affiches qui se côtoyent. Après 1940, ce furent surtout Alois Carigiet, Hans Erni et Hans Falk dont les affiches picturales réanimèrent «la galerie dans la rue».

L'arrivée des graphistes

A peine l'affiche s'était-elle affirmée comme un genre autonome de l'art que les graphistes vinrent en déloger les peintres. En fait, la scission future entre l'affiche picturale et l'affiche graphique a commencé dès les années vingt, avec Baumberger dont on connaît autant d'œuvres graphiques que picturales, et surtout avec Stoecklin et ses grandioses raccourcis du message pictural.

Ernst Keller

En 1918, l'ancien lithographe Ernst Keller devint le premier professeur d'art graphique à l'école des arts appliqués de Zurich. Il établit les bases pour l'enseignement de cette nouvelle discipline. Ainsi, les cours plus ou moins aléatoires sur l'art de la publicité s'élargirent en une véritable école professionnelle.

Le grand mérite de Keller est d'avoir conquis pour les arts appliqués une place bien définie à côté de l'art libre en formant des centaines de dessinateurs pour cette nouvelle tâche.

En même temps, il répondit par ses propres réalisations à son exigence d'une solution autonome des problèmes de publicité. Il a créé une centaine d'affiches sur des sujets philanthropiques, commerciaux, politiques et surtout pour les expositions du musée des arts appliqués, la plupart avec ses propres gravures sur linoléum. Rétrospectivement, cela apparaît comme un hommage à l'impression en relief, juste avant sa disparition. En favorisant cette technique, qui marqua sa stylisation rigoureuse, et les caractères lui correspondant, Keller s'affirma comme artisan artiste.

Pierre Gauchat, son élève, l'a célébré comme «le père du graphisme suisse». En effet, c'est certainement à Ernst Keller et à ses élèves qu'on doit la remontée de l'affiche suisse dans les années quarante et cinquante.

Au retour de l'exposition internationale de l'affiche de Londres, en 1951, Willy Rotzler déclara que nulle part ailleurs le pourcentage de bonnes et excellentes affiches n'était aussi élevé qu'en Suisse.

Rotzler ne fit donc que répéter ce qu'avait soutenu Albert Baur trente ans auparavant, lors d'une exposition de l'affiche à la Foire suisse d'échantillons de Bâle: «Aucun pays au monde ne peut se vanter d'une aussi belle collection d'affiches, aucun, quel qu'il soit.»

Ce que Cardinaux et les peintres autour de lui avaient créé, une affiche aux particularités helvétiques, s'est répété une génération plus tard par les créations de graphistes. Cependant, l'affiche graphique ne réussit pas à résister au nivellement international ultérieur.

Eric de Coulon

Eric de Coulon trouva un style tout à fait nouveau pour ses affiches. Au début, l'affiche «narrative» avait mis le produit dans une certaine situation et le texte expliquait la relation entre le produit et la situation. Plus tard, l'affiche objective renonçait à ce détour et se bornait à montrer le produit en nommant ses avantages et la marque. Coulon alla plus loin. Il mit le texte au centre, sans pour autant faire une affiche typographique. Il utilisait les caractères d'une façon picturale et en faisait ressortir un en particulier, pour pousser sa forme jusqu'au monumental. En intégrant le sujet stylisé dans cette composition de caractères, il obtint une très forte identification du texte avec le produit ou la marque. Ce n'étaient pas des éléments hétéroclites qui suscitaient l'attention, mais des éléments œuvrant ensemble: sujet et texte se fondaient en un point de mire.

Le caractère romand de Coulon, sa générosité et son hardiesse se retrouvent dans toutes ses affiches. Le cigare «Fivaz» (488) en 1937, posé en diagonale, fut une des affiches les plus efficaces, restée inchangée pendant des décennies; et la même année, brosse à dent et dentifrice sont mis en relation d'une façon exemplaire dans l'affiche pour «Sérodent» (427).

Hans Handschin

De tous les oubliés que nous avons voulu retrouver, Handschin était le plus oublié. Né en 1899, il était, à l'origine, architecte. Ses premières affiches en format mondial furent remarquées par le chef de la publicité chez Henkel à Pratteln. Le style objectif, informatif de Handschin correspondait exactement à l'idée qu'il se faisait d'une publicité moderne.

Pour «Per», en 1933 (406), Handschin montre une vue frontale très agrandie de la boîte posée en diagonale. Elle occupe la presque totalité de la surface, mais laisse la place nécessaire au slogan et à sa représentation picturale. Malgré la parcimonie des couleurs, l'effet coloré est intense.

La spécialité de Handschin était la peinture au pistolet qui lui permettait d'enrichir d'effets photographiques ses monumentales représentations d'objets.

Les deux affiches pour Silvaplana sont des interprétations originales du paysage de l'Engadine. Dans l'affiche de l'été, en 1934 (272), les premiers rayons du soleil touchent le sommet du «Mont Cervin de l'Engadine», le massif *Piz della Margna*. Le flanc de la montagne et le lac restent plongés dans la lueur bleutée de l'aube avec ses ombres. Le paysage est simplifié à l'extrême, et le reflet de la montagne dans le lac est même stylisé en angles droits. L'affiche d'hiver, en 1935 (275) montre, vu d'un autre angle, le même paysage sous la neige, immobile dans l'air glacial, avec un Margna gelé et silencieux.

Et d'autres graphistes encore

Les origines, la formation et la carrière des trois pionniers étaient toutes différentes. Il en est de même pour les autres graphistes nés avant 1900. Venant de métiers, d'écoles, de pays différents, souvent autodidactes, ils ont pourtant en commun leur talent de dessinateurs, ce qui, d'ailleurs, estompe les frontières entre leurs affiches et celles des peintres.

Les difficultés que rencontraient les premiers dessinateurs indépendants étaient énormes. Il était, à l'époque, presque malséant de s'occuper de publicité et cela ne faisait qu'à peine vivre son homme. Les commandes d'affiches parvenaient en général directement dans les ateliers de lithographie qui soit les exécutaient sur place, soit les transmettaient à leurs artistes attitrés. Si un dessinateur n'avait pas la chance d'être employé par une grande entreprise, ses projets suscitaient la méfiance et le refus dès qu'ils sortaient de l'ordinaire.

Malgré cela, ces dessinateurs ont créé des affiches qui ont résisté au temps. Nous devons nous borner à dresser la liste des plus connus d'entre eux. Dans le texte allemand et dans l'index, on trouvera des informations complémentaires. Lorsque des affiches sont présentées dans la partie des illustrations, leurs numéros respectifs sont donnés entre parenthèses: Johann Arnhold (545), Carl Böckli (372), Willi Tanner (18), Jules Courvoisier, Emil Ebner, Emil Huber (19), Alfred Hermann Koelliker (475, 476), Max Kopp (326), Erwin Roth (220, 251, 252, 254), Hermann Rudolf Seifert (256), André Simon (493).

L'affiche typographique

Depuis l'invention de l'imprimerie, l'écriture était au cœur de ces affichettes au texte interminablement bavard qui imitaient la première page des livres de l'époque. Aux 17e et 18e siècles, les saltimbanques enrichirent leurs feuillets de gravures sur bois. Il fallut attendre le 19e siècle et la lithographie pour que le texte soit détrôné. Vers 1900, cependant, le Modern Style remit à l'honneur l'écriture et l'utilisa comme élément décoratif, fondu dans l'image à la limite de la lisibilité.

En 1913 fut instituée l'union «Schweizerischer Werkbund» qui réagit à cette trop riche ornementation et tenta de propager ses idées par des affiches typographiques très dépouillées. Un exemple de cette tendance ambitieuse est l'affiche que fit Morach en 1918 (42).

Dans la section graphique nouvellement créée à l'école des arts appliqués de Zurich, Ernst Keller et ses collègues et anciens élèves Walter Käch, Heinrich Kümpel et Alfred Willimann s'occupèrent activement de la typographie de l'affiche en essayant de trouver un cachet helvétique s'opposant à la typographie «nouvelle» ou «fonctionnelle» qui domina, dès 1925, en Allemagne.

La *Nouvelle typographie* était faite de groupes de phrases – d'ordinaire en caractères antiques – s'organisant autour d'un axe, avec des barres grasses et d'autres éléments de la casse – groupes traités comme les formes d'une composition picturale. Le grand maître en fut Tschichold qui de calligraphe traditionaliste progressa jusqu'à l'avant-garde, en modifiant son prénom au fur et à mesure: Johann devint Iwan et enfin Jan.

Tschichold écrivit rétrospectivement sur la «Nouvelle typographie»: «*Ce n'est certainement pas un hasard si cette typographie n'a pratiquement eu cours qu'en Allemagne et à peine dans d'autres pays. Son intransigeance répond tout particulièrement à la tendance allemande vers l'absolu, vers l'ordre militaire, et à sa prétention de prédominance, ce désastreux trait de caractère allemand qui a favorisé le pouvoir de Hitler et la Deuxième guerre mondiale.*» (SGM 6/1946)

En 1933, Tschichold émigra en Suisse. Son affiche de 1937, calme, simple et équilibrée pour le musée de Bâle et les «Constructivistes» (61) témoigne déjà de sa recherche d'une nouvelle harmonie. Il l'a finalement trouvée dans les caractères classiques et symétriques Elzévir.

Max Bill avait, selon ses propres termes, en tant qu'«amateur», un don naturel pour le graphique. Revenu du Bauhaus, il trouva ses moyens d'existence dans la typographie, qui lui doit en échange un essentiel essor depuis 1930.

Enfin, les caractères de casse reprenaient

leurs droits, tels quels, selon leur formes propres, sans être réduits aux seules capitales, forcées en rangs de longueurs arbitraires. Bill était fier quand certains textes de ses projets pouvaient être composés mécaniquement, tout comme il était fier de sa maison construite en éléments préfabriqués.

Jan Tschichold avait poursuivi son évolution et dépassé la Nouvelle typographie. Adversaire de Bill, il écrivit: «*Un artiste comme Bill n'a peut-être aucune idée des sacrifices ... que coûtent les méthodes de production rationalisées à l'humanité ‹civilisée› et à chaque ouvrier ... La production mécanisée entraîne pour l'ouvrier une perte presqu'irrémédiable de valeurs émotionnelles et il est absolument erroné de l'élever sur un piedestal.*»

Tschichold prévoyait parfaitement les conséquences de cette évolution: «*Les produits modernes de notre ‹culture› sont comme les fusées V2 et la bombe atomique. Ils commencent déjà à déterminer notre mode de vie et ils propageront inévitablement ce ‹progrès›.*» (SGM 6/1946)

Dans les années cinquante et soixante, l'affiche typographique reçut de nouvelles impulsions par Emil Ruder et Armin Hofmann à Bâle ainsi que par Josef Müller-Brockmann à Zurich.

Les premières affiches photographiques

Les maîtres de l'affiche objective, Stoecklin et Baumberger, avaient anticipé sur l'affiche photographique par leurs représentations hyperréalistes. Mais ils n'avaient pas d'affinités réelles avec la photo. Non content de la refuser, Baumberger la railla, même rétrospectivement: «Cette affiche, bien antérieure à tout ce cirque autour de la photo et à la prétendue époque d'une Nouvelle objectivité, montrait un détail de manteau extrêmement agrandi (312). Nous fûmes, la firme et moi, continuellement sollicités par toutes sortes de revues professionnelles pour les droits de reproduction. On croyait qu'il s'agissait d'un agrandissement photographique en couleurs. Quand je faisais remarquer, non sans ironie, que le chef-d'œuvre admiré n'était ‹que› dessiné, l'enthousiasme s'effondrait.» [7])

Dans l'affiche objective des années 20 — que d'ailleurs la peinture figurative et la Nouvelle objectivité satisfaisait parfaitement — s'exprimait la volonté d'une information claire et directe. Cette tendance, dont profitait aussi l'affiche typographique, et une technique améliorée de l'impression en creux étaient à la base des possibilités pour l'affiche photographique.

En 1929, le musée des arts appliqués de Zurich organisa l'«exposition russe» à laquelle invitait l'affiche photographique de El Lissitzky (20), devenue célèbre dans le monde entier.

L'influence de cette exposition sur les jeunes dessinateurs suisses fut énorme.

Walter Cyliax fut le premier à se servir de la photo. Dans son affiche de 1929 pour l'opticien Koch (217), la photo avait conquis une place centrale et autonome. Dans celle pour les meubles «Simmen» en 1930 (21), la photo dominait encore plus: le gros plan d'une commode occupe toute la surface de cette affiche, qui fut aussitôt présentée comme une grande innovation dans les revues «Arts et métiers graphiques» et «Werk».

En 1930, les frères Kurtz utilisèrent également la photo dans leurs affiches. Pour l'exposition des «Nouveaux arts ménagers» (399), ils firent un montage où le cliché très doux d'un salon s'opposait à une cuisine moderne avec sa vaisselle moderne. Pour «Shell Tox» (412), Heinrich Kurtz agrandit 80 fois un petit insecte qui devint ainsi un monstre inouï dominant toute l'affiche.

Un sommet fut atteint par Walter Herdeg avec son affiche photographique en couleurs de 1935 pour St-Moritz, mais surtout avec les montages photographiques impressionnants de Herbert Matter. Aujourd'hui encore, 50 ans plus tard, notre admiration pour son œuvre publicitaire et ses montages — affiches, couvertures de revues, catalogues, dépliants — reste intacte. Matter créa entre 1934 et 1936 une dizaine de montages admirables, toujours subtils, avec un texte bien intégré, que ce soit la vision quasi surréaliste d'une route déserte menant vers un paysage alpin ou le gros plan d'un visage exprimant le message de l'affiche.

Les imprimeurs

Dès 1850, la demande croissante en lithographies, qui se passaient de composition typographique, fit naître dans toute la Suisse une multitude de petits ateliers de lithographie. En 1875, dans la seule ville de Berne, on en comptait vingt. Cependant, l'exigence d'une meilleure qualité d'impression et d'une meilleure rentabilité favorisa dès 1900 le développement d'établissements plus importants. Leur signature se trouve sur bien des affiches reproduites ici.

Johann Edwin Wolfensberger

«*‹Le Vieux› était un monsieur très sévère, capable de déchaîner bien des ouragans dans ses ateliers et ses bureaux. Pourtant, nous l'appelions ‹le Père›. Sa maîtrise professionnelle, qui allait jusque dans le détail, nous inspirait beaucoup de respect. Et puis, tout le monde savait que dans son officine ne s'imprimaient que des choses dont le chef pouvait entièrement répondre du point de vue technique et formel. Il allait jusqu'à refuser des commandes importantes si on ne lui donnait pas carte blanche.*

Surtout, c'était vraiment un mordu. Il ne vendait pas ses produits comme des carottes ou des manches à balai, mais les considérait un peu comme ses enfants. »[8])

Voilà le portrait que brossa Baumberger de Johann E. Wolfensberger. Fils d'un suisse résidant à Kaufbeuren près de Munich, Wolfensberger (1873 à 1944) y fit son apprentissage de lithographe. Il avait vingt ans quand il s'engagea chez Trüb, mais ne put tenir bien longtemps à Aarau. En 1900, il fonda sa propre imprimerie à Zurich. Et onze ans plus tard, il s'établit dans la maison «zum Wolfsberg» qui réunissait ateliers, galerie et appartement sous un même toit. La renommée de Wolfensberger était dèjà grande à l'époque.

Après sa mort, Baumberger remarqua: «Si jamais on va écrire l'histoire de la lithographie et des arts appliqués en Suisse ... grande part devra y être faite à l'activité inlassable de J. E. Wolfensberger, à sa recherche fanatique de la qualité. Sans lui, la culture suisse ne serait pas ce qu'elle est.» («Graphis» 7–8/1945)

Jakob Edwin Wolfensberger (1901 à 1971) succéda à son père et de nos jours, c'est la troisième génération qui est à l'œuvre.

Les ateliers de lithographie

D'autres ateliers encore ont contribué par la qualité de leur travail à la gloire de l'affiche suisse: Trüb AG, Aarau; Roth & Sauter SA près de Lausanne; J. C. Müller, Zurich; Sonor SA, Genève; Wassermann AG, Bâle, Kümmerly & Frey AG, Berne; Orell Füssli AG, Zurich; Gebrüder Fretz AG, Zurich; Eidenbenz & Co., St-Gall.

Tous les peintres ne travaillaient pas eux-mêmes sur la pierre. Alors, le lithographe qui, à sa manière, était aussi un artiste, se chargeait de ce travail. L'imprimeur, quant à lui, était également un maître au grand savoir-faire technique et artistique.

La pierre lithographique classique venait de la carrière de Solnhofen entre Munich et Nuremberg. C'était la meilleure qu'on puisse trouver. La plupart des pierres étaient jaunes et coûtaient entre 500 et 600 francs. Pour les pierres plus dures, gris-bleu, que les artistes affectionnaient particulièrement, il fallait compter 2000 F. Ce support massif était en général posé sur une sorte de chevalet, un peu comme la toile du peintre. Rien d'étonnant à ce que le lithographe contrôle de temps en temps la fixation de cette pierre au-dessus de ses pieds!

Après utilisation, la pierre était poncée, ce qui effaçait le dessin légèrement gravé et la rendait prête à servir à nouveau.

Mais une telle pierre pèse ses 500 à 600 kilos, et il en faut une pour chaque couleur. Elle n'avait donc aucune chance de survivre lorsqu'apparut la légère plaque en zinc de l'offset. Venu des Etats Unis vers 1900, l'offset gagna le marché en un rien de temps. Les ateliers lithographiques Seitz & Co. à St-Gall mirent en marche leur première machine offset en 1917 et dix ans plus tard, J. C. Müller à Zurich se mit également à imprimer en offset, tout en gardant ses cinq presses litho. A la fin des années quarante, la supériorité de cette nouvelle technique devint incontestable, mais il fallut attendre encore dix ans pour que les lithographes se résignent à mettre à la casse ces bonnes vieilles machines avec le lourd va et vient des pierres. Le triomphe de la plaque offset ne s'arrêta pas là. Vingt ans plus tard, la plus vieille de toutes les techniques d'impression, celle en relief, la typographie, fut à son tour remplacée par l'offset.

L'affiche et la vie publique

Les clients

C'est très simple: sans clients, pas d'affiches; sans clients audacieux, pas d'affiches audacieuses. Si nous admirons aujourd'hui la hardiesse des idées présidant à la réalisation des toutes premières affiches, n'oublions pas de rendre hommage à ceux qui en ont fait la demande.

L'imprimeur servait souvent d'intermédiaire entre le client et l'artiste; J. E. Wolfensberger en est un brillant exemple. Très souvent, il arrivait à obtenir l'accord d'un client pour le projet inhabituel d'un de ses peintres. En fait, confier à un inconnu la réalisation d'une affiche sortant des sentiers battus, c'était courir le risque de choquer plutôt que de plaire.

Qu'est-ce qui a poussé Bally à sortir, en 1926, une affiche de Morach assez «aberrante» pour ne montrer ni chaussure ni tête (363)? Et le parasol de Giacometti (28), à qui a-t-il plu? Au public, aux touristes, au directeur des chemins de fer des Grisons? En 1924, un observateur suisse nota que «cette image n'avait pas été partout bien comprise. Dans les pays latins et en Grande Bretagne, où l'on préfère le Kitch ‹carte postale›, cette affiche a plutôt été considérée comme une publicité pour des parapluies.»

Pour plus d'un peintre, l'affiche était le gagne-pain, dont il tirait sa subsistance, et la réalisation de ses visions artistiques passait souvent par l'affiche plutôt que par le tableau, enrichissant ainsi «la galerie dans la rue». Quant à celui dont venait la commande, il faut le considérer non comme un mécène, mais comme un homme d'affaires misant sur l'effet de surprise que peut produire une œuvre originale.

Les affaires

La SGA, fondée en 1900 à Genève, gagna au cours du premier quart de ce siècle le pays entier. Des contrats avec près de 3000 communes suisses lui garantissent actuellement la quasi exclusivité pour environ deux millions d'affiches par an, l'affichage pendant quinze jours en format mondial coûtant actuellement (1983) 10,75 F.

Les quelque 100000 affiches qu'on peut voir dans le pays constituent évidemment une affaire intéressante, mais elle ne représente, avec cent millions de francs, qu'un faible pourcentage du budget total de la publicité qui a depuis 1980 dépassé le milliard de francs. Cela dit, ce pourcentage est en hausse et talonne déjà celui de la publicité à la télévision.

Mais il y a des limites à cette évolution. Nombreuses sont les communes — déjà plus de 200 villes et villages, surtout en Suisse alémanique — qui, depuis l'initiative fédérale de 1979 contre la publicité favorisant la toxicomanie, interdisent les affiches pour les alcools et le tabac dans les lieux publics. La SGA a ainsi déjà perdu des dixaines de milliers d'emplacements d'affiches.

Les labels de qualité

La campagne contre «l'art dégénéré» dans l'Allemagne de Hitler donna son essor au mouvement d'une «saine sensibilité ethnique» en Suisse. Les clients commencèrent à hésiter devant des expressions artistiques par trop modernes. Les nouvelles idées firent place à une plate médiocrité.

Il fallait faire quelque chose contre l'attitude paralysante et destructive des clients pusillamimes. Et on fit quelque chose! Depuis 1941, des labels de qualité sont attribués tous les ans aux meilleures affiches suisses.

C'est le Département de l'intérieur qui a composé le jury qu'il préside: quatre créateurs, trois conseillers publicitaires et un représentant de la SGA. Ceux-ci choisissent dans la production totale de l'année écoulée les affiches qui se distinguent par une valeur artistique, une qualité de reproduction ou un impact publicitaire. Ainsi sont récompensés par un label de qualité, émanant du Département de la culture, le créateur, l'imprimeur et le client des affiches primées, dont en plus la SGA assurera l'exposition dans une quarantaine de grandes communes.

C'est aussi grâce à cet effort consenti par la SGA que l'intérêt du public pour l'affiche s'est maintenu et même amplifié depuis quelque temps. En 1983, le jury n'a offert que 14 distinctions sur les 1022 nouvelles affiches, au lieu des 20 à 30 habituelles. Bien que les décisions du jury soient nécessairement toujours contestées, cette institution continue à encourager clients et exécutants.

Les expositions

L'intérêt du public pour l'affiche en tant qu'expression culturelle se manifeste dans le succès des expositions. L'affiche du début de notre siècle n'était pas seulement montrée et discutée avec ferveur; elle avait aussi ses revues, ses associations et ses collectionneurs dans le monde entier. Cela dit, quand il s'agissait d'affiches suisses, on en entendait pas beaucoup parler. Malgré leur valeur et l'appréciation internationale dont elles jouissaient, elles restèrent dans l'ombre pendant des décennies.

Or, c'étaient les exposants suisses eux-mêmes qui ne montraient les affiches suisses qu'en relation avec les meilleurs productions mondiales. Cette pratique n'a changé que récemment. C'est, en définitive, leur reconnaissance à l'étranger qui a fortement revalorisé dans leur propre pays les affiches suisses et leurs créateurs.

Le musée des arts appliqués de Zurich, qui possède sans doute la plus grande collection, a toujours œuvré pour l'affiche. Déjà en 1911, il organisa une exposition sur «L'affiche moderne et la publicité artistique». Depuis 1933, année de son installation dans les locaux actuels, s'y sont tenues cinq grandes expositions d'affiches, mais ce n'est qu'en 1974 qu'une exposition de «l'affiche culturelle en Suisse» fut enfin consacrée exclusivement aux affiches du pays, sans les chevaux de harnais internationaux. Cette innovation fut suivie en 1982 par une exposition sur «le style publicitaire des années 1930 à 1940» où l'on voyait pour la première fois des affiches de Coulon, Handschin, Ernst, Laubi et Scherer et bien d'autres artistes qui n'avaient jusqu'alors pas été considérés dignes d'être exposés. Pour octobre 1983, ce musée prévoit une autre grande exposition sur «Ferdinand Hodler et l'affiche artistique suisse de 1890 à 1920».

C'est grâce à la collection de ce musée qu'eut lieu en 1957 l'exposition «l'affiche, de Toulouse-Lautrec à Cassandre» lors de la «Graphic 57» à Lausanne, exposition visitée par des centaines de milliers de personnes. Il faut dire que de telles expositions ont été rendues possibles par la largeur d'esprit du Conseil de la ville de Zurich, qui décida en 1955 d'acquérir la légendaire collection de 15000 affiches réunies par Fred Schneckenburger à Frauenfeld, ce qui a presque doublé la collection du musée. Schneckenburger s'était intéressé aux affiches artistiques, mais surtout aux affiches politiques et essentiellement à la révolution russe, à la guerre civile espagnole de 1936 et à la montée et la chute du nazisme.

En 1976, la SGA a offert au musée 50000 affiches. Ainsi, la collection du musée des arts appliqués de Zurich compte aujourd'hui environ 150000 affiches.

Mi-temps

L'affiche suisse a évolué après 1910 vers un nouveau genre autonome de l'art. Ses pionniers sont des peintres (Cardinaux, Mangold, Baumberger) dont nous admirons encore les toiles, leurs affiches restant de ce fait souvent dans l'ombre. Même si, plus tard, ils ont été remplacés par les graphistes, l'affiche picturale dépérissant dans les années trente, leur impulsion est restée sensible. Les jeunes graphistes et leurs professeurs ont le mérite d'avoir conquis un nouveau domaine. Les grands événements des années trente furent la photo et l'usage qu'en fit Herbert Matter; le nouveau langage de Max Bill et des autres Concrets; et la crise économique avec la menace d'une catastrophe, qui a ramené au pays bien des artistes. Bâle, par exemple, vit retourner Fritz Bühler et Herbert Leupin de Paris, Donald Brun de Berlin, Theo Ballmer du Bauhaus et Hermann Eidenbenz de Magdeburg, ces deux derniers ayant été des élèves de Keller. Cette concentration de talents ne se fit sentir qu'après 1940 et par la suite, les bâlois furent maîtres des panneaux et des colonnes d'affichage pendant plusieurs années.

La deuxième vague

Les pionniers, nés au siècle dernier, furent suivis des artistes nés entre 1900 et 1920 qui ont créé des affiches importantes dès les années trente, mais surtout après 1940.

C'est cette génération qui mena l'affiche suisse vers sa gloire internationale — première génération, en fait, à avoir pu se former dans une école professionnelle. Aussi, il convient d'attribuer à l'école des arts appliqués de Zurich une grande part du mérite de ses élèves.

A côté de graphistes, certains peintres participèrent au renouveau. Alois Carigiet, Hans Erni, Hans Falk et Hugo Wetli poursuivirent la tradition de l'affiche artistique, et les leaders du mouvement des Concrets étaient Max Bill, Richard P. Lohse et Carlo Vivarelli. Des circonstances particulières menèrent vers l'affiche Max von Moos et Otto Tschumi, dont le langage pictural ne s'accorde en principe que difficilement avec la publicité.

Il faut également citer le bâlois Ernst Mumenthaler, architecte, et le zurichois Roman Clemens, créateur de décors de théâtre. Venant de métiers très proches, ils ont, eux aussi, aidé au renouveau de l'affiche.

Peu de femmes, à cette époque. Tant que l'affiche était affaire des peintres, leur pourcentage dans la création d'affiches avoisinait celui de la peinture. Elles perdirent ce rang lorsque les dessinateurs publicitaires se taillèrent leur place. En Suisse romande, il y eut Marguerite Bournoud-Schorp et en Suisse alémanique l'élève de Keller Warja Lavater, qui travaillait la plupart du temps en collaboration avec son mari Gottfried Honegger.

Au début des années trente, alors que les pionniers étaient fatigués, la photo constitua un apport essentiel. Fascinés par ses possibilités techniques de reproduction, des novateurs l'utilisèrent pour l'affiche: Werner Bischof, Ernst A. Heiniger, Walter Herdeg, Heinrich et Helmuth Kurtz, Herbert Matter, Paul Senn, Emil Schulthess, Anton Stankowski et Heiri Steiner.

Si l'affiche suisse, dès la fin de la Deuxième guerre mondiale, et même avant, connut un nouvel essor, c'est aussi grâce aux artistes que nous citons en les classant suivant leur lieu d'activité:

Bâle: Theo Ballmer, Peter Birkhäuser, Donald Brun, Fritz Bühler, Hermann et Willi Eidenbenz, Jules et Otto Glaser, Walter Grieder, Armin Hofmann, Kurt Hauri, Herbert Leupin, Numa Rick, Emil Ruder, Jan Tschichold.

Berne: Hans Fischer (fis), Adolf Flückiger, Hans Hartmann, Hans Thöni, Kurt Wirth.

Suisse centrale: Martin Peikert.

Suisse orientale: Robert Geisser, René Gilsi, Werner Weiskönig.

Suisse romande et Tessin: Felice Filippini, Samuel Henchoz, Max Huber (Milan), Pierre Monnerat, Viktor Rutz.

Zurich: Hans Aeschbach, Walter Bangerter, Walter Diethelm, Alex W. Diggelmann, Heini et Leo Gantenbein, Pierre Gauchat, Willi Günthart, Walter Käch, Charles Kuhn, Heinrich Kümpel, Eugen et Max Lenz, Hans Looser, Gérard Miedinger, Joseph Müller-Brockmann, Hans Neuburg, Albert Rüegg, Willy Trapp, Alfred Willimann.

Le rayonnement de l'affiche suisse dans l'Europe dévastée par la guerre fut très important. L'artiste, journaliste et professeur hollandais Pieter Brattinga écrivit dans son essai «Les influences sur l'art de l'affiche des Pays Bas au cours de la première moitié du vingtième siècle»: «L'affiche publicitaire subit, dans les années après la guerre, l'influence des excellentes œuvres qui venaient de Suisse.»

Une renaissance?

L'élan de la deuxième vague fut d'une grande portée, mais s'arrêta dans les années soixante. L'affiche photographique normalisée est hautement responsable de l'appauvrissement de l'ancienne «galerie dans la rue». Ce qui avait été un événement était devenu de la confection. Jan Lenica, un des grands novateurs de l'affiche en Pologne, parlant de la Biennale de l'affiche à Varsovie en 1976, constata: «Dans toute l'exposition, il semble qu'il n'y ait que le groupe suisse pour défendre un certain traditionalisme et pour résister aux nouvelles tendances, devenues manifestes ce dernier quart de siècle.» («Graphis», 186)

C'est évident: l'affiche est au seuil d'un renouveau. La situation était semblable avant les fertiles années quarante, mais à l'époque, les novateurs s'appuyaient sur des directives valables, fussent-elles celles du Bauhaus ou celle d'autres écoles. Leur principes formels étaient en relation directe avec les exigences de la vie quotidienne et ils étaient repris par la plupart des artistes, que ce soit pour des publicités imprimées ou pour la décoration d'un magasin et de ses vitrines. Or, nous n'avons plus de telles normes.

La colossale évolution technique avec ses possibilités presqu'infinies modifie notre façon de voir et de sentir, mais de nouvelles valeurs esthétiques restent encore à définir.

Depuis la fin des années soixante-dix, l'affiche semble retrouver un peu d'élan et d'originalité. On essaie de nouveaux styles, de nouveaux moyens d'expression et les clients acceptent plus facilement des solutions extravagantes et spectaculaires. L'intérêt croissant du public pour l'affiche favorise cette évolution.

L'affiche suisse des débuts et son renouveau après la guerre fut une contribution essentielle à la création internationale. En Suisse, elle a pris au sérieux son rôle de médiateur entre l'art et le commerce. En plus, elle fut une excellente chronique de son temps. Sa nouvelle renaissance est encore dans l'avenir.

Sources

[1]) Eduard Platzhoff-Lejeune: Die Reklame, p. 48, Stuttgart 1909.
[2]) Albert Sautier: Schweizer Plakate, in: Die Schweiz, p. 201, Zurich 1913.
[3]) Carl Albert Loosli: Emil Cardinaux, p. 71, Zurich 1928.
[4]) Emil Locher et Hans Horber: Schweizer Landesausstellung in Bern 1914, p. 270, Berne 1917.
[5]) Burkhard Mangold, in: Das künstlerische Plakat in der Schweiz, p. 12, Bâle 1920.
[6]) Otto Baumberger: Der innere Weg eines Malers, p. 83, Zurich, Stuttgart 1963.
[7]) Otto Baumberger: Blick nach aussen und innen, p. 175, Weiningen-Zurich 1966.
[8]) Otto Baumberger: Blick nach aussen und innen, p. 114, Weiningen-Zurich 1966.

Bildteil
Illustrated Section
Les illustrations

Innerhalb des in zehn Abteilungen thematisch und chronologisch aufgebauten Bildteils sind die Plakate, ihrer Eigenart entsprechend, nochmals zusammengefasst. Diese neuartige Gliederung eröffnet dem Betrachter ungewohnte Vergleichsmöglichkeiten.
Die Auswahl enthält Plakate aus fast allen Kantonen wie auch aus Regionen abseits der Kultur- und Geschäftszentren. So stehen neben bedeutenden Plakatkünstlern auch weniger bekannte Gestalter. Die ganzseitigen Abbildungen sind den Pionieren des Schweizer Plakates vorbehalten.
Nach dem Erscheinungsjahr betrachtet, steigert sich die Zahl der Abbildungen nach 1900 stetig – gipfelt 1939 –, um sich dann in ähnlichem Rhythmus bis in die Gegenwart wieder zu verringern. Dem Plakat aus der Frühzeit ist immer wieder eine Lösung des gleichen Themas aus späteren Jahren gegenübergestellt, so dass sich die Plakatzahl beidseitig der Spitze ungefähr die Waage hält. Diese Gewichtsverteilung macht deutlich, dass das gute Plakat keineswegs nur in der Vergangenheit zu finden ist.
Die Klein-Plakate am Fusse einer Seite ergänzen das vorgestellte Thema bildlich; die beigefügten Bemerkungen verweisen auf diesen Zusammenhang oder beziehen sich direkt auf das Plakat. Die Grösse der Abbildungen bedeutet somit keine Wertung.
Das Sternchen hinter dem Erscheinungsjahr zeigt, dass das Plakat vom Eidgenössischen Departement des Innern ausgezeichnet worden ist. Diese Auszeichnung erfolgt seit 1941, politische Plakate sind davon ausgeschlossen.
Die Plakate 20 und 419 hat das Gewerbemuseum Basel, 498 Herr Dario Zuffo zur Verfügung gestellt, denen für ihr freundliches Entgegenkommen gedankt sei. Die übrigen Abbildungen (ausser 6 und 65) entstammen der Plakatsammlung von Bruno Margadant.

In the illustrated section, which is divided thematically and chronologically into ten parts, the posters are once more grouped together according to type. This novel form of arrangement affords the reader unusual opportunities for making comparisons.
The regional poster, which was produced in places remote from the cultural and business centres, is also taken into account in the selection. Thus well-known poster artists appear in the company of others who are less well known.
Considered in terms of the year in which the poster first appeared, the number of illustrations steadily rises after 1900 – reaches a peak in 1939 – and then diminishes at a similar rate down to the present. A poster from the early days is repeatedly compared with one from later years dealing with the same subject, and consequently the number of posters on either side of the 'peak' is about equal. This distribution of emphasis shows clearly that good posters are by no means to be found in the past only.
The small posters at the foot of a page provide additional visual information on the subject under consideration; the attached comments refer to this linkup or relate directly to the poster. The size of the illustrations is therefore not to be construed as an evaluation. It will certainly be appreciated that not all these comments have been translated into English since they frequently refer to matters of a specifically Swiss nature.
An asterisk after the year of appearance indicates that the poster has been awarded a prize by the Swiss Federal Department of the Interior. These prizes have been awarded since 1941; political posters are not eligible.
Posters 20 and 419 were supplied by the Museum of Applied Arts, Basle, and 498 by Mr Dario Zuffo, to whom thanks are expressed for their kindness. All the other reproductions (except 6 and 65) come from Bruno Margadant's poster collection.

A l'intérieur des dix divisions thématiques et chronologiques, les affiches sont regroupées selon leur caractère propre. Cette classification permettra au lecteur d'intéressantes comparaisons.
L'affiche régionale, créée en dehors des grands centres culturels et commerciaux, n'est pas absente. Ainsi, on trouvera des auteurs moins connus à côté des célébrités. Les pleines pages sont réservées aux pionniers de l'affiche suisse.
Plus nous avançons dans le temps après 1900, plus le nombre d'affiches parues augmente, jusqu'en 1939, pour ensuite diminuer dans les mêmes proportions jusqu'à nos jours. Nous avons mis en regard certaines affiches des débuts avec celles plus récentes sur un même sujet, ce qui équilibre le nombre des affiches des deux côtés du sommet de 1939, démontrant ainsi que les bonnes affiches ne sont pas seulement celles du passé.
Les affichettes en bas de page complètent le sujet présenté, le commentaire ayant trait à cette relation ou à l'affiche elle-même. Les dimensions d'une illustration ne correspondent donc en rien à la valeur des affiches. Cela dit, ces commentaires ne sont pas tous traduits en français, puisqu'ils concernent souvent des données spécifique propres à la Suisse alémanique.
L'astérisque suivant l'année de la parution indique que l'affiche a reçu un label de qualité du Département de l'intérieur – distinctions accordées depuis 1941 pour les meilleures affiches, à l'exclusion des affiches politiques.
Les affiches (20 et 419) font partie de la collection du musée des arts appliqués de Bâle, que nous remercions de son aide; l'affiche (498) a été aimablement mise à notre disposition par M. Dario Zuffo. Toutes les autres affiches (sauf 6 et 65) font partie de la collection de Bruno Margadant.

Kunst
Art
L'art

1

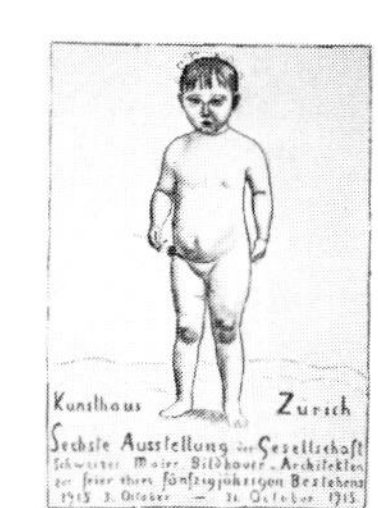

Malerei
Grafik
Architektur
Fotografie
Kunstgewerbe

Painting
Graphic design
Architecture
Photography
Applied arts

La peinture
Le graphique
L'architecture
La photographie
Les arts appliqués

Spektakel
Show business
Le spectacle

2

Theater
Konzert
Tanz
Film
Kabarett
Zirkus
Zoo
Feste
Ball

Theatre
Concerts
Ballet
Cinema
Cabaret
Circuses
Zoos
Fêtes
Balls

Le théâtre
Les concerts
Le ballet
Le cinéma
Le cabaret
Le cirque
Le zoo
Les fêtes
Les bals

Öffentlichkeit
Public life
La vie publique

3

Erziehung
Wohltätigkeit
Verteidigung
Zeitschriften
Zeitungen
Telefon
Lotterie

Education
Charities
Defence
Periodicals
Newspapers
Telephone
Lottery

L'éducation
Les œuvres philanthropiques
La défense nationale
Les revues
Les journaux
Le téléphone
La loterie nationale

Arbeit
Work
Le travail

4

Landwirtschaft
Gewerbe
Industrie
Handel
Dienstleistung

Agriculture
Industry
Crafts
Commerce
Services

L'agriculture
Les métiers
L'industrie
Le commerce
Les services

Reisen
Travel
Les voyages

5

Landschaften
Ortschaften
Hotel
Restaurant
Eisenbahn
Postauto
Flugzeug

Regions
Towns and villages
Hotels
Restaurants
Railways
Motor coaches
Aircraft

Les paysages
Les lieux
Les hôtels
Les restaurants
Les chemins de fer
Les autocars
L'avion

Mode
Fashion
La mode

6

Hüte	Hats	Les chapeaux
Kleider	Clothes	Les vêtements
Stoffe	Fabrics	Les tissus
Wäsche	Underwear	Le linge
Schuhe	Shoes	Les chaussures

Wohnen
Home
L'habitat

7

Möbel	Furniture	Les meubles
Radio	Radio	La radio
Nähmaschinen	Sewing machines	Les machines à coudre
Teppiche	Carpets	Les tapis
Briketts	Briquettes	Les briquettes
Hygiene	Hygiene	L'hygiène
Kosmetik	Beauty products	Les produits de beauté

Genuss
Semi-luxuries
La consommation

8

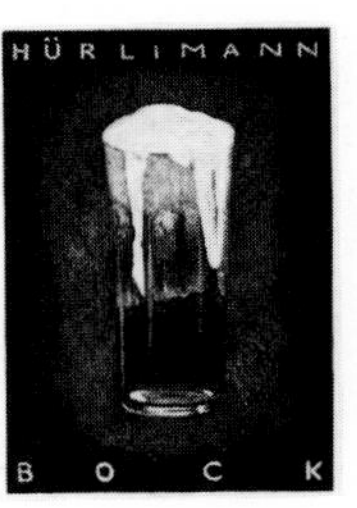

Lebensmittel	Food	L'alimentation
Schokolade	Chocolate	Le chocolat
Kaffee	Coffee	Le café
Mineralwasser	Mineral waters	Les eaux minérales
Bier	Beer	La bière
Aperitif	Aperitifs	Les apéritifs
Stumpen	Cigars	Les cigares
Zigaretten	Cigarettes	Les cigarettes

Sport
Sport
Les sports

9

Turnen	Gymnastics	La gymnastique
Schwingen	Swiss wrestling	Le «Schwingen»
Schiessen	Shooting	Le tir
Pferderennen	Horse racing	Les concours hippiques
Autorennen	Car racing	Les courses automobiles
Wehrsport	Para-military sports	Les sports militaires

Politik
Politics
La politique

10

Wahlen	Elections	Les élections
Abstimmungen	Referenda	Les votes

1

Kunst

In seinen Bildern hat der Maler jeder Effekthascherei aus dem Wege zu gehen, muss er aber ein Plakat machen, soll er plötzlich Wirkung erzielen. Von diesem Gegensatz – der Maler wird zum Werbegrafiker – lebt das Künstlerplakat, das hier für Ausstellungen wirbt, in den andern Abteilungen aber ebenfalls vertreten ist.

Wenn der Grafiker an einem kulturellen Ausstellungsplakat arbeitet, muss er die Thematik der Schau oder den Stil des Ausgestellten interpretieren. Diese Umsetzung oder gar Deutung macht den Grafiker zum Künstler. So wird denn auch in dieser Abteilung nicht zwischen «freier» und «angewandter» Kunst unterschieden. Maler und Grafiker stehen sich gleichberechtigt gegenüber.

Die gezeigten Künstlerplakate gestatten einen grob gerasterten Überblick über die Schweizer Malerei nach 1900. Hodler und die in seiner Folge vorgestellten Künstler stellten Mensch und Landschaft in neuer Sicht dar und prägten das neue Jahrhundert. Die Wegbereiter der neuen Malerei entdeckten das Plakat nicht nur als neues Ausdrucksmittel, sondern bereits auch ihm gemässe gestalterische Grundsätze. Dadurch unterscheiden sich ihre Plakate wesentlich von den Vorläufern, vom früheren Plakat des Malers. Zu den Künstlern, die nach Hodler die Malerei beeinflussten – geboren zwischen 1870–1890 –, gehörten auch Giacometti, Le Corbusier und Morach, die jedoch in ihrem Werk schon Tendenzen zur Auflösung der gegenständlichen Form zeigten. Als künstlerische Unruhestifter betraten nach 1930 die Konkreten um Max Bill den Schauplatz.

Heutige Künstler – zwischen 1925–1945 geboren – und ihre Plakate stellt die Doppelseite am Schluss der Abteilung vor. Sie kann aktuelle Kunstrichtungen der Gegenwart aufzeigen; sie kann aber die Frage nicht beantworten, welcher Maler dieser Plakate in fünfzig Jahren noch bekannt sein wird.

1

Art

In his pictures the artist must avoid any suggestion of straining for effect but if it is a poster he is engaged on, his aim must be an immediate impact. It is this contrast – when the painter turns into graphic designer – that gives the artist-designed poster its vitality.

If the graphic designer is working on a poster for a cultural exhibition, he must reflect the theme of the exhibition or the style of what is on display. This process of rephrasing or even interpretation makes the graphic designer into an artist. And so in this section no distinction is made between "pure" and "applied" art. Painter and graphic designer are on an equal footing.

The artist-designed posters present a broad survey of Swiss painting after 1900. Hodler and the artists (presented here) who followed him – born between 1850 and 1890 – showed landscape and humanity in a new light and left their imprint on the new century. The pioneers of modern painting did not simply discover the poster as a new means of expression but at the same time found the design principles appropriate to it. It is for this reason that their posters differ radically from those of their predecessors, i.e. from the early poster of the painter. Among the artists – born between 1870 and 1890 – who influenced painting after Hodler are numbered Giacometti, Le Corbusier and Morach, whose work, however, already showed signs of dissolving the representational form. After 1930 the exponents of concrete art round Max Bill entered the scene to flutter the dovecotes of the art world.

Contemporary artists – born between 1925 and 1945 – and their posters are presented on the double page at the end of the section. It shows trends in art but cannot answer the question which of these poster artists will still be known in fifty years.

1

L'art

Quand un artiste peint, il doit éviter l'effet pour l'effet. Mais s'il crée une affiche, la recherche de l'effet est nécessaire. L'art de l'affiche vit de cette contradiction. Ici, il est au service d'expositions artistiques, mais on le trouvera également dans les autres sections de ce livre.

Le graphiste qui conçoit une affiche pour une exposition culturelle doit en interpréter le thème ou le style. Il devient alors artiste. Ainsi, dans cette partie, nous ne ferons aucune distinction entre l'art tout court et les arts appliqués. Peintres et graphistes s'y retrouvent sur un même pied d'égalité.

Les affiches artistiques présentées ici permettent une vue d'ensemble de la peinture suisse après 1900. Ferdinand Hodler et les autres peintres de son époque, nés entre 1850 et 1890, ont représenté l'homme et le paysage sous un nouvel angle, qui a marqué le vingtième siècle. Les précurseurs de la nouvelle peinture ont découvert l'affiche comme nouveau moyen d'expression, mais aussi comme un genre autonome avec ses propres principes formels. C'est ce qui distingue leurs affiches des affiches picturales qu'avant eux avaient créées les peintres. Parmi les artistes de cette époque qui, après Hodler, ont influencé la peinture, citons Giacometti, Le Corbusier et Morach, mais ces artistes poursuivaient déjà une dissolution des formes. L'entrée en scène de Max Bill et des Concrets autour de lui, vers 1930, troubla les esprits.

Les artistes nés entre 1925 et 1945 et leurs affiches seront présentés sur une double-page à la fin de cette partie. Il s'est agi là de dégager les tendances actuelles, sans préjuger, évidemment, de l'importance respective de ces créateurs d'ici cinquante ans.

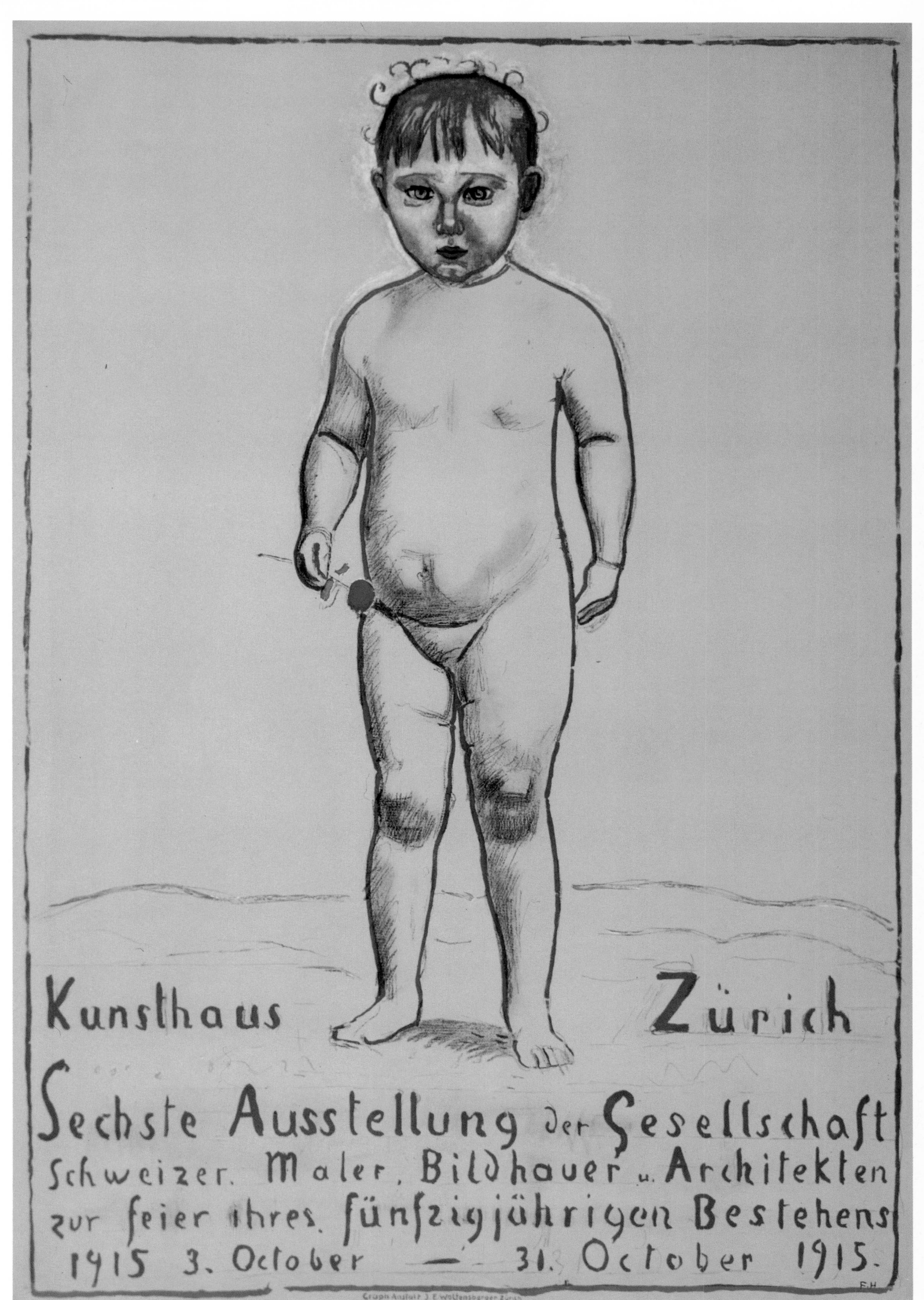
Kunsthaus Zürich
Sechste Ausstellung der Gesellschaft
Schweizer. Maler, Bildhauer u. Architekten
zur feier ihres fünfzigjährigen Bestehens
1915 3. October — 31. October 1915.

30

31

32

33

33 Achtfarbige Original-lithografie.

34

35

36

37

29 Ferdinand Hodler, *1915*
30 Hans Sandreuter, *1897*.
Schrift: Hans Lendorff
31 Henri Claude Forestier, *1910*
32 Edouard Vallet, *1914*
33 Cuno Amiet, *1920*
34 Hans Berger, *1911*
35 Alexandre Blanchet, *1925*
36 Maurice Barraud, *1915*
37 Rudolf Urech, *1919*

38

39

40

38 Eröffnung des Kunsthauses Zürich.

38 Eduard Stiefel, *1910*
39 Paul Kammüller, *1917*
40 Alexandre Cingria, *1917*
41 Paul Renner, *1928*
42 Otto Morach, *1918*
43 Walter Käch, *1927*
44 Warja Lavater, *1934*

41

42

43

44

41 Von Renner kamen in der Bauerschen Giesserei im gleichen Jahr die ersten Schnitte seiner heute noch bekannten «Futura»-Schrift heraus.

41 In the same year Renner produced the first cuts of his "Futura" typeface, which is still seen today.

41 De la même année date la gravure des poinçons de son alphabet «Futura», toujours connu.

45

46

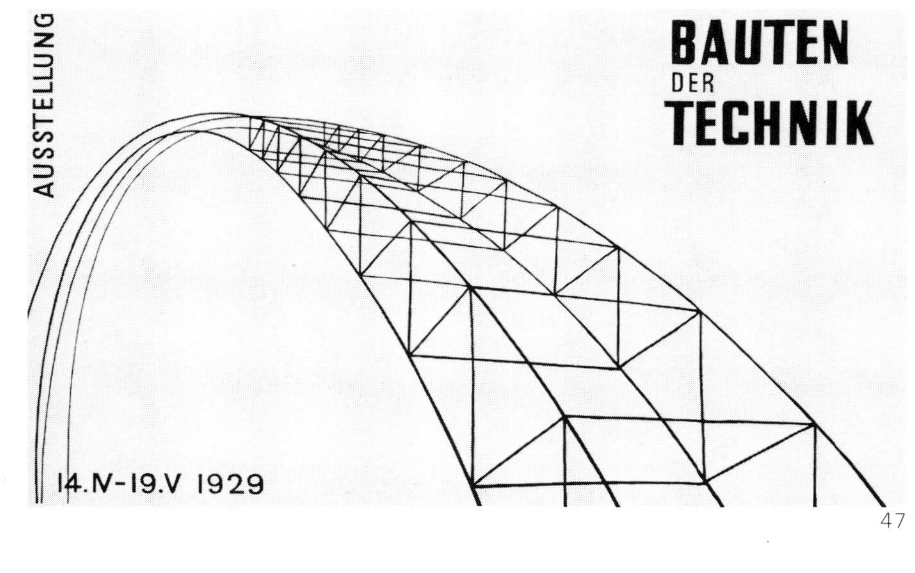

47

48

47 Plakat für eine Ausstellung im Gewerbemuseum Winterthur, angeschlagen auf Vordrucken des Museums.

45 Arnold Brügger, *1927*
46 Ernst Keller, *1931*
47 Heiri Steiner, *1929*
48 Armin Hofmann, *1955*
49 Walter Käch, *1940*
50 Donald Brun, *1944**
51 Hermann Eidenbenz, *1938*
52 Charles L'Eplattenier, *1921*

49

50

51

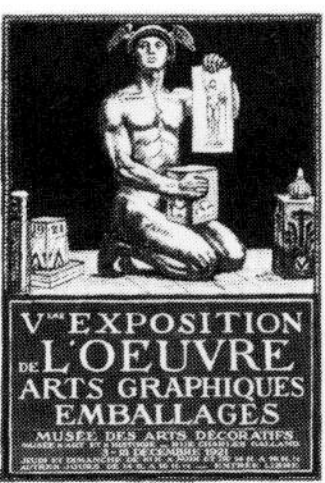

52

52 Erstaunlich früh ist die Bedeutung der schönen Verpackung erkannt worden.

52 The importance of an attractive pack was recognized very early.

52 L'importance d'un bel emballage a été reconnue très tôt.

53

54

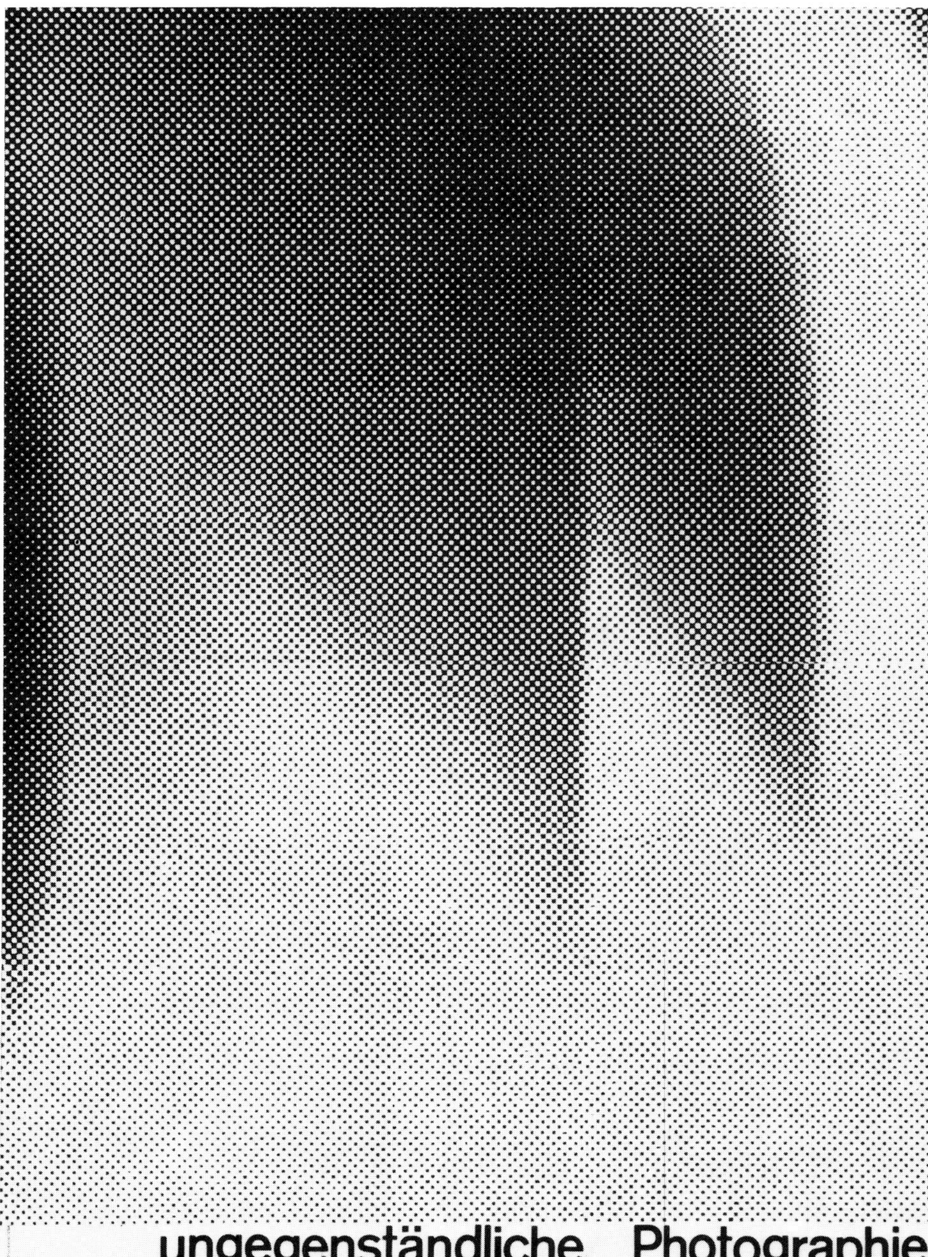

55

55 Ein Unikum ist die Wiedergabe des fotografischen Grob-Rasters ab Linolschnitt.

55 The reproduction of a coarse screen halftone from a linocut is something unique.

55 La représentation de la grosse trame photographique dans une gravure sur linoléum est unique en son genre.

53 Emil Ruder, *1955**
54 Richard P. Lohse, *1958**
55 Emil Ruder, *1960**
56 Augusto Giacometti, *1928*
57 Walentina N. Kulagina, *1931*
58 Josef Ebinger, *1964**

56

56 1930 verwendete der Künstler das gleiche Motiv für ein Plakat der Schweizerischen Bundesbahnen (10).

56 In 1930 the artist used the same subject for a poster for Swiss Federal Railways (10).

56 L'artiste a repris en 1930 ce motif pour une affiche des Chemins de Fer Fédéraux (10).

57 Das gleiche Plakat warb für die anschliessend in der Kunsthalle Bern gezeigte Ausstellung.

57

58

59 Hans Arp, *1929*
Typografie: Walter Cyliax
60 Hans Erni, *1935*
61 Jan Tschichold, *1937*
62 Richard P. Lohse, *1958**
63 Max Huber, *1947*
64 Heinrich Eichmann, *1966*
65 Max Bill, *1931*
66 Max Bill, *1936*
67 Max Bill, *1947*
68 Max Bill, *1960*

59

60

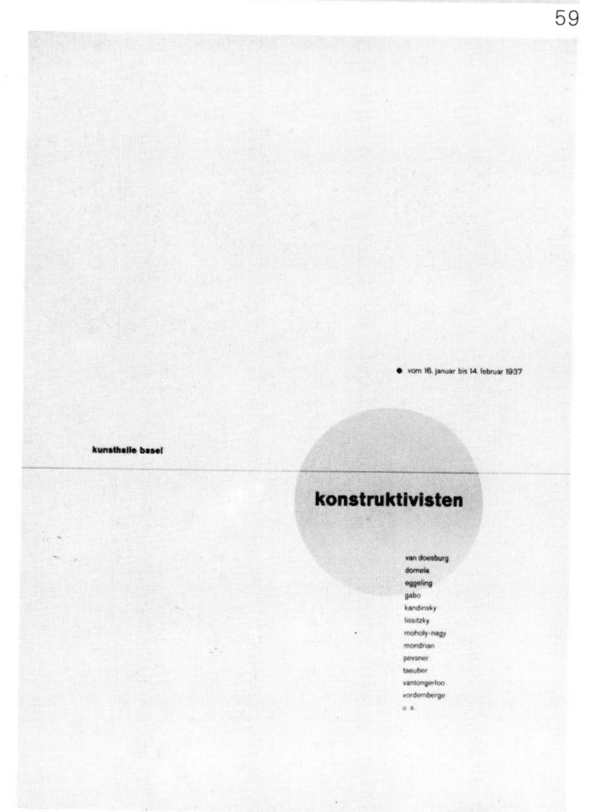

61

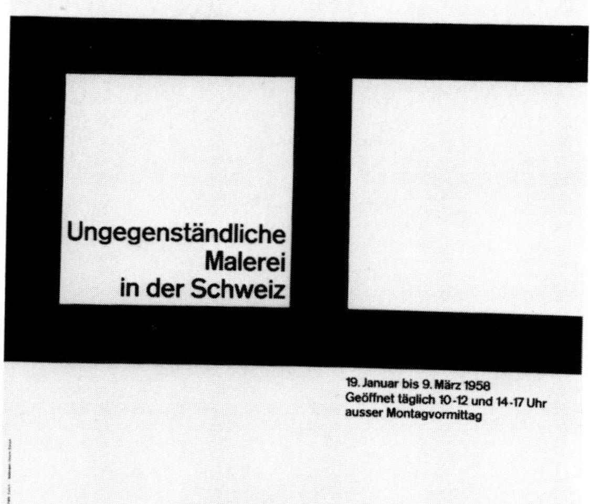

62

63

64

59 Erste nicht figürliche Komposition auf einem Ausstellungsplakat in der Schweiz.

59 The first non-figurative composition on an exhibition poster in Switzerland.

59 Première composition non-figurative pour une affiche d'exposition en Suisse.

63 1947 zog Huber nach Mailand, wo ein Grossteil seiner grafischen Arbeiten entstand.

64 Der Schweizer Eichmann, «Allianz»-Aussteller im Kunsthaus Zürich von 1947 (67), wirbt mit seinem Plakat für die bundesdeutsche Schau «Zeitgenössische Architektur» in Moskau.

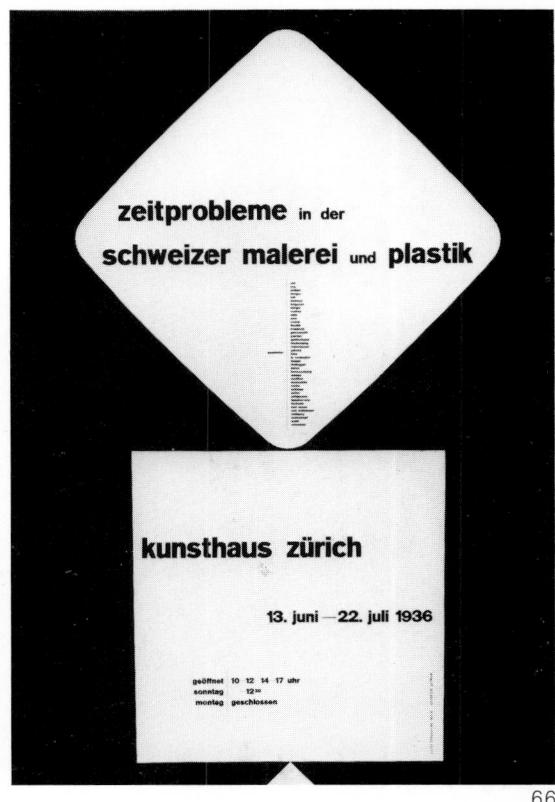
zeitprobleme in der
schweizer malerei und plastik
kunsthaus zürich
13. juni — 22. juli 1936

66

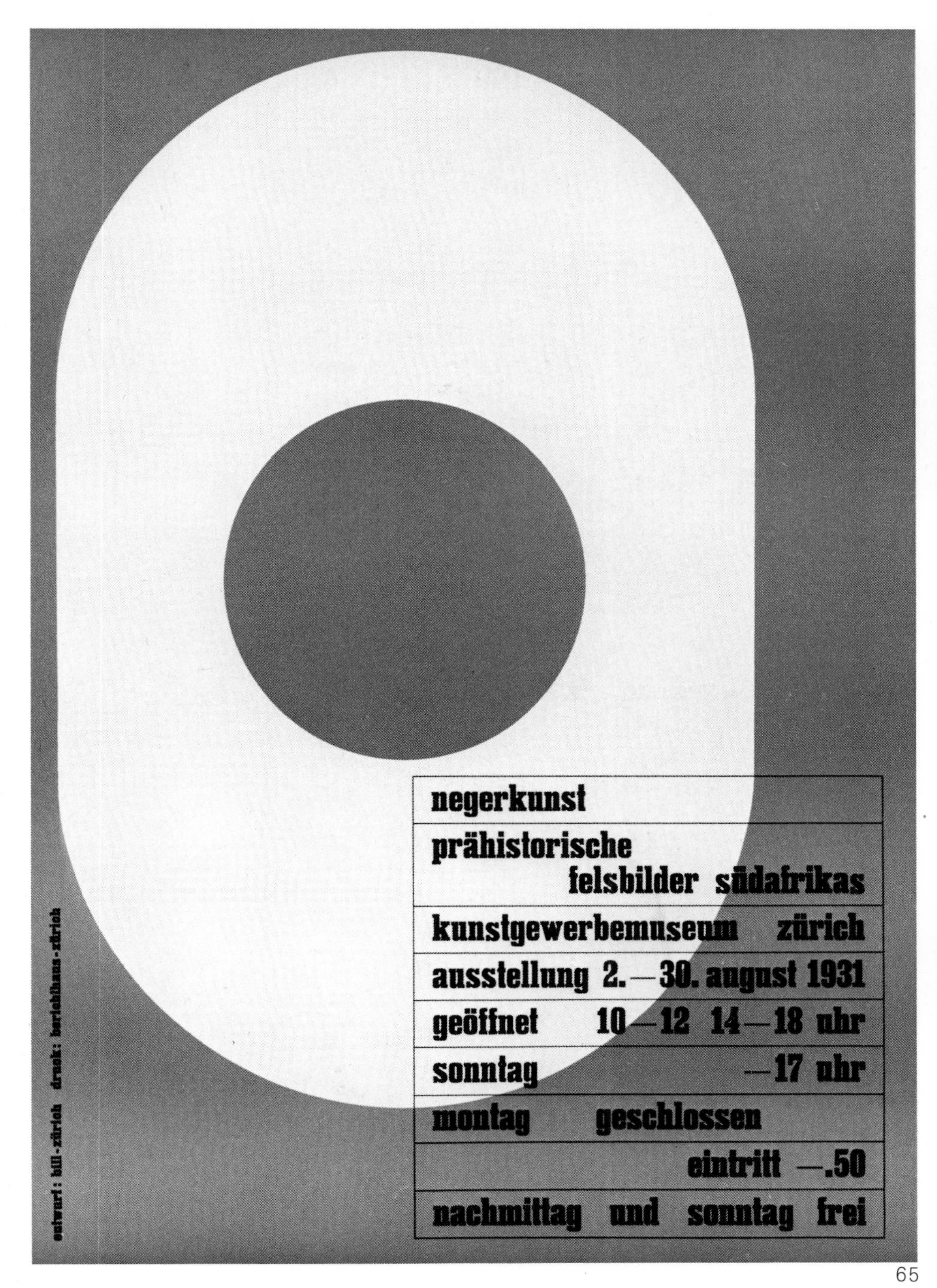
negerkunst
prähistorische
felsbilder südafrikas
kunstgewerbemuseum zürich
ausstellung 2.—30. august 1931
geöffnet 10—12 14—18 uhr
sonntag —17 uhr
montag geschlossen
eintritt —.50
nachmittag und sonntag frei

65

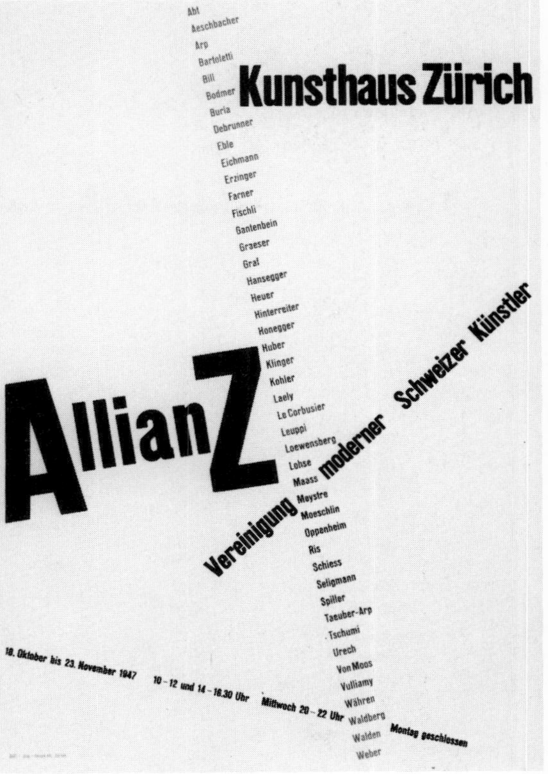
Kunsthaus Zürich
AllianZ
Vereinigung moderner Schweizer Künstler

67

kunstmuseum winterthur
max bill

68

69

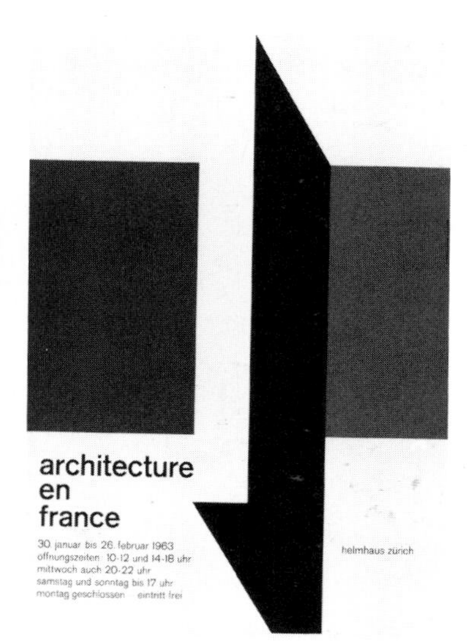

70

71

72

73

71 Alvar Aalto (1898–1976) stellte Walter Diethelm einen Plan zur Verfügung, den der Grafiker für das Plakat vereinfachte. Aus gegen 25 Vorschlägen stimmte auch Aalto diesem Entwurf zu.

71 Alvar Aalto (1898–1976) provided Walter Diethelm with a plan which the designer simplified for the poster. Out of about 25 design proposals Aalto gave this one his approval.

71 Alvar Aalto (1898 à 1976) avait mis à la disposition de Diethelm un plan, que ce dessinateur a simplifié pour son affiche. Aalto a choisi ce projet parmi les 25 qui étaient proposés.

74

75

76

77

78

79

69 Maria Vieira, *1954**
70 Carl B. Graf, *1963**
71 Walter Diethelm, *1964**
72 Jost Hochuli *1963**
73 René Gauch, *1973**
Foto: Nicolas Monkewitz
74 Armin Hofmann, *1969**
Foto: Helen Sager
75 Heinrich Kümpel, *1933*
76 Felice Filippini, *1959*
77 Françoise Winet, *1977*
78 Hans Falk, *1949**
79 Kurt Hauert, *1965**

80

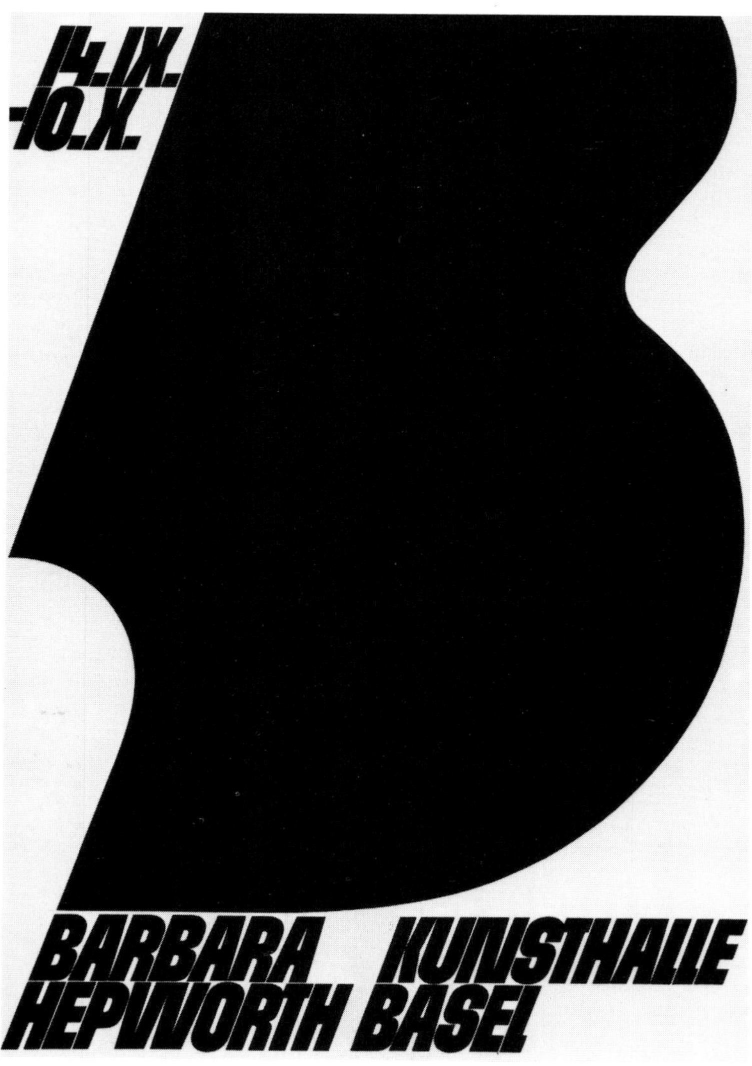

81

82

25. Okt.
bis
23. Nov.

Kunsthalle
Basel
David SMITH
Skulpturen
Horst
JANSSEN
Zeichnungen
Graphik

83

84

85

VOM 29. JANUAR — 11. MÄRZ 1972
AUSSTELLUNG BEI KORNFELD UND KLIPSTEIN
LAUPENSTRASSE 49 BERN
TSCHUMI

86

80 Ruth Näpflin, *1957*
81 Peter von Arx, *1965**
82 Armin Hofmann, *1964**
83 Armin Hofmann, *1967*
84 Varlin, *1958**
Typografie:
Leo Gantenbein
85 Ernst Ludwig Kirchner, *1933*
86 Otto Tschumi, *1972*
87 Le Corbusier, *1938*
88 *1930*
89 Meret Oppenheim, *1974*

87

KUNSTHAUS ZURICH
PABLO PICASSO
11. SEPT. - 30. OKT.

88

88 Das Zürcher Kunsthaus zeigte als erstes Museum eine Picasso-Ausstellung.

88 The Zurich Kunsthaus was the first museum to put on a Picasso exhibition.

88 Le musée de Zurich fut le premier à organiser une exposition Picasso.

89

89 Die Illustration ihres Namens zeichnete Meret Oppenheim für diese Ausstellung.

89 Meret Oppenheim drew the illustration of her name for this exhibition.

89 Meret Oppenheim a dessiné l'illustration de son nom pour cette affiche.

90

91

92

93

94

94 Auf dem überarbeiteten Bieler Stadtplan zeichnete Dieter Roth die Strassen, an denen Plastiken gezeigt wurden, rot ein.

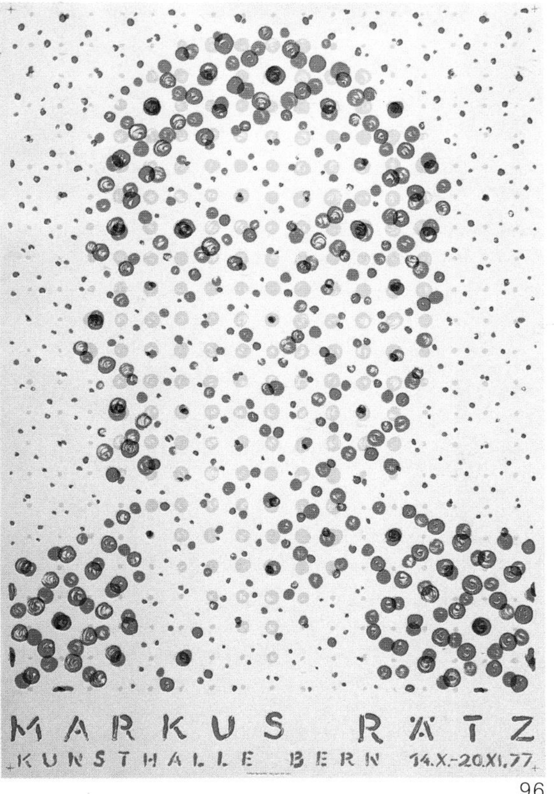

96

95

99

97

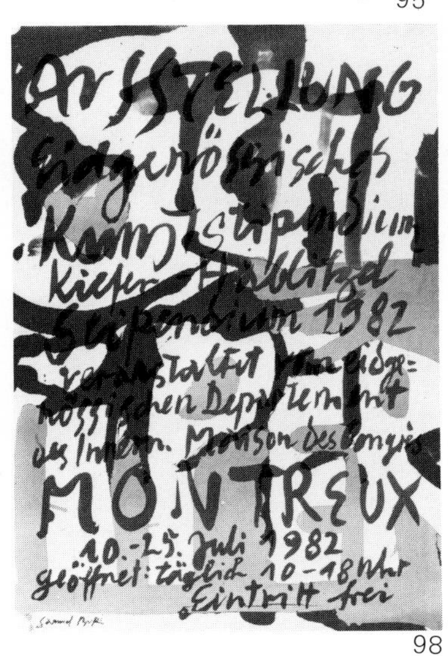

98

90 Alex Sadkowsky, *1973*
Typografie: Hans Rudolf Lutz und Alice Lang
91 Bernhard Luginbühl, *1971*
92 Rolf Iseli, *1976*
93 Alfred Hofkunst, *1973**
94 Dieter Roth, *1975*
95 Jean Tinguely, *1982*
96 Markus Rätz, *1977**
97 Franz Eggenschwiler, *1977*
98 Samuel Buri, *1982*
99 André Thomkins, *1982*

2

Spektakel

Die Schweiz hat eine reiche Theatertradition. Im 19. Jahrhundert lösten Vorstellungen örtlicher Vereine (106), die sich gelegentlich zu monumentalen Festspielen (105) auswuchsen, aus dem Mittelalter stammende Passionsspiele ab. Für das alle 25 Jahre mit Tausenden von einheimischen Darstellern stattfindende Winzerfest in Vevey schuf Marguerite Burnat-Provins 1905 das schönste Künstlerplakat der Zeit (139).

René Morax (1875-1963) gründete 1908, inspiriert von den Volksbühnen, das noch heute bekannte Théâtre du Jorat in Mézières, oberhalb von Lausanne. Sein Bibeldrama «Le Roi David» vertonte Arthur Honegger (1892-1955), das den Komponisten nach der Uraufführung von 1921 (103) mit einem Schlag weltberühmt machte.

Überhaupt wurden (oder waren es bereits) viele der auf den Plakaten dieser Abteilung Aufgeführten berühmt. Die beiden Franzosen, der Komponist Eric Satie (1866-1925) und der Maler Francis Picabia (1871-1953), die 1931 vereint auf Bills Plakat für das Basler Tanzstudio Wulff erschienen (114), waren wichtige Anreger der Moderne. Als grösste Tänzerin, Choreografin, Tanzpädagogin galt Mary Wigmann (1886-1973) (100). Der Schweizer Adrian Wettach (1880-1959) hatte als Grock (132) Welterfolg. Sabrenno (eigentlich Georg Brenneis, 1897-1949) war als Hypnotiseur zu seiner Zeit in aller Munde. Dieses Plakat erinnert übrigens (wie auch 504) an die Zeit, in der die Dorfdruckerei und der zeichnerisch begabte Schriftsetzer mit ihren Linolschnitten noch Anteil am Schweizer Plakat hatten.

Chéret, Toulouse-Lautrec und Steinlen lithografierten Affichen für sie: Yvette Guilbert (1867-1944), die am meisten gefeierte Diseuse der Jahrhundertwende. Für ihre Schweizer Tournee stellte der Genfer Forestier sie, völlig ungewohnt, in Holzschnittmanier in eine ländliche Gegend (108). Eine Schülerin von Yvette Guilbert war Marya Delvard (1874-1965). Boscovits zeigte sie in einer ähnlichen Haltung (109) wie Falk 40 Jahre später Elsie Attenhofer (110), die als Mädchen die Guilbert in Zürich noch angeschwärmt hatte.

An Alfred Rasser (1907-1974), Kabarettist, Schauspieler und Politiker, erinnert das Plakat von Lindi (122), das ihn als «HD-Läppli», als Schweizer Schwejk, in seiner populärsten Rolle zeigt.

2

Show business

Switzerland has a rich theatrical tradition. In the 19th century the passion plays dating from the Middle Ages were replaced by performances put on by local societies (106), and these sometimes assumed the proportions of giant festival plays (105). In 1905 Marguerite Burnat-Provins created the most beautiful artist-designed poster of the time for the wine festival held in Vevey every 25 years with a local cast of thousands (139).

In 1918 René Morax (1875–1963), inspired by the "people's theatres", founded the still well-known Théâtre du Jorat at Mézières above Lausanne. His biblical drama "King David" was set to music by Arthur Honegger (1892–1955) and the first performance in 1921 (103) made the composer world-famous overnight.

Many of those figuring on the posters of this section became (or were already) famous. The two Frenchmen, the composer Eric Satie (1866–1925) and the painter Francis Picabia (1871–1953), who were united on Bill's poster for the Wulff dance studio in Basle (114), were great animators of the modern scene. Mary Wigmann was held to be the greatest dancer, choreographer and teacher of dance of her age (1886–1973) (100). The Swiss Adrian Wettach (1880–1959) was a worldwide success as the clown Grock (132). Sabrenno (actually Georg Brenneis, 1897–1949) was renowned in his day as a hypnotist. This poster, incidentally, recalls (like 504) the days when the village print shop and the compositor with a gift for drawing still played a part in the Swiss poster with their linocuts. Chéret, Toulouse-Lautrec and Steinlen lithographed posters for Yvette Guilbert (1876–1944), the most celebrated diseuse at the turn of the century. For her Swiss tour the Genevan Forestier broke with tradition and portrayed her in a rural area in the manner of a woodcut (108). Marya Delvard (1875–1965) was a pupil of Yvette Guilbert. Boscovits showed her in a similar pose (109) just as Falk did 40 years later with Elsie Attenhofer (110), who, as a young girl in Zurich, had been a passionate Guilbert fan.

Alfred Rasser (1907–1974), cabaret artiste, actor and politician, is recalled by Lindi's poster (122), showing him in his popular role as the Swiss Schwejk.

2

Le spectacle

La Suisse a une riche tradition dans le domaine du théâtre. Au 19e siècle, des représentations de troupes locales (106), s'élargissant parfois à d'extraordinaires festivals (105), remplacèrent les Mystères de la Passion du moyen-âge. Tous les 25 ans, les habitants de Vevey célèbrent par milliers la fête des vignerons. Pour celle de 1905, Marguerite Burnat-Provins créa la plus belle affiche de son temps (139).

Inspiré par les troupes théâtrales populaires, René Morax (1875 à 1963) fonda en 1908 le théâtre du Jorat à Mézières, au nord de Lausanne. C'est son drame biblique «Le Roi David» qu'Arthur Honegger (1892 à 1955) mit en musique. La première représentation de cette œuvre, en 1921 (103), rendit son compositeur mondialement célèbre.

Nombreux furent d'ailleurs les artistes annoncés par les affiches de cette partie qui étaient ou devinrent célèbres. Les deux français, le compositeur Eric Satie (1866 à 1925) et le peintre Francis Picabia (1871 à 1953), réunis sur une affiche de Bill pour le «Tanzstudio Wulff» de Bâle (114), furent d'essentiels instigateurs du «moderne». Mary Wigmann (1886 à 1973) était considérée comme la plus grande danseuse, choréographe et pédagogue de son temps (100). Le Suisse Adrian Wettach (1880 à 1959) était le fameux Grock (132) et le nom de Sabrenno, le grand hypnotiseur (Georg Brenneis, 1897 à 1949) était sur toutes les lèvres. D'ailleurs, cette affiche (comme 504) rappelle le temps où l'imprimerie du village, le typographe et ses gravures sur linoléum jouaient encore un rôle important dans la production suisse de l'affiche.

Chéret, Toulouse-Lautrec, Steinlen firent des affiches lithographiées pour Yvette Guilbert (1867–1944), la plus grande «diseuse» du fin de siècle. Pour sa tournée en Suisse, le genevois Forestier la représenta – chose étrange – dans le style des gravures sur bois au milieu d'un paysage champêtre (108). Marya Delvard (1874 à 1965) était une élève d'Yvette Guilbert; Boscovits la montra dans une attitude semblable (109) à celle que Falk choisit, 40 ans plus tard, pour Elsie Attenhofer (110) qui, adolescente, avait été une admiratrice enthousiaste d'Yvette Guilbert.

Une affiche de Lindi (122) évoque le souvenir d'Alfred Rasser (1907 à 1974), cabaretiste, comédien et politicien, dans le rôle du Schwejk suisse qui l'avait rendu si populaire.

MARY WIGMAN
TANZ
L. F. Keller. 19.
GRAPH. ANSTALT J. E. WOLFENSBERGER ZÜRICH

101

102

104

100 Kellers Bronzebüste von Mary Wigmann steht im Kunsthaus Zürich.

104 Vor allem in seinen Theaterplakaten («Oresteia», Stadttheater Zürich; «Kain und Abel», Gastspiel Hoftheater Darmstadt; u. a.) stellt sich Baumberger als Maler vor.

104 Baumberger shows himself to be a painter primarily in his theatre posters.

104 Otto Baumberger s'affirme comme peintre surtout dans ses affiches pour le théâtre.

103

105

106

105, 106 Aufführungen von Festspielen und Vereinstheatern waren kulturelle und gesellschaftliche Ereignisse.

107

107 Das Plakat für Ibsens «Rosmersholm» entwarf Kokoschka für die Schauspieltruppe (Maria Becker, Will Quadflieg u. a.).

108

109

110

100 Laurent F. Keller, *1919*
101 Carl Roesch, *1914*
102 Erica von Kager, *1921*
103 Jean Morax, *1921*
104 Otto Baumberger, *1917*
105 Jean Affeltranger, *1901*
106 Melchior Annen, *1907*
107 Oskar Kokoschka, *1960*
108 Henri Claude Forestier, um *1905*
109 Fritz Boscovits, *1911*
110 Hans Falk, *1950*

111

18. AUG. 6. SEPT. 1944
INTERNATIONALE
MUSIKALISCHE
FESTWOCHEN
LUZERN

112

16 ième
Festival de Jazz
Montreux
9–25 Juillet 1982
Tinguely

113

114

115

116

115 Satie-Ehrung in Zürich, 50 Jahre nach der Aufführung seines Balletts «Relâche» in Basel (114).

116 Troxler organisiert seit 1966 im Luzerner Dorf Willisau Jahr für Jahr ein Jazz-Festival und macht jeweils ein neues Plakat dazu.

111 Josef Müller-Brockmann, *1959**
112 Hans Erni, *1944*
113 Jean Tinguely, *1982*
114 Max Bill, *1931*
115 Paul Brühwiler, *1983*
116 Niklaus Troxler, *1979*
117 Armin Hofmann, *1959**
Foto: Paul Merkle
118 Armin Hofmann, *1963**
Foto: Max Mathys
119 Armin Hofmann, *1963**
Foto: Max Mathys
120 Armin Hofmann, *1965**
Foto: Max Mathys
121 Armin Hofmann, *1967**
Foto: Max Mathys

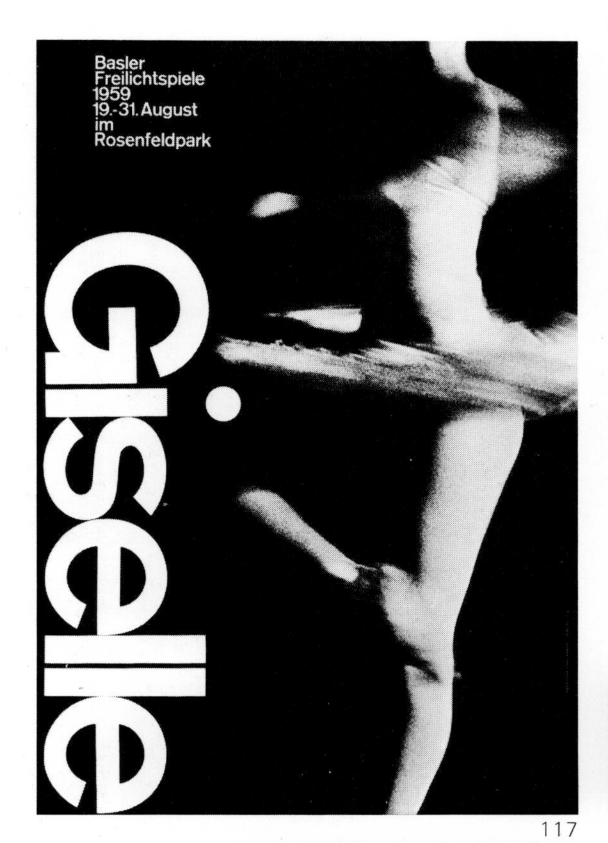

117

118

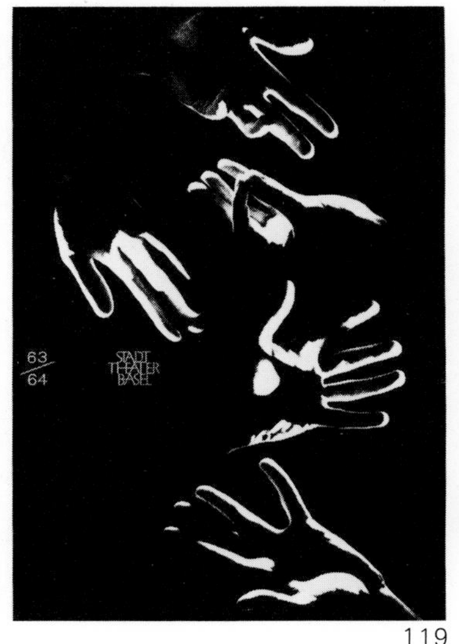

119

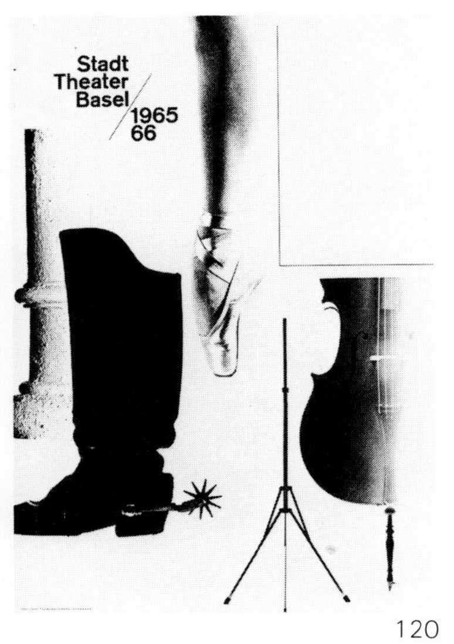

120

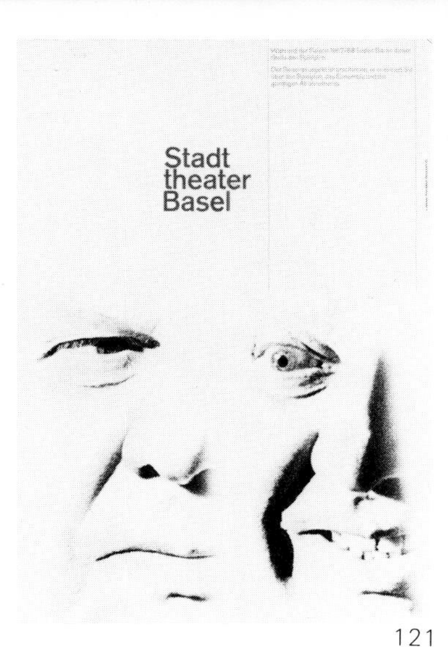

121

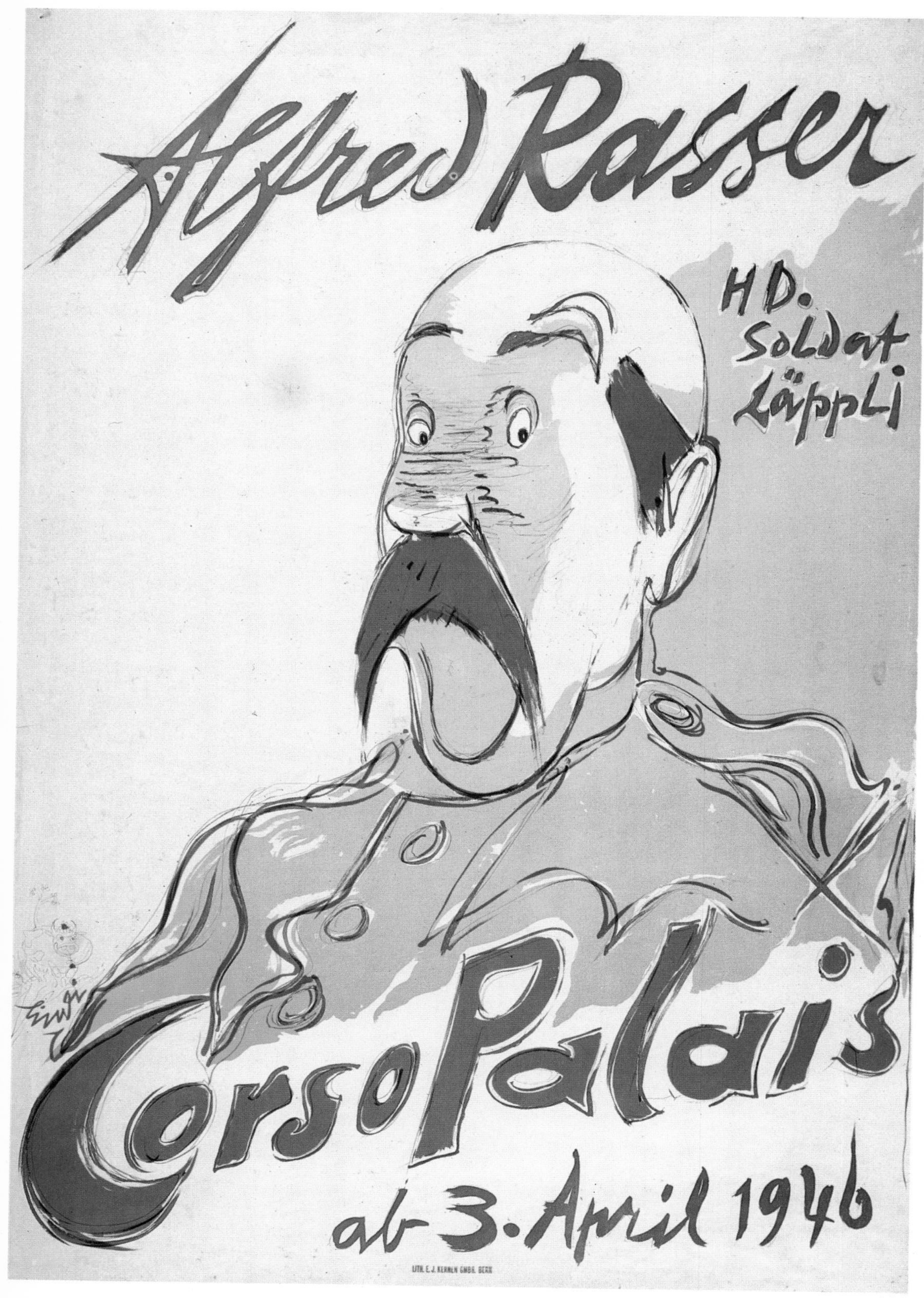

122

123

124

125

125 Die abgebildete Marionette gestaltete 1926 die Künstlerin der russischen Avantgarde, Alexandra Exter (1882–1949).

125 The marionette depicted was designed in 1926 by Alexandra Exter (1882–1949) the artist of the Russian avant-garde.

125 C'est l'artiste d'avant garde russe Alexandra Exter (1882 à 1949) qui a créé la marionnette.

122 Lindi, *1946*
123 Um *1935*
124 Walter Bangerter, *1968**
Foto:
Michael Wolgensinger
125 Werner Jeker, *1980**
Foto: Marlen Perez
126 Mario Comensoli, *1966*
127 Beat Knoblauch
und Hans Peter Furrer,
1974
128 Etienne Delessert
und Patrick Gaudard,
1979
129 Gus Bofa, um *1905*
130 Paul Brühwiler, *1979*
131 Paul Brühwiler, *1981*

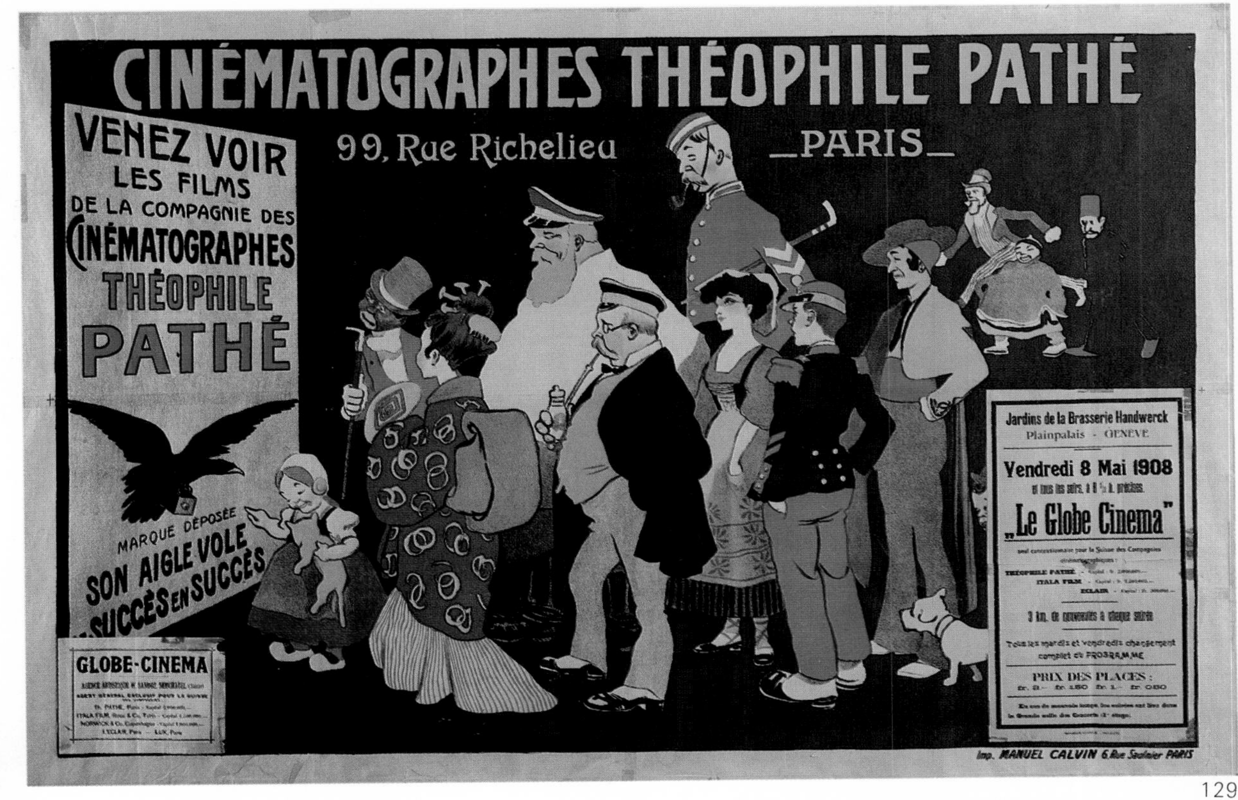

129

126

130

131

127

128

126, 127, 128 Schweizer Filmplakate sind spärlich, da für die vorherrschend ausländische Filmproduktion deren Plakate übernommen werden.

126, 127, 128 Swiss film posters are a rarity since most films are of foreign origin and posters are supplied by the makers.

126, 127, 128 Rares sont les affiches suisses pour des films puisqu'on montrait surtout des films étrangers, et donc les affiches déjà existantes.

129 Genf 1908: Der Film als Jahrmarkt-Attraktion. Heute mutet eher das Plakatformat von 200 × 130 cm, das als Ganzes mehrfarbig bedruckt wurde, sensationell an.

129 Geneva 1908: The film as a fairground attraction. Today we are more likely to be impressed by the size of the poster (200 × 130 cm), the whole of which was printed in several colours.

129 Genève, 1908: Le cinéma fut une attraction de foires à l'époque, mais ce qui aujourd'hui nous semble extraordinaire, c'est que ce format 200 × 130 ait pu être imprimé en plusieurs couleurs.

132

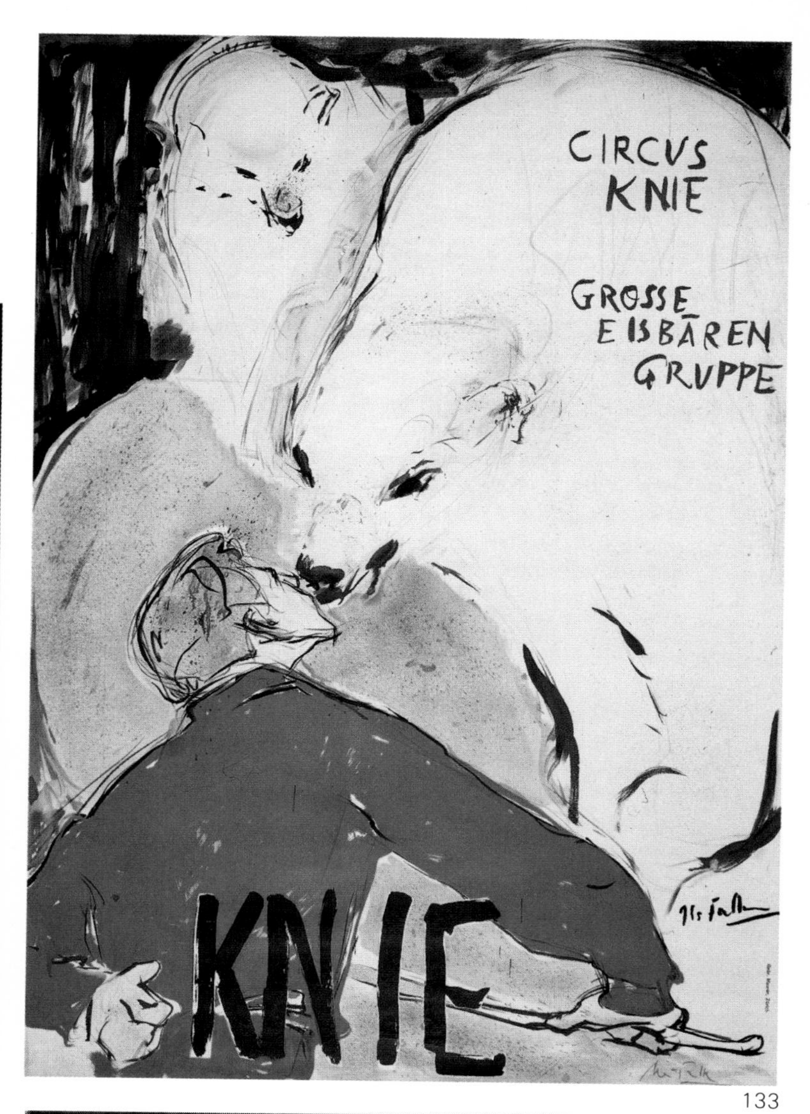

133

134

135

134 Sechsfarbige Originallithografie.

132 Ludwig Leidenbach, *1945*
133 Hans Falk, *1948**
134 Eugène Fauquex, *1953*
135 Hans Schoellhorn, *1948*
136 Rudolf Dürrwang, *1920*
137 Ruodi Barth, *1947**
138 Otto Baumberger, *1929*

136

137

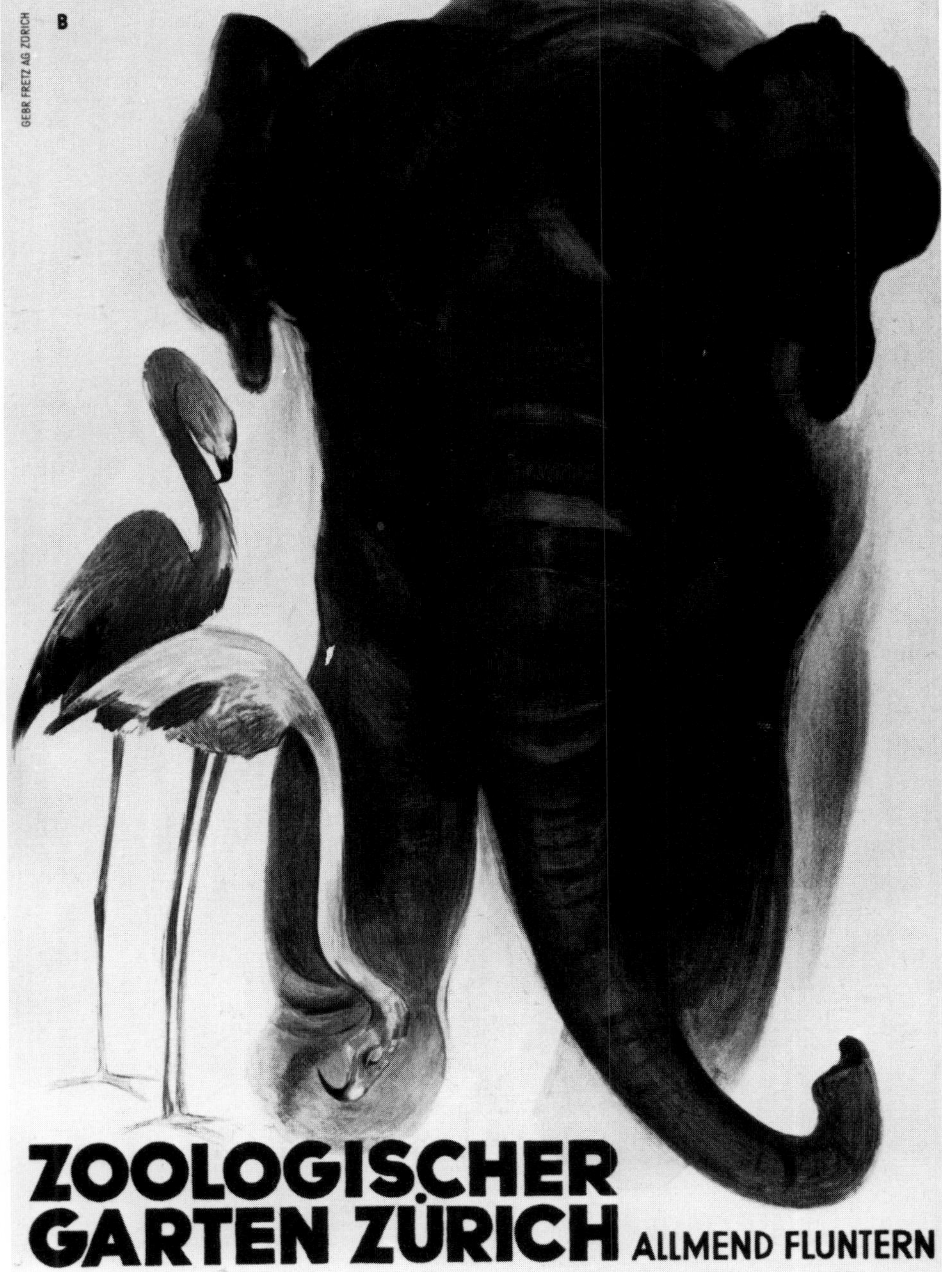

138

136 Das Plakat ging aus einem Wettbewerb unter Basler Künstlern für den «Zolli» hervor. Er ist, 1874 gegründet, der älteste Zoologische Garten der Schweiz.

136 The poster was the result of a competition held among Basle artists for the "Zolli" – the local zoological garden, which is the oldest in Switzerland (1874).

136 Le jardin zoologique de Bâle, aménagé dès 1874, est le plus ancien de Suisse. L'affiche fut sortie lors d'un concours pour les artistes bâlois.

138 Das erste Plakat für den 1929 eröffneten Zürcher Zoo. Zu den meistbestaunten Tieren gehörte damals die indische Elefantenkuh Mandjula, auf deren Rücken die Kinder, auf Bänken sitzend, durch den Zoo ritten.

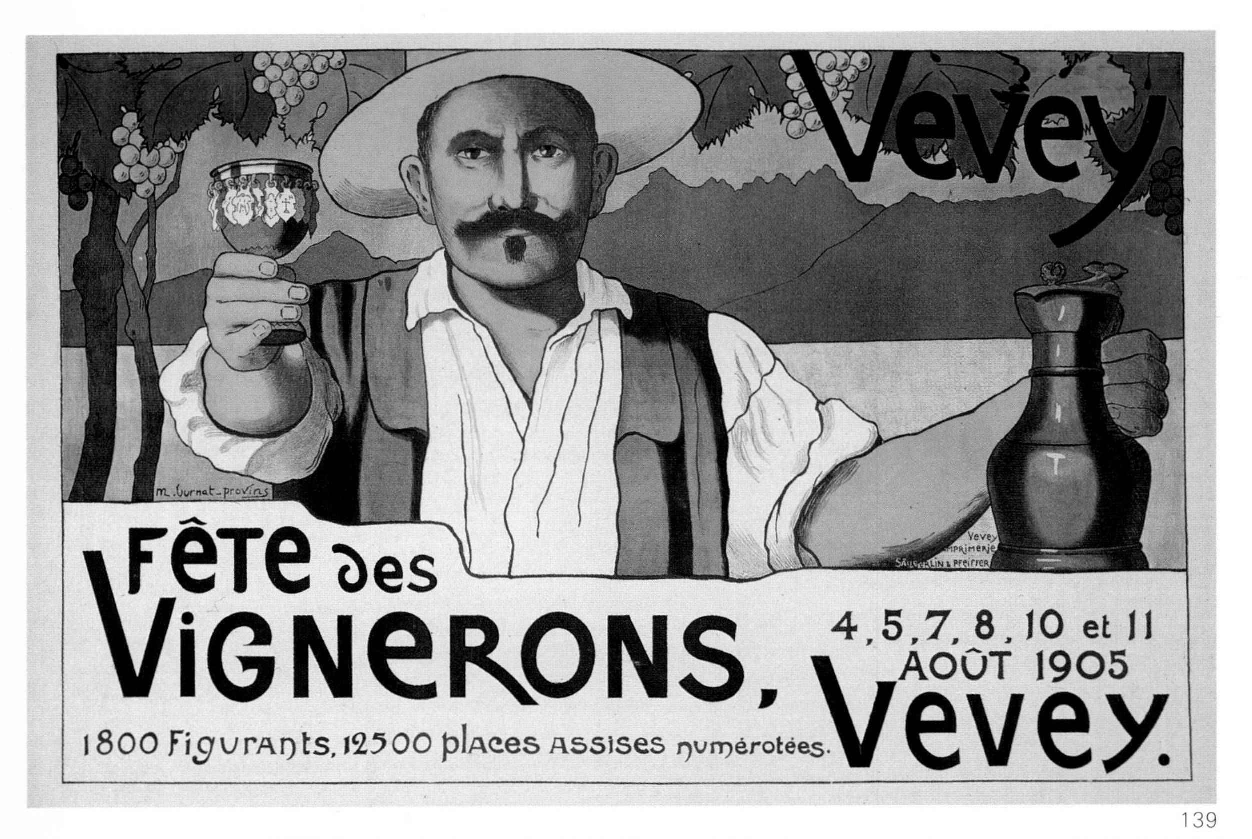

139

140

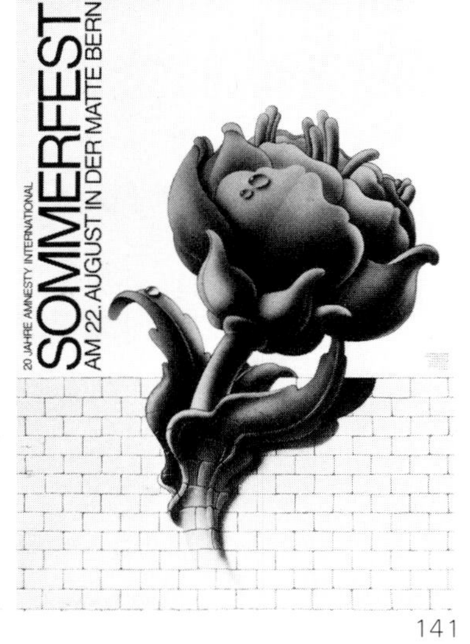

141

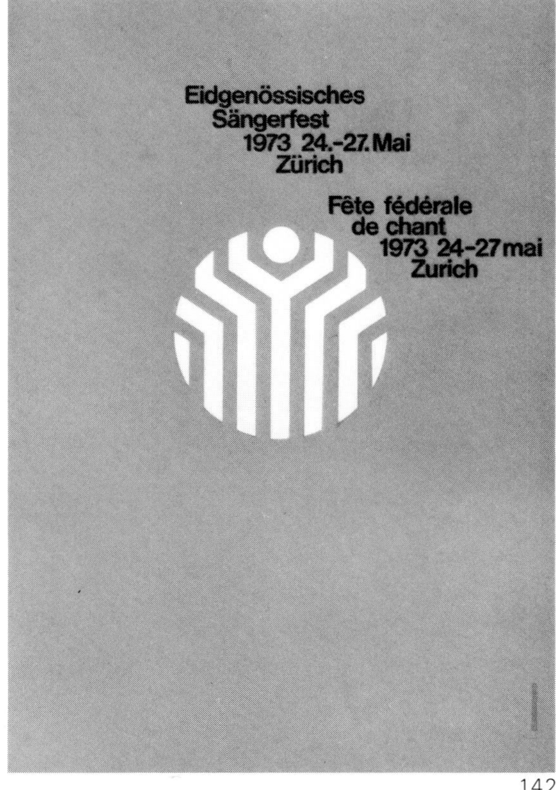

142

140 Franz Josef I., 60 Jahre Kaiser: ein Ereignis, das auch den republikanischen Schweizern vor Augen geführt wurde. Löfflers zurückgenommenes Jugendstilplakat erschien mit deutschem, französischem oder englischem Text in verschiedenen Formaten.

140 Franz Josef I, the Emperor's Diamond Jubilee: an event which even the republican Swiss were to have displayed before their eyes. Löffler's Art Nouveau poster appeared in various sizes with a German, French or English text.

140 François Joseph Ier, 60 ans empereur – un événement qui vint aux yeux même des républicains qu'étaient les suisses. L'affiche en Modern Style de Löffler a paru en différents formats et avec des textes allemand, français ou anglais.

143

144

145

146

147

144 Stoecklins bezopfter Baslerstab erschien erstmals 1924 auf kleinformatigen Plakaten. Der auf der Abbildung genannte Musiksaal des Stadtkasinos wurde 1958 neben dem «Küchlin» Jurylokal.

139 Marguerite Burnat-Provins, *1905*
140 Berthold Löffler, *1908*
141 Stephan Bundi, *1981**
142 Rosmarie Tissi, *1973*
143 Otto Baumberger, *1924*
144 Niklaus Stoecklin, *1924/1958*
145 Edgar Küng, *1968*
146 Richard Feurer
Giuseppe Pelloli
François Haymoz, *1980*
147 Leo Leuppi, *1951**

3

Öffentlichkeit

Das Plakat von Fritz Gilsi (148) für das erste öffentliche Hallenbad in der Schweiz, 1906 in Betrieb genommen, eröffnet die Abteilung. Reichlich Platz nehmen Plakate der Hilfsorganisationen ein, die, eigentlich öffentliche Aufgaben erfüllend, von der Unterstützung der Bevölkerung abhängen. Dieses Thema ist dann Anlass, den malerischsten Plakatmacher seit Burkhard Mangold zu würdigen: Hans Falk.

Fand öffentliche Erziehungs- und Aufklärungsarbeit (174ff.) nur zum Teil Beachtung, so waren die Bedrohung und die Ernährungslage während des Zweiten Weltkrieges (154ff.) ein Thema, das alle interessierte. Die Bepflanzung von jedem Fussbreit Boden – die «Anbauschlacht» – und die Lebensmittelrationierung mussten die stark gedrosselte Einfuhr ausgleichen.

Wegen ihrer Bedeutung für die Öffentlichkeit werden Plakate für Zeitungen, Zeitschriften und Bücher in dieser Abteilung gezeigt. Trotz wirtschaftlichem Zwang unterscheiden sich doch zahlreiche Druckerzeugnisse immer noch von gewöhnlicher Handelsware.

Dürrwangs Plakat für die Zeitschrift «Schweizerland» (169), die 1914 in Wettstreit mit der seit 1897 erscheinenden Monatsschrift «Die Schweiz» trat, verschwand mit ihr im gleichen Jahre, 1921. Der «Schweizer Spiegel» (171), gegründet 1925, ging in die «Weltwoche» ein, nachdem er fast 50 Jahre intelligent und liebevoll helvetisch Eigentümliches gepflegt hatte.

«Die Nation» (188) verschwand 1952, nachdem sie ihre Aufgabe, der Anpassung und nazistischen Tendenzen entgegenzutreten, als erfüllt ansah. Sie war 1933 mit finanzieller Unterstützung der Sozialdemokratischen Partei und des Gewerkschaftsbundes gegründet worden. Den Zeitungskopf entwarf Max Bill.

Die «Basler Nachrichten» (189), gegründet 1856 und Blatt der liberalen Partei Basels, erscheinen seit 1977 zusammen mit der ehemaligen Konkurrenz, der «National-Zeitung» (184), gegründet 1842, als «Basler Zeitung». «Die Tat», als Wochenpost der sieben Unabhängigen von Gottlieb Duttweiler 1935 ins Leben gerufen, erschien, eingeschlossen ihr Abschiedsexperiment als Boulevardblatt, bis 1978 (185, 186, 187).

Der Einbruch von «Blick»* (190) 1959 in den dichten Schweizer Blätterwald hatte weitreichende Folgen: Konzepte und Aussehen der Zeitungen begannen sich zu ändern, und viele verschwanden oder überlebten nur als Kopfblätter.

* Der Grafiker Albert Borer erinnert sich, dass er den Plakatauftrag bekam, bevor Titel und Schriftzug der Zeitung feststanden und der Name «Blick» die Idee seiner Frau gewesen sei.

3

Public life

The poster by Fritz Gilsi (148) for the first public indoor swimming pool in Switzerland, inaugurated in 1906, opens the section. A great deal of space is allotted to posters for relief organizations, which depend on the support of the population for what are really tasks undertaken in the public interest. This subject affords an opportunity to pay tribute to the most painterly of poster artists since Burkhard Mangold: Hans Falk.

Whereas the authorities' educational and informative campaigns attracted only limited attention, the menace of World War II and the food situation were subjects of interest to everyone. The planting of every square foot of soil – the "dig for victory" campaign – and food rationing had to make up for the severe cuts in imports.

Because of their public importance, posters for newspapers, magazines and books are shown in this section. In spite of economic pressures, a number of printed works still stand out from the run of commercial articles.

Dürrwang's poster (169) for the periodical "Schweizerland", which started up in 1914 in competition with the monthly "Die Schweiz" (founded in 1897), disappeared along with the publication in the same year, 1921.

The "Schweizer Spiegel" (171), founded in 1925, amalgamated with the "Weltwoche" after cherishing and commenting intelligently on the typical Helvetian scene for almost 50 years.

"Die Nation" (188), disappeared in 1952, after it deemed that its task of opposing Nazi tendencies had been discharged. It had been founded in 1933 with the financial support of the Social Democratic party and the Federation of Trade Unions. The newspaper heading was the work of Max Bill.

The "Basler Nachrichten" (189), founded in 1856 and the organ of the Liberal party of Basle, has been amalgamated since 1977 with its former competitor, the "National-Zeitung" (184), founded in 1842, the two papers now appearing as the "Basler Zeitung". "Die Tat", the weekly of Gottlieb Duttweiler's seven independents founded in 1935, appeared until 1978 (185, 186, 187).

The advent of the tabloid "Blick" (190) in 1959 in the newspaper world of Switzerland had sweeping effects: the ideas and appearance of newspapers began to change and many of them disappeared or survived only as regional editions published under a local name.

3

La vie publique

L'affiche de Fritz Gilsi (148) pour la première piscine couverte en Suisse, inaugurée en 1906, ouvre cette partie. Large place y est faite aux organisations philanthropiques. Celles-ci, bien que s'occupant de tâches publiques, dépendaient du soutien de tous. C'est ce thème qui nous donnera l'occasion d'apprécier Hans Falk, le plus grand créateur d'affiches depuis Burkhard Mangold.

Les informations administratives (174 et suivants) ne suscitaient que peu d'intérêt. Les menaces de la Deuxième guerre mondiale, par contre, et les problèmes de ravitaillement (154 et suivants) étaient des sujets vitaux pour tous. L'exploitation de la moindre parcelle de terre et le rationnement des aliments devaient compenser la dramatique réduction des importations.

En raison de leur importance dans la vie publique, nous montrons dans cette partie des affiches pour des journaux, des revues, des livres. En dépit des difficultés économiques, bien des publications se distinguent du commun.

Une affiche de Dürrwang présente la revue «Schweizerland» (169) qui dès 1914 rivalisa avec «Die Schweiz», fondée en 1897. Elle disparut, comme celle-ci, en 1921. Le «Schweizer Spiegel» (171), fondé en 1925, se consacra aux particularités helvétiques pendant un quart de siècle avant d'être englouti par la «Weltwoche».

La «Nation» (188) disparut en 1952 après avoir accompli son devoir: s'opposer aux tendances nazies dans le pays. Ce journal avait été fondé en 1933 avec le soutien financier du parti socialiste et de l'union syndicale suisse. Son en-tête avait été dessiné par Max Bill.

Le journal du parti libéral «Basler Nachrichten» (189), fondé en 1856, a fusionné en 1977 avec son ancien concurrent, la «National-Zeitung» (184), sous la dénomination de «Basler Zeitung». «Die Tat», créé en 1935 par Gottlieb Duttweiler et le Conseil des Indépendants, parût jusqu'en 1978 (185, 186, 187).

L'irruption parmi les nombreuses publications suisses de la presse à sensation, «Der Blick» (190) en 1959, devait avoir de vastes conséquences. La conception aussi bien que l'aspect des journaux se mirent à changer et nombreux furent ceux qui disparurent ou ne survécurent que comme feuilles régionales à contenu commun.

148

148 Fritz Gilsi, *1912*
149 Hans Sandreuter, *1890*
150 Hippolyte Coutau, *1902*
151 Henri van Muyden, *1908*
152 Otto Baumberger, *1930*
153 *1918*
Lithografiert von Charles Léopold Gugy
154 Willi Günthart, *1941**
155 Hans Erni, *1942**
156 Franz Fässler, *1942**
157 Noël Fontanet, *1942*
158 Ernst Keller, *1942*
159 *1942*

149

149 Das aufgeschlagene Buch – es weist 1890 in Basel 13 öffentliche Bibliotheken nach – wiederholt sich als Randornament. Das Bild der drei lesenden Knaben ist separat gedruckt und aufgeklebt.

149 The open book is repeated as marginal ornamentation. The picture of the three boys reading was printed separately and stuck on.

149 Le livre ouvert se répète dans l'ornementation du cadre. L'image des trois garçons qui lisent a été imprimée séparément et rajoutée ensuite.

150

151

152

153

153 Der Kampf gegen neue Drogen überdeckte die Auseinandersetzung mit dem Alkoholismus. Herausgeber des Plakates: «Ligue patriotique Suisse contre l'alcoolisme, Section Neuchâtel».

153 The fight against new drugs overlapped with the campaign waged against alcohol.

153 La lutte contre les nouveaux stupéfiants supplanta celle contre l'alcoolisme.

154

155

156

157 Eidg. Abstimmung: Volkswahl des Bundesrates, 32% Ja.

DIE WELT IST IN BRAND
ERSCHWERE NICHT NOCH MEHR
DIE AUFGABE DER LANDESBEHÖRDEN
STIMME NEIN AM 25. JANUAR

157

158

159

159 In der Schweiz half der Anbauplan während des Zweiten Weltkrieges, die Ernährung zu sichern. Auf Kellers Plakat (158) steht unter den Rednern auch der Initiant dieses Plans, der spätere Bundesrat Friedrich Wahlen. Auf dem Plakat «Mehranbau ist Landesverteidigung» schwingt hinter dem Mann mit der Hacke ein mittelalterlicher Krieger seinen Morgenstern. Dieses Plakat, wie auch Ernis eindrückliche Darstellung (155), hat der Verband Schweizerischer Konsumvereine, VSK, heute Coop Schweiz, herausgebracht.

159 In Switzerland the plan to increase the area under cultivation during World War II helped to secure food supplies.

159 Pendant la Deuxième guerre mondiale, un plan agricole assura le ravitaillement.

160

161

162

163

164

165

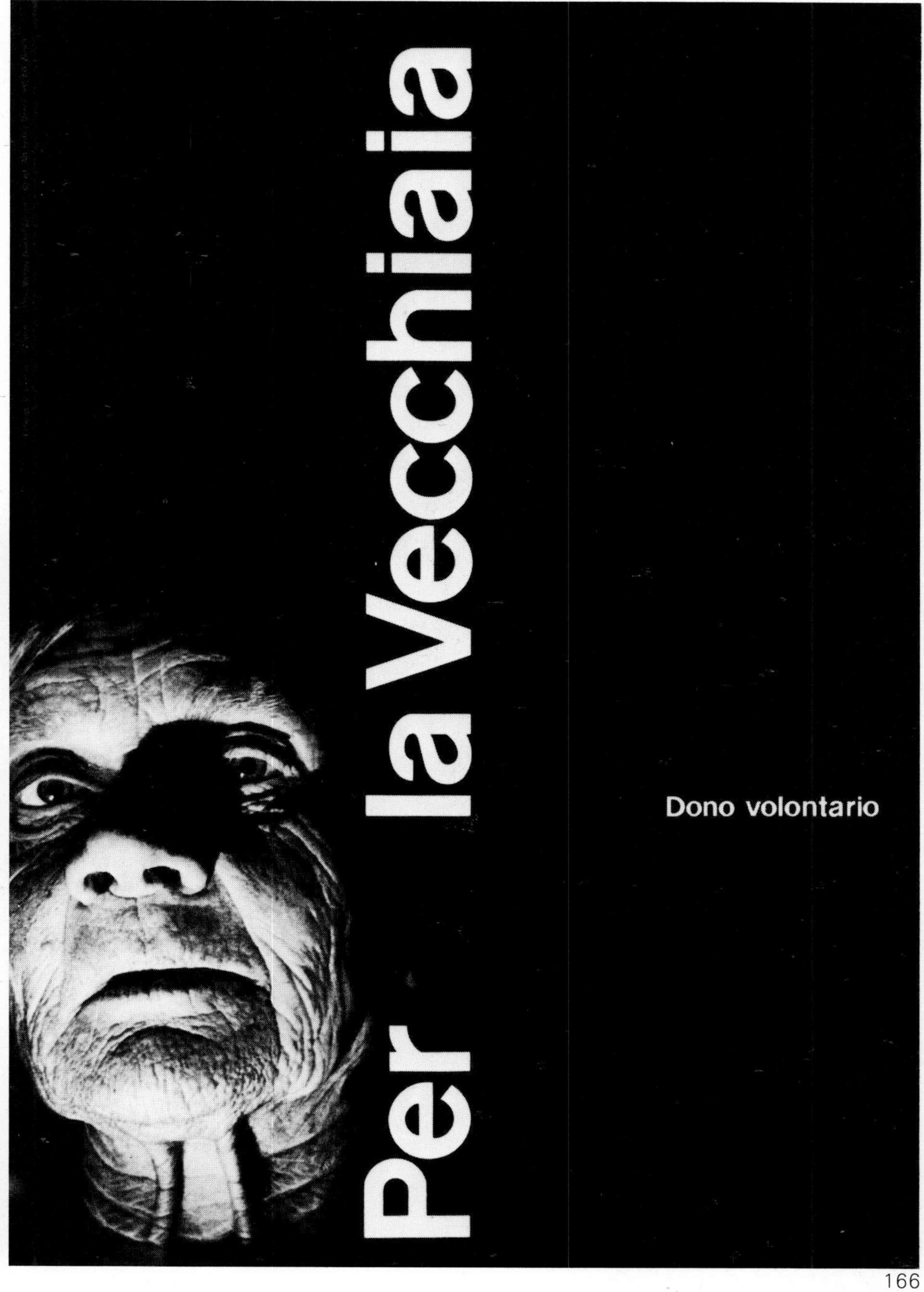

166

winterhilfe secours d'hiver soccorso d'inverno 1969

167

60 Hans Falk, *1946**
61 Hans Falk, *1948**
62 Hans Falk, *1944**
63 Hans Falk, *1945**
64 Hans Falk, *1952*
65 Fridolin Müller, *1964**
Foto: Wilhelm S. Eberle
66 Carlo Vivarelli, *1949**
Foto: Werner Bischof
67 Ruth Pfalzberger, *1969**

168

169

170

171

171 Während beinahe 50 Jahren beschäftigte sich der «Schweizer Spiegel» mit helvetischen Fragen.

171 For almost 50 years the "Schweizer Spiegel" was concerned with Helvetian questions.

171 La revue «Schweizer Spiegel» s'occupa pendant près d'un demi siècle des questions helvétiques.

172

172 Den heutigen TV-Zeitschriften bloss beigegeben, verfügte das Radioprogramm seinerzeit mit der 1926 gegründeten Radiozeitschrift über ein eigene Organ.

173

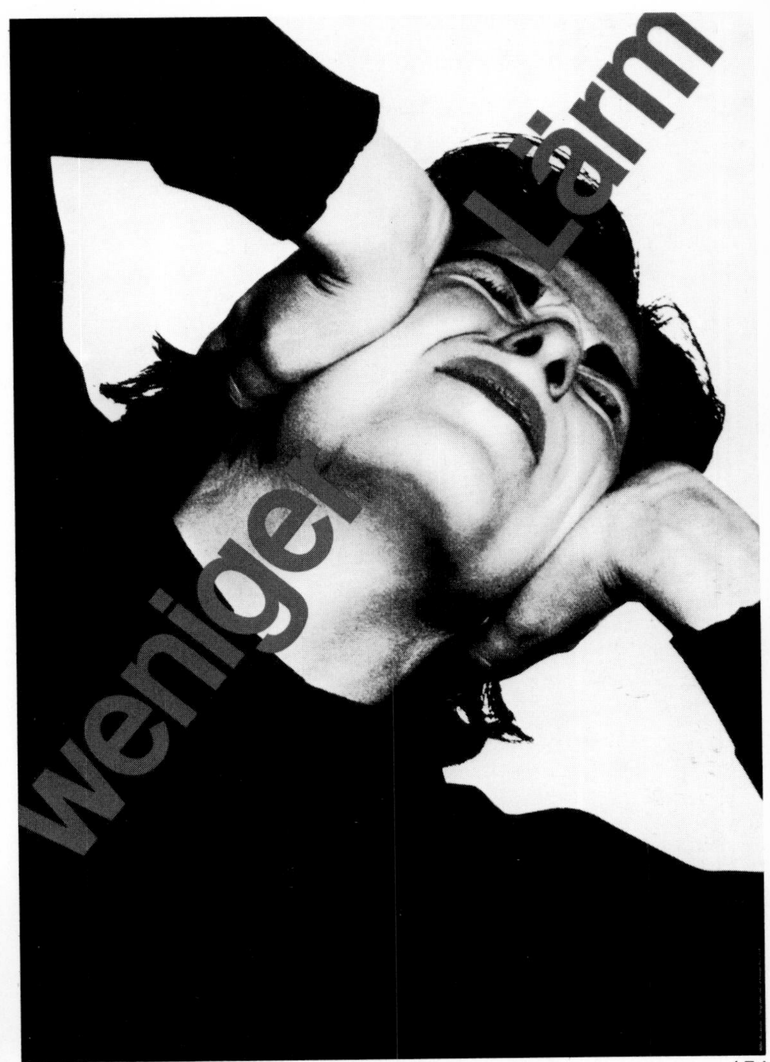

174

176

175

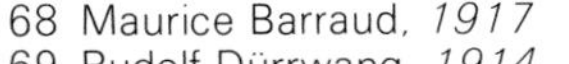

168 Maurice Barraud, *1917*
169 Rudolf Dürrwang, *1914*
170 Hermann Eidenbenz, *1935*
171 Walter Käch, *1925*
172 Heinz Jost, *1970*
173 Nelly Rudin, *1958*
174 Josef Müller-Brockmann, *1960**
175 Werner Wermelinger, *1962**
Foto: René Groebli
Werbeagentur Advico
176 Josef Müller-Brockmann, *1953**
Foto: Ernst A. Heiniger
177 Klara Fehrlin, *1928*

177

177 2. Preis im Saffa-Wettbewerb, 1. Preis: Germaine von Steiger mit dem von ihr entworfenen Schriftsignet im Mittelpunkt.

178

179

180

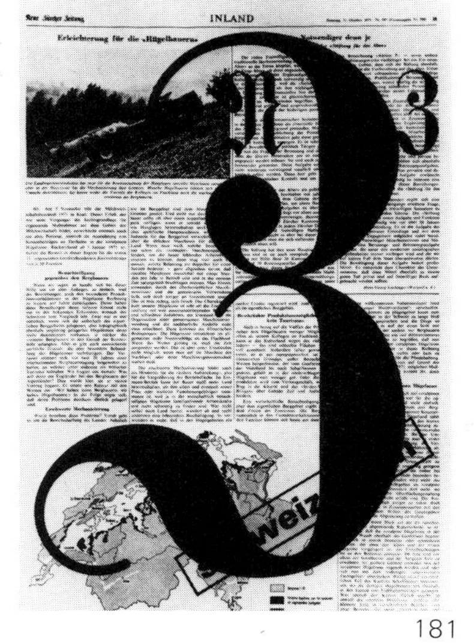

181

182

178 Richard P. Lohse, *1942**
Foto: Heinz Guggenbühl
179 Otto Baumberger, *1928*
180 Josef Müller-Brockmann, *1972*
181 Josef Müller-Brockmann, *1972*
182 Josef Müller-Brockmann, *1972*
183 Herbert Leupin, *1955**
184 Karl Gerstner und Markus Kutter, *1960**
185 Herbert Leupin, *1959**
186 Herbert Leupin, *1963**
187 Herbert Leupin, *1967**
Foto: Hans Hinz
188 Walter Frenk, *1943**
189 Hermann Eidenbenz, *1947*
190 Albert Borer, *1959*

183

184

185

186

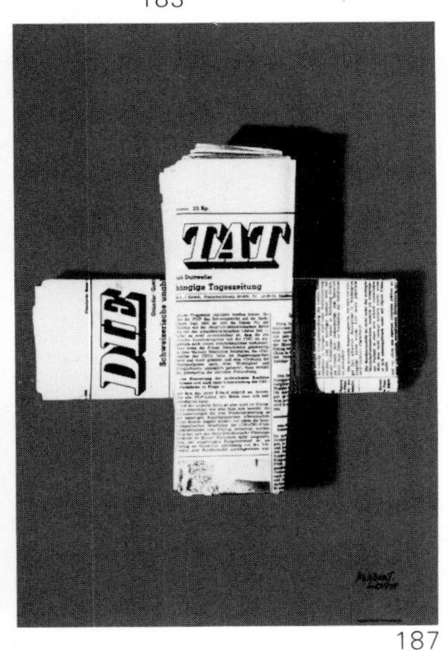

187

188

189

190

188, 189 Zwei eingegangene Zeitungen und ein aufgegangenes Kalkül: Einbruch und Erfolg des Boulevard-Journalismus (190).

188, 189 Two newspapers fold up and another gets its sums right: the arrival and success of tabloid journalism (190).

188, 189 L'invasion de la presse à sensation – deux journaux disparaissent et les chiffres d'affaires grimpent (190).

191

192

193

193 Der Künstler stellt die Männer beim Hornussen, einem Schweizer Mannschaftsspiel, dar. Die mit einem Stiel und den saftigen Gewinnen versehenen Holzbretter sind die sogenannten Schindeln, mit denen die Spieler versuchen, die von der Gegenpartei geschlagene Scheibe, den Hornuss – auf dem Plakat das glücksbringende vierblättrige Kleeblatt – abzufangen.

193 The artist portrays men playing "hornussen" – a Swiss team game.

193 L'artiste montre des hommes dans un jeu d'équipe typiquement suisse.

194

195

196

194, 195, 196 In der französisch sprechenden Schweiz stellt die «Loterie romande» jeden Monat das grosse Glück in Aussicht.

194, 195, 196 In the French-speaking part of Switzerland the "Loterie romande" holds out the prospect of a big prize every week.

194, 195, 196 La «Loterie romande» fait miroiter tous les mois la grande chance.

197

198

199

200

191 Alois Carigiet, *1937*
192 Rolf Gfeller, *1964*
Werbeagentur: Bloch
193 Rolf Gfeller, *1966*
194 Charles Affolter, *1963*
195 René Audergon, *1964*
196 Marguerite Bournoud-Schorp, *1966*
197 Hugo Laubi, *1935*
198 Hans Falk, *1951**
199 Fred Troller, *1960*
200 Hans Neuburg, *1956*

4

Arbeit

Seit dem 19. Jahrhundert wird unter Arbeit vor allem die Erwerbstätigkeit verstanden. So finden sich unter dem Stichwort dieser Abteilung hauptsächlich Plakate für Gewerbe, Industrie und Handel. Das Bedürfnis, ihre Leistungen an Ausstellungen zu zeigen, liess anfangs des neuen Jahrhunderts landauf, landab ungezählte landwirtschaftliche und gewerbliche Ausstellungen stattfinden.

Niklaus Stoecklins Antriebsrad (201) – die Originallithografie ehrt ihn als Handwerker und der Druck den Handwerker – symbolisiert gleichsam den Stolz auf die ausgestellte Präzisionsarbeit. Aus den kantonalen und regionalen Leistungsschauen entstanden die gesamtschweizerischen regelmässigen Messen: Muba Basel, Comptoir Lausanne, Automobilsalon Genf, Olma St. Gallen, Züspa Zürich u.a.

Früh wurde in der Schweiz die Fabrikation von Automobilen aufgenommen. Adolphe von Martini baute sein erstes, von einem Motor angetriebenes vierrädriges Fahrzeug noch im alten Jahrhundert, und zwar in der ehemaligen Waffenfabrik seines Vaters in Frauenfeld TG. Die eigentliche Produktion von Personenwagen begann in der neuen Fabrik in St-Blaise NE. Die Produktion der Martini-Automobile, die wegen ihrer hochwertigen Qualität über die Schweizer Grenzen hinaus geschätzt wurden – bis 1914 wurden etwa 600 Wagen pro Jahr gebaut –, musste wegen der stark angewachsenen Auslandkonkurrenz 1934 eingestellt werden. Ausgerechnet die 1916 auf dem Cardinaux-Plakat (239) noch vom Auto aus gejagte Gemse wird später zum Markenzeichen der Firma. Aus dem Wappen der Gebrüder Steiger, die 1924 die Aktienmehrheit der Martini AG erwarben, stieg nun die Gemse umschlossen von einem Ring, zur Kühlerfigur des neuen Sechszylindermodells auf.

Seit das Velofahren wieder zeitgemäss ist, herrscht in der 1893 gegründeten Fahrzeugfabrik in Courfaivre JU wieder Hochbetrieb. Den Markennamen «Condor» – auf dem Plakat für ihr Fahrrad (234) werbend – verwendete die Firma auch für das um 1920 entwickelte Motorrad. Um die gleiche Zeit waren die leichten Maschinen aus dem Hause Zehnder in Gränichen AG häufig auf den Schweizer Strassen anzutreffen. Das Motorrad, liebevoll «Zehnderli» geheissen und vom Maler liebevoll in die unberührte Landschaft gestellt (236), war mit Zweiganggetriebe, Keilriemenantrieb und einer auf die Hinterachse wirkenden Bremse ausgestattet. Auf dem Tank zeigte ein Stift den Stand des Treibstoffes an.

4

Work

Since the 19th century work has come to mean mainly gainful employment. Thus under the heading of this section we find mainly posters for industry, allied trades and commerce. The need to show what these were and what they could do was the motive behind the countless industrial and agricultural exhibitions held up and down the country at the beginning of the new century.

Niklaus Stoecklin's "driving wheel" (201) – his lithograph reveals him to be an artistic craftsman and the print shows the craftsmen to be artists – symbolizes, as it were, the pride taken in the precision work displayed. The cantonal and regional trade shows developed into the regular fairs which were representative of all Switzerland: Swiss Industries Fair Basle, Comptoir Lausanne, Motor Show Geneva, Olma St Gall, Züspa Zurich, etc.

The manufacture of motorcars began early in Switzerland. Before the old century was out Adolphe von Martini had built his first motor-driven four-wheeled vehicle, using for this purpose his father's old arms factory at Frauenfeld TG. The actual production of automobiles began in the new factory at St-Blaise NE. Martini cars – of which some 600 a year were built up to 1914 – were prized beyond the frontiers of Switzerland for their outstanding quality, but production had to be discontinued in 1934 because of the expansion of foreign competition. The chamois which the Cardinaux poster of 1916 (239) shows still being hunted from a motorcar later became the firm's emblem. This chamois subsequently emerged from the arms of the Steiger Bros., who in 1924 acquired the majority holding in the Martini company, and appeared, surrounded by a ring, as the radiator mascot on the new six-cylinder model.

Since cycling became fashionable again business has been booming in the vehicle factory at Courfaivre JU. The trade name "Condor" – used to advertise its bicycle in the poster (234) – was also employed by the firm for the motorcycle it developed in 1920. About the same time the light machines made by the firm of Zehnder in Gränichen AG were a common sight on the Swiss roads. The motorcycle, which was known affectionately as "Zehnderli" and placed in an unspoiled landscape with loving care by the painter (236), was fitted with a two-speed gear, a vee-belt drive and a brake acting on the back axle. The pin gauge on the tank indicates the fuel level.

4

Le travail

Qui dit travail, dit, depuis le 19e siècle, travail lucratif. Nous trouvons donc sous ce titre surtout des affiches pour les métiers, l'industrie et le commerce. Le besoin de montrer les produits provoqua au début du siècle d'innombrables expositions agricoles et industrielles partout dans le pays.

Les expositions locales et régionales menèrent aux foires nationales régulières telles que, par exemple, la Foire Suisse d'Echantillons de Bâle, le Comptoir de Lausanne, le Salon de l'Automobile à Genève, l'Olma de St-Gall, la Züspa de Zurich et tant d'autres. La roue motrice de Niklaus Stoecklin (201) est le symbole par excellence du travail de précision.

Très tôt, la Suisse eut une industrie de l'automobile. A la fin du siècle dernier, Adolphe von Martini construisit son premier véhicule motorisé à quatre roues, dans l'ancienne usine d'armements de son père à Frauenfeld (TG). La production industrielle des automobiles Martini débuta dans la nouvelle usine de St-Blaise (NE). Renommée au-delà des frontières pour sa haute qualité, cette usine produisit environ 600 voitures par an jusqu'en 1914 et ferma ses portes en 1934 à cause de la concurrence étrangère de plus en plus importante. C'est précisément le chamois poursuivi par une voiture de l'affiche de Cardinaux (239), en 1916, qui devint le sigle de cette production. En effet, d'emblème des frères Steiger (qui acquérirent en 1924 la majorité des parts de la SA Martini) ce chamois dans un anneau avança au rang de bouchon de radiateur du modèle six-cylindres.

Depuis le retour au vélo, l'activité est de nouveau intense dans l'usine de Courfaivre (JU). Le nom de marque «Condor» – dans l'affiche donnée à la bicyclette (234) – fut également utilisé pour la moto, sortie vers 1920. A la même époque, on vit souvent sur les routes les engins légers de la maison Zehnder à Gränichen (AG). Cette moto, affectueusement surnommée «Zehnderli» (petit Zehnder), le peintre de l'affiche l'a affectueusement posée dans un paisible paysage (236).

Cluser Transmissionen
GRAPH ANSTALT
W. WASSERMANN
BASEL
NST
Conrad Sigg, Zürich

202

203

204

205

206

206 Schaupps kraftvolle Darstellung übertrug die Buchdrukkerei mit einem mehrfarbigen Linolschnitt.

207

207 Auf dem ersten Comptoir-Plakat nach dem Krieg lässt der Tessiner Patocchi eine Taube fliegen, die den Text trägt: «Im Namen des Friedens».

207 On the first Comptoir poster after the war the Ticinese Patocchi shows a dove bearing the text: "In the name of peace".

207 Sur la première affiche du Comptoir après la guerre, le tessinois Patocchi fait voler une colombe avec le texte «au nom de la paix».

201 Niklaus Stoecklin, *1925*
202 Emil Cardinaux, *1914*
203 Georges Darel, *1925*
204 Karl Bickel, *1932*
205 Hansjörg Denzler, *1964**
206 Richard Schaupp, *1909*
207 Aldo Patocchi, *1945*
208 Carl Liner, *1907*
209 Paul Tanner, *1911*
210 Pierre Gauchat, *1950**
211 Werner Zryd, *1959*

208

209

210

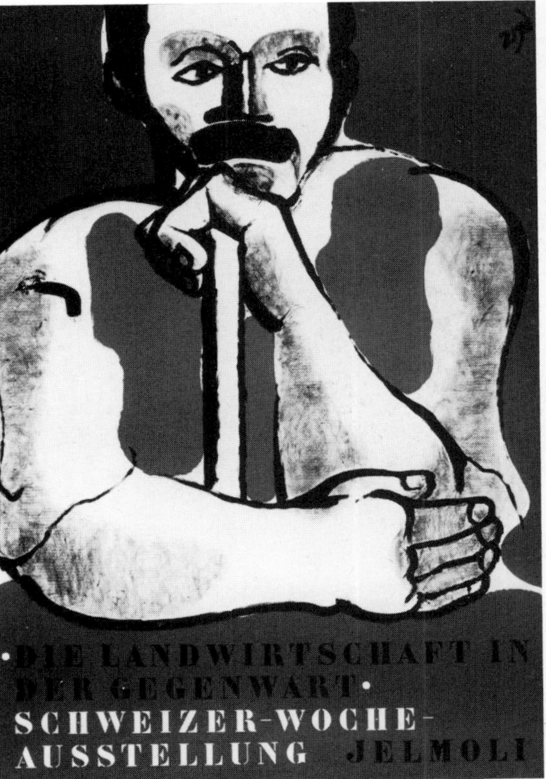

211

208 Diese Ausstellung registrierte innerhalb von sieben Tagen 110000 Besucher und war eine der Vorläuferinnen der 1943 gegründeten Olma.

212

213

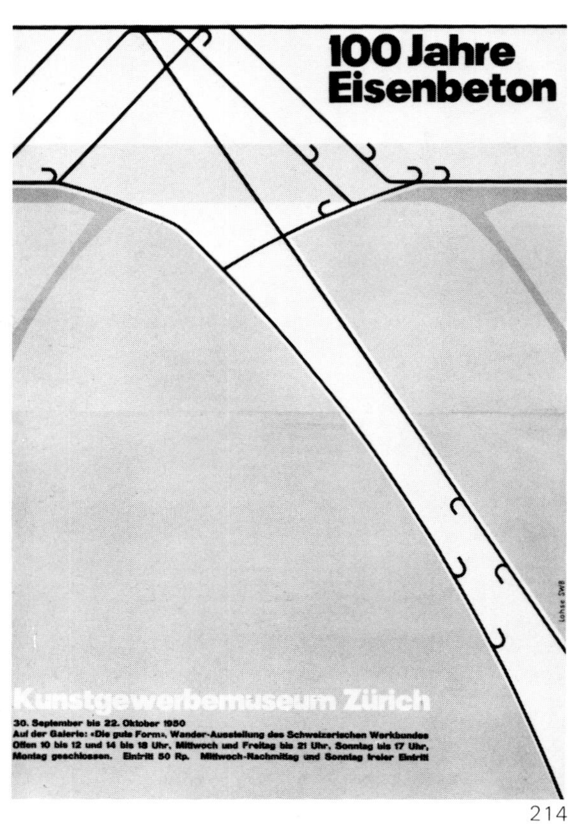

214

212 Paul Kammüller, *1916*
213 Wolfgang Weingart, *1981*
214 Richard P. Lohse, *1950*
215 Albert Rüegg, *1937*
216 Herbert Leupin, *1956**
217 Walter Cyliax, *1929*
218 Leo Gantenbein, *1965*
Foto: Alfred und Barbara Dietrich-Hilfiker

216

215

217

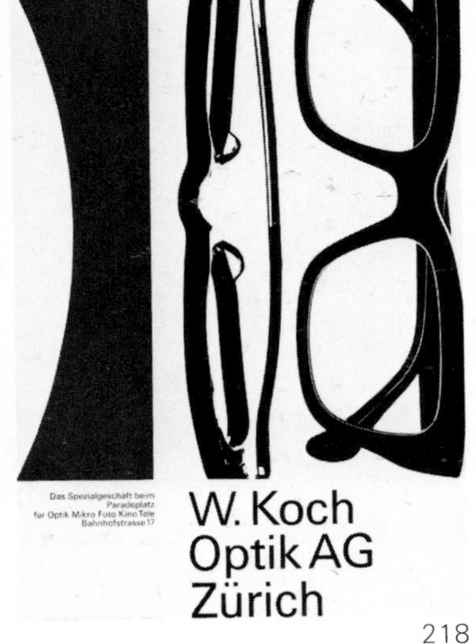

218

215 Gezeichnetes Fotografieren.

216 «Agfa» erschien in dieser modernisierten Form erstmals 1922 im neugestalteten Firmensignet von Bergemann. Leupin machte mit dem ehrwürdigen Schriftzug ein modernes Plakat.

216 "Agfa" first appeared in 1922 in the modernized form of an emblem newly designed for the firm by Bergemann. Leupin produced a modern poster from this time-honoured device.

216 "Agfa" parut pour la première fois en 1922 sous ce sigle reconçu par Bergemann. Avec ce vénérable paraphe, Leupin créa une affiche moderne.

217 Erstes Plakat in der Schweiz mit dominierender Fotografie.

218 Aus einer Serie von sechs Fotoplakaten.

219

220

221

222

219 Das auf dem Plakat gezeigte «Monarch»-Modell 3 kam 1906 in den Handel und pries «die sichtbarste Schrift aller Maschinen», d.h. das Getippte war, im Gegensatz zu andern Maschinen, auf der Stelle zu sehen.

219 The "Monarch" Model 3 shown in the poster appeared on the market in 1906. The advertisement extolled "the most visible print of all machines", i.e. what was typed could be seen immediately, which was not the case with other machines.

219 Le modèle «Monarch 3» montré sur l'affiche fut commercialisé en 1906. On vante l'écriture «la plus lisible» de toutes les machines, car elle était la seule à être vue dès la frappe.

223, 224 Von der Füllfeder zum Kugelschreiber, als dessen «Einführungsjahr» das deutsche Bundeskriminalamt 1951 angibt

223, 224 From the fountain pen to the ballpoint, which, according to the German Federal Criminal Investigation Office, was first introduced in 1951.

223, 224 Du stylo à plume au stylo à bille, qui serait «sorti» en 1951.

225 Schoenenberger war in der Nachkriegszeit populär als Zeichner eines helvetischen Pin up-Girls.

223

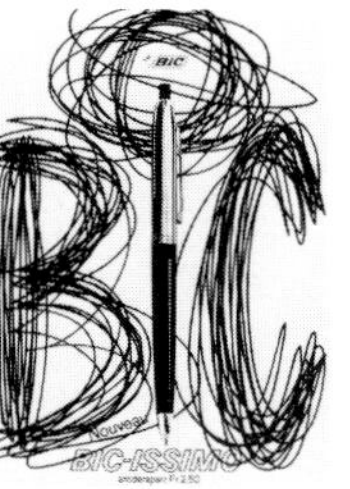

224

225

19 Hermann Alfred Koelliker, um *1915*
20 Erwin Roth, *1916*
21 Albert Frey, um *1910*
22 Walter Ballmer, *1971**
23 Wilhelm Friedrich Burger, *1911*
24 Ruedi Külling, *1966* Werbeagentur: Advico
25 Ernst Schoenenberger, *1956*
26 Jules de Praetere, *1916*
27 Eric de Coulon, *1943*
28 Erik Nitsche, *1955*
29 Erik Nitsche, *1958*

226

227

228, 229 Für die beiden internationalen Konferenzen von 1955 und 1958 in Genf «Atome im Dienste des Friedens» gaben General Dynamics mit dem gleichen Titel zwölf Plakate von Erik Nitsche heraus, die in neun Weltsprachen (chinesisch gehörte noch nicht dazu) in der Schweiz angeschlagen waren. 1958 und 1960 entwarf Nitsche für den gleichen USA-Konzern weitere Plakate, u. a. die stark beachtete Serie «Erforschung des Universums».

228, 229 For the two international conferences held in 1955 and 1958 in Geneva "Atoms in the Service of Peace", General Dynamics issued twelve posters by Erik Nitsche which were displayed in Switzerland in nine world languages. In 1958 and 1960 Nitsche designed other posters for the same USA firm, including the highly regarded series "Exploration of the Universe".

228, 229 Pour les deux conférences internationales sur «l'atome au service de la paix» ayant lieu à Genève en 1955 et en 1958, douze affiches d'Erik Nitsche en neuf langues, pour les exposer dans toute la Suisse. En 1958 et en 1960, Nitsche créa pour le même trust américain d'autres affiches, dont la série très remarquée «Exploration de l'univers».

228

229

230 Jules Courvoisier, *1913*
231 Robert Hardmeyer, *1904/1914*
232 Peter Birkhäuser, *1942**
233 André Masmejan, *1964*
234 Um *1910*
235 Viktor Rutz, *1937*
236 Otto Wyler, um *1925*
237 Otto Morach, *1923*
238 Um *1905*
239 Emil Cardinaux, *1917*
240 Herbert Leupin, *1957**

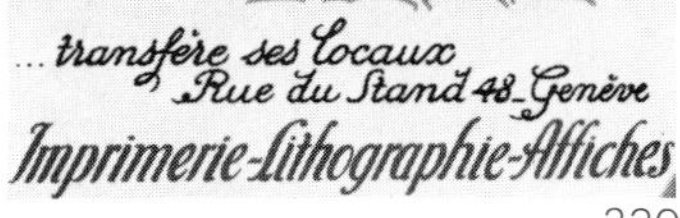

230

231

232

233

231 1904 Entwurf für Mono-Karte, ohne Schrift. Erschien in gleicher Ausführung auch als Email-Schild. 1914 mit der von der Druckerei eingesetzten Schrift als Plakat herausgekommen.

234

235

236

237

238

239

240

5

Reisen

«Nun kann die Fahrt ins Land der Zukunftshoffnungen, ins neue Leben bald beginnen», schrieb der «Freie Rhätier» anlässlich des Entscheides, endlich die Albulabahn ins Engadin (Eröffnung 1903) und im Anschluss den Abschnitt nach Davos zu bauen. Lange hofften die Bündner auf eine «Ostalpenbahn», und als 1882 die Gotthardbahn (246) in Betrieb genommen wurde, hatten sich eine Krise im Transportgewerbe und Resignation ausgebreitet.

Den kühnen Bauten jener Zeit entsprach das kühne Plakat von Walther Koch mit dem Viadukt bei Filisur (242). Noch heute ist die Faszination zu spüren, die der Maler angesichts der Ingenieurleistung empfand, die das grossartige Bauwerk harmonisch mit der Umgebung verbindet. An Talüberquerungen dieser Bahnstrecke mag Otto Morach gedacht haben, als er auf seinem Plakat ein winziges Davos mit riesigen Viadukten überspannte (245). Auch sein «Bremgarten-Dietikon-Bahn»-Plakat zeigt den freien Umgang bei der Darstellung einer Brücke. Wirklichkeitstreuer malte Plinio Colombi die gleiche Bahnüberquerung über die Reuss (244).

Hinter dem imposanten Viadukt der Rhätischen Bahn auf der Strecke Ilanz–Disentis (Eröffnung 1912) zeigt Emil E. Schlatter (243) die bereits 1857 erbaute Russeiner Holzbrücke. Zwischen diese beiden Bauwerke wurde 1938 eine Beton-Bogenbrücke gestellt. Heute stehen in einer Distanz von weniger als 100 Metern drei Brücken und drei Techniken aus drei verschiedenen Materialien – Denkmäler dreier Bauepochen – nebeneinander.

Die Strassen, die «ins neue Leben» führten, bestanden also vorerst aus Eisenbahnschienen – in Graubünden herrschte bis 1925 ein Autofahrverbot –, die abgelegene Talschaften mit der «grossen weiten Welt» verbanden und die Voraussetzungen für den aufkommenden Tourismus schufen. Ihre Route war gesäumt mit den Anschlägen der Künstler, die für den Fremdenverkehr ihre schönsten Plakate machten.

Hier mussten sie für einmal keine Ware verkaufen, sie durften die Landschaft anbieten, ein Thema, das ohnehin in ihrem Werk vorkam. Der hohe Bekanntheitsgrad der Schweizer Landschaft, vor allem ihrer typischen Plätze, geht hauptsächlich auf die Plakatwerbung zurück. Sie trägt allerdings auch die Verantwortung dafür, dass die Schweiz aus dem Blickwinkel ihrer Plakatsujets gesehen und oft nur in ihnen wiedererkannt wird.* Die Allgegenwart der schönen Landschaft prägte sogar das Bild des Schweizers von der Schweiz.

* Für die Landesausstellung 1914 musste neben dem «grünen Ross» eiligst noch ein Landschaftsplakat mit Bergen fürs Ausland erstellt werden, da sonst der Aushang nicht gewährleistet gewesen wäre.

5

Travel

"Now the journey can soon begin into the land of future hope and into new life" wrote the "Freie Rhätier" when it was finally decided to build the Albula Railway to the Engadine (opening 1903) and then to construct the section to Davos. For many years the people of the Grisons had cherished hopes of an "East Alps Railway", and when the Gotthard line (246) went into operation in 1882, there was a crisis and general resignation set in.

The bold engineering works of those days were matched by the bold poster by Walther Koch showing the viaduct near Filisur (242). Today we can still feel the fascination inspired in the painter by the feat of engineering that merged this superb structure harmoniously into the landscape. Otto Morach must have had the valley traverses of this section of line in mind when he designed his poster in which a diminutive Davos is overarched by mighty viaducts (245). His "Bremgarten–Dietikon Railway" poster reveals the same free approach to the depiction of a bridge. Plinio Colombi was more truthful to nature when he painted the same railway bridge over the Reuss (244).

Behind the imposing viaduct of the Rhaetian Railway on the Ilanz–Disentis section (opened 1912) Emil E. Schlatter (243) showed the Russein timber bridge, which was built as long ago as 1857. Between these two structures an arched bridge of concrete was placed in 1938. Today there are within less than 100 metres three bridges displaying three different structural techniques and three different materials, thus setting monuments to three different eras of construction.

The roads that led "to new life" were thus in the first instance railway lines – motorcars were banned in the Grisons until 1925 – and it was these that connected remote valley communities with the great world and created the basis for the advent of tourism. Their route was lined by the posters of painters who did their finest commercial work for the tourist trade.

Here, for once, they were under no obligation to purvey an article; they could present the landscape, and this was a subject which in any case figured in their work. The fact that so many people all over the world are familiar with the Swiss landscape, and particularly with its typical scenes, is mainly due to poster advertising. However, this form of advertising is also responsible for the fact that Switzerland is seen in terms of its poster subjects and is often only recognizable there*. The omnipresence of the beautiful landscape has even left its mark on the image the Swiss have of their country.

* For the National Exhibition in 1914 a landscape poster with mountains had to be produced at short notice for foreign consumption (besides the "green horse") otherwise there would have been no foreign poster advertising that year.

5

Les voyages

«Le voyage vers le pays de l'espérance, vers la nouvelle vie, peut bientôt commencer», lisait-on dans le journal des Grisons «Der freie Rhätier», lorsque fut décidée la construction d'une voie ferrée menant de la vallée de l'Albula vers l'Engadine et ensuite vers Davos – construction terminée en 1903. Longtemps, on avait espéré dans ce canton un chemin de fer de l'est des Alpes; mais quand la ligne du Gotthard (246) avait été inaugurée en 1882, on n'y avait presque plus cru.

Aux audacieuses constructions de cette époque fit écho l'audacieuse affiche de Walther Koch avec le viaduc situé près de Filisur (242). Visiblement, l'artiste a été fasciné par ce chef d'œuvre qui s'intègre si harmonieusement dans le paysage. C'est à cette voie ferrée avec ses nombreux viaducs que doit avoir pensé Otto Morach pour son affiche qui représente un minuscule Davos sous des viaducs formidables (245). Son affiche pour le chemin de fer Bremgarten–Dietikon est une interprétation très libre d'un pont. Plinio Colombi traitera ce même pont sur la Reuss (244) avec plus de réalisme.

Derrière l'imposant viaduc de la voie ferrée entre Ilanz et Disentis, inaugurée en 1912, Emil E. Schlatter (243) montre le pont en bois Russeiner, qui date de 1857. En 1938, on construisit entre ces deux ponts un troisième, en béton, et aujourd'hui, nous pouvons donc voir, côte à côte sur un espace de cent mètres, trois ponts en trois techniques et en trois matériaux différents – témoins de trois époques!

Les routes qui menaient «vers la nouvelle vie» étaient donc des voies ferrées, qui reliaient des vallées reculées au «vaste monde» et rendaient possible un nouveau tourisme. Car jusqu'en 1925, la circulation automobile resta interdite dans les Grisons. Le long de ces voies, de superbes affiches d'artistes vantaient le charme touristique de la région.

Pour une fois, les peintres ne devaient pas vendre une marchandise, mais mettre en valeur ce paysage suisse où de toute manière ils aimaient planter leur chevalet. La renommée de la Suisse, et notamment de ses lieux les plus typiques, est essentiellement due aux affiches. Bien évidemment, celles-ci ont également limité la vision qu'on peut avoir du pays.* L'omniprésence de ce paysage idéal détermine l'image que les suisses eux-mêmes ont de leur patrie.

* Pour l'exposition nationale de 1914, il a fallu fabriquer en dernière minute une affiche avec un beau paysage de montagnes, car à l'étranger, on ne voulait pas du «Cheval vert»

Bremgarten-
Dietikon-Bahn
MORACH
„WOLFSBERG" ZÜRICH

242

243

244

244 Die Reuss-Brücke, gesehen von Colombi. Die Reuss-Brücke, gesehen von Morach: 241.

246

245

241 Otto Morach, *1921*
242 Walther Koch, *1909*
243 Ernst E. Schlatter, *1911*
244 Plinio Colombi, *1912*
245 Otto Morach, *1926*
246 Daniele Buzzi, *1924*

247

247 Walther Koch, *1909*
248 Um *1900*
249 *1907*
250 Emil Cardinaux, *1921*

248

248 Von den prunkvollen Bauten aus der Pionierzeit der schweizerischen Hotellerie hat das ehemalige «Palace» in Maloja eine besonders bewegte Vergangenheit. Der belgische Graf C. van Renesse sah das verträumte Dorf am Nordsüd-Übergang als Monte Carlo der Alpen. Sein Hotel – 350 Zimmer, Spielsäle, elektrische Beleuchtung, 10 Hektar Park – wurde 1884 eröffnet. Die Verweigerung der Spiellizenz im vorgesehenen Umfang und der Verzicht auf die geplante Bahnlinie St. Moritz–Maloja–Chiavenna führte bereits 1885 zum Konkurs. Das Hotel wechselte nun laufend den Besitzer, bis es nach dem Zweiten Weltkrieg Eigentum der Graubündner Kantonalbank und zum Ferienheim für jährlich etwa 13000 belgische Jugendliche wurde.

HÔTEL CECIL
LAUSANNE
OUVERTURE EN JUIN 1907
MÊME MAISON: HÔTEL SUISSE À MONTREUX
ATELIERS ARTISTIQUES
A. TRUB & Cie
LAUSANNE & AARAU

249

PALACE HOTEL
ST. MORITZ
IN SWITZERLAND
WOLFSBERG ZURICH

250

251 Erwin Roth, *1915*
252 Erwin Roth, *1915*
253 Paul Krawutschke, *1908*
254 Erwin Roth, *1915*
255 John Graz, *1917*
256 Hermann Rudolf Seifert, *1914*

251

252

253

253 Am Sonnenquai 10 (heute Limmatquai 4) installierte sich 1908 nach dem Umbau des seit 1860 stehenden Gasthauses «Zürcherhof» neben dem «vornehmsten Familien-Café» auch eines der ersten Kinos. Der «Familien Kinematograph» bot in einem «vollkommen feuersicheren Saal», «lebende Photographien in vollendeter Schönheit» und bereits «Sittenbilder aus dem Leben aller Völker».

CAFE
St. GOTTHARD
ZÜRICH BAHNHOFSTRASSE

254

Bayrische Bierhalle
KROPF
·ZÜRICH·
14 17
Hacker Bräu München
SEIFERT
Graph. Anstalt Hofer & Co A-G Zürich

256

GENEVE
GRAND QUAI
"LE ROYAL"
..ORCHESTRE AUX REPAS..

255

257 Das grösste Schweizer Tourismus-Plakat (4×Weltformat quer, 260×180 cm!). Cardinaux malte das einmalige Panorama des Oberengadins auf Muottas-Muragl. Links im Hintergrund schiebt sich die Bernina-Gruppe ins Bild, grösstenteils verdeckt vom Corvatsch-Massiv. Dahinter erhebt sich der markanteste Berg des Engadins, der Piz della Margna, hinter dessen Rücken bereits die Bergeller Berge sichtbar werden. Die rechte Talseite wird vom Piz Julier dominiert. Die Seen mitten in der grandiosen Bergwelt machen das Engadin zum schönsten Hochtal. Den Text des linken Teils (auf dem abgebildeten vierteiligen Exemplar war die Schrift nur auf den rechten Teil gedruckt) fand und zeichnete der ehemalige Cheflithograf bei Wolfensberger, Willi Albrecht, vierzig Jahre nach dem Druck so ein, dass sich Duktus und Farbe vom «Original» nicht mehr unterscheiden.

E. CARDINAUX
SONS
SWITZERLAND
OLFENSBERGER ZURICH

257 Emil Cardinaux, *1919*
258 Wilhelm Friedrich Burger *1914*
259 Anton Reckziegel, *1900*
260 Eric de Coulon, um *192*
261 Um *1900*
262 Emil Cardinaux, *1909*

258

259

260

261

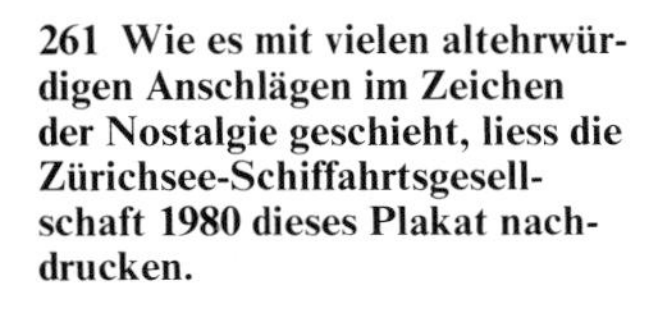
261 Wie es mit vielen altehrwürdigen Anschlägen im Zeichen der Nostalgie geschieht, liess die Zürichsee-Schiffahrtsgesellschaft 1980 dieses Plakat nachdrucken.

E. CARDINAUX
STAZIONE ESTIVA
GRIGIONE
SVIZZERA
CLIMA ALPINO + ALPINISMO
BAGNI + ACQUE MINERALI
UFFICIO CENTRALE D'INFORMAZIONI, COIRA.

LITH. ANSTALT
GEBR. FRETZ
ZÜRICH

262

263

263 **Bickel warb mit seinem Plakat für das von der Stadt Zürich 1922 angelegte Strandbad am Mythenquai. Weiter stadtwärts hatte die ehemals selbständige Gemeinde Enge schon 1886 («Nur für Männer») und 1887 («Nur für Frauen») Badeanstalten auf Pfählen errichtet. 1959/60 wurden beide abgetragen und durch eine moderne Doppel-Badeanstalt an der Stelle des Männerbades ersetzt.**

264

265

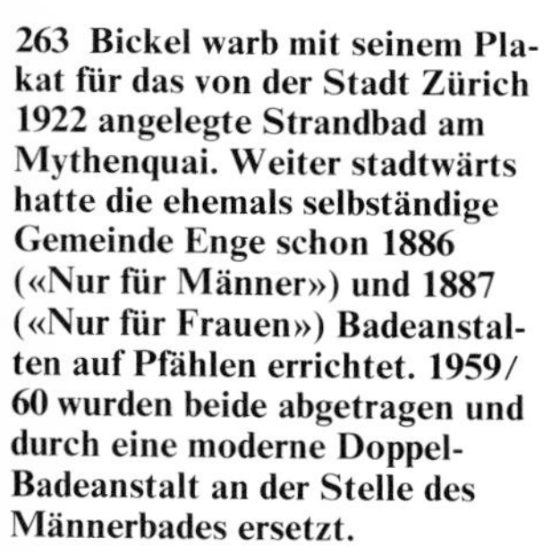

266

266 **Die einheitlich durchgeführte Werbung für St. Moritz, vom Briefbogen bis zum Plakat, mit dem dazugehörenden Schriftzug und Signet (Sonne) war in den dreissiger Jahren neu. Diese vorbildliche Kurortpropaganda entstand aus der Zusammenarbeit des Grafikers Walter Herdeg mit dem Kurdirektor Walter Amstutz.**

266 The uniformity achieved in the advertising for St Moritz, from notepaper to posters, by a stylized name and the sun emblem was something new in the thirties. This excellent publicity was the result of collaboration between the graphic designer Walter Herdeg and Walter Amstutz, the administrative director of the resort at the time.

266 La publicité unifiée pour St-Moritz, du papier à lettres jusqu'à l'affiche, avec emblème (le soleil) et paraphe (St. Moritz) était une innovation dans les années trente. Cette publicité exemplaire d'un lieu de villégiature fut le fruit de la collaboration entre le dessinateur Walter Herdeg et Walter Amstutz, alors directeur du syndicat d'initiative.

267

268

263 Karl Bickel, *1928*
264 Werner Weiskönig, *1930*
265 Nanette Genoud, *1938*
266 Walter Herdeg, *1932*
Foto: Hans Hubmann
267 Walther Koch, *1906*
268 Albert Muret, *1913*
269 François Jaques, *1921*
270 Carlo Vivarelli, *1940*
271 Franz Fässler, *1962**
Foto: Frédéric Mayer

269

270

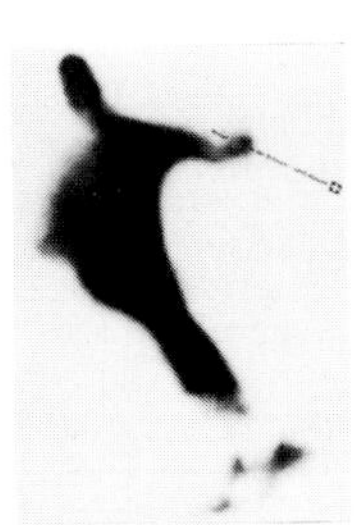

271

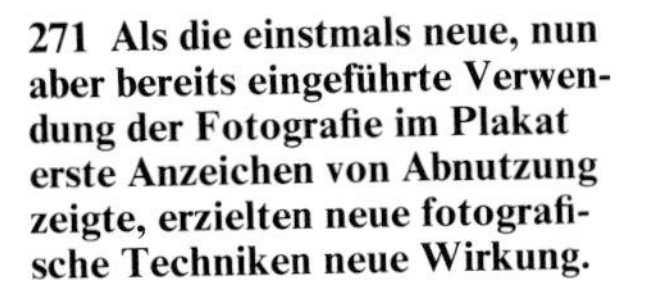
271 Als die einstmals neue, nun aber bereits eingeführte Verwendung der Fotografie im Plakat erste Anzeichen von Abnutzung zeigte, erzielten neue fotografische Techniken neue Wirkung.

271 When the once novel use of photography in posters was beginning to lose its freshness, new effects were created with new photographic techniques.

271 Lorsque la photo sur l'affiche devint chose banale, le recours à de nouvelles techniques photographiques amena de nouveaux effets.

handschin
SILVAPLANA
ENGADIN
SURLEJ
1816 M

272

JOHN-GRAZ. 14
LE CHASSERON
1611 M.
JURA SUISSE. CHEMIN DE FER
YVERDON - Ste CROIX
CORRESPONDANCE A YVERDON AVEC LES TRAINS
DE LA LIGNE LAUSANNE-NEUCHÂTEL
STATIONS CLIMATIQUES ET SPORTIVES
Ste CROIX ET LES RASSES
(1200 M.)
AFFICHES „SONOR" S.A GENÈVE

273

St. Moritz

274

272 Hans Handschin, *1934*
Werbeagentur: Gedezet
273 John Graz, *1914*
274 Walter Herdeg, *1932*
275 Hans Handschin, *1935*
Werbeagentur: Gedezet
276 Carlo Pellegrini, *1904*
277 Heiri Steiner und Ernst A. Heiniger, *1935*
Foto: Herbert Matter und Ernst A. Heiniger

275

LES AVANTS
SUR MONTREUX
ALTITUDE 1000 M
GRAND HÔTEL
HÔTEL DE JAMAN
HÔTEL DES SPORTS
HÔTEL DE SON-LOUP

276

277

278 Augusto Giacometti, *1928*
279 Herbert Matter, *1934*
Foto: Herbert Matter, Ernst Mettler und Heiri Steiner
280 Hans Erni, *1945*
281 Herbert Matter, *1935*
282 Herbert Matter, *1934*
283 Herbert Matter, *1935*
284 Herbert Matter, *1935*
285 Herbert Matter, *1936*

278

279

MACHT FERIEN!
Sammelt Kräfte für die neue Zeit!

280

281

282

283

284

285

286

287

288

289

290

291

286 Max Hegetschweiler, *1951*
287 Hans Beat Wieland, *1935*
288 Wilhelm Friedrich Burger, *1937*
289 Hugo Wetli, *1966**
290 Ernst Morgenthaler, *1943*
291 Max Gubler, *1955**
292 Karl Hügin, *1945*
293 Hans Thöni, *1958**
294 Herbert Leupin, *1978**

292

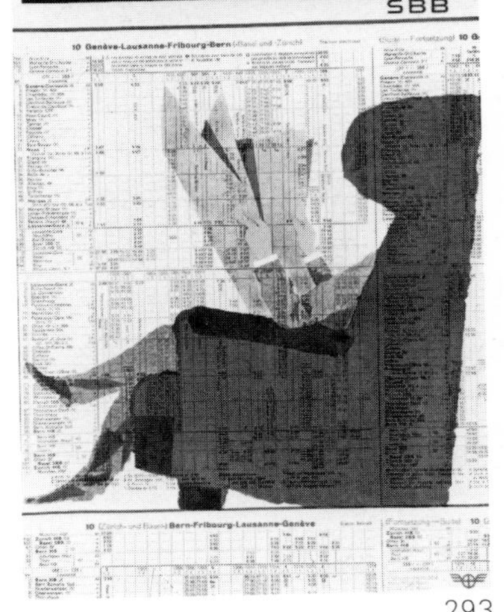

293

294

295

296

297

298

295 Hans Hartmann, *1962*
296 Iwan E. Hugentobler, *1946*
297 Hans Erni, *1942*
298 Kurt Wirth, *1976*
299 Cuno Amiet, *1921*
300 Adrien Holy, *1955*
301 Augusto Giacometti, *1921*

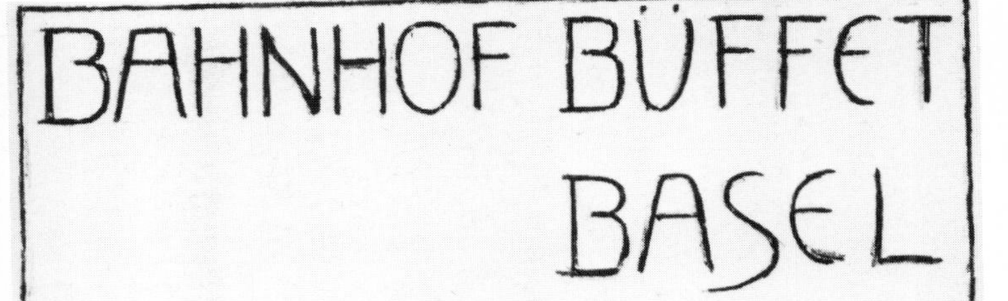

299

300

301

302 Hermann Eidenbenz, *1948**
303 Herbert Matter, *1936*
304 Kurt Wirth, *1956**
305 Fritz Bühler, *1958*
306 Nikolaus Schwabe, *1961*
307 Manfred Bingler, *1964*
308 Emil Schulthess und Hans Frei, *1972*
Foto: Georg Gerster
309 Maria Vieira, *1957**
310 Domenig Geissbühler, *1963**
311 Ruedi Külling, *1969*
Foto: Kurt Staub
Werbeagentur: Advico

302

303

304

305, 306, 307, 308 Destination Mittlerer Osten: Beispiele aus Swissair Plakatserien verschiedener Jahre.

305, 306, 307, 308 Destination Middle East: examples from various series of Swissair posters.

305, 306, 307, 308 Destination Moyen Orient – quelques exemples de diverses séries d'affiches de Swissair.

305

306

307

308

309

310

311

6

Mode

Die Plakate für Bekleidung und Schuhe machen den Zeit- und Geschmackswandel besonders anschaulich. Das Bürgertum bestimmte die Mode, nachdem sie seit der Industrialisierung und Verstädterung breitere Schichten erfasst hatte, und die Kleidung ermöglichte noch lange Zeit die Einordnung nach sozialem Standort. Die Schuh-Plakate von Cardinaux (357, 358) und Laubi (359, 360) könnten Berufsdarstellungen aus dem Arbeitsleben abgeben, und Mangolds Werbung für «Volkstuch» (347) richtet sich nur scheinbar an die verschiedenen Bevölkerungsschichten.

Die in immer kürzeren Abständen wechselnde Mode (ähnlich den Kunstrichtungen) lässt die Bedeutung von eigentlichen Novitäten verblassen. Die erste Nachkriegsmode mit ihren knöchellangen Röcken* erregte grosses Aufsehen. Noch in den sechziger Jahren vermochte der Minirock (325) der englischen Modeschöpferin Mary Quant dem einen oder anderen den Kopf zu verdrehen. Der ehemalige Hippie- und Gammler-Look, nicht zuletzt als Protest gegen die Mode entstanden, ist längst selber eine Mode geworden.

Im Bereich der Dessous-Werbung gesellt sich zur Mode die Moral. Während Mangold 1912 (315) von der an Strümpfen Interessierten nur den Knöchel zeigt, lockt Handschin 1938 (316) bereits mit dem ganzen Bein. Ein eleganter Flamingo präsentierte bei Rutz 1943 (313) den Unterrock, das Korsett aber führte 1948 eine Katze vor (317).

Bevor eine Dame im Büstenhalter auf dem Plakat möglich war, musste Altmeister Hitchcock 1960 in seinem Schocker «Psycho» erstmals eine Frau (Janet Leigh) in diesem Kleidungsstück vorführen. Dann ging es rasch. Schon anfangs der 60er Jahre warben Fotoplakate für Büstenhalter und später auch für andere Unterwäsche-Artikel (318). Ausser dem Produkt wurde allerdings zusehends häufiger auch gleich der Körper der Frau vermarktet.

* 1947, als Cassandre wegen seines Buches in St. Gallen weilte, hatte weniger er als seine im New Look gekleidete Frau Furore gemacht. Die barocken Röcke der ersten Modewelle nach dem Krieg waren bisher nur in Journalen zu bestaunen gewesen.

6

Fashion

Posters for clothing and shoes are a very faithful reflection of the changes fashion undergoes with time. After industrialization and urbanization had made wider sections of the public clothes-conscious, the middle class set the trend and for a long time clothing continued to be an indicator of social status. The shoe posters of Cardinaux (357, 358) and Laubi (359, 360) might be used to illustrate occupations typical of working life and Mangold's advertisements for "Volkstuch" (347) were only ostensibly addressed to the different social classes.

The changes operating in fashion (like art trends) at ever shorter intervals tended to blur the importance of actual innovations. The first postwar fashion with its ankle-length skirts* produced a sensation. And then in the sixties the miniskirt (325) created by the English fashion designer Mary Quant turned many a head. The erstwhile hippie and loafer look, which originated mainly as a protest against fashion, has long become a fashion itself.

In the field of advertisements for undies morality becomes mixed up with fashion. Whereas in 1912 Mangold (315) revealed to the prospective purchaser of stockings nothing but the ankle, Handschin in 1938 (316) was using a whole leg as a visual enticement. In 1943 Rutz had an elegant flamingo to present an underskirt (313) whereas in 1948 a cat was chosen to display corsets (317).

Before a woman could appear on a poster in a bra Hitchcock had to show a woman (Janet Leigh) wearing this article of attire in his shocker "Psycho" in 1960. Progress was then rapid. Already in the early 60s photo posters were advertising bras and later also other articles of glamourwear (318). Apart from the product, however, it was not long before the woman's body itself was being marketed.

* In 1947, when Cassandre was in St Gall in connection with his book, it was not so much he as his wife, dressed in the New Look, that hit the headlines. Until then the baroque skirts of the first wave of fashion after the war had inspired admiration and astonishment only in the fashion journals.

6

La mode

Les affiches pour les vêtements et les chaussures mettent en évidence les fluctuations des goûts et des styles. La bourgeoisie embrassait des couches de plus en plus vastes, grâce à l'industrialisation et à l'expansion des villes. C'est elle qui déterminait la mode, et longtemps encore, les vêtements permirent d'identifier l'origine sociale des gens. Les affiches pour souliers de Cardinaux (357, 358) et de Laubi (359, 360) pourraient être des représentations de métiers, et la publicité de Mangold pour «Volkstuch» (textiles pour tous) (347) ne s'adresse qu'en apparence à toutes les couches sociales.

Les changements de plus en plus rapides de la mode (comme d'ailleurs des tendances artistiques) atténuent l'importance des réelles innovations. La première mode d'après-guerre, avec ses amples jupes jusqu'aux chevilles* fit sensation.

Dans les années 60, la mini-jupe (325) de la modeliste anglaise Mary Quant fit tourner bien des têtes. En ce qui concerne le style Hippie, il y a belle lurette que de protestation contre la mode, il est devenu mode ...

Dans le domaine des dessous, la morale vient intimement se lier à la mode. En 1912, Mangold ne montre que les chevilles pour vendre des bas (315), mais en 1938, Handschin peut déjà montrer la jambe entière (316). C'est un élégant flamant qui, sur une affiche de Rutz en 1943 (313), présente une combinaison et un chat qui, en 1948, fait la publicité pour un corset (317) et ce n'est qu'en 1960, dans le film de Hitchcock «Psychose», qu'on voit une femme en soutien-gorge (Janet Leigh). Ensuite, tout va très vite. Dès le début des années 60, apparaissent des affiches publicitaires avec des photos montrant des soutien-gorges ainsi que d'autres dessous (318) et d'une façon générale, de plus en plus, le corps de la «femme-objet».

* Lorsqu'en 1947 Cassandre se rendit à St-Gall pour son livre, ce fut sa femme — habillée dans ce style New Look qu'on ne connaissait alors que par les revues — qui se fit remarquer bien plus que lui.

B
MARQUE
PK
„WOLFSBERG" ZÜRICH

313

314

315

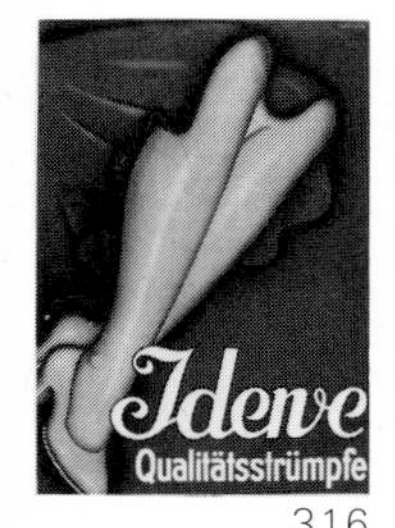

316

317

318

316, 317, 318 Die Werbung macht bestehende Moralvorstellungen sichtbar und beeinflusst sie gleichzeitig.

316, 317, 318 Advertising visualizes existing moral attitudes and at the same time influences them.

316, 317, 318 La publicité met en évidence les principes moraux, et les influence.

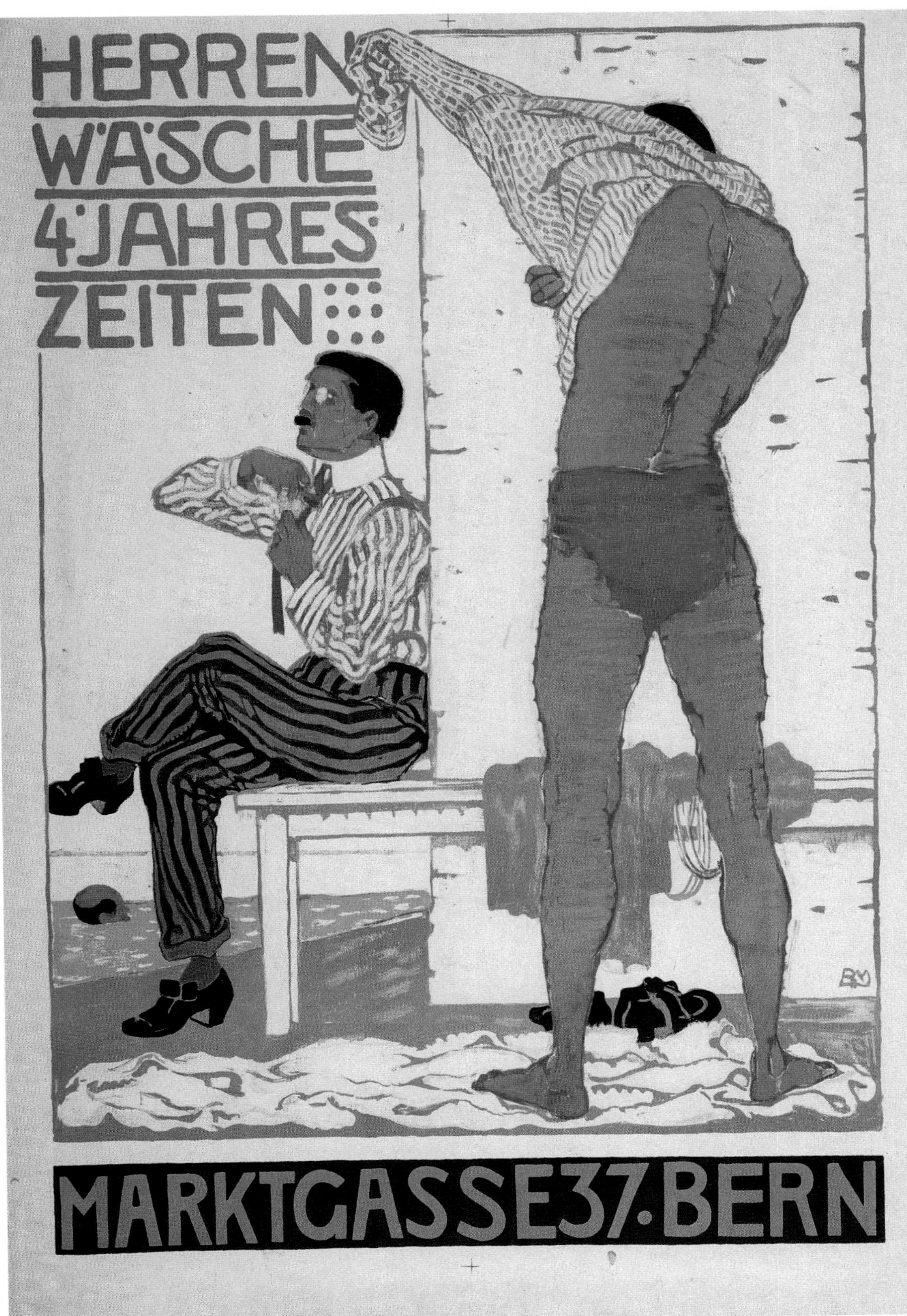

319

320

mode zehnder

321

312 Otto Baumberger, *1923*
313 Viktor Rutz, *1943*
314 Jean Edouard Robert und Kate Durrer, *1981*
Foto: Jost Wildbolz
315 Burkhard Mangold, *1912*
316 Hans Handschin, *1936*
317 Marc von Allmen, *1948*
318 Fredy Steiner, *1966*
Werbeagentur: Gisler & Gisler
319 Burkhard Mangold, *1912*
320 Peter Birkhäuser, *1951*
321 Elso Schiavo, *1972**
Foto: Max Roth

322

323

324

325

322 Um 1915 begann der Werkbund zusammen mit seiner Zeitschrift «Das Werk» Wettbewerbe zur Erlangung von künstlerischen Entwürfen für Gebrauchsgrafik auszuschreiben. Dieses Plakat ging aus einem solchen «Werk»-Wettbewerb mit dem zweiten Preis hervor (1. Preis: Carl Roesch).

322 In about 1915 the Werkbund together with its periodical "Das Werk" began to hold competitions for artistic designs for commercial art. This poster won the second prize in one of these "Werk" competitions.

322 Vers 1915, le «Werkbund» et son organe «Das Werk» commençèrent à organiser des concours pour des projets publicitaires artistiques. Cette affiche obtint le deuxième prix dans un de ces concours.

324 Das Plakat erschien anonym. Stilgegenüberstellungen (vgl. Rückenansicht der Bäuerin rechts im Plakat mit Vallets Darstellung der drei Frauen von hinten (32) auf seinem Ausstellungsplakat) und Unterlagen aus dem Archiv von «Innovation» lassen das Plakat eindeutig als Arbeit von Edouard Vallet bestimmen.

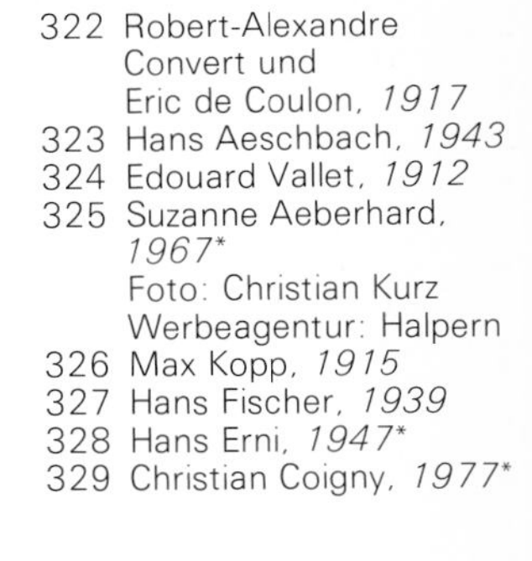

322 Robert-Alexandre Convert und Eric de Coulon, *1917*
323 Hans Aeschbach, *1943*
324 Edouard Vallet, *1912*
325 Suzanne Aeberhard, *1967**
Foto: Christian Kurz
Werbeagentur: Halpern
326 Max Kopp, *1915*
327 Hans Fischer, *1939*
328 Hans Erni, *1947**
329 Christian Coigny, *1977**

326

327

328

329

326 Im «Werk»-Wettbewerb 1914 für die Grieder-Hausmarke gewann Max Kopp den ersten Preis. Im Plakat des folgenden Jahres musste das neue Signet im Mittelpunkt stehen.

328 Das einzige Firmenplakat von Hans Erni.

328 Hans Erni's only poster for a firm.

328 La seule affiche commerciale de Hans Erni.

330 Carl Moos, *1916*
331 Otto Morach, *1928*
332 Heini Fischer, *1952**
333 Alex W. Diggelmann, *1935*
334 Niklaus Stoecklin, *1934*

330

331

332

333

PKZ
„WOLFSBERG" ZÜRICH

335

336

337

338

335 Die Eleganz des Plakates ging in einem missratenen lithografierten Nachdruck aus den sechziger Jahren (Marsens, Lausanne) verloren.

336 Der zwanzigjährige Willy Guggenheim, der spätere Varlin, liess in St. Gallen, wo er bei Seitz & Co. eine Lithografenlehre hinter sich brachte, sein einziges Firmenplakat zurück.

335 Charles Loupot, *1924*
336 Willy Guggenheim, *1920*
337 Hugo Laubi, *1926*
338 Celestino Piatti, *1952**
339 Otto Baumberger, *1919/ 1928*
340 Ernst und Ursula Hiestand, *1964**
341 Foto: Emil Schulthess, *1937*
Werbeagentur: Erny
342 Foto: Emil Schulthess, *1938*
Werbeagentur: Erny

339

340

341

342

339 Baumbergers Zylinder erschien erstmals 1919 nach dem Umzug des Hutgeschäftes Baumann von der Sihlstrasse an die Bahnhofstrasse 25 in Zürich. Anlässlich eines weiteren Geschäftsumzuges 1928 erschien das Plakat mit der neuen Adresse: Fraumünster 17. Mitte der sechziger Jahre druckte die Buchdruckerei Bollmann das Plakat als Linolschnitt.

343

344

345

346

347

347 Die Kleidung identifizierte den Träger als Angehörigen seiner sozialen Schicht.

347 Clothing identified the wearer as a member of his social class.

347 Les vêtements permettent d'identifier l'origine sociale des gens.

343 Niklaus Stoecklin, *1927*
344 Pierre Kramer, *1935*
345 Alois Carigiet, *1937*
346 Jost Wildbolz, *1965**
Foto: Hanspeter Mühlemann
Werbeagentur: Looser
347 Burkhard Mangold, *1920*
348 Otto Baumberger, *1927*
349 Donald Brun, *1946**
350 Balz Baechi, *1972*
Werbeagentur: Ulrich
351 Pierre Gauchat, *1954*
352 Peter Birkhäuser, *1950**
353 Ruedi Külling, *1971**
Foto: Kurt Staub
Werbeagentur: Advico

350

348

349

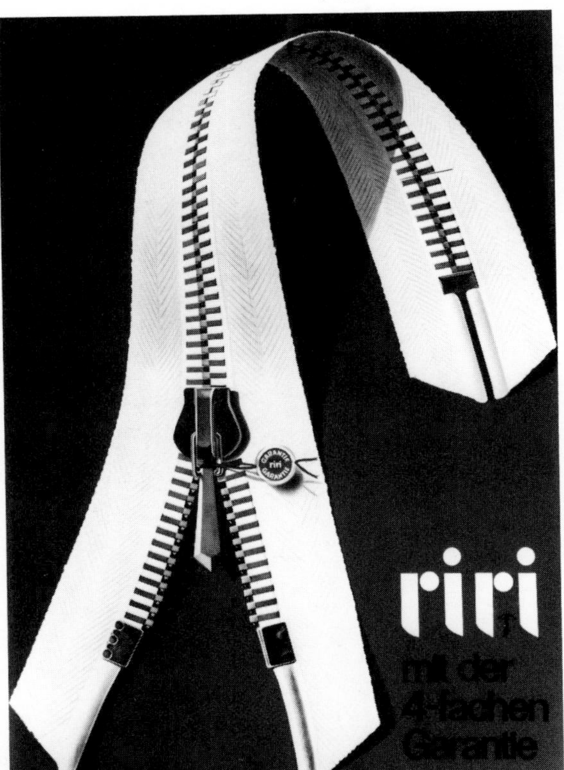

351

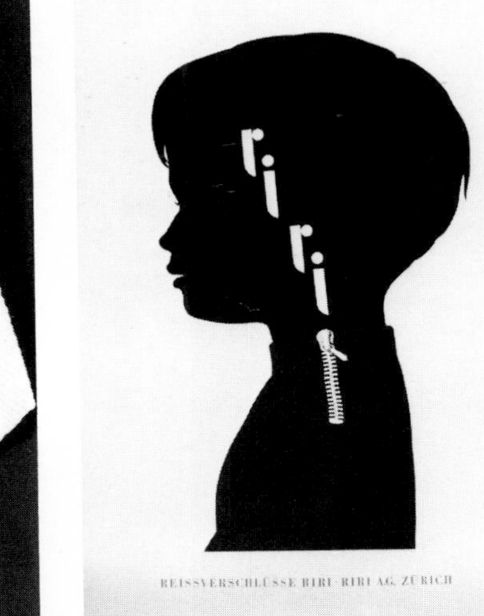

352

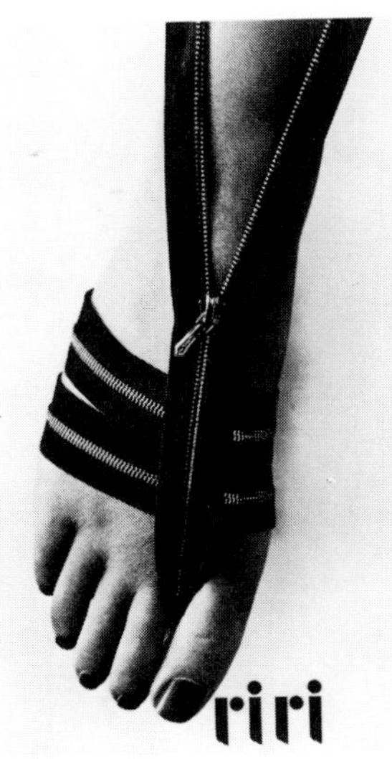

353

354 Pierre Gauchat, *1936*
355 Carl Kunst, *1912*
356 Karl Bickel, *1925*
357 Emil Cardinaux, *1923*
358 Emil Cardinaux, *1926*
359 Hugo Laubi, *1924*
360 Hugo Laubi, *1925*
361 Heiri Steiner, *1936*
Foto: Ernst A. Heiniger
362 Um *1900*

354

355

356

354 Den Wettbewerb für ein «Bally»-Plakat führte der Werkbund in zwei Kategorien durch: Beim Lithografieplakat gewann Pierre Gauchat den ersten Preis, Fr. 500.– (2. Preis: Niklaus Stoecklin); bei der Gruppe Fotoplakate gewannen Heiri Steiner (361) und Hermann Eidenbenz die ersten Preise, je Fr. 400.–.

357

358

359

360

361

357, 358, 359, 360 Berufsdarstellungen, auch ein Hirt gehört dazu (362).

357, 358, 359, 360 Pictures of occupations, including a shepherd (362).

357, 358, 359, 360 Représentations de métiers, dont (362) un berger.

362

363

364

365

366

367

368

369

370

371

363 Otto Morach, *1928*
364 Werner Bischof, *1944**
365 *1935*
366 Herbert Leupin, *1954*
367 Herbert Leupin, *1954*
368 Bernard Villemot, *1968*
369 Roland Bärtsch, *1971**
Foto: Heinz Müller
Werbeagentur: Bärtsch, Murer, Ruckstuhl
370 Pierre Augsburger, *1959*
371 Donald Brun, *1964*

7

Wohnen

Die eigenen vier Wände sind mehr als der gesicherte Ort, wo sich der Mensch erholen und ausruhen kann. Wohnen ist auch ein gesellschaftlicher Akt, und die Einrichtung repräsentiert die Familie. Wandel und Zeitbedürfnisse, aber auch Veränderungen in der Güterproduktion, widerspiegeln sich im Wohnen.

Der Landschaftsmaler Reckziegel erlaubt in seinem einzigen bekannten Warenplakat einen Blick in die gute Stube um 1900 (381). Die diffusen Farben des Plakates entsprechen der schummrigen Beleuchtung der Wohnstube von anno dazumal. Erhellt wird die Dame mit Brikett nur vom wärmespendenden Öfchen. Welch eine Kluft zum Wohnzimmer von 1959 (390): Plattenspieler, Radio und Fernsehen sind eingezogen. Vor dem Radio war die Nähmaschine (392ff.) die einzige Apparatur in der Stube.

Freilich entsprach dieses Zimmer der kommenden Wohlstandsfamilie nicht dem vom «neuen bauen» abgeleiteten «neuen heim», dessen Leitlinien sich die 1931 gegründete Zürcher Wohnbedarf AG* zu eigen machte. Max Bill, der den Firmenschriftzug entwarf, dachte auch den Klapptisch aus, mit dem er zusammen auf dem Plakat (402) abgebildet ist.

Als die «Neue Hauswirtschaft» (399) propagiert wurde, war «Die praktische Küche» (400) selbstverständlich Teil der Neuerung. Damit sich die neue Zeit in den Kochtöpfen schön spiegeln konnte, musste der Scheuersand durch die neuen Putzmittel «Vim»** und «Per» ersetzt werden (405ff.). Und erst die Wäscherei! Aus dem Schuften mit Kernseife*** (416, 420) und Waschbrett machten die Maschine und die entsprechenden Pulver (425) eine Nebenbeschäftigung.

Wohnen endet aber nicht beim Putzen und Waschen, die Abbildungen geben auch einen Blick ins Badezimmer frei (426ff.), wo sich die Präparate für Gesundheit und Schönheit finden.

* Unter dem Titel «50 Jahre Wohnbedarf» schreibt die «Neue Zürcher Zeitung»: Noch heute «stösst man auf dreissig-, vierzig- und fünfzigjährige Modelle, die von ihrer Aktualität, ihrer formalen Schönheit und ihrem kompromisslos modernen Charakter nichts verloren haben» (28./29. November 1981).

** Um 1900 in England von Lever Brothers Ltd herausgebracht. 1910 hinterlegte Sunlight AG die Marke, brachte sie aber erst 1923 in den Handel.

*** Die Form der Kernseife entstand in der Fabrik von Friedrich Steinfels und wurde 1904 als Handelsmarke eingetragen und geschützt.

7

Home

One's own four walls are more than just a refuge in which to relax and enjoy leisure and recreation. Owning a home is a social act and its appointments and furnishings give the family status. The home also reflects the changes and needs brought about by time and also new trends in goods production.

In his only known product-featuring poster the landscape painter Reckziegel gives us a glimpse into the "front room" round about 1900 (381). The diffuse shades of the poster catch the dim lighting of the living room of those days. The lady with the briquette is illuminated only by the light of the little stove which fills the room with its warmth. The living room of 1959 belongs to a different world (390): record player, radio and television have appeared on the scene. Before the radio the sewing machine was the only technical appliance in the room.

Admittedly this room typical of the affluent family of the next decades was not in accord with "neues heim", which took its line from "neues bauen", whose guiding principles were appropriated by the Zurich firm Wohnbedarf AG, founded in 1931. Max Bill, who designed the firm's stylized name, also devised the folding table, with which he is depicted on the poster (402).

When the "new housecraft" (399) was being splashed in the magazines, the "efficient kitchen" (400) was, of course, part of the new deal for housewives. And so that all this modernity could be brilliantly reflected in the pans, scouring sand made way for the new cleaners "Vim"* and "Per" (405ff.). But the best was yet to come! The advent of the washing machine and detergents (425) banished the drudgery of bar soap** (416, 420) and washboard, and washday could be fitted into the normal routine.

But living is more than just washing and cleaning, and other illustrations show us the bathroom (426ff.) with its stock of toiletries and health products.

* Brought out by Lever Brothers Ltd. in England c. 1900. Sunlight AG registered the trademark in 1910 but did not use it commercially until 1923.
** The shape of bar soap originated in the factory of Friedrich Steinfels and was registered and protected as a trademark in 1904.

7

L'habitat

Un logement est plus qu'un endroit où on peut se reposer et se détendre; c'est aussi quelque chose qui symbolise une situation sociale et familiale. Des modifications dans les besoins et les produits se reflètent dans l'habitat.

Dans sa seule affiche célèbre, le peintre paysagiste Reckziegel permet un coup d'œil dans un intérieur bourgeois de 1900 (381). Les couleurs diffuses de cette affiche correspondent parfaitement à l'éclairage blafard de l'époque. La dame avec sa briquette n'est éclairée que par le poêle auquel elle se chauffe. Quelle différence avec la salle de séjour de 1959 (390) comportant électrophone, radio, télé! Pendant des décénnies, le seul équipement mécanique dans le salon était la machine à coudre (392 et suivants) avant qu'on puisse y voir le poste de radio.

Bien sûr, ce salon typique d'une famille aisée ne correspondait en rien à la nouvelle tendance de l'habitat moderne qui fut surtout poursuivi, à partir de 1931, par la firme zurichoise «Wohnbedarf» nouvellement créée. Max Bill, qui en avait dessiné le sigle, est également le créateur de la table pliante qu'une affiche montre en même temps que lui-même (402).

Quand commença à se propager la nouvelle tendance des arts ménagers (399), la cuisine pratique (400) fit évidemment partie des innovations. Afin que la nouvelle époque puisse se refléter au mieux dans les casseroles, il fallait remplacer la bonne vieille poudre à récurer par de nouveaux produits: «Vim»* ou «Per» (405 et suivants).

Et la lessive! Finie la corvée du savon «de Marseille»** (416, 420) et de la planche à laver! Depuis les machines et les lessives en poudre (425), laver son linge est aussi simple que bonjour. Enfin, les reproductions nous montrent aussi la salle de bain (426 et suivants) avec tous les articles d'hygiène et de beauté.

* Composé en 1900 par Lever Brothers Ltd (Grande Bretagne). la marque fut déposée par Sunlight en 1910 et la fabrication commencée en 1923 seulement.

** La forme du savon fabriqué dans l'usine de Friedrich Steinfels fut déposée comme marque en 1904.

SCHUSTER & Co.
TEPPICHE
ZÜRICH · ST. GALLEN
BOECKLY
A. TRÜB & Cie. AARAU

373

374

375

376

377

373 Aus dem «Werk»-Wettbewerb hervorgegangen.

373 A design produced for a "Werk" competition.

373 Prix d'un concours de «Das Werk».

372 Carl Böckli, *1922*
373 Otto Baumberger, *1916*
374 Burkhard Mangold, *1912*
375 Pierre Gauchat, *1945*
376 Walter Grieder, *1968*
377 Celestino Piatti, *1970*
378 Werner Weiskönig, *1928*
379 Hugo Laubi, *1935*
380 Fritz Bühler und Ruodi Barth, *1949*
381 Anton Reckziegel, um *1900*

380

378

379

381

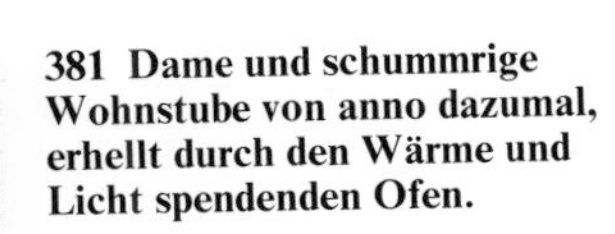
381 Dame und schummrige Wohnstube von anno dazumal, erhellt durch den Wärme und Licht spendenden Ofen.

381 A lady and a dimly lit living room of a past era when warmth and light were dispensed by a stove.

381 Dame dans un intérieur avant 1900, éclairée par le seul poêle auquel elle se chauffe.

382

383

384

385

382 Aus dem Wettbewerb der Allgemeinen Gewerbeschule Basel hervorgegangen.

382 Helen Haasbauer-Wallrath, *1920*
383 Kurt Hauert, *1969*
384 Jörg Hamburger, *1980*
Foto: Siegfried Zingg
385 Georges Calame, *1968**
Foto: André Halter
386 Hermann Eidenbenz, *1937*
387 Herbert Leupin, *1947**
388 Otto Ernst, *1927*
389 Walter Zulauf, *1943*
390 Rolf Bangerter, *1959*
391 Jürg Neukomm und Michael Pinschewer, *1970**
Foto: Hans Entzeroth

386

387

388

389

390

391

389, 390, 391 Das Radio, einst Zierde der Wohnstube – heute Gebrauchsgegenstand in allen denkbaren Formen und Grössen.

389, 390, 391 The radio, once the showpiece of the living room, is now an everyday article obtainable in every imaginable shape and size.

389, 390, 391 La radio, jadis pièce d'apparat du salon, a maintenant les formes et les dimensions les plus diverses.

392

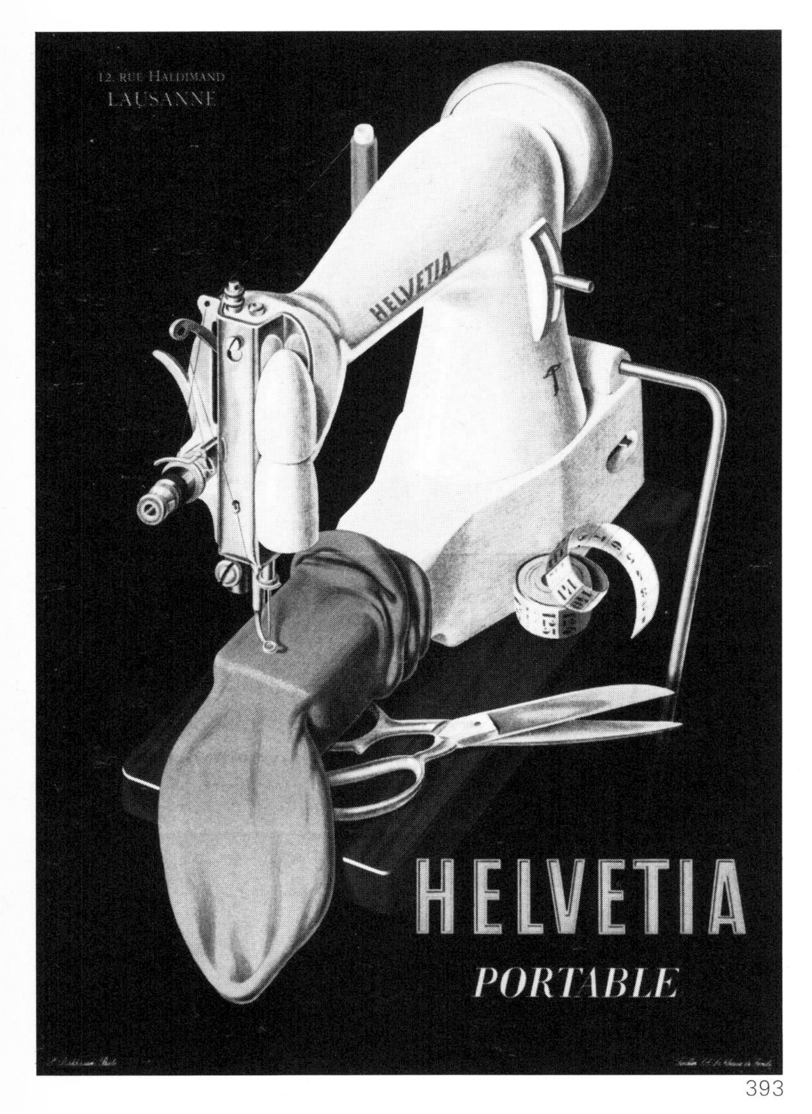

393

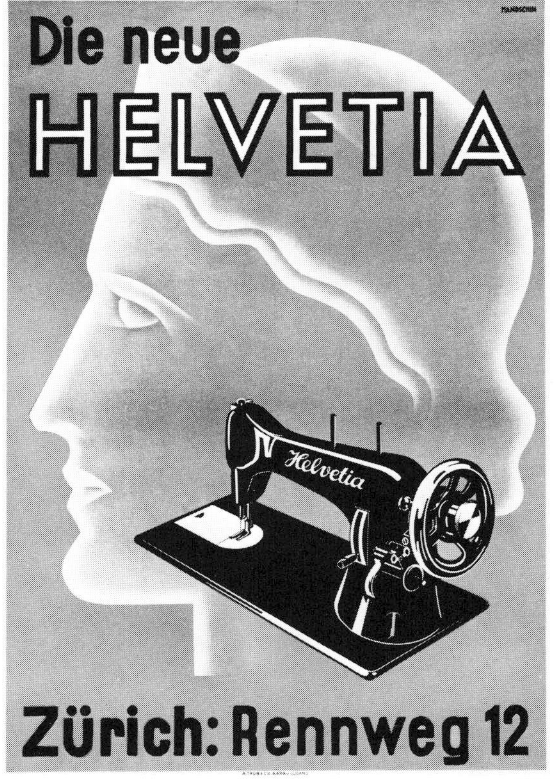

394

392 Der ausgesparte Platz unter «Bernina» war für den Firmeneindruck des Verkäufers reserviert.

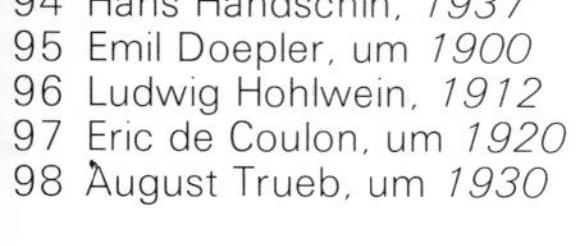

92 *1933*
93 Peter Birkhäuser, *1947*
94 Hans Handschin, *1937*
95 Emil Doepler, um *1900*
96 Ludwig Hohlwein, *1912*
97 Eric de Coulon, um *1920*
98 August Trueb, um *1930*

395

396

397

398

399

400

401

402

403

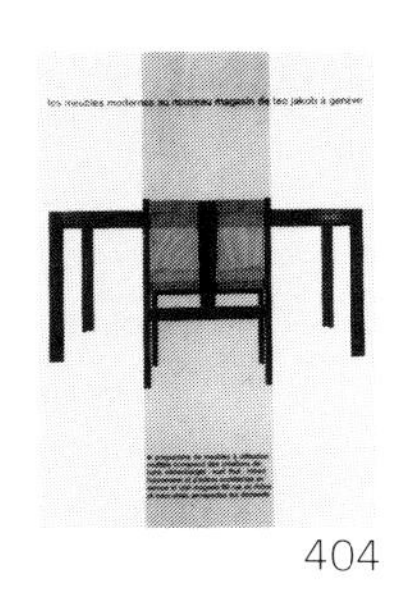

404

402, 403, 404 Neu und sachlich: Klapptisch (und sein Entwerfer Max Bill), Bodenbelag, Möbel.

402, 403, 404 New and practical: folding table (and its designer, Max Bill), floor coverings, furniture.

402, 403, 404 Nouveaux et fonctionnels: table pliante (avec son créateur Max Bill), revêtement de sol, meubles.

399 Helmuth Kurtz, *1930*
Foto: Heinrich Kurtz
400 Helen Haasbauer-Wallrath, *1930*
401 Richard P. Lohse, *1943*
402 Max Bill, *1933*
Foto: Binia Bill
403 Otto Ernst, um *1935*
404 Alfred Hablützel, *1957**
405 *1951*
Werbeagentur: Lintas
406 Hans Handschin, *1933*
407 *1923*

406

405

407

408

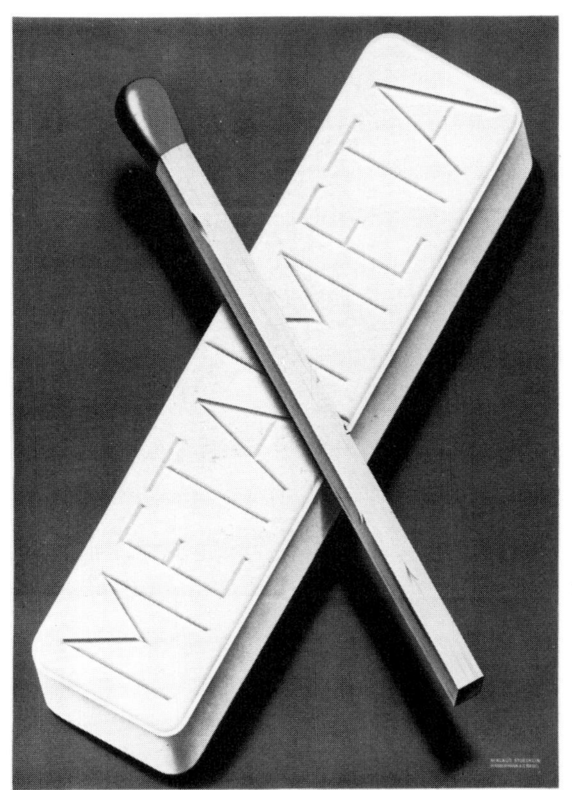

409

410

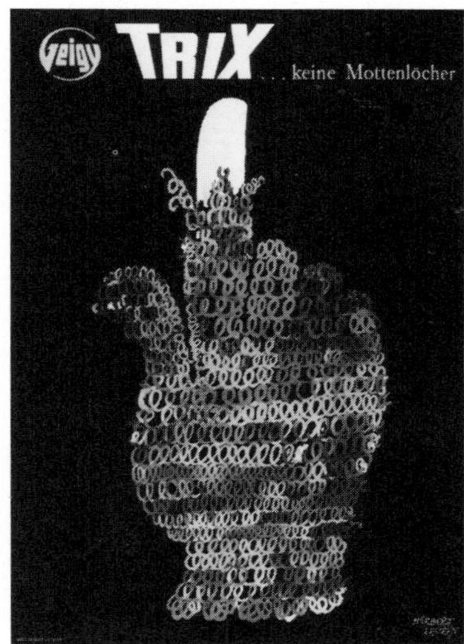

411

412

413

414

408 Peter Birkhäuser, *1934*
409 Niklaus Stoecklin, *1941**
410 Niklaus Stoecklin, *1941*
411 Herbert Leupin, *1952**
412 Helmuth Kurtz, *1932*
Foto: Heinrich Kurtz
413 Willi Weiss, *1940*
414 Emil Huber, *1909*

415

416

417

418

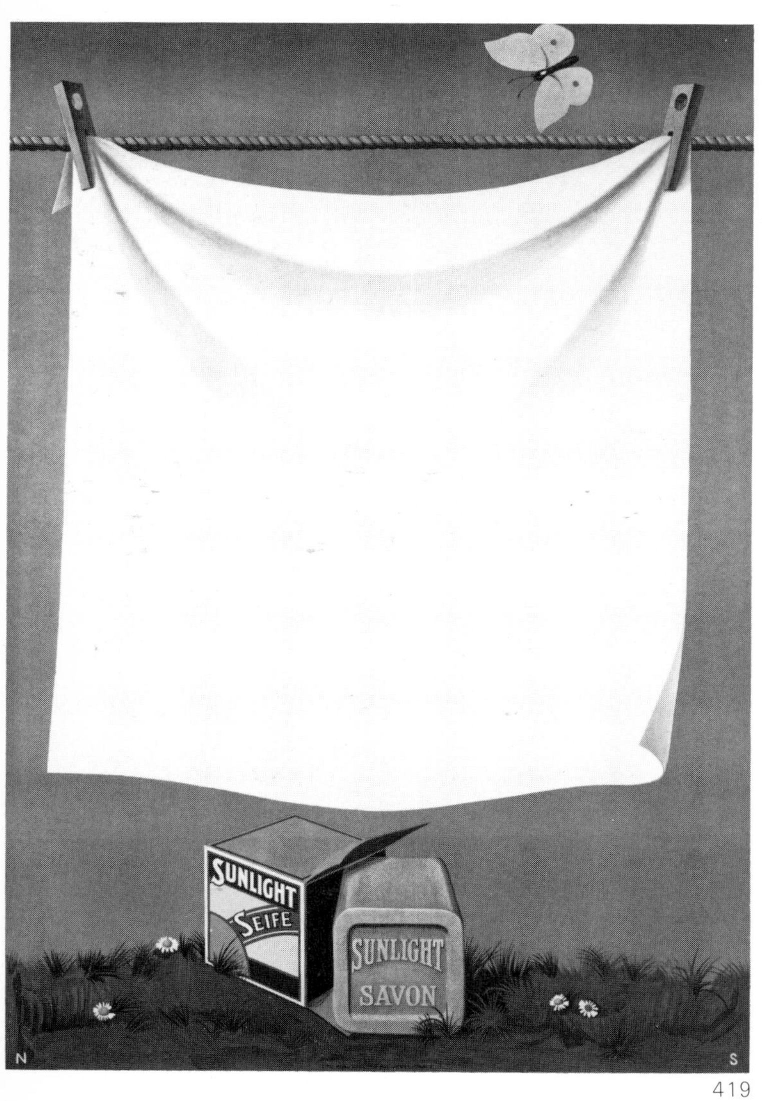

419

420

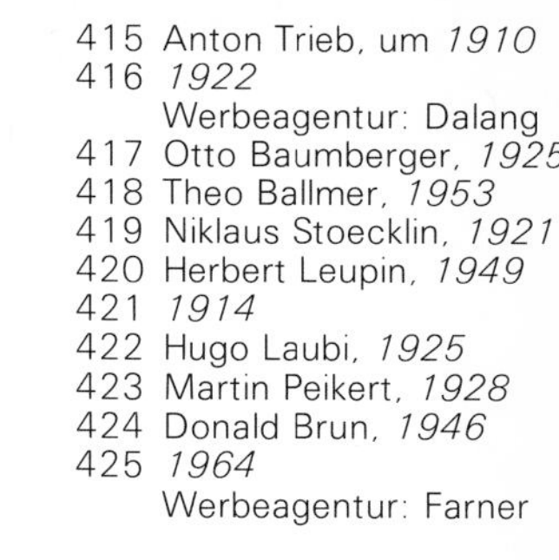
415 Anton Trieb, um *1910*
416 *1922*
Werbeagentur: Dalang
417 Otto Baumberger, *1925*
418 Theo Ballmer, *1953*
419 Niklaus Stoecklin, *1921*
420 Herbert Leupin, *1949*
421 *1914*
422 Hugo Laubi, *1925*
423 Martin Peikert, *1928*
424 Donald Brun, *1946*
425 *1964*
Werbeagentur: Farner

421

422

423

22 Im Stein mit «N.V.» (Nach orschrift) bezeichnet. Mit die- em Kürzel äusserte Laubi sei- en Unmut gegen die Einmi- chung des Auftraggebers in die estaltung. Das Plakat ist trotz irmenintervention (oder deswe- en?) gelungen.

422 The stone was marked "N.V." (Nach Vorschrift = in accordance with instructions). Laubi used this abbreviation to intimate his displeasure at the client's interference in the design. In spite (or because) of the firm's intervention, the poster is a success.

422 On peut voir gravé sur la pierre N.V. («sur ordre» en allemand). C'est ainsi que Laubi exprimait sa mauvaise humeur lorsqu'un client s'était trop mêlé de son projet. En l'occurence, malgré (ou à cause de) ces interventions, l'affiche est réussie.

424

425

425 Sie bleibt, die Verpackung ändert sich. Der Inhalt ist jetzt auch für Waschmaschinen zu gebrauchen.

426

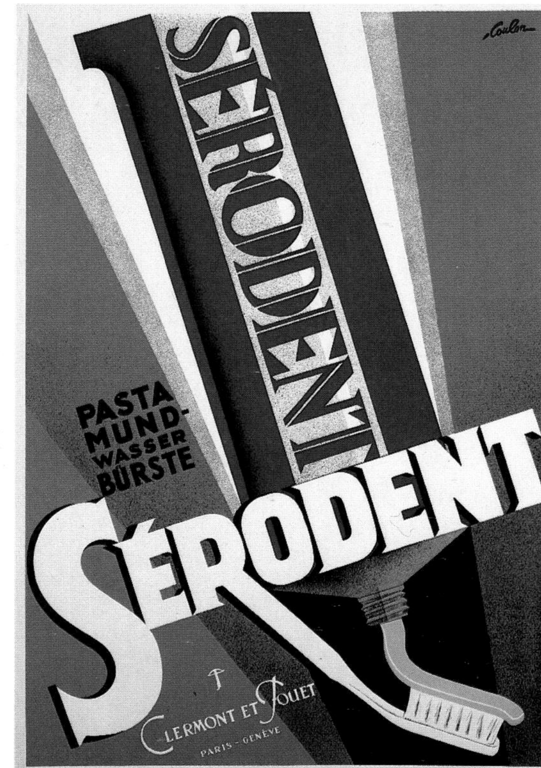

427

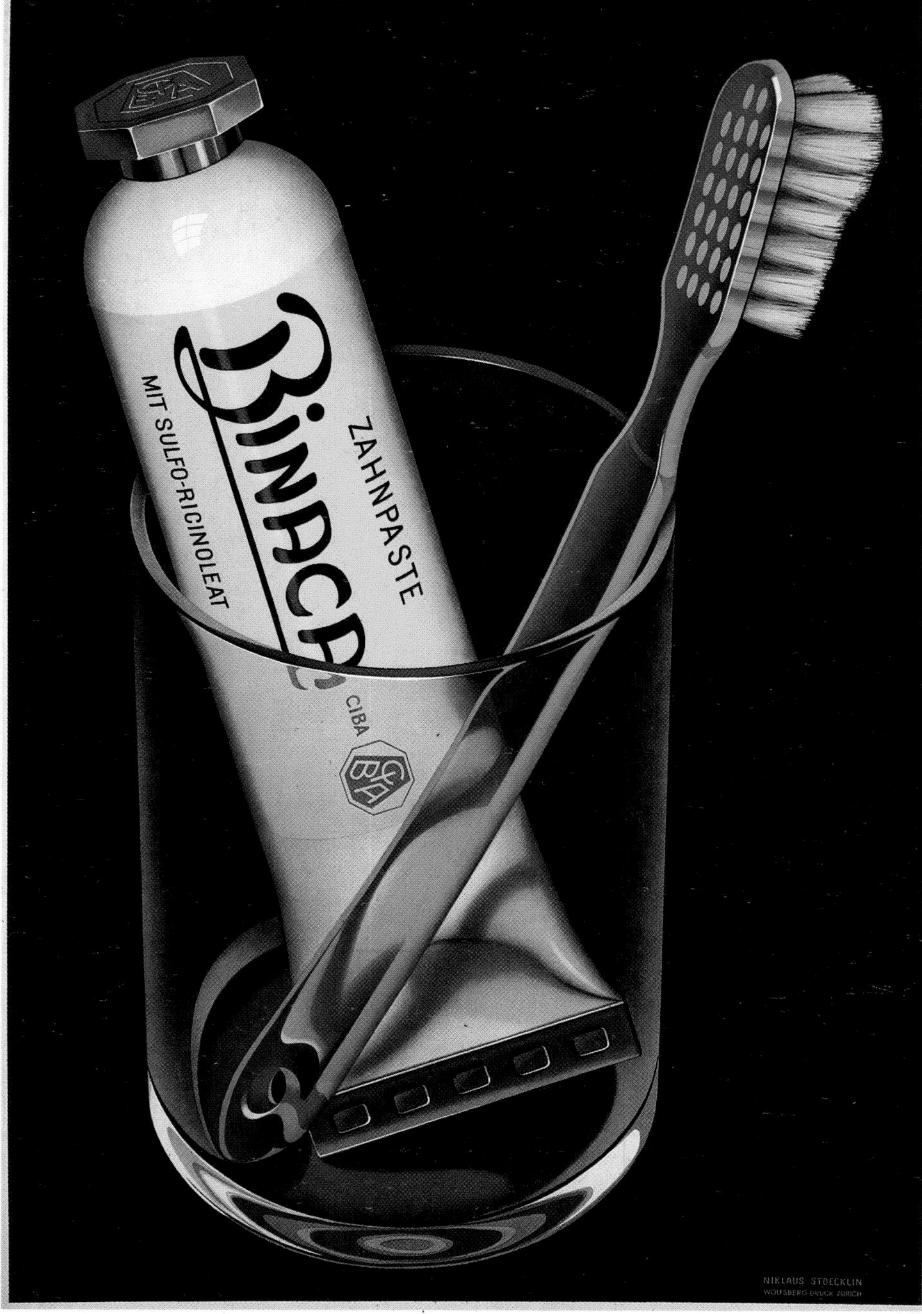

428

429

426 Walter Grieder, um *194*
427 Eric de Coulon, *1935*
428 Niklaus Stoecklin, *1941*
429 Charles Kuhn, *1941*
430 Alois Carigiet, *1938*
431 Herbert Leupin, *1945**
432 Fritz Bühler, *1945*
433 Edi Hauri, *1936*
434 Fritz Bühler, *1947**
435 Niklaus Stoecklin, *1927*

430

431

432

433

434

435

8

Genuss

Der Lebensmittelverein Zürich (Coop-LVZ) feierte 1913 die Eröffnung seines Neubaues – der mächtige Gebäudekomplex an der Bahnhofstrasse markiert den späten Abschied vom Historismus – mit sieben verschiedenen Plakaten. Sebastian Oesch entwarf sie und stellte mit kräftigen Strichen und Farben die einzelnen Abteilungen des neuen Warenhauses vor: Gemüse, Obst, Wild, Geflügel (451, das gelungenste), Fluss- und Meerfische, Haushaltartikel, Schuhe.

Die LVZ-Plakate für frische Lebensmittel gehören zu den frühesten Anschlägen dieser Art, wurde doch bis dahin vor allem für haltbare Nahrungs- und Genussmittel geworben: Schokolade, Konserven, Teigwaren, Suppenwürfel. Letztere bekamen bei der Knorr AG nach ihrem Umzug 1907 nach Thayngen SH ihre unverkennbare Wurstform (450). Die gute alte «Knorr»-Suppenwurst rollten und schnürten Frauen noch bis 1942 von Hand. Als erste in Europa stellte die Knorr AG ihre Suppen auf das geruchlose Glutaminat um, und 1949 war sie da, die erste Suppe «frei von Fabrikgeschmack».

Verursachte das kristallklare Gewürzmittel eine «Revolution im Suppentopf» so stand der Verwandler von Schweizer Milch in Kefir und Joghurt (453), der Russe Paul Axelrod (1850–1928), mit der wirklichen Revolution in Verbindung. Axelrod wa einer der Gründer der russischen Sozialdemokratie und bis zu seinem Tode prominenter Gegner Lenins. Um 1910 übernahmen die Vereinigten Zürcher Molkereien seine Produkte und warben mit dem Namen Axelrod noch bis um 1940.

Die Zigarette – Sinnbild des schnellebigen Konsums par excellence – führt die beiden einfallsreichsten Meister des Plakates zusammen: Raymond Savignac (494) – als Franzose nimmt er das im Text versprochene Gastrecht in Anspruch – und Herbert Leupin (495).

8

Semi-luxuries

In 1913 the Zurich Food Association (Coop-LVZ) celebrated the opening of its new building – the imposing complex in the Bahnhofstrasse was a latter-day example of historicism – with seven different posters. Sebastian Oesch designed them and used powerful strokes and colours to introduce the individual departments of the new store: vegetables, fruit, game, poultry (451, the most successful), fresh- and saltwater fish, household articles, shoes.

The LVZ posters for fresh foods are among the earliest of the kind, for previously such advertisements had been used mainly for foods with good keeping qualities: chocolate, preserves, edible pastes and soup cubes. The latter received their unmistakable sausage shape (450) from Knorr AG after their move to Thayngen SH in 1907. The good old "Knorr" soup sausage continued in use until 1942. Knorr AG were the first in Europe to change over to odourless glutaminate for their soups, and in 1949 they came up with the first soup "free from factory taste".

If this crystalline condiment produced a "revolution in the soup tureen", the man who transformed Swiss milk into yoghurt and kefir (453), the Russian Paul Axelrod (1850–1928), was a figure in the real Revolution. Axelrod was one of the founders of Russian social democracy and, until his death, a prominent opponent of Lenin. In 1910 United Zurich Dairies took over his products and used the name Axelrod in their advertising until 1940.

The cigarette – the perfect emblem of our consumer world – unites on the two most imaginative masters of the poster: Raymond Savignac (494) – as a Frenchman he avails himself of the rights of hospitality promised in the text – and Herbert Leupin (495).

8

La consommation

En 1913, la coopérative alimentaire «Lebensmittelverein» de Zurich inaugure ses nouveaux locaux. Le grand bâtiment situé à la Bahnhofstrasse marque la fin, tardive, du style historique dans l'architecture. Sept différentes affiches, aux contours nets et aux francs coloris, sont réalisés par Sebastian Oesch pour présenter les différents rayons de ce grand magasin: légumes, fruits, gibier, volailles (451 – l'affiche la plus réussie), poissons, articles ménagers et chaussures.

Les affiches de cette coopérative sont parmi les plus anciennes pour aliments frais. On ne faisait auparavent de la publicité que pour des denrées non périssables telles que chocolat, conserves, pâtes, bouillon-cubes – qui, en fait, depuis l'implantation de Knorr à Thayngen (SH) en 1907, se présentaient sous forme de saucisse (450). Cette saucisse de tous les ménages était encore roulée et ficelée par des mains féminines en 1942. Par ailleurs, Knorr fut le premier à utiliser le glutaminat inodore pour ses soupes et en 1949, la voici, la soupe «sans goût d'usine»!

Si un ingrédient limpide fit une «révolution dans la marmite», le fabriquant de yaourt et de lait caillé (453) Paul Axelrod (1850 à 1928) avait, lui, vraiment quelque chose à voir avec la révolution. Ce russe était un des fondateurs de la social-démocratie russe et fut jusqu'à sa mort un des plus grands adversaires de Lénine. Vers 1910, les laiteries coopératives de Zurich reprirent ses produits et en assurèrent la promotion sous le nom d'Axelrod jusqu'en 1940.

La cigarette – symbole de la consommation par excellence – réunit les deux maîtres de l'affiche à l'imagination la plus fertile: Raymond Savignac (494) – un des grands français – et Herbert Leupin (495).

HÜRLIMANN
BOCK

43

438

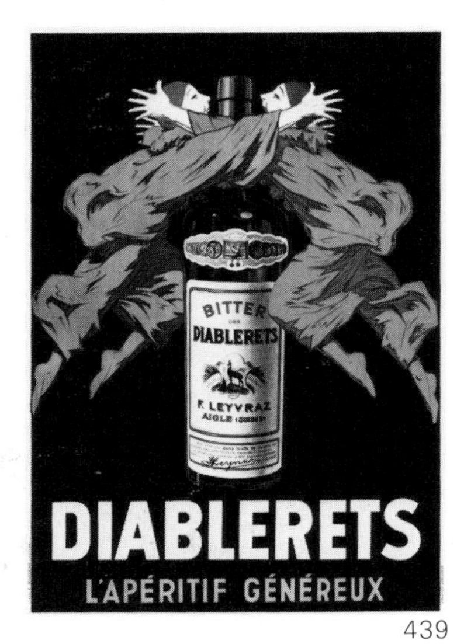

439

440

441

439 Da d'Ylan 1938 gestorben ist, das vorliegende Plakat aber 1945 gedruckt wurde, handelt es sich entweder um einen Nachdruck oder um einen früher entstandenen Entwurf.

440 N = Z siehe auch 184.

436 Augusto Giacometti, *1923*
437 Um *1915*
438 Max Huber, *1947*
439 Jean d'Ylan, *1945*
440 Pierre Monnerat, *1964*
441 Maurice Maffei, *1964*
442 Max Feldbauer, *1926*
443 Willi Eidenbenz, *1958**
444 Peter Birkhäuser, *1957*
445 Peter Birkhäuser, *1957**
446 Um *1920*

442

443

444

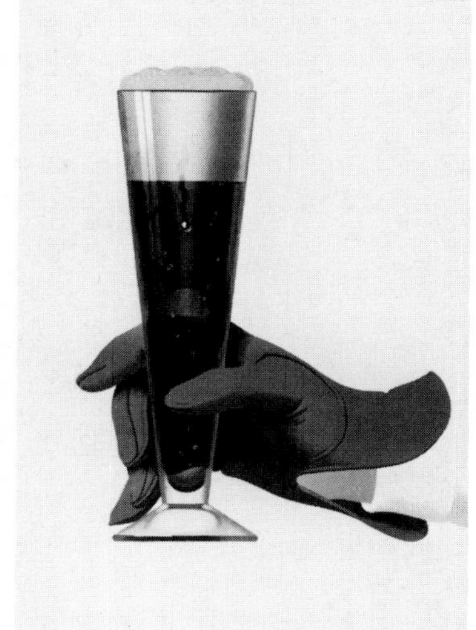

445

446

446 Der bekannte Viererzug von Max Feldbauer, 1904 als Ölbild gemalt und im gleichen Jahr von der Brauerei Haldengut als «Poster» herausgebracht, schmückte jahrzehntelang die Gaststätten. Es lag auf der Hand, die populäre Darstellung auch für ein Plakat zu benutzen.

447

448

449

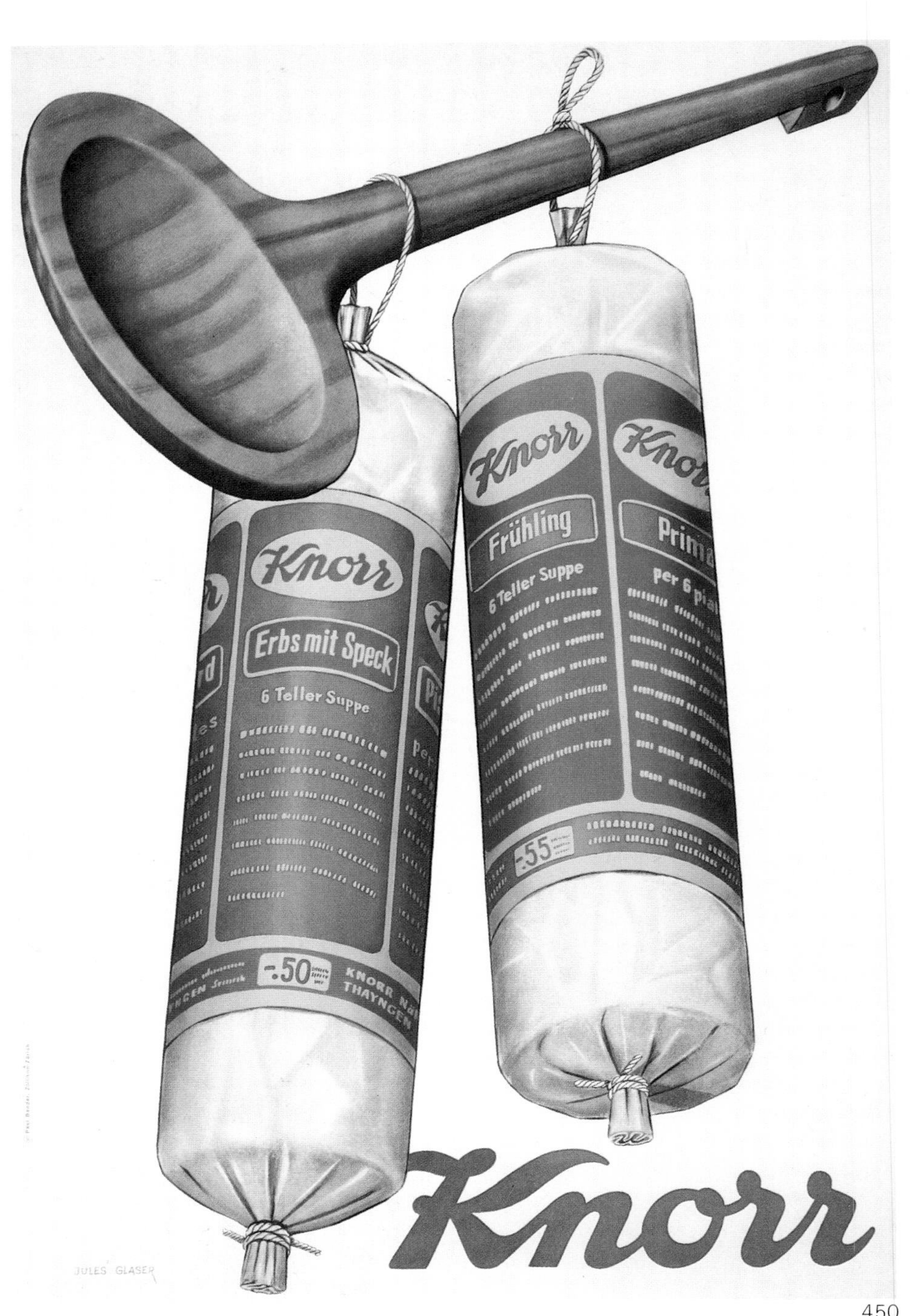

450

CONSERVES SAXO

451

452

453

454

455

447 Burkhard Mangold, *1915*
448 Jules de Praetere, *1932*
449 Hans Neuburg, *1934*
Foto: Anton Stankowski
450 Jules Glaser, *1948*
451 Sebastian Oesch, *1914*
Werbeagentur: Tanner
452 Marguerite Burnat-Provins, um *1905*
453 Um *1915*
454 Walter Cyliax, *1933*
455 Edouard-Louis Baud, um *1910*

456

457

458

459

456 Viktor Rutz, *1945**
457 Peter Birkhäuser, *1945**
458 Viktor Rutz, *1942**
459 Niklaus Stoecklin, *1961**
460 Lora Lamm, *1963**
461 Hermann Eidenbenz, *1950*
462 Niklaus Stoecklin, *1960*
463 Herbert Leupin, *1965**

460

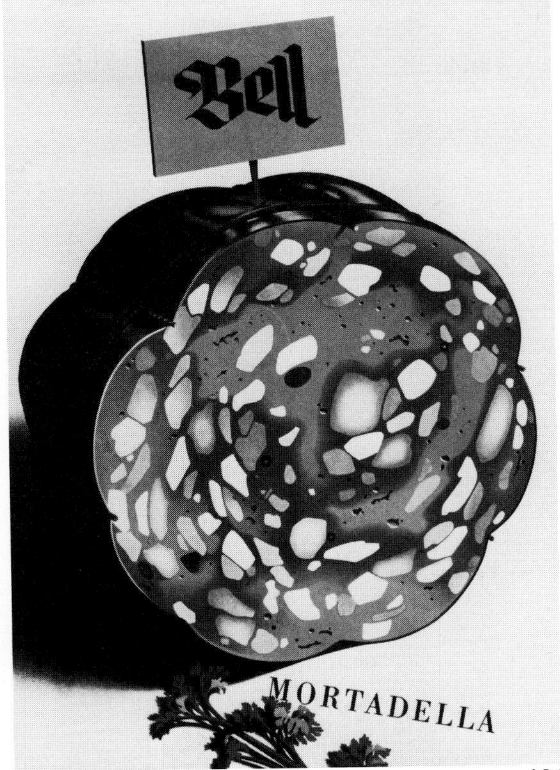

461

462

463

464 1905 Entwurf für Mono-Karte, um 1915 als Plakat gedruckt.

464

465

466

467

468

468 Firmenplakate um 1900 hatten oft keinen direkten Bezug zur Ware, die sie propagierten. Die Chocoladefabrik Grison wurde 1893 gegründet und 1961 von Lindt & Sprüngli übernommen.

468 The posters produced by firms c. 1900 often had no direct connection with the goods they advertised.

468 Les affiches commerciales autour de 1900 n'établissaient pas toujours un rapport direct avec la marchandise à vendre.

469

469 Coop stellte der Markenschokolade eine Eigenproduktion entgegen und durchbrach damit die Preisbindung, die bis 1967 bestand und das wohlgeordnete Gefüge des schweizerischen Detailhandels zusammenhielt.

464 Carl Moos, *1905*/um *1915*
465 Leonetto Cappiello, *1929*
466 Karl Bickel, *1932*
467 Charles Kuhn, *1933*
468 Um *1900*
469 Wilhelm E. Baer, *1944*
470 Max Baer, *1946*
471 Samuel Henchoz, *1950**
472 Nelly Loewensberg-Rudin, *1964**
Foto: Wilhelm S. Eberle

470

472

471

474 Der mittlere Teil wurde prämiert und auch allein angeschlagen.

474 The middle portion was awarded a prize and often displayed alone.

474 La partie centrale fut primée et elle fut aussi affichée séparément.

473

47

475

476

477

478

473 Fritz Boscovits, um *1900*
474 Ruedi Külling, *1972*
Werbeagentur: Advico
475 Hermann Alfred Koelliker, *1932*
476 Hermann Alfred Koelliker, *1936*
477 Herbert Leupin, *1953**
Werbeagentur: Farner
478 Peter Emch, *1970**
Werbeagentur: Advico
479 Herbert Leupin, *1961*
480 Herbert Leupin, *1945**
481 Herbert Leupin, *1956**
482 Herbert Leupin, *1960*
483 Herbert Leupin, *1969**

479

480

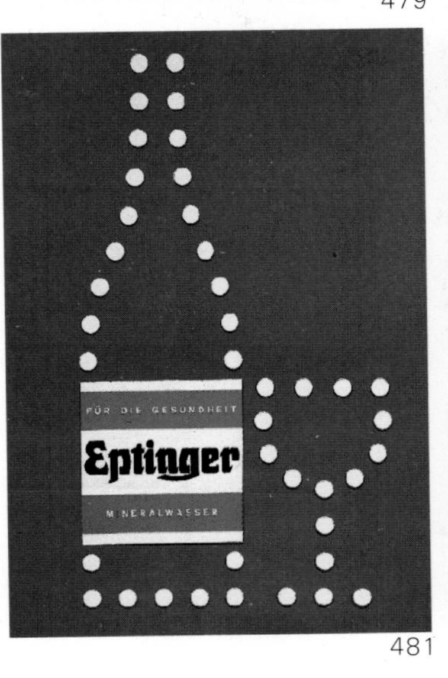

481

482

483

483 Leupin hat für die Mineralquelle Eptingen AG von 1941 bis 1976 für «Eptinger» und von 1951–1975 für «Pepita» jedes Jahr ein Plakat entworfen.

484

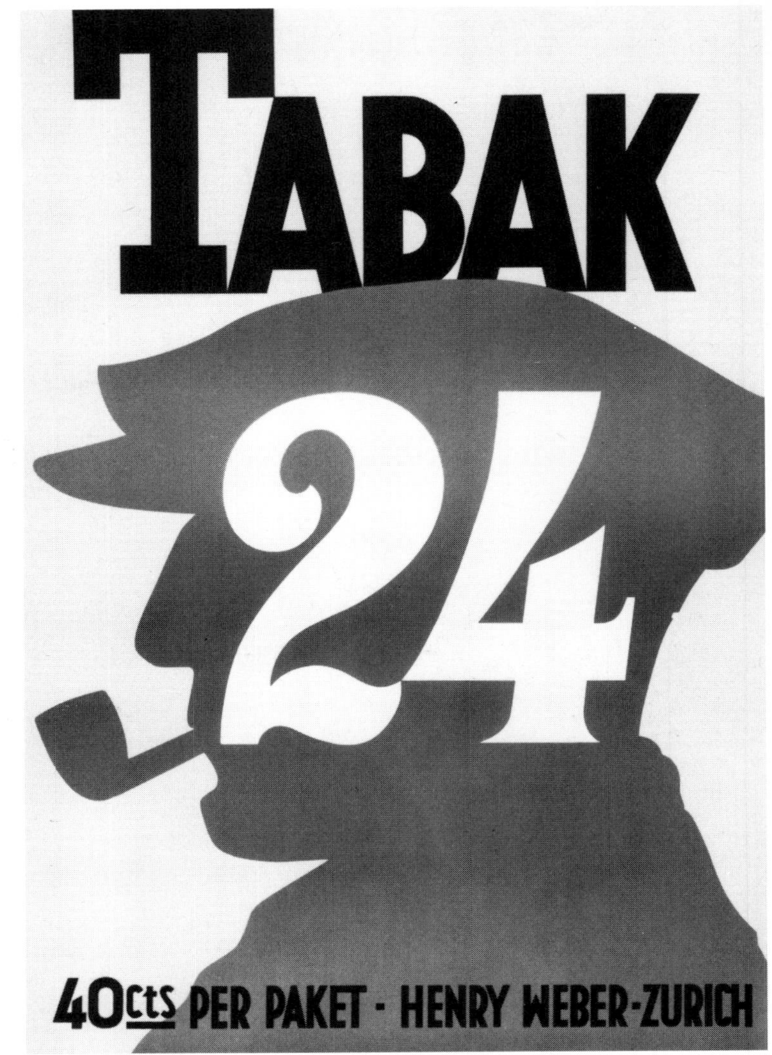

485

486

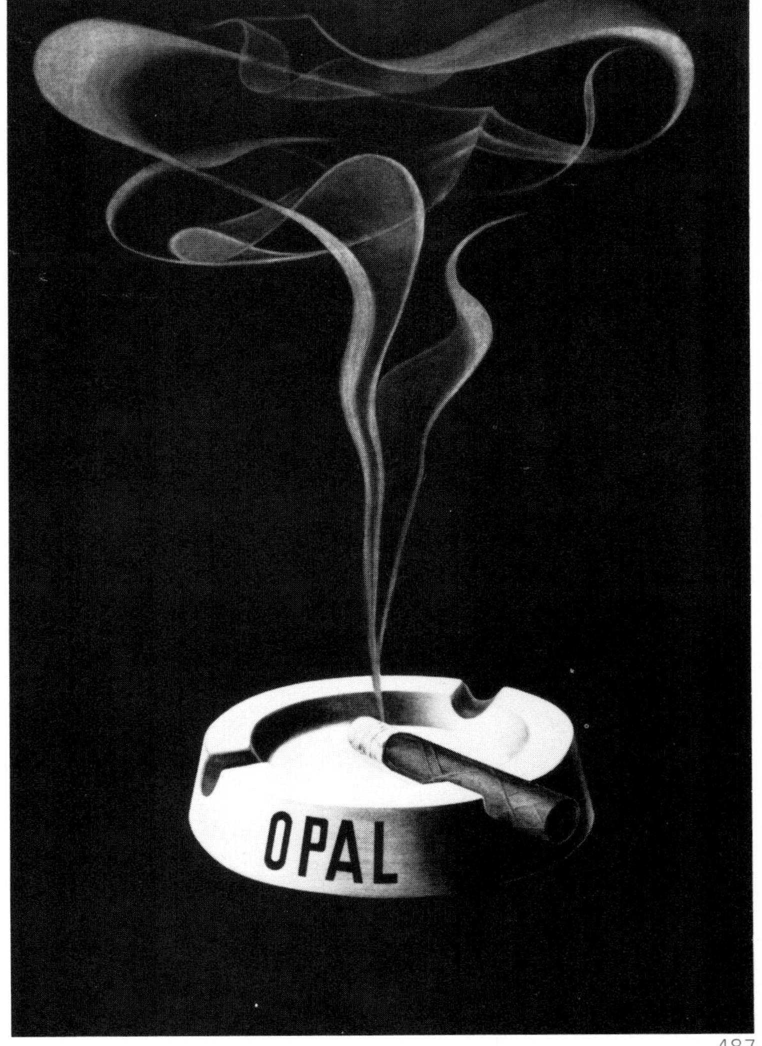

487

484 Keller knüpfte mit seinem Linolschnitt für eine Tabakausstellung mit Schrift und Silhouette an den bekannten Pfeifenraucher von Webers Tabak an (485).

484 Ernst Keller, *1929*
485 Luigi Taddei, *1922*
486 *1936*
487 Ferdi Afflerbach, *1941*
488 Eric de Coulon, *1936*
489 A.M. Cassandre, *1937*
490 Niklaus Stoecklin, *1943**

488

490

489

ASTOR
Cigarettes
Hoppler
Kunstanstalt J.C. Müller Zürich 8

491

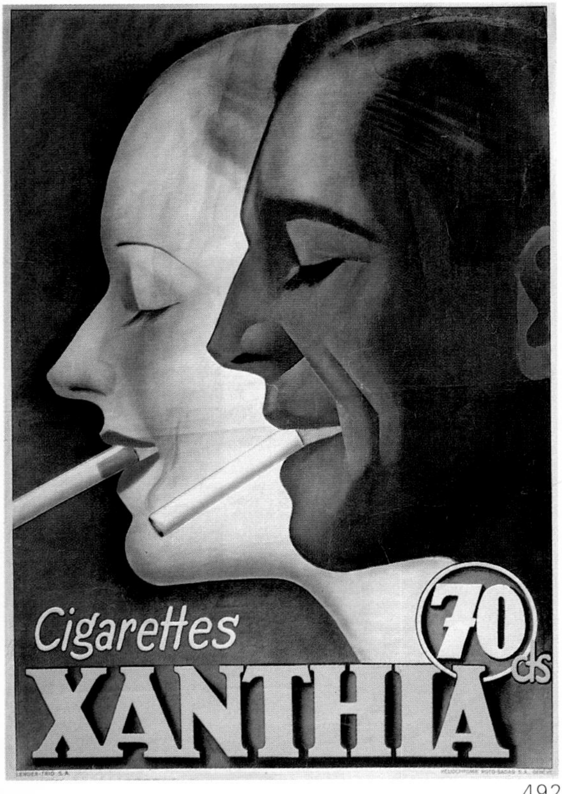
Cigarettes
XANTHIA
70 cts

492

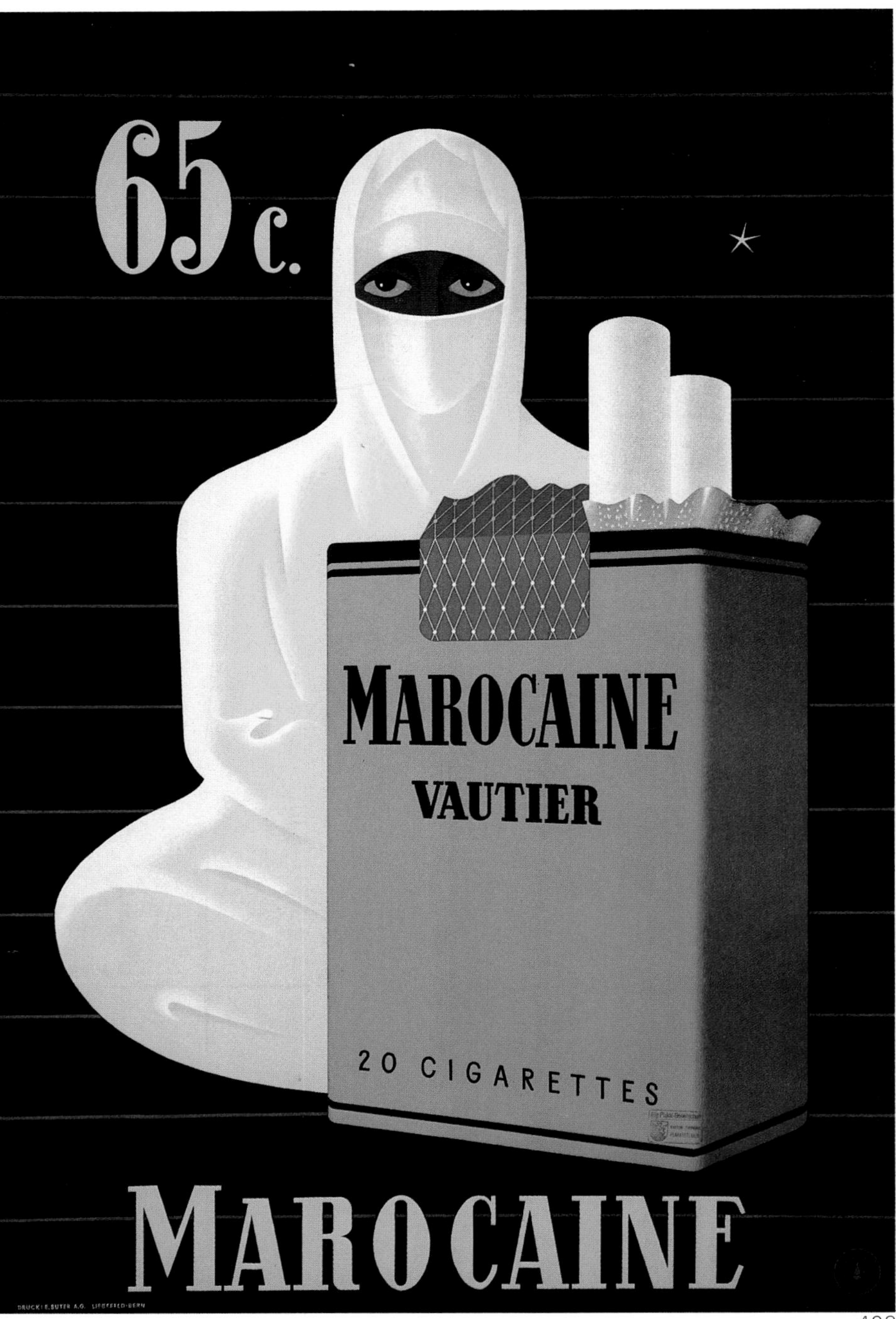
65 c.
MAROCAINE
VAUTIER
20 CIGARETTES
MAROCAINE

493

491 Albert Hoppler, *1913*
492 *1938*
Werbeagentur: Lender Trio
493 André Simon, *1944*
494 Raymond Savignac, *1956*
495 Herbert Leupin, *1956**
496 *1963*
Werbeagentur: Gisler & Gisler

495

494

496

9

Sport

Seit es den Plakatanschlag gibt, ist auch der Sport ein wichtiges Plakat-Thema. Im 17. und 18. Jahrhundert warben die Schausteller mit Buchdruckzetteln, die dem Publikum die Artisten in Holz geschnitten vorstellten. Oder waren die Seiltänzer, Gewichtheber und Kunstschützen etwas anderes als die Vorläufer unseres Schau- und Leistungssportes? Die wichtigsten Elemente des Sportes – Spieltrieb, Wettkampf, Zuschauer – haben Künstler seit jeher fasziniert, und seit Toulouse-Lautrec entwarfen sie auch Plakate für Sportanlässe.

In der Schweiz malte Eduard Stiefel für das Eidgenössische Turnfest in Bern 1906 (498) eines der ersten modernen Plakate. Befreit von allegorischem Ballast triumphiert die plakative Darstellung inmitten klar abgegrenzter Farbflächen. Sechs Jahre später war es Eduard Renggli (497), der für den gleichen Anlass seine energiegeladenen Turner durch neuartiges Anschneiden, das allerdings als «Geschmacklosigkeit» beurteilt wurde*, in Bewegung hielt.

Der Erste Weltkrieg unterbrach den dreijährigen Turnus der «Eidgenössischen», und das nächste Turnfest fand erst 1922 statt. Fred Stauffers Turner auf dem Plakat (501), als unmännlich empfunden, stiess auf heftige Ablehnung. Farbige Postkarten nach einer «Nebelspalter»-Titelseite mit der Karikatur von Carl Böckli und dem Text «57. jähr. Jubiläum einer Ehrenjungfrau» (502) verspotteten den Anschlag.

Plakate für gesamtschweizerische Sportanlässe gingen meist aus Wettbewerben hervor. Für die zahllosen kantonalen und regionalen Ereignisse hingegen kamen vor allem die Künstler der Gegend zum Zug. Der Betrachter lernt nicht nur weniger bekannte Orte, sondern auch weniger bekannte Maler kennen. Für das bernische Kantonalschützenfest 1912 in Herzogenbuchsee indessen fiel der Auftrag an Cuno Amiet. Sein Plakat (512) war denn auch nicht nur eine fünffarbige Originallithografie, sondern auch eine Abkehr von plattem Pathos und Patriotismus.

Noch ungewöhnlicher war 1911 die Werbung einer Frau für eine der männlichsten Sportarten – das Schwingen (506). Die von Dora Hauth-Trachsler kraftvoll hingestellte Männlichkeit hatte Erfolg, 1947 benützten sie die Schwinger wieder für ein Plakat. Weniger Glück hatte die Malerin 1920 mit ihrem Appell für das Frauenstimmrecht (555).

* «Die Geschmacklosigkeit, der durch den Bildrand angeschnittenen Turner hätte man uns ersparen können, trotzdem lässt sich nicht leugnen, dass die Kontinuität der Bewegung die Fernwirkung bedeutend steigert», schrieb Albert Sautier («Die Schweiz», S. 227/1913).

9

Sport

There have been sport posters since the very beginning. In the 17th and 18th century showmen advertised with printed leaflets on which woodcuts of the artistes were displayed. Or were these funambulists, strong men and marksmen something different from the precursors of our spectator and competitive sport? The cardinal elements of sport – the urge to play, competition, spectatorship – have fascinated artists for ages and, ever since Toulouse-Lautrec, they have designed posters for sports events.

In Switzerland Eduard Stiefel designed in Berne in 1906 (498) one of the first modern posters ever for the Federal Gymnastic Festival. Freed from all allegorical trimmings the subject could be presented triumphantly in bold outline amidst clearly demarcated areas of colour. Six years later it was Eduard Renggli (497) who, in an advertisement for the same event, kept his energy-laden gymnasts in motion by a novel technique of cutting off the figures at the edges – an innovation which was, however, condemned as an error in taste.

World War I interrupted the triennial "Federal Gymnastic Festival", and it was not until 1922 that the next one was held. Fred Stauffer's gymnasts on his poster (501), which was felt to be unmanly, met with violent criticism. Coloured postcards with a "Nebelspalter" title-page caricature by Carl Böckli and the text "57th Anniversary of a Maid of Honour" (502) made fun of the poster.

Posters for all-Swiss sports events were usually chosen by competition. However, for all the countless cantonal and regional events it was the local artists who were called upon. The viewer became acquainted not only with unfamiliar places but also with unfamiliar artists. The commission for the poster which advertised the Bernese Rifle Meeting in 1912 at Herzogenbuchsee was awarded to Cuno Amiet, who lived at Oschwand. Amiet's poster (512) was not only an original lithograph in four colours; it was also unusual in that it discarded the empty magniloquence and patriotism.

Still more unusual in 1911 was the advertisement done by a woman for one of the most manly of sports – Swiss wrestling (506). The powerful chunk of masculinity produced by Dora Hauth-Trachsler was a success, and in 1947 the wrestlers used it again for a poster. But when the artist made another appeal to the men in 1920 – for women's suffrage – she was less successful (555).

9

Les sports

Le sport fut un des premiers sujets d'affiche. Aux 17e et 18e siècles, les saltimbanques s'annonçaient par des feuilles volantes en typographie avec des gravures sur bois. Et les funambules et athlètes de toute sorte, ne furent-ils pas les précurseurs de nos sportifs? Le sport – jeu, compétition, spectacle – a toujours fasciné les peintres. Depuis Toulouse-Lautrec, ils lui ont consacré de nombreuses affiches.

Eduard Stiefel créa pour la «Fête fédérale de gymnastique» de 1906 à Berne (498) une des toutes premières affiches modernes. Sans aucun fatras allégorique, le sujet se présente au milieu de plans colorés nettement délimités. Ces jeux eurent lieu tous les trois ans. En 1912, ce fut Eduard Renggli (497) qui fit une affiche où le dynamisme des athlètes était rendu par leur représentation en amorce – ce qui fut taxé de mauvais goût.

En raison de la guerre de 1914/1918, ces compétitions ne purent être reprises qu'en 1922. L'athlète de Fred Stauffer (501) fut considéré comme effeminé et vivement rejeté. Des cartes postales en couleurs d'après une caricature de Carl Böckli qui illustrait «le 57e anniversaire d'une demoiselle d'honneur» (502), le ridiculisèrent complètement.

Les affiches pour des manifestations sportives nationales sortaient en général de concours. Pour les innombrables compétitions cantonales et régionales, par contre, on donna leur chance aux artistes sur place, ce qui nous permet de faire connaissance avec des lieux et avec des peintres moins connus. Pour l'affiche de la fête du tir du canton de Berne à Herzogenbuchsee, en 1912, on choisit Cuno Amiet. Il produisit une lithographie originale en cinq couleurs, extraordinaire par son manque de pathos et de patriotisme (512).

Plus étonnante encore fut, en 1911, l'affiche créée par une femme, Dora Hauth-Trachsler, pour un genre suisse de lutte sur le tapis (le *«Schwingen»*) – un sport des plus virils (506). Cet athlète plut à tel point qu'il fut repris en 1947. Dora Hauth-Trachsler eut cependant moins de succès en 1920 avec son appel pour le droit de vote des femmes (555).

EDUARD
RENGGLI
LUZERN
56. EIDGENÖSSISCHES
TURNFEST · IN · BASEL
5.-9. JULI · 1912
GRAPH. ANST. W. WASSERMANN, BASEL.

498

499

500

501

502

502 Böckli karikierte das offizielle Turnfest-Plakat (501) auf der Titelseite des «Nebelspalters». Als farbige Ansichtskarte fand das Spottbild Anklang bei den Turnern.

497 Eduard Renggli, *1912*
498 Eduard Stiefel, *1906*
499 Ovidio Roncoroni, *1927*
500 Hans Erni, *1936*
501 Fred Stauffer, *1922*
502 Carl Böckli, *1922*
503 Alfred Heinrich Pellegrini, *1905*
504 *1929*
505 Roland Graz, *1973*
506 Dora Hauth-Trachsler, *1911*

503

504

505

506

507

508

509

510

511

BERNISCHES
KANTONAL SCHÜTZEN FEST
HERZOGENBUCHSEE
PLANSUMME 200000.
14.-22. JULI 1912.

512

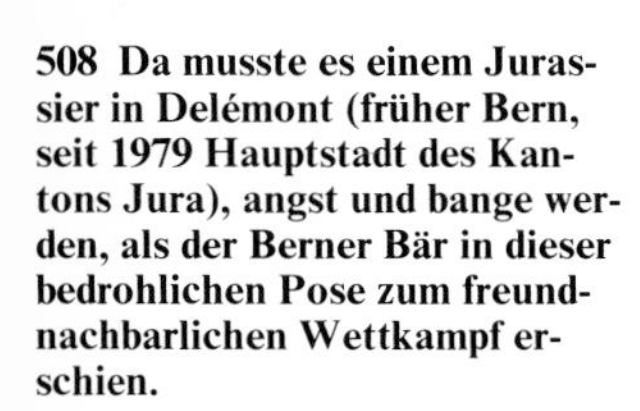
508 Da musste es einem Jurassier in Delémont (früher Bern, seit 1979 Hauptstadt des Kantons Jura), angst und bange werden, als der Berner Bär in dieser bedrohlichen Pose zum freundnachbarlichen Wettkampf erschien.

513

514

515

516

517

518

519

507 Otto Abrecht, *1909*
508 Armand Schwarz, *1909*
509 Eugen Henziross, *1911*
510 Paul Wyss, *1911*
511 Albert Champod, *1906*
512 Cuno Amiet, *1912*
513 Fritz Gilsi, *1913*
514 Heinrich Danioth, *1920*
515 Otto Landolt, *1920*
516 Ernst E. Schlatter, *1922*
517 Ernst Hodel, *1939*
518 Theo Ballmer, *1920*
519 Georges Froidevaux, *1948**
520 Fridolin Müller, *1963**

520

517 Den Finger am Abzug, den Karabinerring gespannt ... Wehrbereitschaft am Vorabend des Zweiten Weltkrieges.

517 The finger on the trigger, the striker cocked ... readiness to fight on the eve of World War II.

517 Le doigt sur la gâchette, la carabine au cran d'arrêt – attitude de vigilance à la veille de la Deuxième guerre mondiale.

521

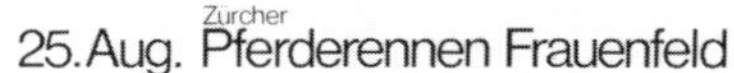

523

522

522 Vierfarbige Originallithografie.

522 Original litho in four colours.

522 Lithographie originale en quatre couleurs.

521 Mark Zeugin, *1965*
522 Maurice Barraud, *1943**
523 Moritz S. Jaggi, *1963**
*Foto: Robert Zumbrunn
524 Karl Bickel, *1926*
525 Maurice Maffei, *1965*
526 Eric de Coulon, *1927*

524

525

526

Sport
Sportfreunde
bevorzugen den «Sport»

527

gewerbemuseum basel
3. mai – 31. mai
neue
sportbauten
werktags 14–18
sonntags 10–12 14–19
mittwochs 14–19 20–22
eintritt frei

528

SträuliSport
am Rennweg
Zürich

529

530

531

532

527 Donald Brun, *1966*
528 Ernst Mumenthaler, *1931*
529 Heini und Leo Gantenbein, *1948**
530 Numa Rick, *1941*
531 Roger und Elisabeth Pfund, *1972**
532 Jacques Rouiller, *1964*

10

Politik

1919, als unter dem Eindruck des Generalstreiks die Stimmabgabe für den Nationalrat erstmals nach dem Verhältniswahlrecht – dem Proporz – erfolgte, entstand das künstlerische politische Plakat in der Schweiz.

Die gleichen Künstler, die dem modernen Tourismus- oder Warenplakat zum Durchbruch verholfen hatten, machten auch die ersten politischen Plakate. Die stärksten stammten wieder von Cardinaux, Mangold, Pellegrini, Baumberger und Stoecklin, die, mit Ausnahme Pellegrinis, den bürgerlichen Parteien zur Verfügung standen.

In den dreissiger Jahren war es Theo Ballmer, der nach der Rückkehr vom Bauhaus für die revolutionäre Sprache seiner Plakate neue Formen fand. Überhaupt holten die Arbeiterparteien ihren künstlerischen Rückstand mit der neuen Plakatmacher-Generation auf. Nach Carigiet, Falk und Erni waren weitere Maler bereit, ihre Kunst den Linksparteien zu schenken.

Neben Wahlplakaten zeigen die Abbildungen Propaganda für wichtige Abstimmungen. Sie wird vorzugsweise kontradiktorisch vorgestellt, so dass dem Ja- das Nein-Plakat gegenübersteht. Die offizielle Bezeichnung samt dem Abstimmungsergebnis lässt das Plakat, neben der ästhetischen Bewertung, auch politisch bestimmen. Die Stimmbeteiligung fiel von 86% bei der Abstimmung von 1922 über die Vermögensabgabe (542 und 543) auf 42% bei der Abstimmung von 1978 über die Sicherheitspolizei des Bundes (589).

Ein eigentlicher politischer Stil, und bei den grossen Parteien eine Vereinheitlichung der gesamten Plakatwerbung, lässt sich erst in jüngster Zeit beobachten. Während Jahrzehnten waren nicht nur der Gestalter – die meisten Grafiker arbeiteten für verschiedene Parteien –, sondern auch die von ihm verwendeten Motive austauschbar.* Dieser Umstand sollte den Polit-Forscher eigentlich davon abhalten, zuviel ins politische Plakat hineinzudeuteln.

* Gottfried Honegger erzählte, wie er 1947 mit seinem Entwurf («Was Du Dir einbrockst ...») bei den Zürcher Sozialdemokraten nicht angekommen sei und wütend darüber die Freisinnigen an der St. Urbangasse aufgesucht habe, die sein Plakat mit den notwendigen Textänderungen annahmen.

10

Politics

When in 1919, in the wake of the general strike, elections for the National Assembly were first conducted on the basis of proportional representation, the artist-designed political poster came into being in Switzerland.

The same artists who had helped the modern tourist and product poster to achieve a breakthrough, also produced the first political posters. The most powerful again came from Cardinaux, Mangold, Pellegrini, Baumberger and Stoecklin, who, with the exception of Pellegrini, worked for the non-socialist parties.

In the thirties it was Theo Ballmer who, on his return from the Bauhaus, found new forms for the revolutionary language of his posters. Actually it was the new generation of poster designers that enabled the workers' parties to catch up on their artistic arrears. After Carigiet, Falk and Erni, other artists were ready to place their art at the disposal of the left.

Apart from election posters, the illustrations also show propaganda for important referenda and popular votes. They are shown, as it were, so as to give both sides a hearing, with the "yes" and the "no" posters placed opposite each other. The official terms of the vote together with the results allow the poster to be given a political as well as an aesthetic rating.

The poll fell from 86% in the 1922 vote on capital tax (542) to 42% in the 1978 vote on the Federal security police (589).

It is only recently that an actual political style and, in the case of the big parties, a degree of homogeneity in general poster advertising can be discerned. For years not only the designers – most of them worked for various parties – but also the motifs they used were exchangeable*. This is a fact which should discourage the political researcher from reading too much into the political poster.

* Gottfried Honegger relates how, in 1947, his poster ("Was du Dir einbrockst ...") did not find favour with the Zurich Social Democrats and he therefore went in a fury to the Progressive Liberals, who accepted his poster with the necessary textual alterations.

10

La politique

L'affiche artistique politique vit le jour en 1919 lorsque, grâce à la grève générale, les élections au conseil national eurent lieu pour la première fois à la proportionnelle. Les artistes qui avaient été à l'origine de la percée dans le domaine de l'affiche touristique ou promotionnelle firent également les premières affiches politiques. Les plus remarquables sont encore celles de Cardinaux, de Mangold, de Pellegrini, de Baumberger ou de Stoecklin. Tous, sauf Pellegrini, travaillaient pour les partis bourgeois.

Dans les années 30, Theo Ballmer, un ancien du Bauhaus, trouva de nouvelles formes pour le langage révolutionnaire de ses affiches. En fait, c'est une nouvelle génération d'artistes qui permit aux partis ouvriers de rattraper leur retard dans ce domaine. Après Carigiet, Falk et Erni, d'autres peintres encore se mirent à la disposition des partis de gauche.

A côté d'affiches électorales, les illustrations présentent la propagande pour les différents votes. Nous avons tenté de la montrer en opposant les affiches «pour» aux «contre». La désignation officielle ainsi que les résultats des votes permettent une appréciation non seulement esthétique, mais aussi politique de l'affiche. La participation au vote de 1922 concernant le prélèvement sur la fortune fut de 86% (542 et 543) et celle concernant la police nationale de sûreté, en 1978, fut de 42% (589).

Cependant, un véritable style politique, ainsi que – pour les grands partis – une unification de la propagande, ne sont que chose récente. Pendant des décennies, non seulement les créateurs, mais aussi les motifs utilisés furent interchangeables*. En fait, la plupart des artistes travaillaient pour différents partis. Ceci devrait empêcher une interprétation trop poussée des affiches politiques.

* Gottfried Honegger raconte comment, en 1947, les socialistes n'avaient pas apprécié son esquisse et comment, furieux, il était allé la présenter aux libéraux qui, eux, l'avaient acceptée — avec les modifications du texte qui s'imposaient ...

Stimmt für Liste 1

UNTER DEM FREISINN
DAHIN·FÜHRT·DER·BOLSCHEWISMUS
J.E.WOLFENSBERGER ZÜRICH

533 Burkhard Mangold, *1919*
534 Melchior Annen, um *1910*
535 Paul Wyss, *1919*
536 Alfred Heinrich Pellegrini, *1919*
537 Carl Moos, *1925*
538 Burkhard Mangold, *1919*
539 Victor Salvisberg, *1921*
540 Hans Beat Wieland, *1920*
541 Emil Cardinaux, *1920*
542 Emil Cardinaux, *1922*
543 Joseph Divéky, *1922*
544 Charles L'Eplattenier, *1935*
545 Johann Arnhold, *1935*
546 Theo Ballmer, *1935*
547 Jules Courvoisier, *1935*
548 Emil Cardinaux, *1933*
549 Alois Carigiet, *1933*
550 Theo Ballmer, *1933*
551 Clément Moreau, *1933*

534

533 Stadtratswahlen Zürich

534 Die stramme FdP überragt die sitzende Helvetia und gibt acht, dass die jugendliche Landesmutter ihre arbeitenden Zwerge richtig beschert und ihre Gaben, etwa eine «Alters- & Invaliden-Versicherung», nicht verloren gehen.

535 Nationalratswahlen Basel. Das Plakat erinnert an den Militäreinsatz gegen die Hungerdemonstration vom August 1919 in Basel, der mehrere Todesopfer forderte.

536 Nationalratswahlen Basel.

537 Nationalratswahlen.

535

536

537

538

539

538 Stadtratswahlen Zürich.

539 Staatsratswahlen Genf. Der Anti-Katholizismus, hier in einem späten Beleg, ist ein Relikt aus dem Kulturkampf. Salvisberg sieht noch 1921 den Freisinnigen bedroht. Von links nach rechts: Bandit, Klerikaler, Monarch.

540

541

548

542

543

549

544

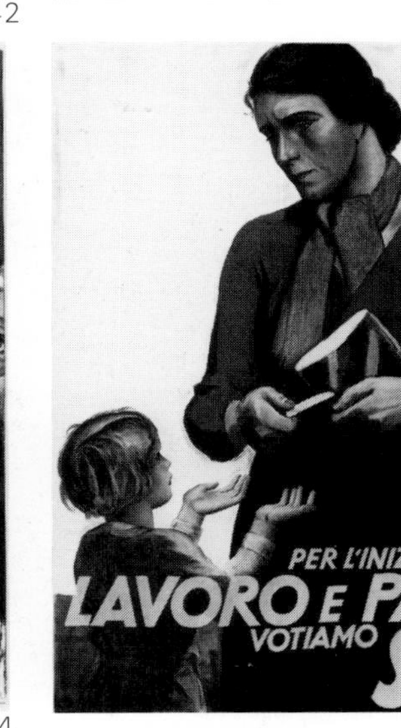

545

546

547

550

551

540, 541 Eidg. Abstimmung: Beitritt zum Völkerbund, 56% Ja.

542, 543 Eidg. Abstimmung: Einmalige Vermögensabgabe, 13% Ja.

544, 545 Eidg. Abstimmung: Kriseninitiative, 42%.

546, 547 Eidg. Abstimmung: Militärvorlage, 54% Ja.

548, 549, 550, 551 Eidg. Abstimmung: Lohnabbau beim Bundespersonal, 44% Ja.

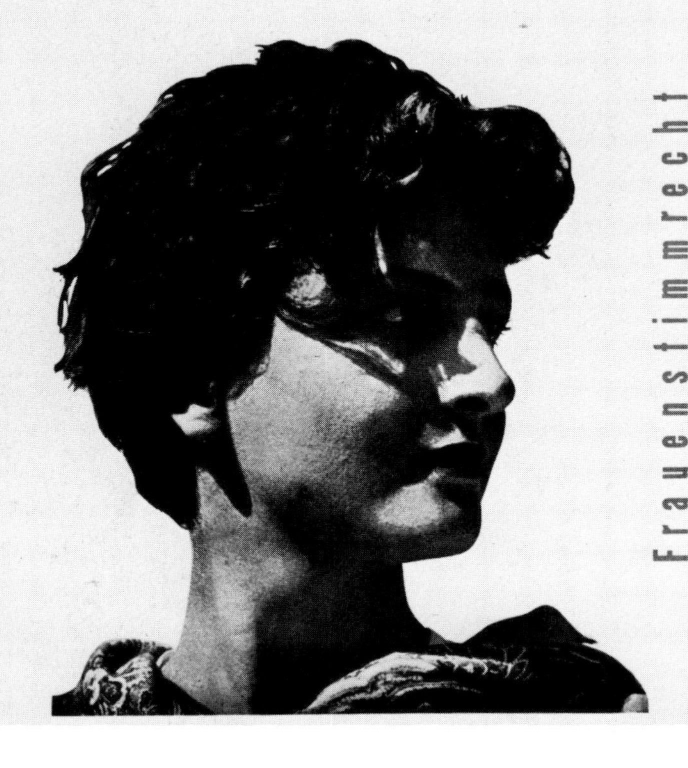

552

553

553 Die ersten Abstimmungen über das Frauenstimmrecht ergaben im Kanton Zürich 1920 19% Ja (554, 555), 1947 22% Ja; im Kanton Basel-Stadt 1920 35% Ja, 1946 37% Ja (552, 553, 578).

553 The first votes on female suffrage produced 19% "for" in the canton of Zurich (554, 555), 22% "for" in 1947; in the canton of Basle-City in 1920 35% "for", in 1946 37% "for" (552, 553).

553 Premiers résultats du référendum sur le vote des femmes: dans le canton de Zurich, il y eut en 1946, 19% de pour (554, 555) et en 1947, 22%; dans le canton de Bâle en 1920, 35% de pour et en 1946, 37% (552, 553).

554

555

556

554 Baumbergers karikierte Frauenrechtlerin passt schlecht zu seiner Neujahrskarte von 1918, auf die er einen Vers aus der sozialistischen Kampfeshymne, der «Internationalen», setzte, die das Menschenrecht erkämpfen will.

556 Die erste eidgenössische Abstimmung über das Frauenstimmrecht fand 1959 statt und ergab 33% Ja.

556 The first Federal vote on female suffrage took place in 1959 and 33% were in favour.

556 Le premier référendum national sur le vote des femmes eut lieu en 1959 et donna 33% de pour.

552 Hermann Eidenbenz, *1946*
553 Donald Brun, *1946*
554 Otto Baumberger, *1920*
555 Dora Hauth-Trachsler, *1920*
556 René Gisli, *1959*
557 Fred Stauffer, *1924*
558 Heiner Bauer, *1958*
559 Florentin Moll, *1924*
560 Charles Affolter, *1958*
561 Bernard Schlup, *1976*

557

558

559

560

561

561 Eidg. Abstimmungen über die Arbeitszeit: 1924, *gegen* die 48-Stunden-Woche (Revision Art. 41) 42% Ja (557, 559); 1958, *für* die 44-Stunden-Woche, 35% Ja (558, 560); 1976, *für* die 40-Stunden-Woche, 21% Ja (561).

562

563

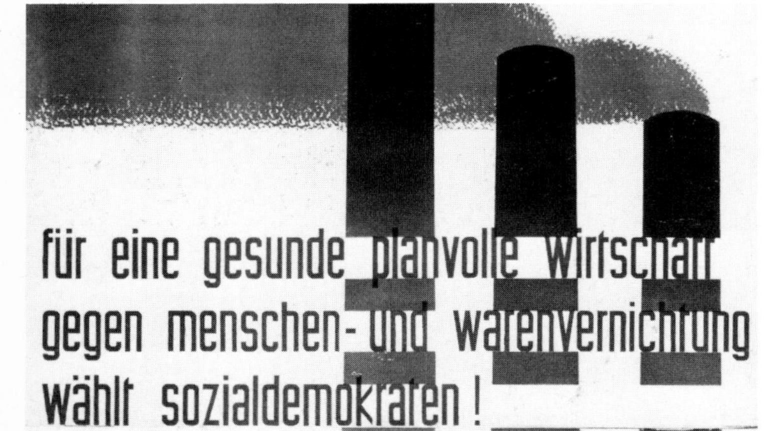

564

565

566

567

568

569

570

567, 568, 569, 570 Bodenständig gaben sich die meisten Parteien, national aber vor allem die Bewunderer des Dritten Reiches (567).

567, 568, 569, 570 Most parties proclaimed their attachment to the native soil whereas it was the admirers of the Third Reich who expressed nationalist sentiments (567).

567, 568, 569, 570 La plupart des partis se voulaient nationaux, mais seuls les admirateurs du Troisième Reich s'avouaient nationalistes.

562 Paul Senn, *1931*
563 Alfred Marxer, *1935*
564 Ernst Mumenthaler, *1935*
565 Carl Moos, *1935*
566 Theo Ballmer, *1931*
567 Richard Doelker, *1935*
568 Karl Hänny, *1939*
569 Charles Kuhn, *1939*
570 Karl Schlegel, *1943*
571 Willy Trapp, *1943*
572 Willi Günthart, *1943*
573 Hans Trommer, *1935*
574 Carl Scherer, *1938*
575 Rolf Gfeller, *1947*
576 Eugen und Max Lenz, *1955*
577 Max von Moos, *1951*

571

572

573

574

577

577 Als Maler Surrealist, als Grafiker Kommunist (PdA = Partei der Arbeit = Nachfolgerin der 1940 verbotenen kommunistischen Partei): Max von Moos.

575

576

578

579

580

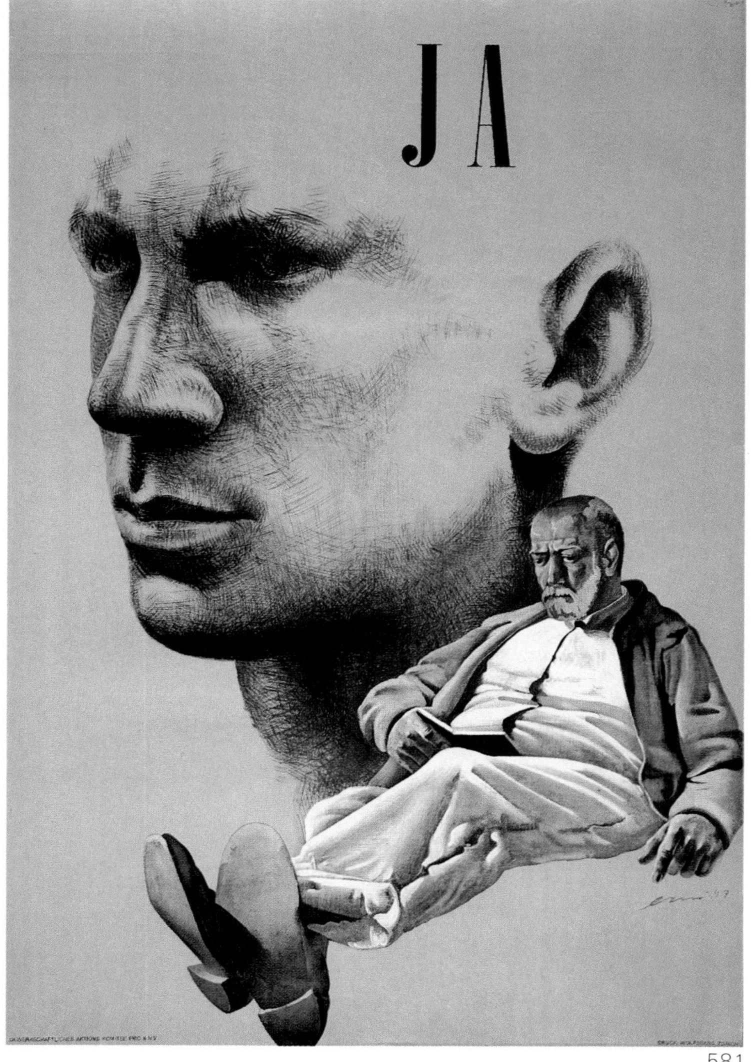

581

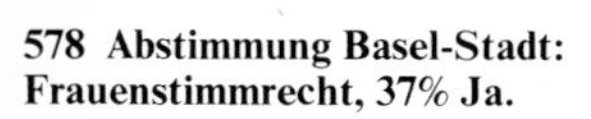

578 Abstimmung Basel-Stadt: Frauenstimmrecht, 37% Ja.

580 Der Bundesrat verbot den Plakataushang.

580 The Federal Council prohibited the display of this poster.

580 Cette affiche fut interdite par le Conseil fédéral.

581 Eidg. Abstimmung: Alters- und Hinterlassenen-Versicherung, 80% Ja.

578 Hans Erni, *1946*
579 Hans Erni, *1954*
580 Hans Erni, *1944*
581 Hans Erni, *1947*
582 Paul Gmür, *1971*
583 Paul Gmür, *1971*
584 Paul Gmür, *1971*
585 Urs Lüthi, *1968*
586 Chasper Melcher, *1979*
587 Hugo Schuhmacher, *1975*
Typografie: Egon Meichtry
Projekt: Peter Münger
588 Stephan Bundi, *1977*
589 Martial Leiter, *1978*

582

583

584

585

586

582, 583, 584 Eine U-Bahn in Zürich? (Die Vorlage gelangte 1973 zur Abstimmung und wurde abgelehnt).

586 Grossratswahlen Graubünden.

588 Eidg. Abstimmung: Erhöhung der Unterschriftenzahlen für Volksbegehren (kein Ja-Plakat bekannt), 56% Ja.

589 Eidg. Abstimmung: Bundes-Sicherheits-Polizei (kein Ja-Plakat bekannt), 44% Ja.

Die Maler, die das politische Plakat der Frühzeit schufen, später das garstige Thema den Grafikern überliessen, sind in den letzten Jahren wieder vermehrt bereit, sich an den öffentlichen Auseinandersetzungen zu beteiligen.

The painters who created the political poster of early times and later left the dirty work to the graphic designers have in recent years shown renewed willingness to participate in public debate.

Les peintres, après avoir créé les affiches politiques des débuts, pour ensuite laisser les graphistes «se salir les mains», sont maintenant de plus en plus nombreux à vouloir s'engager dans les discussions publiques.

587

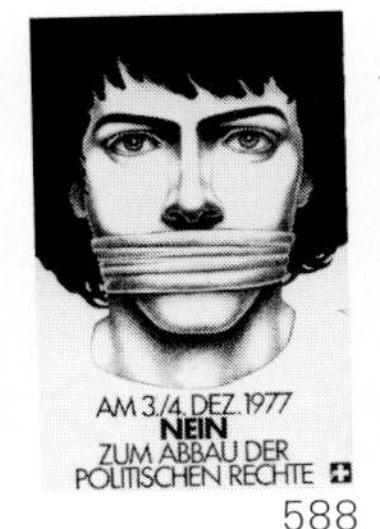

588

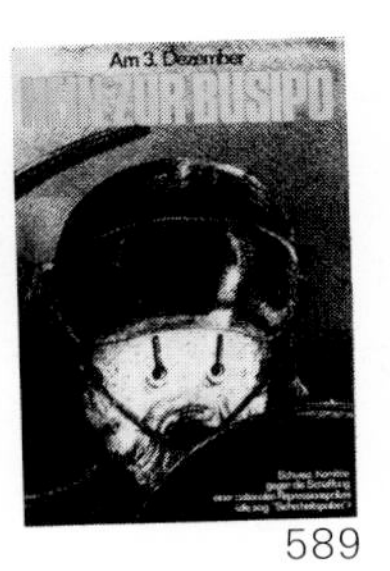

589

Künstlerverzeichnis
Index of Artists
Index des artistes

Verzeichnis der Plakatgestalter, bearbeitet von Alexa Margadant-Lindner

Name, Vorname
Bei Namensänderungen infolge Verwendung eines Pseudonyms oder Verheiratung wird bei dem in der Legende stehenden Namen, der mit dem auf dem Plakat angegebenen übereinstimmt, auf die gegenwärtige Nennung hingewiesen.

Berufsbezeichnung
Von den künstlerischen Tätigkeiten werden nur die hauptsächlichsten genannt. Grafiker steht für Gebrauchsgrafiker und schliesst Bezeichnungen wie Kunstzeichner, Illustrator, Plakatkünstler, Designer u. ä. ein.

Geburts-, Wohn- und Todesort
Das kantonale Autokennzeichen weist die Orte dem betreffenden Kanton, das europäische Nationalitätenkennzeichen dem Staat zu, dem sie nach dem Grenzverlauf seit 1945 angehören.

Index of poster designers, compiled by Alexa Margadant-Lindner

Name, first name
In the event of a change of name due to the use of a pseudonym or marriage, the present name is indicated along with the name given in the legend, which corresponds to that on the poster.

Occupation
Only the main artistic activities are mentioned. Graphic designer stands for commercial artist and includes such designations as artistic draughtsman, illustrator, poster artist, designer etc.

Places of birth, residence and death
The Swiss car registration code is used to assign places to the appropriate canton, and the nationality code to indicate the country to which they have belonged since adjustment of frontiers in 1945.

Index des créateurs d'affiches, établi par Alexa Margadant-Lindner

Nom, prénom
Si un artiste a changé son nom au cours de sa carrière (mariage, pseudonyme) le nom indiqué dans la légende, correspondant à la signature de l'affiche, sera complété par celui qui de nos jours est courant.

Profession
Nous ne nommons, parmi les activités artistiques, que celles qui sont essentielles. Ainsi, graphiste signifie dessinateur, dessinateur industriel, illustrateur, créateur d'affiches, de design etc.

Lieux de naissance, domicile, décès
Pour indiquer les cantons, nous avons utilisé les lettres des plaques minéralogiques suisses et pour indiquer les pays, tels qu'ils sont délimités depuis 1945, les abréviations officielles.

Plakatverzeichnis
Index of Posters
Index des affiches

Abbildungsnummer

Gestalter, Erscheinungsjahr
Das Sternchen hinter der Jahreszahl zeigt, dass das Plakat vom Eidgenössischen Departement des Innern ausgezeichnet worden ist. Diese Auszeichnung erfolgt seit 1941, politische Plakate sind davon ausgeschlossen.

Titel/Text
Vorgenommene Umstellungen und eingesetzte Satzzeichen dienen der Verständlichkeit.

Druckverfahren, Farbe
Mehr als zwei Farben = mehrfarbig.

Format
Weltformat = 90,5 × 128 cm, Breite × Höhe. Abweichungen bis zu einem Zentimeter sind üblich und nicht berücksichtigt.

Druckerei
Bei heute noch unter dem gleichen Namen bestehenden Firmen steht einheitlich die gegenwärtige Bezeichnung.

The following index of the posters reproduced in this book has not been translated since it is assumed that the brief notes will be generally intelligible.
Order in which the data (as far as known) is presented:

Number of illustration

Designer, year of publication

Title/text

Printing process
Colour: more than two colours = "mehrfarbig" = multicoloured

Format
weltformat = 90.5 × 128 cm, width by height. Tolerances up to 1 cm are usual and have not been considered.

Printer
In the case of firms still existing today under the same name, this is used throughout.

L'index qui suit n'a pas été traduit en français, ces indications étant sans doute compréhensibles pour tous. Dans la mesure du connu, elles apparaissent dans l'ordre suivant:

Numéro de l'illustration

Créateur, année de parution

Titre/texte

Technique de reproduction
Couleurs (plus de deux = mehrfarbig)

Format Weltformat = 90,5 × 128 cm; ou largeur × hauteur, des variations jusqu'à 1 cm, usuelles, n'étant pas prises en considération

Imprimeur
sous sa dénomination actuelle s'il existe encore

1
Emil Cardinaux, 1908
Zermatt
Lithografie, mehrfarbig,
70 × 100,5 cm
J. E. Wolfensberger AG, Zürich

2
Emil Cardinaux, 1906
Bern
Lithografie, mehrfarbig,
156 × 94,5 cm
Société Suisse d'affiches et de réclames artistiques, Genf

3
1914
Vieh- und Hirtenzucht in allen Farbenabstufungen für Plakate
Buchdruck, mehrfarbig,
14 × 9 cm

4
Robert Hardmeyer, 1904
Lithografie, mehrfarbig,
11,5 × 16,5 cm

5
Marc Boss und Jeanette Vuillemin, 1981
Werbeagentur: Christian Jaquet, Bern
Schweppes. Hin und wieder bitter nötig
Siebdruck, schwarz/gelb,
271 × 128 cm (3teilig)
Fischer AG, Luzern

6
Ferdinand Hodler, 1904
Secession. XIX. Ausstellung der Vereinigung bildender Künstler Österreichs (Wien)
Lithografie, mehrfarbig,
64,5 × 96,5 cm
A. Berger, Wien

7
Ferdinand Hodler, 1917
Ferdinand Hodler. Kunsthaus Zürich
Lithografie, mehrfarbig,
92 × 132,5 cm
J. E. Wolfensberger AG, Zürich

8
Ferdinand Hodler, 1918
Exposition F. Hodler. Galerie Moos, Genève
Lithografie, mehrfarbig,
90,5 × 128 cm
J. E. Wolfensberger AG, Zürich

9
Cuno Amiet, 1939
Stein am Rhein, Klostermuseum
Lithografie, mehrfarbig,
70 × 100 cm
J. E. Wolfensberger AG, Zürich

10
Augusto Giacometti, 1930
Die schöne Schweiz. Leuchtender Sommer – beschwingte Fahrt
Lithografie, mehrfarbig,
90,5 × 128 cm
J. E. Wolfensberger AG, Zürich

11
Alfred Heinrich Pellegrini, 1903
La Suisse sportive. Journal de tous les sports. Organe officiel de l'automobil-club de Suisse et des principales sociétés sportives.
Lithografie, schwarz/rot,
85 × 130,5 cm
Atar SA, Genf

12
Alfred Heinrich Pellegrini, 1920
Eure Schwester, gebt ihr Recht, nicht nur Pflicht
Lithografie, schwarz,
90,5 × 128 cm

13
Hugo Laubi, 1920
Türler
Lithografie, mehrfarbig,
90,5 × 128 cm
Mentor Verlag, Zürich

14
Carl Scherer, 1933
Freiheit! Nicht Terror. Schützt unser Gemeinwesen. Wählt Sozialdemokraten!
Lithografie, mehrfarbig,
90,5 × 128 cm
J. C. Müller AG, Zürich

15
Otto Baumberger, 1937
Brak Bitter
Lithografie, schwarz/rot,
90,5 × 128 cm
Trüb AG, Aarau

16
Victor Surbek, 1936
Schweizerkunst in Bern. XIX. Nationale Berner Festwochen. Kunstmuseum
Lithografie, schwarz/grau,
90,5 × 128 cm

17
Plinio Colombi, 1904
Schreckhorn, Oberland. Schweiz. SBB
Lithografie, mehrfarbig,
74 × 102 cm
A. Benteli AG, Bern/Hubacher & Cie., Bern

18
Willi Tanner, 1927
Thermalbad Ragaz
Lithografie, mehrfarbig,
90,5 × 128 cm
Trüb AG, Aarau

19
Emil Huber, 1910
Sport
Lithografie, mehrfarbig,
27 × 34,5 cm

20
El Lissitzky, 1929
Russische Ausstellung. Kunstgewerbemuseum Zürich
Tiefdruck, mehrfarbig,
90 × 126,5 cm
Conzett & Huber, Zürich

21
Walter Cyliax, 1930
Simmen-Möbel. Traugott Simmen & Cie., Brugg, Lausanne
Tiefdruck, schwarz.
Lithografie, orange/grau.
90,5 × 128 cm
Conzett & Huber, Zürich/Gebr. Fretz AG, Zürich

22
Friedrich Kuhn, 1968
Typografie: Ernst Gloor
Die Palmen des Friedrich Kuhn. Kunstkabinett Pierre Baltensperger, Zürich
Offset, mehrfarbig,
90,5 × 128 cm
Druckerei Winterthur AG, Winterthur

23
Bruno Gasser, 1975
Foto: Jean-Marc Wipf
Weihnachtsausstellung der Basler Künstler. Kunsthalle Basel
Siebdruck, schwarz/rot,
90,5 × 128 cm
J. A. Schneider, Basel

24
Theo Ballmer, 1931
Der Welt Not. Grossaufführung der Arbeiter-, Sport- und Kulturvereine
Buchdruck (Linol/Satz), schwarz/rot, 90,5 × 128 cm
Genossenschaftsbuchdruckerei, Basel

25
Max Truninger, 1938
Wohin steuert die Schweiz. Kundgebung der sozialdemokratischen Partei der Schweiz
Lithografie, rot/schwarz,
90,5 × 128 cm
J. E. Wolfensberger AG, Zürich

26
Peter Hajnoczky, 1981
Projekt: Jürgmeier
Zürcher Tribunal. Öffentliche Diskussion im Volkshaus (Zürich)
Offset, schwarz, 28 × 40 cm

27
Burkhard Mangold, 1914
Winter in Davos
Lithografie, mehrfarbig,
90,5 × 128 cm
J. E. Wolfensberger AG, Zürich

28
Augusto Giacometti, 1924
Grisons, Suisse, RhB
Lithografie, mehrfarbig,
90,5 × 128 cm
J. E. Wolfensberger AG, Zürich

29
Ferdinand Hodler, 1915
Sechste Ausstellung der Gesellschaft Schweizer Maler, Bildhauer u. Architekten zur Feier ihres fünfzigjährigen Bestehens. Kunsthaus Zürich
Lithografie, mehrfarbig,
70 × 101 cm
J. E. Wolfensberger AG, Zürich

30
Hans Sandreuter, 1897
Schrift: Hans Lendorff
Böcklin-Jubiläum. Ausstellung in Basel
Lithografie, mehrfarbig, 61 × 102 cm
Wolf, München

31
Henri Claude Forestier, 1910
Xe Exposition nationale Suisse des beaux-arts. Kunsthaus Zürich
Lithografie, mehrfarbig, 72,5 × 106 cm
J. E. Wolfensberger AG, Zürich

32
Edouard Vallet, 1914
Exposition Edouard Vallet. Galerie Moos, Genève
Lithografie, mehrfarbig, 90 × 104 cm
Sonor SA, Genf

33
Cuno Amiet, 1920
Cuno Amiet. Sonderausstellung. Kunstsalon Wolfsberg, Zürich
Lithografie, mehrfarbig, 90,5 × 128 cm
J. E. Wolfensberger AG, Zürich

34
Hans Berger, 1911
Ausstellung vom Maler Hans Berger, Genf. Kunstsalon Wolfsberg, Zürich
Lithografie, mehrfarbig, 77 × 107 cm
J. E. Wolfensberger AG, Zürich

35
Alexandre Blanchet, 1925
Grosse Schweizer Kunstausstellung, Karlsruhe
Lithografie, mehrfarbig, 60 × 87 cm
Sonor SA, Genf

36
Maurice Barraud, 1915
Exposition du Falot chez Moos, Genève
Lithografie, rot / schwarz, 72 × 100 cm
Sonor SA, Genf

37
Rudolf Urech, 1919
Rath AG, Kunsthandlung, Basel
Lithografie, mehrfarbig, 90,5 × 128 cm
J. E. Wolfensberger AG, Zürich

38
Eduard Stiefel, 1910
Ausstellung zur Eröffnung des Kunsthauses am Heimplatz (Zürich)
Lithografie, mehrfarbig, 87 × 117 cm
J. E. Wolfensberger AG, Zürich

39
Paul Kammüller, 1917
Ausstellung von Künstlern des Deutschen Werkbundes. Gewerbemuseum Basel
Lithografie, mehrfarbig, 87,5 × 124 cm
Polygraphisches Institut AG, Zürich

40
Alexandre Cingria, 1917
Welschschweizerisches Kunstgewerbe. Kunstgewerbemuseum Zürich
Lithografie, mehrfarbig, 85,5 × 131 cm

41
Paul Renner, 1928
Gewerbliche Fachschulen Bayerns. Ausstellung Kunstgewerbemuseum Zürich
Lithografie, mehrfarbig, 90,5 × 128 cm
Reichhold & Lang, München

42
Otto Morach, 1918
Schweizer Werkbund. Arbeiter- und Mittelstandswohnungen. Zürich
Lithografie, mehrfarbig, 90,5 × 120,5 cm
Orell Füssli AG, Zürich

43
Walter Käch, 1927
Form ohne Ornament. Ausstellung Gewerbemuseum Zürich
Lithografie, mehrfarbig, 90,5 × 128 cm

44
Warja Lavater, 1934
Schülerarbeiten der Gewerbeschule Zürich. Kunstgewerbemuseum
Lithografie, schwarz, 90,5 × 128 cm (2teilig)
Kunstgewerbeschule Zürich

45
Arnold Brügger, 1927
Die farbige Stadt. Ausstellung Kunstgewerbemuseum Zürich
Lithografie, mehrfarbig, 90,5 × 128 cm

46
Ernst Keller, 1931
Ausstellung Walter Gropius. Kunstgewerbemuseum Zürich
Buchdruck (Linol / Satz), grau / schwarz, 90,5 × 128 cm
Buchdruckerei zur alten Universität, Zürich

47
Heiri Steiner, 1929
Bauten der Technik. Ausstellung (Gewerbemuseum Winterthur)
Lithografie, schwarz, 79 × 46 cm

48
Armin Hofmann, 1955
Theaterbau von der Antike bis zur Moderne. Helmhaus Zürich
Buchdruck (Linol / Satz), schwarz, 90,5 × 128 cm
Coop Schweiz, Basel

49
Walter Käch, 1940
Die Warenpackung. Ausstellung Kunstgewerbemuseum Zürich
Lithografie, mehrfarbig, 90,5 × 128 cm

50
Donald Brun, 1944*
Das Schaufenster. Ausstellung Gewerbemuseum Basel
Lithografie, mehrfarbig, 90,5 × 128 cm
Lienhard, Rittel & Cie., Basel

51
Hermann Eidenbenz, 1938
Ausstellung der Ortsgruppe Basel des Schweizerischen Werkbunds. Gewerbemuseum Basel
Lithografie, schwarz / Irisdruck, 90,5 × 128 cm
Grafica AG, Basel

52
Charles L'Eplattenier, 1921
Vème Exposition de l'œuvre arts graphiques emballages. Musée des arts décoratifs (Genf)
Lithografie, mehrfarbig, 90,5 × 128 cm
Sonor SA, Genf

53
Emil Ruder, 1955*
Glaskunst aus Murano. Gewerbemuseum Basel
Buchdruck (Linol / Satz), grün / schwarz, 90,5 × 128 cm (2teilig)
Allgemeine Gewerbeschule Basel

54
Richard P. Lohse, 1958*
Kunststoffe. Gewerbemuseum Winterthur
Buchdruck (Linol / Satz), schwarz / rot, 87 × 124 cm
Druckerei Winterthur AG, Winterthur

55
Emil Ruder, 1960*
Ungegenständliche Photographie. Gewerbemuseum Basel
Buchdruck (Linol / Satz), schwarz, 89 × 128 cm (2teilig)
Coop Schweiz, Basel

56
Augusto Giacometti, 1928
XVII. Nationale Kunstausstellung Zürich
Lithografie, mehrfarbig, 90,5 × 128 cm
J. E. Wolfensberger AG, Zürich

57
Walentina N. Kulagina, 1931
Kunstausstellung der Sowjetunion. Kunstsalon Wolfsberg, Zürich
Lithografie, mehrfarbig, 90,5 × 128 cm
J. E. Wolfensberger AG, Zürich

58
Josef Ebinger, 1964*
Art USA Now. Zeitgenössische Kunst aus Amerika. Kunstmuseum Luzern
Siebdruck, mehrfarbig, 90,5 × 128 cm
Bernhard Zbinden, Luzern

59
Hans Arp, 1929
Typografie: Walter Cyliax
Abstrakte und surrealistische Malerei und Plastik. Kunsthaus Zürich
Lithografie, rot / schwarz, 90,5 × 128 cm
Gebr. Fretz AG, Zürich

60
Hans Erni, 1935
These, Antithese, Synthese. Kunstmuseum Luzern
Lithografie, braun / schwarz, 70 × 100 cm
A. Müller, Luzern

61
Jan Tschichold, 1937
Konstruktivisten. Kunsthalle Basel
Buchdruck (Linol / Satz), schwarz / beige, 90,5 × 127,5 cm
Benno Schwabe, Basel

62
Richard P. Lohse, 1958*
Ungegenständliche Malerei in der Schweiz. Kunstmuseum Winterthur
Buchdruck (Linol / Satz), schwarz, 90,5 × 128 cm
Bollmann AG, Zürich

63
Max Huber, 1947
Arte astratta e concreta. Esposizione nel palazzo ex reale, Milano
Offset, violett, 67,5 × 98 cm
Fratelli Pirovano, Mailand

64
Heinrich Eichmann, 1966
FRG (= BRD). Zeitgenössische Architektur (russisch)
Siebdruck, mehrfarbig, 60 × 90 cm

65
Max Bill, 1931
Negerkunst. Prähistorische Felsbilder Südafrikas. Kunstgewerbemuseum Zürich
Buchdruck (Linol / Satz), ockergelb / schwarz, 91 × 127,5 cm
Berichthaus, Zürich

66
Max Bill, 1936
Zeitprobleme in der Schweizer Malerei und Plastik. Kunsthaus Zürich
Buchdruck (Linol / Satz), dunkelbraun / schwarz, 70 × 100 cm
Berichthaus, Zürich

67
Max Bill, 1947
Allianz. Vereinigung moderner Schweizer Künstler. Kunsthaus Zürich
Buchdruck, schwarz / Irisdruck, 70 × 100 cm
Berichthaus, Zürich

68
Max Bill, 1960
Max Bill. Kunstmuseum Winterthur
Buchdruck (Linol) blau, 70 × 100 cm
Druckerei Winterthur AG, Winterthur

69
Maria Vieira, 1954*
Brasilien baut. Kunstgewerbemuseum Zürich
Lithografie, mehrfarbig, 90,5 × 128 cm
Lithographie & Cartonnage AG, Zürich

70
Carl B. Graf, 1963*
Architecture en France. Helmhaus Zürich
Offset, mehrfarbig, 90,5 × 128 cm
J. C. Müller AG, Zürich

71
Walter Diethelm, 1964*
Alvar Aalto. Kunsthaus Zürich
Offset, mehrfarbig, 90,5 × 128 cm
Hug & Söhne AG, Zürich

72
Jost Hochuli, 1963*
Tradition und Gegenwart. Ausstellung zur Eröffnung des renovierten Waaghauses am Bohl, St. Gallen
Siebdruck, rot / schwarz, 90,5 × 128 cm
Howigra, Heiden

73
René Gauch, 1973*
Foto: Nicolas Monkewitz
Abstraktion in Stoff. Amerikanische Quilts. Museum Bellerive Zürich
Offset, rot / schwarz, 90,5 × 128 cm
Gebr. Fretz AG, Zürich

74
Armin Hofmann, 1969*
Foto: Helen Sager
Spitzen. Gewerbemuseum Basel
Offset, schwarz / grau, 90,5 × 128 cm
Wassermann AG, Basel

75
Heinrich Kümpel, 1933
Internationale Plakatausstellung. Gewerbemuseum Winterthur
Lithografie, mehrfarbig, 62,5 × 88,5 cm
Kunstgewerbeschule Zürich

76
Felice Filippini, 1959
Mostra del manifesto pubblicitario da Lautrec a oggi. Villa Ciani, Lugano
Lithografie, mehrfarbig, 90,5 × 128 cm
Veladini & Cie, Lugano

77
Françoise Winet, 1977
Le Valais à l'Affiche. Manoir Martigny
Offset, blau / schwarz, 41 × 60 cm
Imprimerie Montfort, Martigny

78
Hans Falk, 1949*
Das Plakat als Zeitspiegel. Plakate aus der Sammlung Schneckenburger, Frauenfeld. Helmhaus Zürich
Lithografie, mehrfarbig, 90,5 × 128 cm
J. C. Müller AG, Zürich

79
Kurt Hauert, 1965*
Französische Plakate aus der Zeit der Belle Epoque. Gewerbemuseum Basel
Buchdruck (Linol / Satz), rotbraun / grau, 90,5 × 128 cm
National-Zeitung AG, Basel

80
Ruth Näpflin, 1957
Moderne Kunst der Innerschweiz. Kunstmuseum Luzern
Buchdruck (Linol / Satz), blau / rot, 90,5 × 128 cm
Keller & Co. AG, Luzern

81
Peter von Arx, 1965*
Barbara Hepworth. Kunsthalle Basel
Siebdruck, schwarz, 90,5 × 128 cm
Peter Giss, Basel

82
Armin Hofmann, 1964*
Franz Kline. Alfred Jensen.
Kunsthalle Basel
Offset, schwarz / rostrot,
90,5 × 128 cm
Wassermann AG, Basel

83
Armin Hofmann, 1967
David Smith. Horst Janssen.
Kunsthalle Basel
Lithografie, schwarz,
90,5 × 128 cm
Wassermann AG, Basel

84
Varlin, 1958*
Typografie: Leo Gantenbein
Varlin. Kunstmuseum St. Gallen
Lithografie, mehrfarbig,
90,5 × 128 cm
J. E. Wolfensberger AG, Zürich

85
Ernst Ludwig Kirchner, 1933
Ernst Ludwig Kirchner, Davos.
Kunsthalle Bern
Buchdruck (Holzschnitt), mehrfarbig, 71 × 105 cm

86
Otto Tschumi, 1972
Tschumi. Ausstellung bei Kornfeld und Klipstein, Bern
Offset, rot / schwarz,
38 × 58 cm

87
Le Corbusier, 1938
Le Corbusier, œuvre plastique.
Kunsthaus Zürich
Lithografie, mehrfarbig,
71 × 100 cm
J. C. Müller AG, Zürich

88
1930
Pablo Picasso. Kunsthaus Zürich
Buchdruck, rot,
90,5 × 128 cm
Buchdruckerei zur alten Universität, Zürich

89
Meret Oppenheim, 1974
Meret Oppenheim. Museum der Stadt Solothurn
Offset, schwarz / grau,
70 × 100 cm
Union Druck und Verlag, Solothurn

90
Alex Sadkowsky, 1973
Typografie: Hans Rudolf Lutz und Alice Lang
Ausstellung GSMBA, Sektion Zürich. Kunsthaus Zürich
Siebdruck, mehrfarbig,
90,5 × 128 cm

91
Bernhard Luginbühl, 1971
Bernhard Luginbühl. Œuvre gravé. Cabinet des estampes, Genève
Offset, schwarz, 63 × 94 cm
Roto-Sadag SA, Genf

92
Rolf Iseli, 1976
Rolf Iseli, sämtliche Plakate und andere Drucksachen.
Kunstgewerbemuseum Zürich
Offset, braun / grau,
90,5 × 128 cm
Gebr. Fretz AG, Zürich

93
Alfred Hofkunst, 1973*
Alfred Hofkunst. Arbeiten 1968–1972. Kunstmuseum Winterthur
Siebdruck, grau,
90,5 × 128 cm
Steiger AG, Bern

94
Dieter Roth, 1975
6e Exposition Suisse de sculpture, Bienne
Offset, mehrfarbig,
66 × 100 cm

95
Jean Tinguely, 1982
Galerie Ziegler, Zürich
Siebdruck, mehrfarbig,
43 × 58 cm

96
Markus Rätz, 1977*
Markus Rätz. Kunsthaus Bern
Siebdruck, mehrfarbig,
90,5 × 128 cm
Albin Uldry, Hinterkappelen

97
Franz Eggenschwiler, 1977
Franz Eggenschwiler, Holzdrucke 1974–1977.
Kunstmuseum Basel
Offset, mehrfarbig,
59,5 × 77 cm

98
Samuel Buri, 1982
Ausstellung. Eidgenössisches Kunststipendium. Maison des Congrès, Montreux
Offset, mehrfarbig,
90,5 × 128 cm

99
André Thomkins, 1982
André Thomkins.
Kunstmuseum Olten
Siebdruck, mehrfarbig,
90,5 × 128 cm
Bea Spillmann, Zürich

100
Laurent F. Keller, 1919
Mary Wigmann, Tanz
Lithografie, orange / schwarz,
90,5 × 128 cm
J. E. Wolfensberger AG, Zürich

101
Carl Roesch, 1914
Theaterkunst-Ausstellung.
Kunstgewerbemuseum Zürich
Lithografie, mehrfarbig,
83,5 × 127 cm
Gebr. Fretz AG, Zürich

102
Erica von Kager, 1921
Festival international d'operas et de concerts, Zurich
Lithografie, mehrfarbig,
70 × 102 cm
Paul Bender, Zollikon

103
Jean Morax, 1921
Le Roi David. Théâtre du Jorat, Mézières
Lithografie, mehrfarbig,
70 × 100 cm
Lithos SA, Lausanne

104
Otto Baumberger, 1917
Gastspiel Professor Arthur Nikisch
Lithografie, mehrfarbig,
90,5 × 128 cm
J. E. Wolfensberger AG, Zürich

105
Jean Affeltranger, 1901
Centenarfeier 1901, Kanton Schaffhausen. Zur Erinnerung an den Eintritt in den Bund der Eidgenossen
Lithografie, mehrfarbig,
76 × 106 cm
Trüb AG, Aarau

106
Melchior Annen, 1907
Das Glück in der Heimat, grosses Volksschauspiel. Zur 50jährigen Jubelfeier der Japanesen-Gesellschaft in Schwyz
Lithografie, mehrfarbig,
54 × 100 cm
Benziger AG, Einsiedeln

107
Oskar Kokoschka, 1960
Die Schauspieltruppe zeigt Maria Becker, Will Quadflieg in Henrik Ibsen's Rosmersholm
Offset, mehrfarbig,
59 × 84 cm
J. C. Müller AG, Zürich

108
Henri Claude Forestier, um 1905
Yvette Guilbert
Lithografie, mehrfarbig,
69,5 × 102 cm
Minot, Paris

109
Fritz Boscovits, 1911
Moderne Kammerkunst Marya Delvard, Marc Henry. Lieder und Stimmungen
Lithografie, schwarz / rot,
67 × 96 cm
J. E. Wolfensberger AG, Zürich

110
Hans Falk, 1950
Elsie Attenhofer. Chansons, Sketches, Parodien
Lithografie, mehrfarbig,
60,5 × 86 cm
Kratz, Zürich

111
Josef Müller-Brockmann, 1959*
Abschiedskonzerte von Dr. Volkmar Andreae.
Juni-Festwochen Zürich
Buchdruck (Linol / Satz),
90,5 × 128 cm
City-Druck AG, Zürich

112
Hans Erni, 1944
Internationale musikalische Festwochen Luzern
Tiefdruck, hell- / dunkelbraun,
70 × 99,5 cm
C. J. Bucher AG, Luzern

113
Jean Tinguely, 1982
16ième Festival de Jazz Montreux
Siebdruck, mehrfarbig,
70 × 100 cm
Albin Uldry, Hinterkappelen

114
Max Bill, 1931
Tanzstudio Wulff, Basel. Stadttheater
Buchdruck, Irisdruck / schwarz,
90,5 × 64 cm
Berichthaus Zürich

115
Paul Brühwiler, 1983
Eric Satie. Blanc et immobile.
Studio Wolfsbach Zürich
Siebdruck, schwarz,
90,5 × 128 cm
Bea Spillmann, Zürich

116
Niklaus Troxler, 1979
Jazz-Festival Willisau '79
Siebdruck, mehrfarbig,
90,5 × 128 cm
Walter Bösch, Luzern

117
Armin Hofmann, 1959*
Foto: Paul Merkle
Giselle. Basler Freilichtspiele im Rosenfeldpark
Offset, schwarz,
90,5 × 128 cm
Wassermann AG, Basel

118
Armin Hofmann, 1963*
Foto: Max Mathys
Wilhelm Tell. Basler Freilichtspiele beim Letziturm im St. Albantal
Offset, schwarz,
90,5 × 128 cm
Wassermann AG, Basel

119
Armin Hofmann, 1963*
Foto: Max Mathys
Stadttheater Basel
Offset, schwarz,
90,5 × 128 cm
Wassermann AG, Basel

120
Armin Hofmann, 1965*
Foto: Max Mathys
Stadttheater Basel
Offset, schwarz,
90,5 × 128 cm
Wassermann AG, Basel

121
Armin Hofmann, 1967*
Foto: Max Mathys
Stadttheater Basel
Offset, schwarz / rot,
90,5 × 128 cm
Wassermann AG, Basel

122
Lindi, 1946
Alfred Rasser. HD-Soldat Läppli. Corso Palais (Zürich)
Lithografie, mehrfarbig,
90,5 × 128 cm
E. J. Kernen GmbH, Bern

123
Um 1935
Sabrenno. Der grosse Magier und Fakir. Hotel Bodan, Romanshorn
Buchdruck (Linol / Satz), schwarz / rot,
62 × 99 cm
Buchdruckerei Flawil AG, Flawil

124
Walter Bangerter, 1968*
Foto: Michael Wolgensinger
Internationales Puppenspiel-Festival. Theater am Hechtplatz, Zürich
Siebdruck, rot / schwarz,
90,5 × 128 cm
Josef Ruckstuhl, Zürich

125
Werner Jeker, 1980*
Foto: Marlen Perez
Marionetten. Museum Bellerive Zürich
Siebdruck, mehrfarbig,
90,5 × 128 cm
Albin Uldry, Hinterkappelen

126
Mario Comensoli, 1966
Ursula. Ein Film von Reni Mertens, Walter Marti mit Mimi Scheiblauer
Offset, mehrfarbig,
66 × 97 cm

127
Beat Knoblauch und Hans Peter Furrer, 1974
Wer einmal lügt oder Viktor und die Erziehung. Ein Film von June Kovach
Offset, braun, 44 × 62 cm
J. C. Müller AG, Zürich

128
Etienne Delessert und Patrick Gaudard, 1979
Les petites fugues. Un film d'Ives Yersin
Siebdruck, mehrfarbig,
90,5 × 128 cm
Albin Uldry, Hinterkappelen

129
Gus Bofa, um 1905
Cinématographes Théophile Pathé. Jardin de la Brasserie Handwerck. Plainpalais, Genève
Lithografie, mehrfarbig,
200 × 130 cm
Manuel Calvin, Paris

130
Paul Brühwiler, 1979
Raymond Chandler und der amerikanische «Film noir».
Filmpodium Zürich
Siebdruck, schwarz / rot,
90,5 × 128 cm
Josef Ruckstuhl, Zürich

131
Paul Brühwiler, 1981
Neue deutsche Filme. Filmpodium (Zürich)
Offset, mehrfarbig,
90,5 × 128 cm
J. E. Wolfensberger AG, Zürich

132
Ludwig Leidenbach, 1945
Grock
Lithografie, mehrfarbig,
90,5 × 128 cm
Trüb AG, Aarau

133
Hans Falk, 1948*
Circus Knie. Grosse Eisbären-Gruppe
Lithografie, mehrfarbig,
90,5 × 128 cm
Gebr. Maurer AG, Zürich

134
Eugène Fauquex, 1953
Merveilles du Cirque. Knie
Lithografie, mehrfarbig,
90,5 × 128 cm
Lienhard, Rittel & Cie., Basel

135
Hans Schoellhorn, 1948
Les trois Francesco (Circus Knie)
Lithografie, mehrfarbig,
90,5 × 128 cm
Gebr. Maurer AG, Zürich

136
Rudolf Dürrwang, 1920
Zoologischer Garten Basel
Lithografie, mehrfarbig,
70× 100 cm
Wolf AG, Basel

137
Ruodi Barth, 1947*
Zoologischer Garten Basel
Lithografie, schwarz/rot,
89× 125 cm
Frobenius AG, Basel

138
Otto Baumberger, 1929
Zoologischer Garten Zürich
Lithografie, mehrfarbig,
90,5× 128 cm
Gebr. Fretz AG, Zürich

139
Marguerite Burnat-Provins,
1905
Fête des Vignerons, Vevey
Lithografie/Buchdruck, mehrfarbig, 113,5× 74,5 cm
Säuberlin & Pfeiffer SA, Vevey

140
Berthold Löffler, 1908
Grandes fêtes jubilé de l'empereur, Vienne
Lithografie, mehrfarbig,
40,5× 106 cm
Reissers Söhne, Wien

141
Stephan Bundi, 1981*
Sommerfest in der Matte
Bern. 20 Jahre Amnesty International
Siebdruck, mehrfarbig,
90,5× 128 cm
Albin Uldry, Hinterkappelen

142
Rosmarie Tissi, 1973
Festa federale di canto, Zurigo
Offset, rot/schwarz,
90,5× 128 cm
Orell Füssli AG, Zürich

143
Otto Baumberger, 1924
Kunsthaus-Faschingsfest. Baur au Lac, Zürich
Lithografie, mehrfarbig,
90,5× 128 cm
Gebr. Fretz AG, Zürich

144
Niklaus Stoecklin, 1924/1958
Comité-Schnitzelbängg (Basel)
Lithografie, schwarz/rosa,
90,5× 128 cm
Lienhard, Rittel & Cie., Basel

145
Edgar Küng, 1968
Presse-Ball, Luzern
Offset, mehrfarbig,
90,5× 128 cm
C.J. Bucher AG, Luzern

146
Richard Feurer,
Giuseppe Pelloli,
François Haymoz, 1980
Polyball (Zürich)
Siebdruck, mehrfarbig,
90,5× 128 cm

147
Leo Leuppi, 1951*
Künstler-Maskenball.
Kongresshaus Zürich
Buchdruck (Linol/Satz),
schwarz/lila, 90,5× 128 cm
City-Druck AG, Zürich

148
Fritz Gilsi, 1912
Volksbad St. Gallen
Lithografie, mehrfarbig,
70× 100 cm
Seitz & Co., St. Gallen

149
Hans Sandreuter, 1890
Basler Volksbibliotheken
Lithografie/Buchdruck, mehrfarbig, 66× 105 cm
F. Bruder, Basel

150
Hippolyte Coutau, 1902
Paroisse protestante de Plainpalais (Genf)
Lithografie, mehrfarbig,
50,5× 70 cm
F. de Siebenthal & Co., Genf

151
Henri van Muyden, 1908
Bazar du Jubilé. Université de Genève
Lithografie, mehrfarbig,
89,5× 125,5 cm
Sonor SA, Genf

152
Otto Baumberger, 1930
Pro Juventute. Verkauf zu Gunsten der Schulentlassenen
Lithografie, schwarz/grau,
90,5× 128 cm
J.C. Müller AG, Zürich

153
1918. Lithografiert von Charles Léopold Gugy
Enfants, quand vous serez grands fuyez l'alcool, il est la source de bien des maux.
Lithografie, mehrfarbig,
110× 87 cm
J.E. Wolfensberger AG, Zürich

154
Willi Günthart, 1941*
Ogni terra è pane
Lithografie, mehrfarbig,
90,5× 128 cm
Trüb AG, Aarau

155
Hans Erni, 1942*
Mehr anbauen oder hungern?
Lithografie, mehrfarbig,
90,5× 128 cm
Orell Füssli AG, Zürich

156
Franz Fässler, 1942*
Kriegs-Winterhilfe 1942
Lithografie, mehrfarbig,
90,5× 128 cm
J.C. Müller AG, Zürich

157
Noël Fontanet, 1942
Die Welt ist in Brand
Lithografie, mehrfarbig,
90,5× 128 cm
Atar SA, Genf

158
Ernst Keller, 1942
Der Anbauplan
Buchdruck (Linol), blau,
90,5× 128 cm
Berichthaus, Zürich

159
1942
Mehranbau ist Landesverteidigung
Lithografie, mehrfarbig,
63× 95 cm
Wassermann AG, Basel

160
Hans Falk, 1946*
Hilf den Heimatlosen
Lithografie, mehrfarbig (auf Packpapier), 90,5× 128 cm
J.C. Müller AG, Zürich

161
Hans Falk, 1948*
Pro Infirmis
Lithografie, mehrfarbig (auf Packpapier), 90,5× 128 cm
J.C. Müller AG, Zürich

162
Hans Falk, 1944*
Schweizer, helft Euern heimgekehrten Landsleuten
Lithografie, mehrfarbig,
90,5× 128 cm
J.C. Müller AG, Zürich

163
Hans Falk, 1945*
Per la Vecchiaia
Lithografie, mehrfarbig,
90,5× 128 cm
J.C. Müller AG, Zürich

164
Hans Falk, 1952
Die Tuberkulösen brauchen Dich!
Lithografie, mehrfarbig,
90,5× 128 cm
J.C. Müller AG, Zürich

165
Fridolin Müller, 1964*
Foto: Wilhelm S. Eberle
Für das Alter
Offset, schwarz/rostrot,
90,5× 128 cm
Lithographie & Cartonnage AG, Zürich

166
Carlo Vivarelli, 1949*
Foto: Werner Bischof
Per la Vecchiaia
Lithografie (Fotochrom),
schwarz/grau,
90,5× 128 cm
Orell Füssli AG, Zürich

167
Ruth Pfalzberger, 1969*
Winterhilfe. Secours d'hiver.
Soccorso d'inverno
Offset, schwarz/rot,
90,5× 128 cm
Wassermann AG, Basel

168
Maurice Barraud, 1917
Librairie Kündig (Genf)
Lithografie, mehrfarbig,
70× 100 cm
Sonor SA, Genf

169
Rudolf Dürrwang, 1914
Lesen Sie das Schweizerland!
Lithografie, mehrfarbig,
74× 103 cm
J.E. Wolfensberger AG, Zürich

170
Hermann Eidenbenz, 1935
Schenkt Bücher!
Tiefdruck/Lithografie, mehrfarbig, 90,5× 128 cm
Gebr. Fretz AG, Zürich

171
Walter Käch, 1925
Schweizer Spiegel. Die neue Zeitschrift
Lithografie, mehrfarbig,
90,5× 128 cm
J.E. Wolfensberger AG, Zürich

172
Heinz Jost, 1970
Radio + Fernsehen
Offset, mehrfarbig,
90,5× 128 cm
Ringier & Co. AG, Zofingen

173
Nelly Rudin, 1958
Saffa 1958. Zürich
Offset, mehrfarbig,
90,5× 128 cm
J.C. Müller AG, Zürich

174
Josef Müller-Brockmann,
1960*
Weniger Lärm
Offset, mehrfarbig,
90,5× 128 cm
Lithographie & Cartonnage AG, Zürich

175
Werner Wermelinger, 1962*
Foto: René Groebli
Werbeagentur: Advico AG, Gockhausen
Helft Brände verhüten
Offset, mehrfarbig,
90,5× 128 cm
Lithographie & Cartonnage AG, Zürich

176
Josef Müller-Brockmann,
1953*
Foto: Ernst A. Heiniger
Protégez l'enfant!
Offset, mehrfarbig,
90,5× 128 cm
Lithographie & Cartonnage AG, Zürich

177
Klara Fehrlin, 1928
Schweizerische Ausstellung für Frauenarbeit, Saffa. Bern
Lithografie, mehrfarbig,
90,5× 128 cm
Gebr. Fretz AG, Zürich

178
Richard P. Lohse, 1942*
Foto: Heinz Guggenbühl
Deine Zeitung — das Volksrecht
Tiefdruck/Buchdruck, mehrfarbig, 90,5× 128 cm

179
Otto Baumberger, 1928
Neue Zürcher Zeitung, erscheint dreimal täglich
Lithografie, mehrfarbig,
90,5× 128 cm
J.E. Wolfensberger AG, Zürich

180
Josef Müller-Brockmann,
1972
NZZ, zürcherisch
Offset, mehrfarbig,
90,5× 128 cm
J.C. Müller AG, Zürich

181
Josef Müller-Brockmann,
1972
NZZ, schweizerisch
Offset, mehrfarbig,
90,5× 128 cm
J.C. Müller AG, Zürich

182
Josef Müller-Brockmann,
1972
NZZ, weltoffen
Offset, mehrfarbig,
90,5× 128 cm
J.C. Müller AG, Zürich

183
Herbert Leupin, 1955*
Tribune de Lausanne ... chaque matin
Offset, mehrfarbig,
90,5× 128 cm
Imprimeries Réunies SA, Lausanne

184
Karl Gerstner und
Markus Kutter, 1960*
lokal, national, international.
National-Zeitung
Siebdruck, orange/blau,
90,5× 128 cm
Weber-Bombelli, Rorschach

185
Herbert Leupin, 1959*
Tat ... kräftig
Offset, mehrfarbig,
90,5× 128 cm
Hug & Söhne AG, Zürich

186
Herbert Leupin, 1963*
Tat ... sachen!
Offset, mehrfarbig,
90,5× 128 cm
Hug & Söhne AG, Zürich

187
Herbert Leupin, 1967*
Foto: Hans Hinz
Die Tat
Offset, mehrfarbig,
90,5× 128 cm
Hug & Söhne AG, Zürich

188
Walter Frenk, 1943*
Die Nation. Die demokratische Wochenzeitung
Lithografie, schwarz/blau,
90,5× 128 cm
Polygraphische Gesellschaft, Laupen

189
Hermann Eidenbenz, 1947
Basler Nachrichten
Lithografie, mehrfarbig,
90,5× 128 cm
J.E. Wolfensberger AG, Zürich

190
Albert Borer, 1959
Blick weiss alles. Die neue aktuelle Tages-Illustrierte
Offset, mehrfarbig,
90,5× 128 cm
Ringier & Co. AG, Zofingen

191
Alois Carigiet, 1937
Interkantonale Landes-Lotterie
Lithografie, mehrfarbig,
90,5× 128 cm
J.C. Müller AG, Zürich

192
Rolf Gfeller, 1964
Werbeagentur: Robert Bloch, Zürich
Ihr Los hilft mit
Lithografie, mehrfarbig,
90,5× 128 cm
J.E. Wolfensberger AG, Zürich

193
Rolf Gfeller, 1966
Landes-Lotterie
Offset, mehrfarbig,
90,5× 128 cm
J.E. Wolfensberger AG, Zürich

194
Charles Affolter, 1963
Loterie Romande
Offset, mehrfarbig,
90,5× 128 cm
Roto-Sadag SA, Genf

195
René Audergon, 1964
Loterie Romande
Offset, mehrfarbig,
90,5×128 cm
Roth & Sauter SA, Denges

196
Marguerite Bournoud-Schorp,
1966
Loterie Romande
Offset, hell/dunkelblau,
dunkelblau, 90,5×128 cm
R. Marsens, Lausanne

197
Hugo Laubi, 1935
Telephonieren
Lithografie, mehrfarbig,
62×100 cm
J.C. Müller AG, Zürich

198
Hans Falk, 1951*
Telephonieren
Lithografie/Buchdruck,
mehrfarbig,
90,5×128 cm
J.C. Müller AG, Zürich

199
Fred Troller, 1960
Letzte Nachrichten, 6× täglich. Telephon Nr. 167
Tiefdruck/Buchdruck, mehrfarbig, 90,5×128 cm
Ringier & Co. AG, Zofingen

200
Hans Neuburg, 1956
Telephon-Rundspruch.
25 Jahre Qualität
Buchdruck (Linol), mehrfarbig,
90,5×128 cm
Bollmann AG, Zürich

201
Niklaus Stoecklin, 1925
Cluser Transmissionen, Conrad Sigg, Zürich
Lithografie, mehrfarbig,
90,5×128 cm
Wassermann AG, Basel

202
Emil Cardinaux, 1914
Landesausstellung Bern
Lithografie, mehrfarbig,
64×90 cm
J.E. Wolfensberger AG, Zürich

203
Georges Darel, 1925
Salon international de l'automobile et du cycle Genève
Lithografie, mehrfarbig,
90,5×128 cm
Sonor SA, Genf

204
Karl Bickel, 1932
Schweizer Mustermesse Basel
Lithografie, rot/schwarz,
90,5×128 cm
J.E. Wolfensberger AG, Zürich

205
Hansjörg Denzler, 1964*
Züspa. 15. Zürcher
Herbstschau
Buchdruck (Linol/Satz), mehrfarbig, 90,5×128 cm
Bollmann AG, Zürich

206
Richard Schaupp, 1909
5. Rheintalische Industrie- und Gewerbe-Ausstellung,
Rheineck
Buchdruck (Linol), mehrfarbig,
58×90 cm
Buchdruckerei Indermaur,
Rheineck

207
Aldo Patocchi, 1945
26. Schweizer Comptoir,
Lausanne
Lithografie, rotbraun/grau,
90,5×128 cm
A. Marsens, Lausanne

208
Carl Liner, 1907
Kantonale Landwirtschaftliche Ausstellung St. Gallen
Lithografie, mehrfarbig,
60×91 cm

209
Paul Tanner, 1911
IV. Kantonale Appenzellische Gewerbe-, Industrie & Landwirtschafts-Ausstellung
Herisau
Lithografie, mehrfarbig,
60×91 cm
Marty, Herisau

210
Pierre Gauchat, 1950*
Olma St. Gallen
Lithografie, mehrfarbig,
90,5×128 cm
Eidenbenz-Seitz & Co.,
St. Gallen

211
Werner Zryd, 1959
Schweizer-Woche-Ausstellung.
Jelmoli
Lithografie, mehrfarbig,
90,5×128 cm
J.C. Müller AG, Zürich

212
Paul Kammüller, 1916
Die schweizerische Glasindustrie. Ausstellung Kunstgewerbemuseum Zürich
Lithografie, mehrfarbig,
85×126 cm
Gebr. Fretz AG, Zürich

213
Wolfgang Weingart, 1981
18. Didacta. Eurodidac. Basel
Offset, mehrfarbig,
90,5×128 cm
Frobenius AG, Basel

214
Richard P. Lohse, 1950
100 Jahre Eisenbeton. Kunstgewerbemuseum Zürich
Lithografie, mehrfarbig,
90×127,5 cm (2teilig)
Kunstgewerbeschule Zürich

215
Albert Rüegg, 1937
Photographiere mit Agfa
Lithografie, mehrfarbig,
90,5×128 cm
Gebr. Fretz AG, Zürich

216
Herbert Leupin, 1956*
Agfa
Lithografie, mehrfarbig,
90,5×128 cm
Orell Füssli AG, Zürich

217
Walter Cyliax, 1929
Koch, Optiker, Zürich
Tiefdruck, schwarz/grau,
Lithografie, mehrfarbig,
90,5×128 cm
Gebr. Fretz AG, Zürich

218
Leo Gantenbein, 1965
Foto: Alfred und Barbara Dietrich-Hilfiker
W. Koch, Optik AG, Zürich
Siebdruck, schwarz/blau,
90,5×128 cm
Heinrich Steiner AG, Zürich

219
Hermann Alfred Koelliker,
um 1915
Monarch. Die sichtbarste Schrift aller Maschinen
Lithografie, mehrfarbig,
90,5×128 cm
J.C. Müller AG, Zürich

220
Erwin Roth, 1916
Gebrüder Scholl, Zürich
Lithografie, mehrfarbig,
90,5×128 cm
J.E. Wolfensberger AG, Zürich

221
Albert Frey, um 1910
Monarch
Lithografie, mehrfarbig,
69,5×100 cm
J.C. Müller AG, Zürich

222
Walter Ballmer, 1971*
Olivetti. Machines et Systèmes pour l'information
Offset, mehrfarbig,
90,5×128 cm
Vontobel Druck AG,
Feldmeilen

223
Wilhelm Friedrich Burger,
1911
Waterman's Ideal Fountain Pen
Lithografie, mehrfarbig,
76×103 cm
H.J. Burger & Sohn, Zürich

224
Ruedi Külling, 1966
Werbeagentur: Advico AG,
Gockhausen
Bic
Offset, mehrfarbig,
90,5×128 cm
J.E. Wolfensberger AG, Zürich

225
Ernst Schoenenberger, 1956
Precisa
Lithografie, mehrfarbig,
64×102 cm
J.C. Müller AG, Zürich

226
Jules de Praetere, 1916
Fabrique de Couleurs
G. Labitzke, Zurich
Lithografie, mehrfarbig,
70×100 cm

227
Eric de Coulon, 1943
Bechler, Schrauben- und Fasson-Automaten, Moutier
Lithografie, mehrfarbig,
90,5×128 cm
P. Attinger SA, Neuenburg

228
Erik Nitsche, 1955
L'atome au service de la paix.
General Dynamics
Lithografie, mehrfarbig,
90,5×128 cm
R. Marsens, Lausanne

229
Erik Nitsche, 1958
Atome im Dienste des Friedens (arabisch).
General Dynamics
Lithografie, mehrfarbig,
90,5×128 cm
R. Marsens, Lausanne

230
Jules Courvoisier, 1913
Sonor ... transfère ses locaux
Lithografie, mehrfarbig,
95×140 cm
Sonor SA, Genf

231
Robert Hardmeyer,
1904/1914
Waschanstalt Zürich AG
Lithografie, mehrfarbig,
90,5×128 cm
J.E. Wolfensberger AG, Zürich

232
Peter Birkhäuser, 1942*
Wer rechnet, kauft im Globus
Lithografie, mehrfarbig,
90,5×128 cm
Wassermann AG, Basel

233
André Masmejan, 1964
Pour mon compte j'ai choisi l'Union des Banques Suisses
Offset, schwarz/rot,
90,5×128 cm
Roto-Sadag SA, Genf

234
Um 1910
Cycles Condor. Courfaivre Suisse
Lithografie, mehrfarbig,
89,5×124 cm
Trüb AG, Aarau

235
Viktor Rutz, 1937
Rolley Velos. Schöner, besser, billiger
Lithografie, mehrfarbig,
90,5×128 cm
Paul Bender, Zollikon

236
Otto Wyler, um 1925
Zehnder. Moto légère
Lithografie, mehrfarbig,
90,5×128 cm
Trüb AG, Aarau

237
Otto Morach, 1923
Taxameter. A. Welti-Furrer AG,
Zürich
Lithografie, mehrfarbig,
90,5×128 cm
J.E. Wolfensberger AG, Zürich

238
Um 1905
Autol. La meilleure huile pour automobiles, motocycles, auto-canots
H. Moebius & Fils, Bâle
Lithografie, mehrfarbig,
72×98 cm

239
Emil Cardinaux, 1917
Automobiles Martini
Lithografie, mehrfarbig,
90,5×128 cm
J.E. Wolfensberger AG, Zürich

240
Herbert Leupin, 1957*
Dauphine, Renault
Offset, mehrfarbig,
90,5×128 cm
Hug & Söhne AG, Zürich

241
Otto Morach, 1921
Bremgarten-Dietikon-Bahn
Lithografie, mehrfarbig,
90,5×128 cm
J.E. Wolfensberger AG, Zürich

242
Walther Koch, 1909
Rhaetian Railway, Grisons
Lithografie, mehrfarbig,
73,5×104 cm
J.E. Wolfensberger AG, Zürich

243
Ernst E. Schlatter, 1911
Rhätische Bahn. Graubünden
Lithografie, mehrfarbig,
73×107 cm
J.E. Wolfensberger AG, Zürich

244
Plinio Colombi, 1912
Bremgarten-Dietikon-Bahn
Lithografie, mehrfarbig,
106,5×78 cm
Kümmerly & Frey AG, Bern

245
Otto Morach, 1926
Der Weg zur Kraft u. Gesundheit führt über Davos
Lithografie, mehrfarbig,
90,5×128 cm
J.E. Wolfensberger AG, Zürich

246
Daniele Buzzi, 1924
Die elektrische Gotthardlinie.
Schweiz
Lithografie, mehrfarbig,
64×102 cm
J.C. Müller AG, Zürich

247
Walther Koch, 1909
Hotel Eden au Lac, Zürich
Lithografie, mehrfarbig,
115×85 cm
J.E. Wolfensberger AG, Zürich

248
Um 1900
Palace Hotel Maloja, Engadin
Lithografie, mehrfarbig,
100×70 cm
Trüb AG, Aarau

249
1907
Hotel Cecil, Lausanne
Lithografie, mehrfarbig,
111,5×86 cm
Trüb AG, Aarau

250
Emil Cardinaux, 1921
Palace Hotel, St. Moritz
Lithografie, mehrfarbig,
90,5×128 cm
J.E. Wolfensberger AG, Zürich

251
Erwin Roth, 1915
Restaurant St. Gotthard,
Zürich
Lithografie, mehrfarbig,
90,5×128 cm
J.E. Wolfensberger AG, Zürich

252
Erwin Roth, 1915
Hotel St. Gotthard, Zürich
Lithografie, mehrfarbig,
90,5×128 cm
J.E. Wolfensberger AG, Zürich

253
Paul Krawutschke, 1908
Grand-Café Zürcherhof.
Familien-Kinematograph und Tonbild-Theater
Lithografie, orange/violett,
72,5 × 111 cm
J.C. Müller AG, Zürich

254
Erwin Roth, 1915
Café St. Gotthard, Zürich
Lithografie, mehrfarbig,
90,5 × 128 cm
J.E. Wolfensberger AG, Zürich

255
John Graz, 1917
Le Royal, Genève
Lithografie, mehrfarbig,
65 × 99,5 cm
Atar SA, Genf

256
Hermann Rudolf Seifert, 1914
Bayrische Bierhalle Kropf, Zürich
Lithografie, mehrfarbig,
70 × 100 cm
Hofer & Co. AG, Zürich

257
Emil Cardinaux, 1919
Les Grisons
Lithografie, mehrfarbig,
260 × 180 cm (4teilig)
J.E. Wolfensberger AG, Zürich

258
Wilhelm Friedrich Burger, 1914
Jungfrau-Bahn
Lithografie, mehrfarbig,
99,5 × 70 cm
Hofer & Co. AG, Zürich

259
Anton Reckziegel, 1900
Bex-Gryon-Villars. Chemin de fer électrique
Lithografie, mehrfarbig,
70 × 101,5 cm
Hubacher & Cie., Bern

260
Eric de Coulon, um 1925
Ligne électrifiée du Jura Suisse
Lithografie, mehrfarbig,
65 × 100 cm
P. Attinger SA, Neuenburg

261
Um 1900
Dampfschiffahrt Zürichsee
Tiefdruck/Lithografie, mehrfarbig,
55 × 78,5 cm
H. Rüegg & Co., Zürich

262
Emil Cardinaux, 1909
Stazione estiva Grigione
Lithografie, mehrfarbig,
73 × 103 cm
Gebr. Fretz AG, Zürich

263
Karl Bickel, 1928
Strandbad Zürich
Lithografie, mehrfarbig,
64 × 90,5 cm
J.E. Wolfensberger AG, Zürich

264
Werner Weiskönig, 1930
Alpines Strandbad. Arosa
Lithografie, mehrfarbig,
90,5 × 128 cm
Eidenbenz-Seitz & Co., St. Gallen

265
Nanette Genoud, 1938
Bellerive Plage. Lausanne
Lithografie, mehrfarbig,
64 × 102 cm
Roth & Sauter SA, Denges

266
Walter Herdeg, 1932
Foto: Hans Hubmann
St. Moritz
Tiefdruck, mehrfarbig,
64 × 102 cm
Gebr. Fretz AG, Zürich

267
Walther Koch, 1906
Sport d'hiver dans les Grisons
Lithografie, mehrfarbig,
70 × 105 cm
Gebr. Fretz AG, Zürich

268
Albert Muret, 1913
Chemin-de-fer Martigny-Orsières
Lithografie, mehrfarbig,
70 × 105 cm
Sonor SA, Genf

269
François Jaques, 1921
Jura Suisse. Ste-Croix-les-Rasses
Lithografie, mehrfarbig,
64 × 102 cm
Klausfelder SA, Vevey

270
Carlo Vivarelli, 1940
Flums, Grossberg
Buchdruck, mehrfarbig,
70 × 100 cm
Sarganserländische Buchdruck AG, Mels und Flums

271
Franz Fässler, 1962*
Foto: Frédéric Mayer
Winter in der Schweiz zählt doppelt
Offset, mehrfarbig,
90,5 × 128 cm
Vontobel Druck AG, Feldmeilen

272
Hans Handschin, 1934
Werbeagentur: Gedezet AG, Basel
Silvaplana, Engadin
Lithografie, mehrfarbig,
70 × 100 cm
Wassermann AG, Basel

273
John Graz, 1914
Yverdon-Ste-Croix. Jura Suisse
Lithografie, mehrfarbig,
66 × 100 cm
Sonor SA, Genf

274
Walter Herdeg, 1932
St. Moritz
Lithografie, mehrfarbig,
64 × 102 cm
J.E. Wolfensberger AG, Zürich

275
Hans Handschin, 1935
Werbeagentur: Gedezet AG, Basel
Silvaplana, Engadin
Lithografie, mehrfarbig,
70 × 100 cm
Trüb AG, Aarau

276
Carlo Pellegrini, 1904
Les Avants sur Montreux
Lithografie, mehrfarbig,
73,5 × 111,5 cm
Trüb AG, Aarau

277
Heiri Steiner und Ernst A. Heiniger, 1935
Foto: Herbert Matter und Ernst A. Heiniger
Grindelwald
Tiefdruck, mehrfarbig,
70 × 100 cm
Ringier & Co. AG, Zofingen

278
Augusto Giacometti, 1928
Union nationale des étudiants de Suisse
Lithografie, mehrfarbig,
64,5 × 91,6 cm
J.E. Wolfensberger AG, Zürich

279
Herbert Matter, 1934
Foto: Herbert Matter, Ernst Mettler und Heiri Steiner
14 Tage Jugendreisen
Tiefdruck braun, Buchdruck, rot, 70 × 100 cm
Conzett & Huber, Zürich

280
Hans Erni, 1945
Macht Ferien! Sammelt Kräfte für die neue Zeit!
Tiefdruck/Buchdruck, mehrfarbig, 90,5 × 128 cm
Conzett & Huber, Zürich

281
Herbert Matter, 1935
All roads lead to Switzerland
Tiefdruck, mehrfarbig, Buchdruck, rot, 64 × 101 cm

282
Herbert Matter, 1934
Winterferien – doppelte Ferien. Schweiz
Tiefdruck, mehrfarbig, Buchdruck, grün, 64 × 102 cm

283
Herbert Matter, 1935
Engelberg, Trübsee
Tiefdruck, mehrfarbig,
64 × 102 cm
C.J. Bucher AG, Luzern

284
Herbert Matter, 1935
Pontresina, Schweiz
Tiefdruck, mehrfarbig,
64 × 102 cm
Conzett & Huber, Zürich

285
Herbert Matter, 1936
Pontresina, Engadin
Tiefdruck, mehrfarbig,
64 × 102 cm
Conzett & Huber, Zürich

286
Max Hegetschweiler, 1951
Postes suisses. Autocars alpestres
Offset, mehrfarbig,
61,5 × 100 cm
J.C. Müller AG, Zürich

287
Hans Beat Wieland, 1935
Switzerland. Alpine postal motor coaches
Lithografie, mehrfarbig,
64 × 102 cm
J.C. Müller AG, Zürich

288
Wilhelm Friedrich Burger, 1937
Schweiz. Alpenposten
Lithografie, mehrfarbig,
64 × 102 cm
J.C. Müller AG, Zürich

289
Hugo Wetli, 1966*
En car postal vers les chemins pédestres
Offset, mehrfarbig,
90,5 × 128 cm
Hug & Söhne AG, Zürich

290
Ernst Morgenthaler, 1943
Par le rail au grand air
Lithografie, mehrfarbig,
90,5 × 128 cm
J.C. Müller AG, Zürich

291
Max Gubler, 1955*
Loin des routes par le chemin de fer
Lithografie, mehrfarbig,
90,5 × 128 cm
J.C. Müller AG, Zürich

292
Karl Hügin, 1945
Zur Arbeit, zur Schule mit dem Streckenabonnement
Lithografie, mehrfarbig,
90,5 × 128 cm
J.C. Müller AG, Zürich

293
Hans Thöni, 1958*
Der Kluge reist im Zuge
Offset, mehrfarbig,
90,5 × 128 cm
J.C. Müller AG, Zürich

294
Herbert Leupin, 1978*
SBB Super
Siebdruck, mehrfarbig,
90,5 × 128 cm
Albin Uldry, Hinterkappelen

295
Hans Hartmann, 1962
SBB. Hauptstrasse der Wirtschaft
Offset, mehrfarbig,
90,5 × 128 cm
J.C. Müller AG, Zürich

296
Iwan E. Hugentobler, 1946
CFF. Transports rapides et sûrs à domicile
Lithografie, mehrfarbig,
90,5 × 128 cm
J.C. Müller AG, Zürich

297
Hans Erni, 1942
Rasch beladen, rasch entladen, voll beladen. SBB/CFF
Lithografie, mehrfarbig,
90,5 × 128 cm
Orell Füssli AG, Zürich

298
Kurt Wirth, 1976
Für Güter die Bahn. SBB
Offset, mehrfarbig,
90,5 × 128 cm
Roth & Sauter SA, Denges

299
Cuno Amiet, 1921
Bahnhof-Büffet Basel
Lithografie, mehrfarbig,
90,5 × 128 cm
J.E. Wolfensberger AG, Zürich

300
Adrien Holy, 1955
So reisen ist doppeltes Vergnügen
Lithografie, mehrfarbig,
90,5 × 128 cm
J.E. Wolfensberger AG, Zürich

301
Augusto Giacometti, 1921
Bahnhof-Büffet Zürich
Lithografie, mehrfarbig,
90,5 × 128 cm
J.E. Wolfensberger AG, Zürich

302
Hermann Eidenbenz, 1948*
Swissair
Lithografie, mehrfarbig,
64 × 102 cm
J.E. Wolfensberger AG, Zürich

303
Herbert Matter, 1936
Das grosse Erlebnis, die Schweiz im Flugzeug
Tiefdruck, mehrfarbig,
64 × 102 cm
Ringier & Co. AG, Zofingen

304
Kurt Wirth, 1956*
Convair metropolitan. Swissair
Lithografie, mehrfarbig,
90,5 × 128 cm
Hallwag AG, Bern

305
Fritz Bühler, 1958
Swissair to the Middle East
Offset, mehrfarbig,
64 × 102 cm
Sigg Söhne, Winterthur

306
Nikolaus Schwabe, 1961
Swissair. Middle East
Offset, mehrfarbig,
64 × 102 cm

307
Manfred Bingler, 1964
Swissair. Middle East
Offset, mehrfarbig,
64 × 102 cm

308
Emil Schulthess und Hans Frei, 1972
Foto: Georg Gerster
Swissair. Irak
Offset, mehrfarbig,
64 × 102 cm

309
Maria Vieira, 1957*
DC7C. Panair do brasil
Offset, blau/grün,
90,5 × 128 cm
Lithographie & Cartonnage AG, Zürich

310
Domenig Geissbühler, 1963*
Über 5 Millionen Passagiere fliegen mit ... BEA
Offset, rot/schwarz,
90,5 × 128 cm
J.E. Wolfensberger AG, Zürich

311
Ruedi Külling, 1969
Foto: Kurt Staub
Werbeagentur: Advico AG, Gockhausen
20 Jahre El Al
Offset, mehrfarbig,
90,5 × 128 cm
Lichtdruck AG, Dielsdorf

312
Otto Baumberger, 1923
PKZ
Lithografie, mehrfarbig,
90,5 × 128 cm
J.E. Wolfensberger AG, Zürich

313
Viktor Rutz, 1943
Zimmerli Tricots
Lithografie, mehrfarbig,
90,5 × 128 cm
Trüb AG, Aarau

314
Jean Edouard Robert und
Kate Durrer, 1981
Foto: Jost Wildbolz
Hanro Viva. Die neue Trend-Collection
Offset, mehrfarbig,
90,5 × 128 cm

315
Burkhard Mangold, 1912
Strumpf- und Handschuhhaus,
4 Jahreszeiten, Bern
Lithografie, mehrfarbig,
81 × 110 cm
J. E. Wolfensberger AG, Zürich

316
Hans Handschin, 1936
Idewe Qualitätsstrümpfe
Lithografie, mehrfarbig,
90,5 × 128 cm
Trüb AG, Aarau

317
Marc von Allmen, 1948
Gaines, Gürtel. Viso
Lithografie, mehrfarbig,
90,5 × 128 cm
Fiedler SA, La Chaux-de-Fonds

318
Fredy Steiner, 1966
Werbeagentur: Gisler & Gisler
AG, Zürich
Triumph International
Offset, mehrfarbig,
90,5 × 128 cm
J. C. Müller AG, Zürich

319
Burkhard Mangold, 1912
Herrenwäsche, 4 Jahreszeiten,
Bern
Lithografie, mehrfarbig,
76 × 107 cm
J. E. Wolfensberger AG, Zürich

320
Peter Birkhäuser, 1951
Metzger
Lithografie, mehrfarbig,
90,5 × 128 cm
Fiedler SA, La Chaux-de-Fonds

321
Elso Schiavo, 1972*
Foto: Max Roth
Mode Zehnder
Siebdruck, blau,
90,5 × 128 cm
Kettner & Birchler, Zürich

322
Robert-Alexandre Convert und
Eric de Coulon, 1917
Vier Jahreszeiten. Bern, Biel,
Solothurn, Thun
Lithografie, mehrfarbig,
75 × 110 cm
Trüb AG, Aarau

323
Hans Aeschbach, 1943
Schweizer Modewoche Zürich
Lithografie, mehrfarbig,
90,5 × 128 cm
J. C. Müller AG, Zürich

324
Edouard Vallet, 1912
A l'Innovation, Lausanne.
Ouverture des nouveaux
magasins
Lithografie, mehrfarbig,
69 × 100 cm
Sonor SA, Genf

325
Suzanne Aeberhard, 1967*
Foto: Christian Kurz
Werbeagentur: Erwin Halpern,
Zürich
Modissa
Offset, schwarz/blau,
90,5 × 128 cm
Gebr. Fretz AG, Zürich

326
Max Kopp, 1915
Seiden Grieder, Zürich
Lithografie, mehrfarbig,
90,5 × 128 cm
J. E. Wolfensberger AG, Zürich

327
Hans Fischer, 1939
Seiden Grieder
Lithografie, mehrfarbig,
90,5 × 128 cm
J. E. Wolfensberger AG, Zürich

328
Hans Erni, 1947*
Seiden Grieder
Lithografie, mehrfarbig,
90,5 × 128 cm
J. E. Wolfensberger AG, Zürich

329
Christian Coigny, 1977*
Grieder
Siebdruck, mehrfarbig,
90,5 × 128 cm
Duo d'Art SA, Genf

330
Carl Moos, 1916
Kemm & Cie, Marchands,
Tailleurs, Neuchâtel
Lithografie, mehrfarbig,
90,5 × 128 cm
Gebr. Fretz AG, Zürich

331
Otto Morach, 1928
Vêtements PKZ
Lithografie, mehrfarbig,
90,5 × 128 cm
J. E. Wolfensberger AG, Zürich

332
Heini Fischer, 1952*
PKZ
Buchdruck, mehrfarbig,
90,5 × 128 cm
City-Druck AG, Zürich

333
Alex W. Diggelmann, 1935
PKZ. Burger-Kehl & Co. SA
Lithografie, mehrfarbig,
90,5 × 128 cm
J. E. Wolfensberger AG, Zürich

334
Niklaus Stoecklin, 1934
PKZ
Lithografie, mehrfarbig,
90,5 × 128 cm
J. E. Wolfensberger AG, Zürich

335
Charles Loupot, 1924
Fourrures Canton, Lausanne
Lithografie, mehrfarbig,
90,5 × 128 cm
Sonor SA, Genf

336
Willy Guggenheim, 1920
Harry Goldschmidt, St. Gallen
Lithografie, mehrfarbig,
85 × 123,5 cm
Trüb AG, Aarau

337
Hugo Laubi, 1926
Jubiläums-Verkauf Wessner &
Co., St. Gallen
Lithografie, mehrfarbig,
90,5 × 128 cm
Orell Füssli AG, Zürich

338
Celestino Piatti, 1952*
Pensez à votre fourrure
Lithografie, mehrfarbig,
90,5 × 128 cm
Wassermann AG, Basel

339
Otto Baumberger, 1919/
1928
Baumann
Lithografie, mehrfarbig,
90,5 × 128 cm
Mentor Verlag, Zürich

340
Ernst und Ursula Hiestand,
1964*
Ein Hut von Fürst
Offset, mehrfarbig,
90,5 × 128 cm
J. C. Müller AG, Zürich

341
1937
Foto: Emil Schulthess
Werbeagentur: Karl Erny,
Zürich
Ita, Zürich
Tiefdruck, mehrfarbig,
90,5 × 128 cm
Conzett & Huber, Zürich

342
1938
Foto: Emil Schulthess
Werbeagentur: Karl Erny,
Zürich
Ita, Zürich
Tiefdruck, mehrfarbig,
90,5 × 128 cm
Conzett & Huber, Zürich

343
Niklaus Stoecklin, 1927
Forta, vos Soieries
Lithografie, mehrfarbig,
90,5 × 128 cm

344
Pierre Kramer, 1935
Schaffhauser Wolle
Lithografie, mehrfarbig,
90,5 × 128 cm
Orell Füssli AG, Zürich

345
Alois Carigiet, 1937
Tuchfabrik Truns
Lithografie, mehrfarbig,
90,5 × 128 cm
J. E. Wolfensberger AG, Zürich

346
Jost Wildbolz, 1965*
Foto: Hanspeter Mühlemann
Werbeagentur: Hans Looser
AG, Zürich
Laine de Schaffhouse
Offset, mehrfarbig,
90,5 × 128 cm
Vontobel Druck AG,
Feldmeilen

347
Burkhard Mangold, 1920
Kauft Volkstuch
Lithografie, mehrfarbig,
90,5 × 128 cm
J. E. Wolfensberger AG, Zürich

348
Otto Baumberger, 1927
Zwicky. Näh- & Stickseide
Lithografie, mehrfarbig,
90,5 × 128 cm
J. C. Müller AG, Zürich

349
Donald Brun, 1946*
Zwicky. Nähseide
Lithografie, mehrfarbig,
90,5 × 128 cm
J. C. Müller AG, Zürich

350
Balz Baechi, 1972
Werbeagentur: Fritz Ulrich,
Basel
Knirps
Offset, mehrfarbig,
90,5 × 128 cm
Frobenius AG, Basel

351
Pierre Gauchat, 1954
Riri
Lithografie, mehrfarbig,
90,5 × 128 cm
J. C. Müller AG, Zürich

352
Peter Birkhäuser, 1950*
Riri
Lithografie, mehrfarbig,
90,5 × 128 cm
J. C. Müller AG, Zürich

353
Ruedi Külling, 1971*
Foto: Kurt Staub
Werbeagentur: Advico AG,
Gockhausen
Riri
Offset, mehrfarbig,
90,5 × 128 cm
J. C. Müller AG, Zürich

354
Pierre Gauchat, 1936
Bally, Confort, élégance,
qualité
Lithografie, mehrfarbig,
90,5 × 128 cm
Trüb AG, Aarau

355
Carl Kunst, 1912
Dosenbach. Grösstes Schuh-
haus der Schweiz
Lithografie, braun/schwarz,
90,5 × 128 cm
J. E. Wolfensberger AG, Zürich

356
Karl Bickel, 1925
Bruttisellen pour tous les
goûts
Lithografie, mehrfarbig,
90,5 × 128 cm
J. E. Wolfensberger AG, Zürich

357
Emil Cardinaux, 1923
Dosenbach, Dauer-Schuhe
Lithografie, mehrfarbig,
90,5 × 128 cm
J. E. Wolfensberger AG, Zürich

358
Emil Cardinaux, 1926
Bally, chaussures pour chaque
profession
Lithografie, mehrfarbig,
90,5 × 128 cm
J. E. Wolfensberger AG, Zürich

359
Hugo Laubi, 1924
Bally, chaussures de qualité
pour chaque profession
Lithografie, mehrfarbig,
90,5 × 128 cm

360
Hugo Laubi, 1925
Bally, Schuhe für jede Arbeit
Lithografie, mehrfarbig,
90,5 × 128 cm
Gebr. Fretz AG, Zürich

361
Heiri Steiner, 1936
Foto: Ernst A. Heiniger
Bally, bietet mehr
Tiefdruck/Lithografie,
90,5 × 128 cm
Orell Füssli AG, Zürich

362
Um 1900
Hirt's Schuhe sind die besten.
Rud. Hirt, Lenzburg
Lithografie, mehrfarbig,
100 × 70 cm
Orell Füssli AG, Zürich

363
Otto Morach, 1928
Gehe im Bally-Schuh
Lithografie, mehrfarbig,
90,5 × 128 cm
Klausfelder SA, Vevey

364
Werner Bischof, 1944*
Bally
Tiefdruck, mehrfarbig,
90,5 × 128 cm
Orell Füssli AG, Zürich

365
1935
Bally
Tiefdruck, mehrfarbig,
90,5 × 128 cm

366
Herbert Leupin, 1954
Bata
Offset, mehrfarbig,
90,5 × 128 cm
Hug & Söhne AG, Zürich

367
Herbert Leupin, 1954
Bata
Offset, mehrfarbig,
90,5 × 128 cm
Hug & Söhne AG, Zürich

368
Bernard Villemot, 1968
Bally
Offset, mehrfarbig,
90,5 × 128 cm
Trüb AG, Aarau

369
Roland Bärtsch, 1971*
Foto: Heinz Müller
Werbeagentur: Bärtsch, Murer
& Ruckstuhl AG, Zürich
Bally
Offset, mehrfarbig,
90,5 × 128 cm
J. C. Müller AG, Zürich

370
Pierre Augsburger, 1959
Bally
Lithografie, mehrfarbig,
90,5 × 128 cm
Paul Bender, Zollikon

371
Donald Brun, 1964
Bally
Offset, mehrfarbig,
271×128 cm (3teilig)
Trüb AG, Aarau

372
Carl Böckli, 1922
Schuster & Co., Teppiche,
Zürich, St. Gallen
Lithografie, mehrfarbig,
90,5×128 cm
Trüb AG, Aarau

373
Otto Baumberger, 1916
Orient-Teppiche, Jelmoli SA,
Zürich
Lithografie, mehrfarbig,
90,5×128 cm
Gebr. Fretz AG, Zürich

374
Burkhard Mangold, 1912
Teppichhaus Forster,
Altorfer & Co.
Lithografie, mehrfarbig,
95×125 cm
J. E. Wolfensberger AG, Zürich

375
Pierre Gauchat, 1945
150 Jahre Schuster
Lithografie, mehrfarbig,
90,5×128 cm
Orell Füssli AG, Zürich

376
Walter Grieder, 1968
ACV, Falken
Offset, mehrfarbig,
90,5×128 cm
Wassermann AG, Basel

377
Celestino Piatti, 1970
100 Jahre Teppiche aus dem
Orient, Meyer-Müller, Zürich,
Bern, Solothurn
Offset, mehrfarbig,
90,5×128 cm

378
Werner Weiskönig, 1928
Heizt Spar
Lithografie, mehrfarbig,
90,5×128 cm
Eidenbenz-Seitz & Co.,
St. Gallen

379
Hugo Laubi, 1935
Union
Lithografie, mehrfarbig,
90,5×128 cm
J. C. Müller AG, Zürich

380
Fritz Bühler und Ruodi Barth,
1949
Union
Lithografie, mehrfarbig,
90,5×128 cm
J. C. Müller AG, Zürich

381
Anton Reckziegel, um 1900
Briquettes de lignite rhenanes.
Union
Lithografie, mehrfarbig,
75,5×117 cm
Hubacher & Cie., Bern

382
Helen Haasbauer-Wallrath,
1920
Möbel für Wohnung und
Bureau. Seligmann, Basel
Lithografie, mehrfarbig,
90,5×128 cm
Wassermann AG, Basel

383
Kurt Hauert, 1969
Bugholz Möbel von Michael
Thonet. Gewerbemuseum
Basel
Offset, schwarz,
90,5×128 cm
Wassermann AG, Basel

384
Jörg Hamburger, 1980
Foto: Siegfried Zingg
Stuhl aus Stahl. Stuhl aus
Holz. Kunstgewerbemuseum
Zürich
Offset, mehrfarbig,
90,5×128 cm
Speich AG, Zürich

385
Georges Calame, 1968*
Foto: André Halter
Meubles Knoll, Tagliabue
Offset, schwarz/rot,
90,5×128 cm
Roto-Sadag SA, Genf

386
Hermann Eidenbenz, 1937
Autophon. Telephon, Radio
Offset, blau/schwarz, Tief-
druck, braun, 90,5×128 cm
Ringier & Co. AG, Zofingen

387
Herbert Leupin, 1947*
Albis Radio
Lithografie, mehrfarbig,
90,5×128 cm
J. E. Wolfensberger AG, Zürich

388
Otto Ernst, 1927
Radio Maxim, Aarau
Lithografie, mehrfarbig,
90,5×128 cm
Trüb AG, Aarau

389
Walter Zulauf, 1943
Radio Paillard
Lithografie, mehrfarbig,
90,5×128 cm
Säuberlin & Pfeiffer SA, Vevey

390
Rolf Bangerter, 1959
Mehr Freude mit Philips
Offset, rot/schwarz,
90,5×128 cm
J. C. Müller AG, Zürich

391
Jürg Neukomm und
Michael Pinschewer, 1970*
Foto: Hans Entzeroth
Hitachi
Offset, mehrfarbig,
90,5×128 cm
Lichtdruck AG, Dielsdorf

392
1933
Bernina
Lithografie, mehrfarbig,
90,5×128 cm
Trüb AG, Aarau

393
Peter Birkhäuser, 1947
Helvetia Portable
Lithografie, mehrfarbig,
90,5×128 cm
Fiedler SA, La Chaux-de-Fonds

394
Hans Handschin, 1937
Die neue Helvetia
Lithografie, rot/schwarz,
90,5×128 cm
Trüb AG, Aarau

395
Emil Doepler, um 1900
Pfaff
Lithografie auf Blech,
mehrfarbig, 23,5×37 cm

396
Ludwig Hohlwein, 1912
Pfaff
Lithografie, mehrfarbig,
60×88 cm
Vereinigte Druckereien,
München

397
Eric de Coulon, um 1920
Pfaff
Lithografie, rot/schwarz,
60×80 cm
Le Novateur, Paris

398
August Trueb, um 1930
Pfaff
Lithografie, mehrfarbig,
53,5×85 cm

399
Helmuth Kurtz, 1930
Foto: Heinrich Kurtz
Neue Hauswirtschaft. Ausstel-
lung. Kunstgewerbemuseum
Zürich
Tiefdruck, schwarz/grau,
Lithografie, orange,
90,5×128 cm
Conzett & Huber, Zürich.
Gebr. Fretz AG, Zürich

400
Helen Haasbauer-Wallrath,
1930
Die praktische Küche.
Gewerbemuseum Basel
Lithografie, rot/schwarz,
90,5×128 cm
Wassermann AG, Basel

401
Richard P. Lohse, 1943
Unsere Wohnung. Wanderaus-
stellung des SWB im Kunst-
gewerbemuseum Zürich
Lithografie, mehrfarbig,
91×64 cm
Kunstgewerbeschule, Zürich

402
Max Bill, 1933
Foto: Binia Bill
Klapptisch für Garten und
Wohnung. Wohnbedarf Zürich
Buchdruck, schwarz/rot,
50×68 cm

403
Otto Ernst, um 1935
Giubiasco Linoleum, besser,
billiger
Lithografie, mehrfarbig,
90,5×128 cm
Trüb AG, Aarau

404
Alfred Hablützel, 1957*
Les meubles modernes au
nouveau magasin de Theo
Jakob à Genève
Offset, gelb/schwarz,
70×100 cm
Buchdruckerei Feuz, Bern

405
1951
Werbeagentur: Lintas AG,
Zürich
Vim pulisce tutto
Lithografie, mehrfarbig,
90,5×128 cm
J. C. Müller AG, Zürich

406
Hans Handschin, 1933
Per in jedem Haushalt unent-
behrlich
Lithografie, mehrfarbig,
90,5×128 cm
Trüb AG, Aarau

407
1923
Vim zum Putzen, Scheuern
und Polieren
Lithografie, mehrfarbig,
90,5×128 cm
Trüb AG, Aarau

408
Peter Birkhäuser, 1934
Bülach
Lithografie, mehrfarbig,
90,5×128 cm
Wassermann AG, Basel

409
Niklaus Stoecklin, 1941*
Meta
Lithografie, mehrfarbig,
90,5×128 cm
Wassermann AG, Basel

410
Niklaus Stoecklin, 1941
Meta
Lithografie, mehrfarbig,
90,5×128 cm
Wassermann AG, Basel

411
Herbert Leupin, 1952*
Trix ... keine Mottenlöcher
Lithografie, mehrfarbig,
90,5×128 cm
Wassermann AG, Basel

412
Helmuth Kurtz, 1932
Foto: Heinrich Kurtz
Shell Tox gegen Insekten
Tiefdruck, schwarz/grau.
Lithografie, schwarz/rot,
93×130 cm
Orell Füssli AG, Zürich

413
Willi Weiss, 1940
Coop
Lithografie, mehrfarbig,
63,5×90 cm

414
Emil Huber, 1909
Crème au brillant rapide, Ideal.
G. H. Fischer, Fehraltorf
Lithografie, mehrfarbig,
40×72 cm
J. C. Müller AG, Zürich

415
Anton Trieb, um 1910
Schlüsselseife ist die beste.
Suter, Moser & Co., St. Gallen
Lithografie, mehrfarbig,
70×100 cm
Orell Füssli AG, Zürich

416
1922
Werbeagentur: Max Dalang,
Zürich
Steinfels. Il mio sapone
preferito
Lithografie, mehrfarbig,
90,5×128 cm
J. C. Müller AG, Zürich

417
Otto Baumberger, 1925
Sträuli Seifen, Winterthur
Lithografie, mehrfarbig,
90,5×128 cm
Sigg Söhne, Winterthur

418
Theo Ballmer, 1953
Uhu. Schon ein Teelöffel wirkt
Wunder an der Wäsche
Lithografie, mehrfarbig,
90,5×128 cm

419
Niklaus Stoecklin, 1921
Sunlight Seife
Lithografie, mehrfarbig,
90,5×128 cm
Klausfelder SA, Vevey

420
Herbert Leupin, 1949
Steinfels Seife
Lithografie, mehrfarbig,
90,5×128 cm
J. C. Müller AG, Zürich

421
1914
Vigor
Lithografie, mehrfarbig,
90,5×128 cm
Trüb AG, Aarau

422
Hugo Laubi, 1925
Persil
Lithografie, mehrfarbig,
90,5×128 cm

423
Martin Peikert, 1928
Persil
Lithografie, mehrfarbig,
90,5×128 cm
Orell Füssli AG, Zürich

424
Donald Brun, 1946
Persil
Lithografie, mehrfarbig,
90,5×128 cm
R. Marsens, Lausanne

425
1964
Werbeagentur: Dr. Rudolf
Farner AG, Zürich
Persil
Offset, mehrfarbig,
90,5×128 cm
Wassermann AG, Basel

426
Walter Grieder, um 1940
Coop
Lithografie, mehrfarbig,
63×90 cm
Grafica AG, Basel

427
Eric de Coulon, 1935
Sérodent
Lithografie, mehrfarbig,
90,5×128 cm
Säuberlin & Pfeiffer SA, Vevey

428
Niklaus Stoecklin, 1941*
Binaca
Lithografie, mehrfarbig,
90,5×128 cm
J. E. Wolfensberger AG, Zürich

429
Charles Kuhn, 1941
Coop
Lithografie, mehrfarbig,
64×90 cm
J. E. Wolfensberger AG, Zürich

430
Alois Carigiet, 1938
Silvikrine pour vos cheveux
Lithografie, mehrfarbig,
64×102 cm
Orell Füssli AG, Zürich

431
Herbert Leupin, 1945*
Panteen, das erste Vitamin-Haarwasser
Lithografie, mehrfarbig,
90,5×128 cm
Wassermann AG, Basel

432
Fritz Bühler, 1945
Schwarzkopf Shampoo
Lithografie, mehrfarbig,
90,5×128 cm
Wassermann AG, Basel

433
Edi Hauri, 1936
Geroba-Tabletten gegen Husten
Lithografie, mehrfarbig,
90,5×128 cm
Grafica AG, Basel

434
Fritz Bühler, 1947*
Roger & Gallet, Paris
Lithografie, mehrfarbig,
90,5×128 cm
Kümmerly & Frey AG, Bern

435
Niklaus Stoecklin, 1927
Gaba beugt vor
Lithografie, blau/schwarz,
90,5×128 cm
Wassermann AG, Basel

436
Augusto Giacometti, 1923
Hürlimann Bock
Lithografie, mehrfarbig,
45×64 cm
J. E. Wolfensberger AG, Zürich

437
Um 1915
Amer Monné. Le meilleur des apéritifs
Lithografie, mehrfarbig,
115,5×90 cm
Trüb AG, Aarau

438
Max Huber, 1947
Grassotti Vermouth
Offset, mehrfarbig,
90,5×128 cm
Fratelli Pirovano, Mailand

439
Jean d'Ylan, 1945
Diablerets. L'apéritif généreux
Lithografie, mehrfarbig,
90,5×128 cm
R. Marsens, Lausanne

440
Pierre Monnerat, 1964
Cinzano
Offset, blau/rot,
90,5×128 cm
Roth & Sauter SA, Denges

441
Maurice Maffei, 1964
Cinzano
Offset, mehrfarbig,
90,5×128 cm
Roth & Sauter SA, Denges

442
Max Feldbauer, 1926
Haldengut
Lithografie, mehrfarbig,
90,5×128 cm
J. E. Wolfensberger AG, Zürich

443
Willi Eidenbenz, 1958*
Lithografie, mehrfarbig,
90,5×128 cm
Paul Bender, Zollikon

444
Peter Birkhäuser, 1957
Lithografie, mehrfarbig,
90,5×128 cm
J. E. Wolfensberger AG, Zürich

445
Peter Birkhäuser, 1957*
Lithografie, mehrfarbig,
90,5×128 cm
J. E. Wolfensberger AG, Zürich

446
Um 1920
Haldengut Biere sind wohlschmeckend und bekömmlich
Lithografie, mehrfarbig,
93×127 cm
J. E. Wolfensberger AG, Zürich

447
Burkhard Mangold, 1915
Maggi's Produkte mit dem Kreuzstern sind die besten
Lithografie, mehrfarbig,
48×73,5 cm

448
Jules de Praetere, 1932
Lithografie, mehrfarbig,
90,5×128 cm
J. E. Wolfensberger AG, Zürich

449
Hans Neuburg, 1934
Foto: Anton Stankowski
Super Bouillon Liebig
Tiefdruck/Lithografie, mehrfarbig, 90,5×128 cm
Ringier & Co. AG, Zofingen

450
Jules Glaser, 1948
Knorr
Lithografie, mehrfarbig,
90,5×128 cm
Paul Bender, Zollikon

451
Sebastian Oesch, 1914
Werbeagentur: G. Tanner, Zürich
Geflügel. Lebensmittel-Verein Zürich, St. Annahof
Lithografie, schwarz/braun,
72×100 cm

452
Marguerite Burnat-Provins, um 1905
Conserves Saxon
Lithografie/Buchdruck, mehrfarbig, 70×105 cm
Säuberlin & Pfeiffer SA, Vevey

453
Um 1915
Tausende geniessen täglich Axelrod's Yoghurt
Lithografie, mehrfarbig,
69,5×104,5 cm
Trüb AG, Aarau

454
Walter Cyliax, 1933
Maizena Duryea
Lithografie, mehrfarbig,
90,5×128 cm
Gebr. Fretz AG, Zürich

455
Edouard-Louis Baud, um 1910
Conserves, Confitures, Saxon
Lithografie, mehrfarbig,
300×52 cm
Sonor SA, Genf

456
Viktor Rutz, 1945*
Nussgold
Lithografie, mehrfarbig,
90,5×128 cm
Paul Bender, Zollikon

457
Peter Birkhäuser, 1945*
Gerber extra
Lithografie, mehrfarbig,
90,5×128 cm
Säuberlin & Pfeiffer SA, Vevey

458
Viktor Rutz, 1942*
Roco Erbsen
Lithografie, mehrfarbig,
90,5×128 cm
J. E. Wolfensberger AG, Zürich

459
Niklaus Stoecklin, 1961*
E Guete!
Lithografie, mehrfarbig,
90,5×128 cm
Wassermann AG, Basel

460
Lora Lamm, 1963*
Bell
Offset, mehrfarbig,
90,5×128 cm
Coop Schweiz, Basel

461
Hermann Eidenbenz, 1950
Bell
Lithografie, mehrfarbig,
90,5×128 cm
Wassermann AG, Basel

462
Niklaus Stoecklin, 1960
Bell
Lithografie, mehrfarbig,
90,5×128 cm
Wassermann AG, Basel

463
Herbert Leupin, 1965*
Bell
Offset, rot/silber,
90,5×128 cm
Hug & Söhne AG, Zürich

464
Carl Moos, 1905/um 1915
Chocolat Klaus
Lithografie, mehrfarbig,
90,5×128 cm
J. C. Müller AG, Zürich

465
Leonetto Cappiello, 1929
Chocolat Cailler
Lithografie, mehrfarbig,
90,5×128 cm
Devambez SA, Paris

466
Karl Bickel
Chocolat Nestlé
Lithografie, mehrfarbig,
90,5×128 cm
J. E. Wolfensberger AG, Zürich

467
Charles Kuhn, 1933
Chocolat Kohler
Lithografie, mehrfarbig,
90,5×128 cm
J. E. Wolfensberger AG, Zürich

468
Um 1900
Grison. Beliebte Schweizer Chocolade
Lithografie, mehrfarbig,
70×99,5 cm
Trüb AG, Aarau

469
Wilhelm E. Baer, 1944
Coop
Lithografie, mehrfarbig,
64×90,5 cm
Orell Füssli AG, Zürich

470
Max Baer, 1946
Alt werden – jung bleiben. Kaffee Hag trinken!
Lithografie mehrfarbig,
90,5×128 cm
Gebr. Fretz AG, Zürich

471
Samuel Henchoz, 1950*
Cafés Manera
Lithografie, mehrfarbig,
90,5×128 cm
Klausfelder SA, Vevey

472
Nelly Loewensberg-Rudin, 1964*
Foto: Wilhelm S. Eberle
Narok
Offset, mehrfarbig,
90,5×128 cm
J. C. Müller AG, Zürich

473
Fritz Boscovits, um 1900
Bilz Brause
Lithografie, mehrfarbig,
98,5×128 cm
Gebr. Fretz AG, Zürich

474
Ruedi Külling, 1972
Werbeagentur: Advico AG, Gockhausen
Sinalco
Offset, mehrfarbig,
271×128 cm (3teilig)
J. E. Wolfensberger AG, Zürich

475
Hermann Alfred Koelliker, 1932
Sissa
Lithografie, mehrfarbig,
90,5×128 cm
J. C. Müller AG, Zürich

476
Hermann Alfred Koelliker, 1936
Eptinger
Lithografie, mehrfarbig,
90,5×128 cm
J. C. Müller AG, Zürich

477
Herbert Leupin, 1953*
Werbeagentur: Dr. Rudolf Farner AG, Zürich
Coca-Cola
Offset, mehrfarbig,
90,5×128 cm
Hug & Söhne AG, Zürich

478
Peter Emch, 1970*
Werbeagentur: Advico AG, Gockhausen
Sinalco
Offset, mehrfarbig,
90,5×128 cm
J. E. Wolfensberger AG, Zürich

479
Herbert Leupin, 1961
Eptinger
Offset, mehrfarbig,
90,5×128 cm
Coop Schweiz, Basel

480
Herbert Leupin, 1945*
Eptinger
Lithografie, mehrfarbig,
90,5×128 cm
J. E. Wolfensberger AG, Zürich

481
Herbert Leupin, 1956*
Eptinger
Offset, mehrfarbig,
90,5×128 cm
Hug & Söhne AG, Zürich

482
Herbert Leupin, 1960
Eptinger
Offset, mehrfarbig,
90,5×128 cm
Hug & Söhne AG, Zürich

483
Herbert Leupin, 1969*
Eptinger
Offset, mehrfarbig,
90,5×128 cm
Coop Schweiz, Basel

484
Ernst Keller, 1929
Tabak. Ausstellung im Kunstgewerbemuseum Zürich
Buchdruck (Linol), mehrfarbig,
92×128,5 cm
Buchdruckerei zur alten Universität, Zürich

485
Luigi Taddei, 1922
Tabak 24. Henry Weber, Zürich
Lithografie, mehrfarbig,
90,5×128 cm
Trüb AG, Aarau

486
1936
Opal
Lithografie, mehrfarbig,
90×120 cm

487
Ferdi Afflerbach, 1941
Opal
Lithografie, mehrfarbig,
90,5×128 cm
Grafica AG, Basel

488
Eric de Coulon, 1936
Cigares Fivaz
Lithografie, mehrfarbig,
90,5×128 cm
Säuberlin & Pfeiffer SA, Vevey

489
A. M. Cassandre, 1937
Vautier César
Lithografie, mehrfarbig,
90,5×128 cm
Säuberlin & Pfeiffer SA, Vevey

490
Niklaus Stoecklin, 1943*
Weber Menziken
Lithografie, mehrfarbig,
90,5×128 cm
J. E. Wolfensberger AG, Zürich

491
Albert Hoppler, 1913
Astor Cigarettes
Lithografie, mehrfarbig,
85×120 cm
J. C. Müller AG, Zürich

492
1938. Werbeagentur: Lender Trio SA, Genf
Cigarettes Xanthia
Tiefdruck, mehrfarbig,
90,5×128 cm
Roto-Sadag SA, Genf

493
André Simon, 1944
Marocaine
Lithografie, mehrfarbig,
90,5×128 cm
Suter AG, Liebefeld-Bern

494
Raymond Savignac, 1956
Parisiennes
Offset, mehrfarbig,
90,5×128 cm
Roto-Sadag SA, Genf

495
Herbert Leupin, 1956*
Stella Filtra
Offset, mehrfarbig,
90,5×128 cm
Hug & Söhne AG, Zürich

496
1963
Werbeagentur: Gisler & Gisler AG, Zürich
It's a wonderful Life
Offset, mehrfarbig,
90,5×128 cm
Druckerei Wetzikon AG, Wetzikon

497
Eduard Renggli, 1912
56. Eidgenössisches Turnfest in Basel
Lithografie, mehrfarbig,
71,5×101 cm
Wassermann AG, Basel

498
Eduard Stiefel, 1906
Eidg. Turnfest Bern, 1906
Lithografie, mehrfarbig,
89×110 cm
Lips, Bern

499
Ovidio Roncoroni, 1927
XIX Festa cantonale Ginnastica, Mendrisio
Lithografie, mehrfarbig,
101×72 cm
Veladini & Cie., Lugano

500
Hans Erni, 1936
4. kant. Turnfest Luzern, Ob- u. Nidwalden, Emmenbrücke
Buchdruck, mehrfarbig,
70×100 cm
Keller & Co. AG, Luzern

501
Fred Stauffer, 1922
57. Eidg. Turnfest, St. Gallen
Lithografie, mehrfarbig,
66×102 cm
Seitz & Co., St. Gallen

502
Carl Böckli, 1922
57. jähr. Jubiläum einer Ehrenjungfrau
Buchdruck, mehrfarbig,
9×14 cm

503
Alfred Heinrich Pellegrini, 1905
Première fête romande de lutte à Ste-Croix
Lithografie, grau/schwarz,
80×102 cm
Société Suisse d'affiches et de réclames artistiques, Genf

504
1929
16. St. Gall. Kantonal-Schwingertag, Flawil
Buchdruck (Linol/Satz), mehrfarbig, 70×100 cm
Buchdruckerei Flawil AG, Flawil

505
Roland Graz, 1973
Judo, Championnats du monde 73
Siebdruck, rot. Buchdruck, schwarz. 90,5×128 cm
L. Couchoud SA, Lausanne

506
Dora Hauth-Trachsler, 1911
Eidg. Schwing- und Älplerfest, Zürich
Lithografie, mehrfarbig,
92,5×128 cm
Jean Frey AG, Zürich

507
Otto Abrecht, 1909
Thurg. Kantonal-Schützenfest, Frauenfeld
Lithografie, mehrfarbig,
80×105 cm
J. C. Müller AG, Zürich

508
Armand Schwarz, 1909
25e Tir Cantonal Bernois, Delémont
Lithografie, mehrfarbig,
69×119,5 cm
Hubacher & Cie., Bern

509
Eugen Henziross, 1911
Jubiläums-Schiessen der Stadtschützen Olten
Lithografie, mehrfarbig,
60×92 cm
Georg Rentsch, Trimbach-Olten

510
Paul Wyss, 1911
Emment. Schützenfest, Rüderswyl-Zollbrück
Lithografie, mehrfarbig,
79,5×100 cm
Hubacher & Cie., Bern

511
Albert Champod, 1906
Tir cantonal vaudois à Nyon
Lithografie, mehrfarbig,
71×105 cm
A. Champod, Lausanne

512
Cuno Amiet, 1912
Bernisches Kantonal-Schützenfest, Herzogenbuchsee
Lithografie, mehrfarbig,
78×109 cm
Kümmerly & Frey AG, Bern

513
Fritz Gilsi, 1913
Thurg. Kantonal-Schützenfest, Weinfelden
Lithografie, mehrfarbig,
70,5×98 cm

514
Heinrich Danioth, 1920
X. Urner Kantonal-Schützenfest, Schattdorf
Lithografie, mehrfarbig,
83,5×112,5 cm
J. C. Müller AG, Zürich

515
Otto Landolt, 1920
8. Kantonales Schützenfest, Luzern
Lithografie, mehrfarbig,
70,5×100,5 cm
E. Goetz, Luzern

516
Ernst E. Schlatter, 1922
Thurg. Kant. Schützenfest, Kreuzlingen
Lithografie, mehrfarbig,
89,5×127,5 cm
Trüb AG, Aarau

517
Ernst Hodel, 1939
Eidg. Schützenfest, Luzern
Lithografie, mehrfarbig,
70×100 cm
Trüb AG, Aarau

518
Theo Ballmer, 1920
VII. Kantonal-Schützenfest beider Basel
Lithografie, mehrfarbig,
69×99,5 cm
Wassermann AG, Basel

519
Georges Froidevaux, 1948*
Tir cantonal du Centenaire Neuchâtelois, La Chaux-de-Fonds
Lithografie, mehrfarbig,
90,5×128 cm
Fiedler SA, La Chaux-de-Fonds

520
Fridolin Müller, 1963*
Eidg. Schützenfest, Zürich
Offset, schwarz/rot,
90,5×128 cm
J. E. Wolfensberger AG, Zürich

521
Mark Zeugin, 1965
Internationale Pferderennen, Luzern
Offset, mehrfarbig,
90,5×128 cm
Hug & Söhne AG, Zürich

522
Maurice Barraud, 1943*
2me Concours Hippique National, Genève
Lithografie, mehrfarbig,
67,5×100 cm
Atar SA, Genf

523
Moritz S. Jaggi, 1963*
Foto: Robert Zumbrunn
Zürcher Pferderennen, Frauenfeld
Siebdruck, schwarz,
90,5×128 cm
Josef Ruckstuhl, Zürich

524
Karl Bickel, 1926
V. Internationales Klausen-Rennen für Automobile und Motorräder
Lithografie, mehrfarbig,
90,5×128 cm
J. E. Wolfensberger AG, Zürich

525
Maurice Maffei, 1965
Autos, Motos, Championnat du monde GT, Ollon-Villars
Offset, mehrfarbig,
90,5×128 cm
Säuberlin & Pfeiffer SA, Vevey

526
Eric de Coulon, 1927
VI. Internationales Klausen-Rennen
Lithografie, mehrfarbig,
90,5×128 cm
Polygraphisches Institut AG, Zürich

527
Donald Brun, 1966
Sport
Offset, mehrfarbig,
90,5×128 cm
Offset- und Buchdruck AG, Zürich

528
Ernst Mumenthaler, 1931
Neue Sportbauten, Gewerbemuseum Basel
Lithografie, mehrfarbig,
90,5×128 cm
Wassermann AG, Basel

529
Heini und Leo Gantenbein, 1948*
Sträuli Sport, Zürich
Buchdruck (Linol/Satz), mehrfarbig, 90,5×128 cm
Bollmann AG, Zürich

530
Numa Rick, 1941
5. Schweizerische Armee-Meisterschaften, Basel
Lithografie, mehrfarbig,
90,5×128 cm
Wassermann AG, Basel

531
Roger und Elisabeth Pfund, 1972*
Jugend + Sport
Offset, grün, 90,5×128 cm
Wassermann AG, Basel

532
Jacques Rouiller, 1964
Viens avec nous
Offset, schwarz,
90,5×128 cm
Trüb AG, Aarau

533
Burkhard Mangold, 1919
Stimmt für Liste 1
Lithografie, mehrfarbig,
92×128,5 cm
J. E. Wolfensberger AG, Zürich

534
Melchior Annen, um 1910
Stimmt der freisinnigen Liste
Lithografie, mehrfarbig,
24×33,5 cm
Hofer & Co. AG, Zürich

535
Paul Wyss, 1919
Erinnert euch und wählt sozialistisch
Lithografie, schwarz/rot,
72×99 cm
Wolf AG, Basel

536
Alfred H. Pellegrini, 1919
Warum sind wir arm geboren?
Lithografie, schwarz,
90,5×128 cm
Wolf AG, Basel

537
Carl Moos, 1925
Wählt sozialistisch
Lithografie, mehrfarbig,
90,5×128 cm
J. C. Müller AG, Zürich

538
Burkhard Mangold, 1919
Gegen den Bolschewismus mit der unveränderten Liste I. Freisinnige Partei
Lithografie, schwarz/rot,
22,5×32 cm
J. E. Wolfensberger AG, Zürich

539
Victor Salivisberg, 1921
Attention ... voici un radical
Lithografie, schwarz,
70×96 cm
Larsa SA, Genf

540
Hans Beat Wieland, 1920
Schweizervolk, lass dich nicht binden!
Lithografie, mehrfarbig,
70×100 cm
Gebr. Fretz AG, Zürich

541
Emil Cardinaux, 1920
Oui pour la Société des Nations
Lithografie, mehrfarbig,
90,5×128 cm
J. E. Wolfensberger AG, Zürich

542
Emil Cardinaux, 1922
Vermögensabgabe Nein
Lithografie, mehrfarbig,
90,5×128 cm
J. E. Wolfensberger AG, Zürich

543
Joseph Divéky, 1922
Wer die Alters- und Invalidenversicherung will, stimmt für die Vermögensabgabe Ja!
Lithografie, mehrfarbig,
90,5×128 cm
J. C. Müller AG, Zürich

544
Charles L'Eplattenier, 1935
Roter Fünfjahrplan Nein
Lithografie, mehrfarbig,
90,5×128 cm
Haefeli & Co., La Chaux-de-Fonds

545
Johann Arnhold, 1935
Lavoro e Pane, votiamo Si!
Lithografie, mehrfarbig,
90,5×128 cm
J. E. Wolfensberger AG, Zürich

546
Theo Ballmer, 1935
Militärmoloch, Krieg, Faschismus. Militärvorlage Nein
Buchdruck (Linol/Satz), schwarz/rot,
90,5×128 cm (2teilig)
Genossenschaftsbuchdruckerei Basel

547
Jules Courvoisier, 1935
Wehrhaft und frei! Wehrvorlage Ja
Lithografie, mehrfarbig,
90,5×128 cm
Sonor SA, Genf

548
Emil Cardinaux, 1933
Wir alle müssen helfen. Ja
Lithografie, mehrfarbig,
90,5×128 cm
Kümmerly & Frey AG, Bern

549
Alois Carigiet, 1933
Riduzione dei salari. No
Lithografie, mehrfarbig,
90,5×128 cm
J. E. Wolfensberger AG, Zürich

550
Theo Ballmer, 1933
Schliesst die Einheitsfront gegen Lohnabbau. Nein
Buchdruck (Linol/Satz), orange/schwarz, 90,5×128 cm
Genossenschaftsbuchdruckerei Basel

551
Clément Moreau, 1933
Denen soll der Lohn abgebaut werden. Wir sagen Nein.
Buchdruck (Linol/Satz), schwarz, 70×100 cm
Genossenschaftsdruckerei, Biel

552
Hermann Eidenbenz, 1946
Ein freies Volk braucht freie Frauen. Frauenstimmrecht Ja
Buchdruck, schwarz/rot, 90,5×128 cm
Märki & Co., Basel

553
Donald Brun, 1946
Frauenstimmrecht Nein
Lithografie, mehrfarbig, 90,5×128 cm
Wassermann AG, Basel

554
Otto Baumberger, 1920
Wollt Ihr solche Frauen? Frauenstimmrecht Nein
Lithografie, mehrfarbig, 90,5×128 cm
J.E. Wolfensberger AG, Zürich

555
Dora Hauth-Trachsler, 1920
Zum Schutz der Jugend und Schwachen. Frauenwahlrecht Ja
Lithografie, mehrfarbig, 80×115 cm
Hofer & Co. AG, Zürich

556
René Gilsi, 1959
Helvetia lebendig und verjüngt. Frauenstimmrecht Ja
Lithografie, mehrfarbig, 90×125,5 cm
Gebr. Maurer AG, Zürich

557
Fred Stauffer, 1924
Erobert den Platz an der Sonne zurück! Fabrikgesetz Art. 41 Ja
Lithografie, mehrfarbig, 90,5×128 cm
Armbruster, Bern

558
Heiner Bauer, 1958
44-Stunden-Woche Ja
Offset, mehrfarbig, 90,5×128 cm
Frey & Wiederkehr, Zürich

559
Florentin Moll, 1924
Arbeitszeitverlängerung Nein
Lithografie, mehrfarbig, 90,5×128 cm

560
Charles Affolter, 1958
44-Stunden-Woche Ja
Buchdruck, rot/schwarz, 90,5×128 cm (2teilig)
Coopérative d'Imprimerie du Pré-Jérôme, Genf

561
Bernard Schlup, 1976
40 Std. Ja
Siebdruck, rot/schwarz, 90,5×128 cm
Hutter Siebdruck AG, Wohlen

562
Paul Senn, 1931
Gegen Krise und Not. Für Arbeit und Brot. Sozialdemokraten
Tiefdruck, schwarz/rot, 90,5×128 cm
Conzett & Huber, Zürich

563
Alfred Marxer, 1935
Wählt sozialdemokratisch
Lithografie, mehrfarbig, 90,5×128 cm
J.C. Müller AG, Zürich

564
Ernst Mumenthaler, 1935
Für eine gesunde planvolle Wirtschaft. Gegen Menschen- und Warenvernichtung. Wählt Sozialdemokraten
Lithografie, mehrfarbig, 90,5×128 cm (2teilig)
Lith. z. Gemsberg, Basel

565
Carl Moos, 1935
Wählt freisinnig
Lithografie, mehrfarbig, 90,5×128 cm
Gebr. Fretz AG, Zürich

566
Theo Ballmer, 1931
Kampf der Verelendung. Wählt Kommunisten
Lithografie, schwarz/orange, 90×64 cm

567
Richard Doelker, 1935
Wir bauen auf! Wählt nationale Front
Lithografie, rot/schwarz, 90,5×128 cm
Gebr. Fretz AG, Zürich

568
Karl Hänny, 1939
Genug der Krise, genug der Not, helft Schaffen der Heimat Freiheit und Brot mit der Liste der schweiz. Bauernheimatbewegung
Lithografie, schwarz, auf gelb, 90,5×128 cm
Kümmerly & Frey AG, Bern

569
Charles Kuhn, 1939
Für Heimat und Volk. Bäuerlich Gewerblich Bürgerliche Liste 5
Lithografie, mehrfarbig, 90,5×128 cm
J.E. Wolfensberger AG, Zürich

570
Karl Schlegel, 1943
Mannestat im Landesring
Lithografie, mehrfarbig, 90,5×128 cm
Gebr. Maurer AG, Zürich

571
Willy Trapp, 1943
Ans Werk zum Bau der Neuen Schweiz!
Lithografie, mehrfarbig, 90,5×128 cm
J.E. Wolfensberger AG, Zürich

572
Willi Günthart, 1943
Wählt Bauernpartei Liste 1
Lithografie, mehrfarbig, 90,5×128 cm
Gebr. Fretz AG, Zürich

573
Hans Trommer, 1935
Fort mit der volksfeindlichen Mehrheit aus dem Nationalrat. Liste 6. Wählt Kommunisten.
Lithografie, schwarz/rot, 90,5×128 cm
Ryffel & Co., Zürich

574
Carl Scherer, 1938
Das soziale Zürich. Wählt Sozialdemokraten
Lithografie, mehrfarbig, 90,5×128 cm
J.E. Wolfensberger AG, Zürich

575
Rolf Gfeller, 1947
Wer die Freiheit will, wählt freisinnig!
Lithografie, mehrfarbig, 90,5×128 cm
Orell Füssli AG, Zürich

576
Eugen und Max Lenz, 1955
Christlich-sozial
Lithografie, schwarz/orange, 90,5×128 cm
J.C. Müller AG, Zürich

577
Max von Moos, 1951
Für das Volk – gegen das Kapital. PdA
Lithografie, schwarz/rot, 90×126 cm
Gebr. Maurer AG, Zürich

578
Hans Erni, 1946
Gleiche Pflicht – gleiches Recht. Frauenstimmrecht Ja
Lithografie, rot/schwarz, 90,5×128 cm
Wassermann AG, Basel

579
Hans Erni, 1954
Atomkrieg Nein
Lithografie, mehrfarbig, 90,5×128 cm
Atar SA, Genf

580
Hans Erni, 1944
Gesellschaft Schweiz–Sowjetunion
Lithografie, mehrfarbig, 90,5×128 cm
J.E. Wolfensberger AG, Zürich

581
Hans Erni, 1947
Ja
Lithografie, mehrfarbig, 90,5×128 cm
J.E. Wolfensberger AG, Zürich

582
Paul Gmür, 1971
Werbeagentur: Peter Felix, Zürich
Ja für den U-Bahn-Baubeginn
Offset, violett/grün, 90,5×128 cm
Hug & Söhne AG, Zürich

583
Paul Gmür, 1971
Werbeagentur: Peter Felix, Zürich
Ja für den U-Bahn-Baubeginn
Offset, violett/grün, 90,5×128 cm
Hug & Söhne AG, Zürich

584
Paul Gmür, 1971
Werbeagentur: Peter Felix, Zürich
Ja
Offset, violett/grün, 90,5×128 cm
Hug & Söhne AG, Zürich

585
Urs Lüthi, 1968
Autonomes Jugendzentrum. 6 Tage Zürcher Manifest
Siebdruck, grün auf rot, 45×64 cm
a-Atelier, Zürich

586
Chasper Melcher, 1979
Wählt Viva!
Siebdruck, schwarz/rot, 90,5×128 cm
Heinrich Steiner AG, Zürich

587
Hugo Schuhmacher, 1975
Typografie: Egon Meichtry
Projekt: Peter Münger
Solidaritäts-Kundgebung (Chile)
Siebdruck, mehrfarbig, 90,5×128 cm
Peter Gerber, Zürich

588
Stephan Bundi, 1977
Nein zum Abbau der politischen Rechte
Siebdruck, schwarz, 90,5×128 cm
Schüler AG, Biel

589
Martial Leiter, 1978
Nein zur Busipo
Siebdruck, schwarz/gelb, 90,5×128 cm
Cedips, Lausanne

Bibliographie des Schweizer Plakates
Bibliography of Swiss Posters
Bibliographie de l'affiche suisse

Chronologisch aufgeführt sind Publikationen, die das Schweizer Plakat, seine Gestalter und Drucker behandeln. Veröffentlichungen, auch Kataloge von Ausstellungen, die das Schweizer Plakat lediglich im Zusammenhang mit dem internationalen Plakat vorweisen, sind nicht erwähnt.
Ebenso sind Arbeiten über Grafik, Typografie, Fotografie und Werbung ohne direkten Bezug zum Schweizer Plakat und seinen Gestaltern nicht berücksichtigt. Zeitschriftenaufsätze sind bis 1940 aufgeführt, danach vor allen Dingen Beiträge aus Sondernummern. Eine bibliografische Zusammenfassung der erwähnten Zeitschriften erscheint am Schluss des Verzeichnisses.
Viele, vor allem frühere Autoren, sind dem heutigen Leser nicht mehr ohne weiteres bekannt. Der chronologische Aufbau der Bibliografie, entsprechend dem Bildteil der einzelnen Abteilungen, mag sich deshalb als vorteilhaft erweisen.

Publications dealing with the Swiss poster, its designers and printers are listed chronologically. Works, including exhibition catalogues, which show the Swiss poster solely in conjunction with the international poster are not mentioned.
Similarly, works on graphic design, typography, photography and advertising with no direct link with the Swiss poster and its designers are not included. Articles in periodicals up to 1940 are listed, and after that date principally contributions from special issues. A bibliographic summary of the periodicals mentioned appears at the end of the bibliography.
Many of the authors, particularly early ones, are not necessarily known to the modern reader. The chronological structure of the bibliography, corresponding to the illustrations of the separate sections, may therefore prove of value.

Les publications traitant en particulier de l'affiche suisse, de ses créateurs et de ses imprimeurs sont indiquées dans l'ordre chronologique. Les autres, même s'il s'agit de catalogues d'expositions, qui ne mentionnent les affiches suisses que dans le contexte de la création internationale, ne figurent pas dans la bibliographie.
Il en est de même pour les ouvrages sur l'art graphique, la typographie, la photographie et la publicité. S'ils ne concernent pas directement les affiches suisses et leurs créateurs, ils ne sont pas mentionnés. Les articles ayant paru dans des numéros spéciaux de revues, ainsi que ceux des revues parues avant 1940, ont été retenus. Une récapitulation des revues mentionnées se trouve à la fin de la bibliographie.
Bien des artistes, surtout parmi les plus anciens, ne sont plus connus du lecteur. C'est pourquoi nous avons jugé utile de présenter la bibliographie dans un ordre chronologique, qui correspond à celui des illustrations dans les diverses sections.

Das Mono
The "mono"
Le mono

1909
Eduard Platzhoff-Lejeune: *Die Reklame.* Stuttgart: Strecke & Schröder, 1909

Lob und Beschrieb der Mono-Karten (S. 54 ff.). Beigegeben Original-Mono von Carl Moos für «Galactina», Kindermehl-Fabrik, Bern, 1906, und dessen Rückseite auf separatem Blatt.

Le Mono, son caractère et son but, in «Annuaire Graphique», Revue annuelle des arts et des industries graphiques. Publiée sous la direction de V. Attinger. Paris/Neuchâtel: Attinger Frères, éditeurs, 1909.

Beigegeben Original-Mono von Richard Schaupp für die Schokoladefabrik J. Klaus, Le Locle, 1908.

1928
Carl Albert Loosli: *Mono-Karten,* in «Emil Cardinaux. Eine Künstlermonographie». Zürich: Verlag Brunner & Cie. AG, 1928.

1944
Hans Kasser: *Das Mono,* in «Die Lithographie in der Schweiz». Bern: Verein Schweizerischer Lithographiebesitzer, 1944.

1954
René Thiessing: *Die Verkehrswerbung der Schweizer Bahnen.* Frauenfeld: Verlag Huber & Co. AG, 1954.

Thiessing beschreibt die Zusammenarbeit des Publizitätsdienstes mit Bührers Mono-Gesellschaft (S. 29 ff.).

Thiessing describes the collaboration of the advertising department with Bührer's Mono-Gesellschaft (p. 29 ff.).

Thiessing relate la collaboration du service de la publicité avec la «Mono-Gesellschaft» de Bührer (p. 29 et suiv.).

Plakate/Allgemein
Posters/general
Les affiches/en général

1899
Arts industriels (Concours d'affiches), in «La Patrie Suisse», Heft 150, Genève 1899.

Fotografische Abbildungen aller acht eingegangenen Entwürfe für den Plakatwettbewerb unter den Schülern der «Ecole des arts industriels», Genf, für ihre jährliche Ausstellung.

Photographic illustrations of all eight designs submitted in the poster competition among the pupils of the "Ecole des arts industriels", Geneva, for their annual exhibition.

Reproduction photographique des huit projets soumis lors d'un concours parmi les élèves de l'Ecole des arts industriels de Genève pour leur exposition annuelle.

1903
Walter von Zur Westen: *Reklamekunst.* Bielefeld/Leipzig: Verlag von Velhagen & Klassing, 1903. = Sammlung illustrierter Monographien 13

Enthält ersten Beschrieb des Schweizer Plakates mit Abbildungen.

Contains the first description of the Swiss poster with illustrations.

Avec la première description, illustrée, de l'affiche suisse.

1905
Henry Baudin: *L'enseigne & l'affiche.* Publié sous les auspices de la Fédération des sociétés artistiques de Genève. Genève 1905.

1906
Carl Albert Loosli: *Contre l'Affiche!,* in «Heimatschutz/Ligue pour la Beauté», Heft 6, Bümpliz 1906

Das Heft richtet sich ausschliesslich gegen die «Plakat-Seuche» und zeigt Beispiele aus Schaffhausen, Zürich, Bern, Zermatt usw. Hauptärgernis sind die emaillierten Blechtafeln – «die Blechpest».

This issue was devoted exclusively to an attack on the "advertising blight" and shows examples from Schaffhausen, Zurich, Berne, Zermatt etc. The "plague of tinplate" – enamel signs – was the chief cause of the conservationists' ire.

La revue se dresse exclusivement contre «la peste des affiches» et en particulier contre les affiches en tôle émaillée, en montrant des exemples à Schaffhausen, Zurich, Berne, Zermatt etc.

1908
Alfred Comtesse: *L'Affiche artistique en Suisse.* Extrait du Bulletin de la Société archéologique, historique et artistique «Le Vieux Papier», Novembre 1908. Lille 1908.

Interessant das Lob für Marguerite Burnat-Provins' Plakat «Conserves de Saxon» (452) und die heftige Ablehnung des hinreissenden Winzers für «Fête des vignerons» (139).

It is interesting to note the praise given to Marguerite Burnat-Provins' poster "Conserves de Saxon" (452) and the violent rejection of the delightful vintager for the "Fête des vignerons" (139).

On notera avec intérêt les louanges de l'affiche pour les «conserves de Saxon» (452) et le véhément rejet du superbe vigneron pour la «Fête des vignerons» (139).

1910
Ulrich Gutersohn: *Schweizer Brief,* in «Mitteilungen des Vereins der Plakatfreunde», Heft 2, Berlin 1910.

1911
Albert Baur: *Plakat und Reklame.* Separatdruck aus «Neue Zürcher Zeitung» (29./30. Mai 1911) zur Ausstellung im Kunstgewerbemuseum Zürich «Das moderne Plakat und die künstlerische Reklame». Zürich 1911.

Paul Westheim: *Schweizer Graphik*, in «Mitteilungen des Vereins der Plakatfreunde», Heft 3, Berlin 1911.

1913
Adolf Saager: *Schweizer Plakatkunst*, in «Das Plakat», Heft 1, Berlin 1913.

Umschlag Emil Cardinaux, Vignetten Paul Kammüller.

Cover: Emil Cardinaux, vignettes Paul Kammüller.

Couverture: Emil Cardinaux, vignettes: Paul Kammüller.

Albert Sautier: *Schweizer Plakatkunst* mit 28 Abbildungen, in «Die Schweiz», 17. Band, Zürich 1913.

Maria Waser: *Schweizer Plakatkunst*, in «Die Schweiz», 17. Band, Zürich 1913.

1914
Ulrich Gutersohn: *Schweizer Plakat-Brief*, in «Das Plakat», Heft 4, Berlin 1914.

1915
Kriegs- und Militärgraphik-Ausstellung in Luzern, in «Das Plakat», Heft 4, Berlin 1915.

Die ausführliche Würdigung einer Ausstellung des Plakatsammlers Ulrich Gutersohn erschien zuerst in «Neue Zürcher Zeitung», 20. Mai 1915.

Vom Plakataushang in der Schweiz, in «Das Plakat», Heft 2, Berlin 1915.

Ganzseitige Abbildung der neuen Plakatwand am Pestalozzianum, Zürich.

Hermann Röthlisberger
Das Plakat auf der Schweizer Landesausstellung in Bern, in «Das Plakat», Heft 2, Berlin 1915.

1916
Willy Hes: *Schweizerische Kriegsgraphik*, in «Exlibris», Heft 3/4, Berlin 1916.

1917
Christian Conradin:
Heimatschutz und Reklame, in «Heimatschutz», Heft 2, Bümpliz 1917.

22 Abbildungen mit guten und schlechten Beispielen von Plakatwänden in verschiedenen Schweizer Städten.

22 illustrations with examples of good and bad poster displays in various Swiss towns.

22 illustrations de bons et mauvais panneaux d'affichage dans différentes villes.

Willy Hes: *Eine schweizerische Kunstausstellung im Freien*, in «Das Plakat», Heft 4, Berlin 1917.

Plakatausstellung anlässlich der ersten Mustermesse, Basel.

Poster exhibition on the occasion of the first Swiss Industries Fair, Basle.

Exposition d'affiches lors de la première Foire des échantillons de Bâle.

Plakat und Prospekt, Beilage «Schweizerland», Heft 9, Chur 1917.

Hermann Röthlisberger:
Vom schweizerischen Plakat, in «O mein Heimatland, Kalender für's Schweizervolk», Bern/Zürich/Genf 1917.

Mit 80 Abbildungen für lange Zeit die umfangreichste Arbeit über das neue Schweizer Plakat.

With its 80 illustrations it was for a long time the most comprehensive work on the new Swiss poster.

Avec 80 illustrations, l'ouvrage le plus complet de son temps sur l'affiche suisse.

1919
Hermann Röthlisberger:
Vom Plakat, in «Das Werk», Heft 8, Bümpliz 1919.

1920
Rudolf Bernoulli:
Neue Schweizer Plakate, in «Das Plakat», Sonderheft Schweizer Plakatkunst, Heft 11, Berlin 1920.

Umschlag: Paul Kammüller.

Cover: Paul Kammüller.

Couverture: Paul Kammüller.

Edwin Lüthy: *Das künstlerische politische Plakat in der Schweiz*. Mit Äusserungen plakatschaffender Künstler und 32 originalgetreuen Wiedergaben. Basel: Helbing & Lichtenhahn, 1920.

1921
Albert Baur: *Das Schweizer Plakat*. Seine Bedeutung für Kunst und Volk. Vortrag anlässlich der fünften Schweizer Mustermesse, Basel 1921.
= Bulletin der Schweizer Mustermesse

1922
H. Balsinger: *Plakat oder Reklameunfug?*, in «Heimatschutz», Heft 7, Bümpliz 1922.

1923
Charles Saby: *L'Affiche politique en Suisse*. 24 reproductions d'affiches artistiques, parues à propos des votations et élections de 1920 à 1923. Genève: Société générale d'affichage, 1923.

H. York-Steiner: *Was die Affiche erzählt*, in «Der Organisator», Heft 46, Zürich 1923.

1924
Albert Baur: *Von Schweizer Plakatsäulen*, in «Der Kaufmann», Heft 11, Basel 1924.

Umschlag Albert Rüegg (Original-Linolschnitt), Text und Abbildungen nachgedruckt in «Gebrauchsgraphik», Heft 8, Berlin 1925.

Joseph Gantner: *Moderne Plakate*, in «Das Werk», Heft 1, Zürich 1924.

Alfred Gutter: *Die Giubiasco-Plakate*, in «Der Organisator», Heft 66, Zürich 1924.

Abbildung und Beschrieb der drei prämierten und vier angekauften Entwürfe für Fr. 100.– u. a. von Otto Morach.

Karl Lauterer:
Plakatwettbewerb der Linoleum A.-G., Giubiasco, in «Der Kaufmann», Heft 8, Basel 1924.

Edwin Lüthy: *Politische Propaganda*, in:
«Der Kaufmann», Heft 3, Basel 1924.

Abbildung und Kommentierung von Plakaten zur Eidg. Abstimmung über die Aufhebung der 48-Stunden-Woche. «Erobert den Platz an der Sonne zurück!» (557), bisher Niklaus Stoecklin zugeschrieben, wird als Arbeit von Fred Stauffer bezeichnet.

1925
Albert Baur: *Die neuen Basler Plakatsäulen*, in «Der Kaufmann», Heft 4, 1925.

Umschlag: Walter Cyliax.

Cover: Walter Cyliax.

Couverture: Walter Cyliax.

Albert Baur: *Überlegungen vor neuen Schweizer Plakaten* mit 20 Abbildungen, in «Der Kaufmann», Heft 6, Zürich 1925.

Umschlag: Walter Cyliax.

Cover: Walter Cyliax.

Couverture: Walter Cyliax.

Hermann Behrmann: *Plakat in Not* mit 21 Abbildungen, in «Der Kaufmann», Heft 11, Zürich 1925.

Hermann Behrmann:
Drei Plakat-Wettbewerbe, in «Der Kaufmann», Heft 12, Zürich 1925.

«Internationale Ausstellung für Binnen-Schiffahrt und Wasserkraftnutzung», Basel. 3. Preis (rückblickend die stärkste Arbeit): Theo Ballmer. «Brauerei Haldengut», Winterthur. Ausgeführter Entwurf: Fritz Stahel. «Suchard», Neuchâtel-Serrières. 265 eingegangene Entwürfe. 1. Preis (Fr. 2500.–): Max Bill. 3. Preis: Johann Arnhold.

"International Exhibition for Inland Navigation and Hydro-Electricity", Basle. 3rd prize (the strongest work in retrospect): Theo Ballmer. "Haldengut Brewery", Winterthur. Design executed: Fritz Stahel. "Suchard", Neuchâtel-Serrières. 265 designs submitted. 1st prize (Fr. 2500.–): Max Bill. 3rd prize: Johann Arnhold.

«Exposition internationale pour la navigation intérieure et l'exploitation de la force hydraulique», Bâle, 3e prix (retrospectivement l'œuvre la plus forte): Theo Ballmer. «Brasserie Haldengut», Winterthur. Projet exécuté: Fritz Stahel. «Suchard», Neuchâtel-Serrières. 265 projets soumis. Premier prix (2500 F): Max Bill. Troisième prix: Johann Arnhold.

Jakob Welti:
Die Aussenreklame in Zürich, in «Der Kaufmann», Heft 1, Basel 1925.

Umschlag: Otto Baumberger.

Cover: Otto Baumberger.

Couverture: Otto Baumberger.

5 Bally-Plakate, in «Der Organisator», Heft 76, Zürich 1925.

1926
Paul Althaus: *Drei neue Persil-Plakate*, in «Der Organisator», Heft 91, Zürich 1926.

J. Duplain-Favey:
Considérations actuelles sur l'affiche, in «Succès», Heft 7, Lausanne 1926.

Heinrich Jost: *Plakatkunst in der Schweiz*, in «Gebrauchsgraphik», Heft 7, Berlin 1926.

Jakob Meier: *Die Kunst des Plakates*, in «Der Organisator, Heft 86, Zürich 1926.

Charles Saby: *L'affichage sur palissades*, in «Succès», Heft 6, Lausanne 1926.

1927
Hermann Behrmann: *Neue Schweizer Plakate*, in «Gebrauchsgraphik», Heft 3, Berlin 1927.

Karl Lauterer: *Das Schweizer Plakat*. 1. Das Plakat für Markenartikel. 2. Das Plakat des Grossisten. 3. Das Plakat der markenlosen Fabrikanten. In «Der Organisator», Hefte 96, 97, 98, Zürich 1927.

M. Lutz: *Das Frauenbild im Klischee und Plakat*, in «Der Organisator», Heft 96, Zürich 1927.

Edgar Waser: *L'affiche politique en Suisse*, in «Succès», Heft 10, Lausanne 1927.

Abbildung und Wertung der Abstimmungsplakate über das Getreidemonopol, 1926. (Irrtümlich weist in «Aux urnes, citoyens!» die Landesbibliothek das Plakat von Otto Ernst der Abstimmung über die Getreideversorgung, 1929, zu.)

Neue Schweizer Plakate, in «Gebrauchsgraphik», Heft 9, Berlin 1927.

1928
Hermann Behrmann:
Zwanzig Jahre PKZ, in «Gebrauchsgraphik», Heft 1, Berlin 1928.

F. T. Gubler: *Schweizer Plakatkunst*, in «Albacharys Führer durch das Plakatwesen», Ausgabe 1928, Berlin 1928.

H. Kesselring: *Das Plakat im Dienst der Fremdenwerbung*, in «Der Organisator», Heft 125, Zürich 1929.

Ernest Nussbaumer: *Les tendances de l'affiche moderne*, in «Succès», Heft 22, Lausanne 1928.

Nussbaumer berichtet von der internationalen Plakatausstellung in Anvers, Dezember 1927, und vom guten Eindruck des Schweizer Plakates auf das Publikum. Aufsehen erregt habe «Forta» (343) eines N. S. (Niklaus Stoecklin).

Nussbaumer reports on the international poster exhibition in Antwerp, December 1927, and on the good impression made on the public by the Swiss poster. "Forta" (343) by an N. S. (Niklaus Stoecklin) caused a sensation.

Dans son rapport sur l'exposition internationale de l'affiche à Anvers, en décembre 1927, Nussbaumer souligne la forte impression qu'a produit l'affiche suisse sur le public et tout particulièrement «Forta» (343) «d'un N. S.» (Niklaus Stoecklin).

1929
Othmar Gurtner: *Das Plakat*, in «Archiv für Buchgewerbe und Gebrauchsgraphik», Sonderheft Schweiz. Herausgeber Walter Cyliax, Schriftleiter Walter Kern. Heft 11/12. Leipzig: Verlag des Deutschen Buchgewerbevereins, 1928.

Julius Steiner: *Schweizer Plakate*, in «Die Reklame», Heft 4, Berlin 1929.

1930
Hermann Behrmann:
Der Reklame-Fetisch, in «Der Organisator», Heft 133, Zürich 1930.

Als «Forta» auch Marke für Seidenstoffe wurde, musste Stoecklin den bisherigen «Fetisch» (Schattenriss eines Mädchenkopfes mit roter Schleife im Haar) auf das neue Plakat übernehmen (343).

When "Forta" also became a trademark for silk materials, Stoecklin had to transfer the previous "fetish" (silhouette of a girl's head with a red ribbon in her hair) to the new poster (343).

Lorsque «Forta» devint aussi la marque de soieries, Stoecklin dut reprendre pour la nouvelle affiche (343) le «fétiche» – une silhouette de la tête d'une jeune-fille avec un ruban rouge dans les cheveux.

1934
L'art graphique et le tourisme, in «Succès», Heft 88, Lausanne 1934.

Abbildung von 29 Tourismus-Plakaten.

Illustration of 29 tourist posters.

Reproduction de 29 affiches touristiques.

PKZ-Plakatwettbewerb 1934, in «Typographische Monatsblätter», Heft 5, Bern 1934.

1. Preis Peter Birkhäuser «Knopf». 2. Preis Niklaus Stoecklin «Mann mit Melone» (334).

1st prize Peter Birkhäuser "Button". 2nd prize Niklaus Stoecklin "Man in a Bowler" (334).

Premier prix: Peter Birkhäuser «Knopf» (bouton). Deuxième prix: Niklaus Stoecklin «Mann mit Melone» (L'homme au melon) (334).

Plakate, in «Typographische Monatsblätter», Heft 12, Bern 1934.

1935
Traugott Schalcher: *Kunstwende des Schweizer Plakates,* in «Schweizer Graphische Mitteilungen», Heft 9, St. Gallen 1935.

Schalcher über Giacomettis Schmetterling (10): «Ein Farbenwunder und ein Wurf von grösster Kühnheit ist das Plakat ‹Die schöne Schweiz› von A. G. Die Plakatkunst aller Völker hat nichts Vollendeteres hervorgebracht.»

Schalcher on Giacometti's butterfly (10): "The poster 'Die schöne Schweiz' by A.G. is a miracle of colour and design of the greatest boldness. Nothing more perfect has been produced by the poster art of any nation."

Schalcher dit au sujet du papillon de Giacometti (10): «L'affiche ‹Die schöne Schweiz› (la belle Suisse) d'A.G. est une merveille de couleurs et une réussite des plus audacieuses. Dans aucun pays, l'art de l'affiche n'a atteint une telle perfection.»

Leopold Schreiber: *Neue Schweizer Verkehrsplakate,* in «Gebrauchsgraphik», Heft 1, Berlin 1935.

René Thiessing: *Offener Brief an Max Bucherer,* in «WbK-Mitteilungen», Heft 6/7, Zürich 1935.

Der Brief des Chefs des Publizitätsdienstes der SBB an den Vizepräsidenten des Wirtschaftsbundes bildender Künstler befasst sich mit der «Wahl der künstlerischen Mitarbeiter» und der Wirkung von künstlerischen Plakaten. Giacomettis Schmetterling (10) ist ganzseitig, farbig abgebildet.

This letter from the head of the publicity department of Swiss Federal Railways to the vice-president of the Wirtschaftsbund bildender Künstler is concerned with the "choice of freelance artists" and the effect of the artist-designed poster. There is a full-page reproduction of Giacometti's butterfly (10) in colour.

Cette lettre ouverte du chef de la publicité de la CFF au vice-président de l'union économique des artistes traite de «l'élection de collaborateurs artistiques» et de l'efficacité des affiches artistiques. Le papillon de Giacometti (10) est reproduit en pleine page et en couleurs.

1936
Concours d'affiches Gaba, in «Schweizer Reklame und Schweizer Graphische Mitteilungen», Heft 8, Zürich 1936.

1937
Hermann Karl Frenzel: *Schweizer Plakate,* in «Gebrauchsgraphik», Heft 9, Berlin 1937.

C. Staehelin: *Plakatwettbewerb zur Werbung für die Schweizer Uhr,* in «Schweizer Reklame und Schweizer Graphische Mitteilungen», Heft 5, Zürich 1937.

Das Dauer-Plakat, in «Der Organisator», Heft 221, Zürich 1937.

Abbildung von Plakatwänden in Stadt und Kanton Zürich.

Illustration of poster displays in the town and canton of Zurich.

Reproduction de panneaux d'affiches dans la ville et le canton de Zurich.

1938
L.-A.-Plakatwettbewerb, ein Rückschritt, in «Schweizer Reklame und Schweizer Graphische Mitteilungen», Heft 1, Zürich 1938.

Peter Meyer: *Zwei eidgenössische Plakatwettbewerbe,* in «Das Werk», Heft 1, Zürich 1938.

«Schützenfest Luzern 1939»: 1. Preis Herbert Leupin. «Anatomischer Defekte» wegen fiel Hans Erni auf den 3. Platz. «Landesausstellung Zürich 1939»: 1. Preis Alois Carigiet (Weltformat), Pierre Gauchat (B 12).

"Lucerne Rifle Meeting 1939": 1st prize Herbert Leupin. Hans Erni took the 3rd prize because of "anatomical defects". "National Exhibition Zurich 1939": 1st prize Alois Carigiet (weltformat), Pierre Gauchat (B 12).

Fête de tir à Lucerne en 1939. Premier prix: Herbert Leupin. En raison de «défauts anatomiques», le projet de Hans Erni n'obtint que le troisième prix. Exposition nationale à Zurich en 1939: Premier prix Alois Carigiet (format mondial), Pierre Gauchat (format B 12).

PKZ-Plakatwettbewerb 1938, in «Schweizer Reklame und Schweizer Graphische Mitteilungen», Heft 3, Zürich 1938.

Plakate für die Schweizerische Landesausstellung Zürich 1939, in «Typographische Monatsblätter», Heft 1, Bern 1938.

1939
Friedrich Frank: *Einfache Plakate,* «Der Organisator», Heft 242, Zürich 1939.

Linolschnittplakate der Vereinigten Zürcher Molkereien für Axelrods Joghurt.

Plakate in der LA, in «Der Organisator», Heft 249, Zürich 1939.

Abbildungen von 24 Plakaten, die vorwiegend bei J. E. Wolfensberger gedruckt und in einer Ausstellung im «Wolfsberg» gezeigt wurden.

Reproductions of 24 posters which were printed mainly by J. E. Wolfensberger and shown in an exhibition at the "Wolfsberg".

Reproduction de 24 affiches, la plupart imprimées chez J. E. Wolfensberger et exposées dans la galerie Wolfsberg.

1941
50 Jahre Schweizer Plakat (Ausstellungskatalog). Kunstgesellschaft Davos. Text Walter Kern. Davos 1941.

Ausser den politischen Plakaten (Davos 1941!) zeigte die Ausstellung das Schweizer Plakat erstmals in einem gesamthaften Überblick. (Es wurde bisher noch nie ohne thematische oder zeitliche Beschränkung vorgestellt.)

Apart from political posters (Davos 1941!) the exhibition was the first to present a general survey of the Swiss poster. (All previous shows had been subject to limitations of time or subject.)

Cette exposition permettait pour la première fois une vue globale de l'affiche suisse, l'affiche politique exceptée (Davos, 1941!), alors qu'avant, elle avait toujours été présentée avec des limitations thématiques ou temporaires.

Prämierte Plakate. Faltkataloge der vom Eidg. Departement des Innern ausgezeichneten Schweizer Plakate. Texte Erika Billeter, Berchtold von Grünigen, Kurt Guggenheim, Hans Kasser, Walter Kern, Hans Neuburg, Georgine Oeri, Alfred Roth, Willy Rotzler, Carl Seelig, Margit Staber, Adolf Max Vogt u.a. (Seit 1982 deutsch, französisch, italienisch, englisch). Herausgeber Allgemeine Plakatgesellschaft, Zürich und Basel. Erscheinen seit 1941.

1941: Jakob Welti: «Beste Plakate des Jahres 1941», Sonderdruck aus «Neue Zürcher Zeitung» (28. Dezember 1941). 1942–1975: «Die besten Plakate des Jahres ..., mit der Ehrenurkunde des Eidg. Departementes des Innern». Seit 1976: «Schweizer Plakate, ausgezeichnet vom Eidg. Departement des Innern».

1943
Walter Kern: *Das Plakat,* in «Werk», Sondernummer Schweizer Graphik, Heft 8, Winterthur 1943.

Seit Röthlisbergers Veröffentlichung in «O mein Heimatland», 1917, die umfassendste Arbeit über das Schweizer Plakat.

The most comprehensive work on the Swiss poster since Röthlisberger's publication in "O mein Heimatland", 1917.

Depuis la publication de Röthlisberger dans «O mein Heimatland» (O ma patrie) en 1917, le premier grand ouvrage sur l'affiche suisse.

Ernst von Gunten: *Plakat-Notizen,* in «Werbung und Graphische Kunst» (französisch, deutsch). Genf: Maurice Collet, 1943.

1944
Hans Kasser: *Das Plakat,* in «Die Lithographie in der Schweiz», Bern: Verein Schweizerischer Lithographiebesitzer, 1944.

1949
Hans Kasser: *Entwicklung und Wesen des Schweizer Plakates,* in «Graphis», Sondernummer Schweiz, Heft 28, Zürich 1949.

1950
Das Schweizer Plakat, Wanderausstellung der Arbeitsgemeinschaft «Pro Helvetia». Text Hans Kasser (deutsch, französisch, englisch). Zürich 1950.

1952
Willy Rotzler: *Die Plakate des Kunstgewerbemuseums Zürich,* in «Internationales Plakatjahrbuch» (englisch, französisch, deutsch). Herausgeber Walter Herbert Allner. St. Gallen: Zollikofer & Co., 1952.

1953
Exposition de l'affiche suisse. Catalogue, exposition itinérante de la fondation «Pro Helvetia». Texte Philippe Etter. Présenté par le groupement des amitiés françaises. Alexandrie 1953.

1954
Charles Schlaepfer: *Funktionen des Plakates.* Sonderdruck aus «Jahrbuch der Aussenwerbung 1954». Bremen-St. Magus: Verlag Albert Rath, 1954.

Ansprache Schlaepfers, Direktor Dr. Wander AG, anlässlich der internationalen Plakatausstellung in Karlsruhe. Der Druck enthält zahlreiche farbige Abbildungen von Plakatanschlagstellen aus der ganzen Schweiz.

Address by Schlaepfer, manager of Dr. Wander AG, on the occasion of an international poster exhibition in Karlsruhe. The work contains a number of illustrations in colour of poster sites from all parts of Switzerland.

Allocution du directeur de la SA Wander, Ch. Schlaepfer, lors de l'exposition internationale de l'affiche à Karlsruhe. Le numéro spécial comprend de nombreuses illustrations en couleurs de panneaux et de colonnes d'affiches dans la Suisse entière.

1955
Rolf Brendel: *Das Schweizer Plakat.* Versuch einer systematischen Darstellung der Gestaltungsformen, der Werbewirkung und der kulturpolitischen Bedeutung des Plakats am Beispiel des Plakatschaffens der Schweiz. Dissertation. Freie Universität Berlin, 1955 (nicht veröffentlicht).

1958
Fritz Bühler: *Wohin zielt das Schweizer Plakat?* Aarau: A. Trüb & Cie., 1958.

Bühler polemisiert gegen die «Nachkämpfer der Abstraktion» und ihre «mit viel Theorie verbrämten Spielereien mit Farbflächen». Seine Kritik richtet sich, ohne Namen zu nennen, gegen die Plakate der «Zürcher Schule» um Müller-Brockmann.

Bühler inveighs against the "rearguard of abstraction" and their "games with colour areas tricked out with a lot of theory". Without naming any names, his criticism is addressed to the posters of the "Zurich School" round Müller-Brockmann.

Polémique de Bühler contre «l'arrière-garde de l'abstrait» et «son badinage avec des plans colorés, enjolivé par beaucoup de théorie». Sa critique vise, sans les nommer, les créateurs d'affiches autour de Joseph Müller-Brockmann formant «l'école de Zurich».

1963
100 afiches Suizos. Catálogo, exposicion Galeria Peuser. Texto Hans Kasser. Presentados por la Asociación de dibujantes de la Argentina. Buenos Aires 1963.

1964
Walter Bangerter, Armin Tschanen: *Offizielle Schweizer Grafik.* Texte Hans Peter Tschudi, Werner Kämpfen (deutsch, französisch, englisch). Zürich: ABC Verlag, 1964.

Enthält Plakate folgender Institutionen: Eidg. Drucksachen- und Materialverwaltung, SBB, PTT, Expo, Muba, Comptoir, Olma, Autosalon, Verkehrshaus der Schweiz, Verkehrszentrale, Rotes Kreuz, Winterhilfe, Pro Juventute, Landes-Lotterie, Swissair.

Contains posters of the following institutions: Federal Prints and Materials Administration, Swiss Federal Railways, Swiss Posts and Telegraphs, Expo, Muba, Comptoir, Olma, Autosalon, Swiss Transport Museum, Swiss National Tourist Office, Red Cross, Winterhilfe, Pro Juventute, Landes-Lotterie, Swissair.

Contient des affiches des organismes suivants: l'Office central fédéral des imprimés et du matériel, CFF, PTT, Exposition nationale, Foire des échantillons, Comptoir, Olma, Salon de l'automobile, Musée suisse des transports, Office national suisse du tourisme, Croix rouge, Secours d'hiver, Pro Juventute, Loterie nationale, Swissair.

1965
Messeplakate als Messespiegel. Separatdruck der Plakatseiten aus der Broschüre «50 Jahre Schweizer Mustermesse». Basel 1965.

Švajcarski plakat. (Ausstellungskatalog, Text Hans Kasser). Galeria Kulturnog Centra. Beograda 1965.
= Svenska broj 69.

1966
Mustermesse – Musterplakate. Werdegang des Jubiläumsplakates. Text Werner Belmont. Basel 1966.

Schweizer Plakatkunst (Neujahrsgabe). Zusammenstellung Werner Härdi. Zürich: Fabag, Fachschriftenverlag, 1966.

1967
Luzerner Plakate (Ausstellungskatalog). Verkehrshaus der Schweiz, Luzern. Text Wolfgang Lüthy. Luzern 1967.
= Plakatspiegel 4.

Plakatspiegel 1–3 und weitere hier fehlende Nummern erschienen zu Ausstellungen, die nicht allein vom Schweizer Plakat getragen wurden.

Plakatspiegel 1–3 and other numbers missing here appeared in connection with exhibitions which did not show Swiss posters only.

Les numéros 1 à 3 et d'autres manquant ici ont paru dans des expositions ne se limitant pas à l'affiche suisse.

Alte Bergbahn-Plakate (Ausstellungskatalog). Verkehrshaus der Schweiz, Luzern. Text Wolfgang Lüthy. Luzern 1967.
= Plakatspiegel 5.

Schweizer Touristik-Plakate (Ausstellungskatalog). Verkehrshaus der Schweiz, Luzern. Text Wolfgang Lüthy. Luzern 1967.
= Plakatspiegel 7.

1968
Erika Billeter: *Plakate in Zürich,* in «Zürcher Almanach». Zürich / Einsiedeln / Köln: Benziger Verlag, 1968.

Schweizer Plakatkunst. Die besten Plakate der Jahre 1941–1965. Texte Berchtold von Grünigen, Werner Kämpfen, Hans Peter Tschudi (deutsch, französisch, englisch). Herausgeber Allgemeine Plakatgesellschaft. Zürich: Visualis Verlag, 1968.

1969
Seilbahn-Plakate (Ausstellungskatalog). Verkehrshaus der Schweiz, Luzern. Text Wolfgang Lüthy. Luzern 1969.
= Plakatspiegel 12.

1971
Blumenplakate (Ausstellungskatalog). Verkehrshaus der Schweiz, Luzern. Text Wolfgang Lüthy. Luzern 1971.
= Plakatspiegel 15.

1972
Plakate des Autosalons (Ausstellungskatalog). Verkehrshaus der Schweiz, Luzern. Text Wolfgang Lüthy. Luzern 1972.
= Plakatspiegel 17.

SBB-Plakate (Ausstellungskatalog). Verkehrshaus der Schweiz, Luzern. Text Wolfgang Lüthy. Luzern 1972.
= Plakatspiegel 18.

1973
Bruno Margadant: *«Für das Volk – gegen das Kapital».* Plakate der schweizerischen Arbeiterbewegung von 1919–1973. 99 Plakate, wiedergegeben vor dem politischen Hintergrund ihrer Zeit. Zürich: Verlagsgenossenschaft, 1973.

1974
Kulturelle Plakate der Schweiz (Ausstellungskatalog). Kunstgewerbemuseum Zürich. Texte Peter Obermüller, Josef Müller-Brockmann. Zürich 1974.
= Wegleitung 293

Erste Plakatausstellung des Kunstgewerbemuseums Zürich allein mit Schweizer Plakaten.

First poster exhibition of the Museum of Applied Arts in Zurich showing only Swiss posters.

Première exposition du musée des arts appliqués de Zurich consacrée exclusivement à l'affiche suisse.

Irma Noseda: *Das Tourismusplakat,* in «Schweiz im Bild – Bild der Schweiz? Landschaften von 1800 bis heute». Zürich: Kunstgeschichtliches Seminar der Universität Zürich, 1974.

Plakate der Schweizer Mustermesse Basel (Ausstellungskatalog). Verkehrshaus der Schweiz, Luzern. Text Werner Belmont. Luzern 1974.
= Plakatspiegel 20.

Waadtländer Weinplakate (Ausstellungskatalog). Verkehrshaus der Schweiz, Luzern. Text Alphons Helbling. Luzern 1974.
= Plakatspiegel 21.

1975
75 Jahre Allgemeine Plakatgesellschaft (Festschrift). Genf: SGA / APG, 1975.

Plakate für das Opernhaus Zürich, 1950–1975. Werbeagentur Müller-Brockmann & Co, Zürich. Text Hans Neuburg. Zürich 1975.

Plakate der Schweizerischen Verkehrszentrale (Ausstellungskatalog). Verkehrshaus der Schweiz, Luzern. Text Hans Kasser. Luzern 1975.
= Plakatspiegel 22.

Michèle Schenk: *L'affiche politique suisse entre les deux guerres.* Mémoire de licence. Faculté des lettres de l'Université de Lausanne, 1975 (non publié).

1976
Plakate der Pro Juventute (Ausstellungskatalog). Verkehrshaus der Schweiz, Luzern, 1976.
= Plakatspiegel 23.

1977
Jean Meylan, Philippe Maillard, Michèle Schenk: *Aux urnes, Citoyens!* 75 ans de votations fédérales par l'affiche. Prilly-Lausanne: André Eisele, 1977.

1979 erschien das Buch im gleichen Verlag in deutscher Sprache.

Plakate werben für Schweizer Bier. Einhundert Jahre Schweiz. Bierbrauerverein. Text Wolfgang Lüthy. Zürich 1977.

Le Valais à l'affiche. 1. L'affiche touristique. Manoir de Martigny, exposition et catalogue Bernard Wyder. Martigny 1977.

1978
Luzerner Plakate (Ausstellungskatalog). Verkehrshaus der Schweiz, Luzern. Text Edgar Küng. Luzern 1978.
= Plakatspiegel 24.

Plakate des Circus Knie (Ausstellungskatalog). Verkehrshaus der Schweiz, Luzern. Text Hans Rathgeb. Luzern 1978.
= Plakatspiegel 25.

Matterhornplakate (Ausstellungskatalog). Verkehrshaus der Schweiz, Luzern. Text Werner Kämpfen. Luzern 1978.
= Plakatspiegel 26.

Politik an der Plakatwand. Die SP und der SGB im Kampf für soziale Sicherheit und gegen Ausbeutung (Katalog zur Wanderausstellung). Herausgeber Bildungsausschuss der SP der Stadt Zürich, SP des Kantons Zürich. Texte Emil Lehmann, Werner Sieg. Zürich 1978.

Le Valais à l'affiche. 2. Industrie, Sport, politique et culture. Manoir de Martigny, exposition et catalogue Bernard Wyder. Martigny 1978.

1980
Eduard Grosse: *Das neue Schweizer Plakat,* in «100 Jahre Werbung in Europa». Berlin: Dreilinden Verlag, 1980.

Automobilplakate (Katalog zur Wanderausstellung). Verkehrshaus der Schweiz, Luzern. Text Léopold Borel (deutsch, französisch, italienisch). Luzern 1980.

Die Ausstellungen des Verkehrshauses werden unter dem Patronat der Allgemeinen Plakatgesellschaft fortgesetzt, die Katalognumerierung entfällt.

50 Salons de l'automobile Genève. Une grande rétrospective par l'affiche. Texte Charles Affolter (français, allemand). Genève: Tribune Edition, 1980.

Das Buch zeigt alle 50 Plakate seit der ersten internationalen Ausstellung 1924. Während der Kriegsjahre, 1940–1946, war die Ausstellungstätigkeit unterbrochen.

The book shows all 50 posters since the first international exhibition in 1924. The exhibition was not held from 1940 to 1946 because of the war.

L'ouvrage montre toutes les 50 affiches depuis la première exposition internationale de 1924. Pendant les années 1940 à 1946 de la guerre, il n'y eut pas d'expositions.

Touristikplakate der Schweiz, 1880–1940. Auswahl Karl Wobmann, Text Willy Rotzler (deutsch, englisch, französisch, italienisch). Aarau / Stuttgart: AT Verlag, 1980.

Touristikplakate der Schweiz (Faltkatalog). Ausstellung Plakatgalerie Klubschule, Bern. Text Willy Rotzler. Bern 1980.

1981
Hans Neuburg: *Die Pioniere der Schweizer Grafik, 1900–1950,* in «idee», Sondernummer «Schweizer Reklame 1900–1950», Heft 1, Zürich 1981.

Luftfahrtplakate (Katalog zur Wanderausstellung). Verkehrshaus der Schweiz, Luzern. Texte Eugen Dietschi u.a. (deutsch, französisch, italienisch). Luzern 1981.

Werbestil 1930–1940. Die alltägliche Bildsprache eines Jahrzehnts. Konzept und Leitung für Ausstellung und Wegleitung Margit Weinberg-Staber. Texte Max Bill, Markus Kutter, Guido Magnaguagno, Alois Müller, Hans Neuburg, Margit Weinberg-Staber, Anton Stankowski u.a. Kunstgewerbemuseum Zürich. Zürich 1981.
= Wegleitung 335.

1982
Max Triet und Karl Wobmann: *Karten und Plakate von Eidgenössischen Turnfesten.* Graphik im Dienste turnerischer und patriotischer Ideale, in «Schweizer Beiträge zur Sportgeschichte», Band 1, Basel 1982.

Gottardo 82. Eisenbahnplakate (Katalog zur Wanderausstellung). Verkehrshaus der Schweiz, Luzern. Texte Alex Amstein u.a. (deutsch, französisch, italienisch). Luzern 1982.

Manifesti sul Ticino. 100 anni di promozione turistici. A cura di Michele Fuzioli e Orio Galli. Locarno: Armado Dadó editore, 1982.

Die Magie des Gegenstandes. Produkte dominieren das Plakat (Faltkatalog). Ausstellung Plakatgalerie Klubschule, Bern. Text Willy Rotzler. Bern 1982.

Objets – Réalismes. Affiches Suisses 1905–1950 (Ausstellungskatalog). Bibliothèque Forney, Paris. Text Eric Kellenberger. Paris 1982.

Schweizer Hotelplakate, 1875–1982. Auswahl Karl Wobmann. Luzern: Biregg Verlag, 1982.

Swiss Posters 1970–1980. Vorgestellt von Ruedi Rüegg und Shigeru Watano. Texte Hans Neuburg, Willy Rotzler u.a. (japanisch, englisch). Tokio: Seibundo Shinkoshe, 1982.

Vorbild Schweiz, in «Zwischen Kaltem Krieg und Wirtschaftswunder. Deutsche und Europäische Plakate, 1945–1959». Münchner Stadtmuseum, Ausstellung, Katalog und Einführung Volker Duvigneau. München 1982.

1983
Graubünden im Plakat. Eine kleine Geschichte der Tourismuswerbung von 1980 bis heute. Bündner Kunstmuseum Chur. Ausstellung und Konzept Beat Stutzer. Texte Luzi Dosch, Irma Noseda. Chur 1983.

30 Jahre Plakat Kunst. Einfluss und Ausstrahlung der Fachklasse für Grafik AGS Basel (Ausstellungskatalog). Gewerbemuseum Basel. Texte Armin Hofmann, Armin Vogt (deutsch, englisch). Basel 1983.

Swiss Sport Posters. Historischer Querschnitt durch die besten Wettkampfplakate der Schweiz (englisch, deutsch, französisch). Einleitung Max Triet und Karl Wobmann. Zürich: ABC Verlag, 1983.

Zentralschweizer Plakate (Katalog zur Wanderausstellung). Verkehrshaus der Schweiz, Luzern. Texte Arnold Kappler u.a. (deutsch, französisch, italienisch). Luzern 1983.

Gestalter Designers Les créateurs

1910
Hans Sachs: *Emil Cardinaux,* in «Mitteilungen des Vereins der Plakatfreunde», Heft 4, Berlin 1910.

Avec onze illustrations en couleurs.

1911
Rudolf Bernoulli: *Burkhard Mangold,* in «Mitteilungen des Vereins der Plakatfreunde», Heft 4, Berlin 1911.

Umschlag: Burkhard Mangold.

Cover: Burkhard Mangold.

Couverture: Burkhard Mangold.

1915
Hermann Schlosser: *Hermann Rudolf Seifert,* in «Das Plakat», Heft 9, Berlin 1915.

Umschlag Hermann R. Seifert. Seifert kam als Zwanzigjähriger 1906 aus D-Plauen nach Zürich und lebte bis 1941 in der Schweiz.

Cover by Hermann R. Seifert. In 1906 Seifert came to Zurich from Plauen in Germany at the age of 20 and lived in Switzerland until 1941.

Couverture: Hermann R. Seifert.
En 1906, Seifert, alors âgé de 20 ans, vint de Plauen (Allemagne) à Zurich. Il resta en Suisse jusqu'en 1941.

1916
Rudolf Bernoulli: *Walther Koch, Davos,* in «Das Plakat», Heft 2, Berlin 1916.

Vom deutschen Maler Koch sind ausschliesslich Plakate für die Schweiz bekannt.

The only posters known to have been done by the German painter Koch were exclusively for Switzerland.

On ne connait du peintre allemand Koch que ses affiches suisses.

1917
Hans Sachs: *Otto Baumberger,* in «Das Plakat», Heft 4, Berlin 1917.

Umschlag: Otto Baumberger.

Cover: Otto Baumberger.

Couverture: Otto Baumberger.

1920
H. R. Seifert, SWB, in «Der Organisator», Heft 13, Zürich 1920.

Enthält 11 farbige Abbildungen.

Contains 11 coloured illustrations.

1922
Alfred Gutter: *Zwei Plakate,* in «Der Organisator», Heft 40, Zürich 1922.

Abbildung und Beschrieb eines Plakates von Hugo Laubi (Löw) und Otto Baumberger (Rennwegtor AG).

1924
Hermann Behrmann: *Aug. Giacomettis Plakat für Graubünden,* in «Der Kaufmann», Heft 7, Basel 1924.

Der Sonnenschirm (28) ist «unbestritten eines der allerschönsten Künstlerplakate, die die Schweiz ... überhaupt hervorgebracht hat».

The sunshade (28) is "incontestably one of the most beautiful artist-designed posters ever to be produced in Switzerland".

Le parasol (28) est «incontestablement une des plus belles affiches artistiques que la Suisse ait produites».

Alfred Gutter: *Drei Bally-Plakate,* in «Der Organisator», Heft 60, Zürich, 1924.

Eingeklebte Lithografien und Beschrieb der Plakate von Emil Cardinaux (357) und Otto Baumberger («Kinderschuhe» und «die weisse Mode»).

Tipped-in lithos and description of posters by Emil Cardinaux (357) and Otto Baumberger ("Children's shoes" and "Fashion white".)

Description des affiches d'Emil Cardinaux (357) et d'Otto Baumberger («Chaussures d'enfants» et «La mode blanche») avec les lithographies collées dans l'ouvrage.

Max Irmiger: *Berner Geschäftsgraphik,* in «Der Kaufmann», Sondernummer Bern, Heft 9, Basel 1924.

Abbildungen von Arbeiten der Berner Künstler Brügger, Cardinaux, Henziross, Linck, Ruprecht, Stauffer. Im gleichen Heft wird die Sammlung von Ulrich Gutersohn, Luzern, die von den Erben dem Verkehrshaus der Schweiz geschenkt wurde, zum Verkauf angebogen: «Die Sammlung besteht aus über 6000 künstlerisch hochstehenden Blättern und stellt auch kulturhistorisch ein Dokument ersten Ranges dar».

Illustrations of works by the Bernese artists Brügger, Cardinaux, Henziross, Linck, Ruprecht, Stauffer.
In the same issue the collection of Ulrich Gutersohn, Lucerne, which was donated to the Swiss Transport Museum by his heirs, is offered for sale: "The collection comprises more than 6000 posters of the highest quality and is also an outstanding document of cultural history."

Illustrations d'œuvres des artistes bernois Brügger, Cardinaux, Henziross, Linck, Ruprecht et Stauffer.
Dans ce même numéro spécial se trouve l'annonce de vente de la collection Ulrich Gutersohn, Lucerne, que ses héritiers avaient offerte au Musée suisse des transports: «La collection comprend plus de 6000 affiches d'une grande valeur artistique. En outre, elle constitue un document historique de premier ordre».

1925
F. Gubler: *Über Gebrauchsgraphik* mit Anmerkungen über Zürcher Gebrauchsgraphiker, in «Der Kaufmann», Heft 1, Basel 1925.

Umschlag: Otto Baumberger. Plakatabbildungen von Hans Arp (nicht ausgeführter Entwurf für die Studentenschaft der Universität Zürich) und Ernst Keller.

Cover: Otto Baumberger. Reproductions of posters by Hans Arp (non-executed design for the Students' Union of the University of Zurich) and Ernst Keller.

Couverture: Otto Baumberger. Reproduction d'affiches de Hans Arp (projet non réalisé pour l'union des étudiants de l'université de Zurich) et de Ernst Keller.

Jakob Welti: *Schweizer Graphiker: Hugo Laubi,* in «Der Kaufmann, Heft 9, Zürich 1925.

Umschlag: Hugo Laubi.

Cover: Hugo Laubi.

Couverture: Hugo Laubi.

1926
P.-L. Duchartre: *Les affiches d'Eric de Coulon,* in «L'amour de l'art», Heft 5, Paris 1926.

Umschlag: Eric de Coulon.

Cover: Eric de Coulon.

Couverture: Eric de Coulon.

1927
M. Valotaire: *Eric de Coulon,* in «Commercial Art», Heft 9, London 1927.

Edgar Waser: *Affiches de rappel,* in «Succès», Heft 12, Lausanne 1927.

Abbildung und Beschrieb der Plakate von Noël Fontanet für zwei Genfer Herrenmode-Geschäfte.

Reproduction and description of posters by Noël Fontanet for two gentlemen's outfitters in Geneva.

Reproduction et description des affiches de Noël Fontanet pour deux magasins de confection masculine à Genève.

1928
Carl Albert Loosli: *Emil Cardinaux.* Eine Künstlermonographie. Zürich: Verlag Brunner & Cie. AG, 1928.

Enthält auch eine Würdigung Karl W. Bührers und seiner Mono-Karten.

Also contains a tribute to Karl W. Bührer and his mono cards.

Contient aussi un hommage à Karl W. Bührer et ses cartes mono.

1929
Johannes Vœste: *Herbert Matter,* in «Das Werk», Heft 4, Zürich 1929.

1930
Hermann Karl Frenzel: *Der Graphiker Cyliax und Gebr. Fretz A.-G.,* Zürich, in «Gebrauchsgraphik», Heft 5, Berlin 1930.

1932
Erich Halm: *Der Schweizer Maler Urech,* in «Gebrauchsgraphik», Heft 6, Berlin 1932.

Emil Pfefferli: *Die moderne Reklame und ihre Gestalter,* in «Schweizer Graphische Mitteilungen», Heft 7, St. Gallen 1932.

Text über Werner Weiskönig mit Plakatabbildungen.

Text on Werner Weiskönig with reproductions of posters.

Texte sur Werner Weiskönig avec reproduction d'affiches.

1933
Hermann Karl Frenzel: *W. Trapp,* in «Gebrauchsgraphik», Heft 6, Berlin 1933.

Emil Pfefferli: *Schweizer Plakatwerbung der Gegenwart,* in «Schweizer Graphische Mitteilungen», Heft 1, St. Gallen 1933.

Text über Alex Walter Diggelmann mit Plakatabbildungen.

Text on Alex Walter Diggelmann with reproductions of posters.

Texte sur Alex Walter Diggelmann avec reproduction d'affiches.

M.-P. Verneuil: *Eric de Coulon, affichiste.* Neuchâtel: Editions de la Baconnière, 1933. = Collection «Artiste neuchâtelois» 4

Die erste und für lange Zeit einzige selbständige Veröffentlichung über einen Schweizer Plakatkünstler.

The first and, for a long time, the only independent publication about a Swiss poster artist.

La première et longtemps unique publication sur un créateur d'affiches suisse.

1934
J. Johannsen: *Charles Kuhn*, in «Gebrauchsgraphik», Heft 8, Berlin 1934.

1935
Edwin Arnet: *Alois Carigiet*, in «Gebrauchsgraphik», Heft 10, Berlin 1935.

1937
Ein Schweizer Graphiker in Paris, in «Schweizer Reklame und Schweizer Graphische Mitteilungen», Heft 8, Zürich 1937.

Text über André Simon mit Plakatabbildungen.

1938
Ernst Herzig: *Das Plakat*, in «Typographische Monatsblätter», Heft 11, Bern 1938.

Text über Albert Borer mit Plakatabbildungen.

Text on Albert Borer with reproductions of posters.

Texte sur Albert Borer avec reproduction d'affiches.

Neue französische Plakate, in «Typographische Monatsblätter», Heft 3, Bern 1938.

Text über Herbert Leupin mit Plakatabbildungen.

1939
Carl von Mandach: *Cuno Amiet*. Vollständiges Verzeichnis der Druckgraphik des Künstlers. Bern: Schweizerische Graphische Gesellschaft, 1939.

Werner Suhr: *Werner Weiskönig*, in «Gebrauchsgraphik», Heft 11, Berlin 1939.

1944
Pierre Cailler et Henri Darel: *Catalogue illustré de l'œuvre gravé et lithographié de Maurice Barraud*. Genève: Albert Skira, 1944.

Abbildung und Beschrieb von 26 originalgrafischen Plakaten von 1915–1943. (Das Plakat für die Ausstellung «Le Falot», 1916, im Kunsthaus Zürich fehlt.).

Reproduction and description of 26 posters from the period 1915–1943 which were original graphic designs. (The poster for the exhibition "Le Falot", 1916, in the Kunsthaus Zurich, is missing).

Reproduction et description de 26 affiches – des gravures originales – entre 1915 et 1943 (sans celle pour l'exposition «Le Falot» en 1916 au musée de Zurich).

1945
Konrad Farner: *Hans Erni*. Ein Maler unserer Zeit. Basel/Zürich: Mundus-Verlag, 1945. = Erbe und Gegenwart 48

Erste selbständige Publikation über Erni mit Plakatabbildungen und deren ausführliche Beschreibung. Spätere Veröffentlichungen sind nur aufgeführt, wenn sie sich ausschliesslich mit seinen Plakaten befassen.

First independent publication on Erni with reproductions of posters and a detailed description. Later publications are listed if they deal exclusively with his posters.

Première publication exclusive sur le peintre Erni, avec des reproductions et descriptions d'affiches. Des publications ultérieures ne seront mentionnées que dans la mesure où elles traitent de ses affiches uniquement.

Ernst von Gunten: *Rétrospective, Perspektive*, in «Publicité et arts graphiques» (französisch, deutsch). Genf: Maurice Collet, 1945.

Otto Baumberger, Hans Falk, Herbert Leupin, Pierre Monnerat beantworten Ernst von Guntens Fragen zum Schweizer Plakat.

Otto Baumberger, Hans Falk, Herbert Leupin and Pierre Monnerat reply to Ernst von Gunten's questions on the Swiss poster.

Otto Baumberger, Hans Falk, Herbert Leupin, Pierre Monnerat répondent à Ernst von Gunten au sujet de l'affiche suisse.

1957
Manuel Gasser: *Herbert Leupin, Plakate* (deutsch, englisch). Mappe mit 24 Reproduktionen. Zürich/Frankfurt-Main: Verlag Hans Rudolf Hug, 1957.

Karl Gerstner: *Das Plakat als Teil einer Aktion*, in «Internationales Plakatjahrbuch (englisch, französisch, deutsch). Teufen AR: Arthur Niggli, 1957.

Gerstners und Kutters Wahlkampagne für die liberale Partei Basel-Stadt 1956.

Jakob Stämpfli: *Der Grafiker Hans Hartmann*. Eine Darstellung seines Schaffens. Bern: Verlag Stämpfli & Cie., 1957.

1960
Pierre Gauchat, der Grafiker (Ausstellungskatalog). Kunstgewerbemuseum Zürich. Texte Hans Fischli, Heiri Steiner. Zürich 1960. = Wegleitung 232.

Herbert Leupin, in «Das Schönste», Sondernummer «Kunst und Werbung», Heft 7, München 1960.

Umschlag: Plakat von Heiri Steiner (SBB, Ferienbillet, 1959).

1963
Friedrich Dürrenmatt: *Die Heimat im Plakat*. Ein Buch für Schweizer Kinder. Zürich: Diogenes Verlag, 1963.

42 satirische Plakatvorschläge von Dürrenmatt. Der Autor im Vorwort: «Umgib dich mit Plakaten, und dich umgibt die Welt, mach den Slogan, und er wird wahr».

42 proposed satirical posters by Dürrenmatt. The author in the foreword: "Surround yourself with posters and the world surrounds you, make the slogan and it becomes true."

Dürrenmatt fait 42 propositions satiriques pour des affiches et dit dans son introduction: «Entourez-vous d'affiches et le monde vous entourera; faites un slogan et il deviendra une réalité!»

1964
Gedächtnisausstellung Fritz Bühler/Pierre Gauchat. Gewerbemuseum Basel. Texte Berchtold von Grünigen, Heiri Steiner, Walter Staehelin. Basel 1964.

Hans Falk. Les 7 affiches de l'Exposition nationale suisse (français, allemand). Basel: Basilius Press, 1964.

Hans Neuburg (Zum 60. Geburtstag). Texte Max Bill, Alois Carigiet, Richard P. Lohse, Anton Stankowski u.a. Herausgebergruppe «Neue Graphik». Teufen AR: Verlag Arthur Niggli AG, 1964.

1966
Otto Baumberger: *Blick nach aussen und innen*. Autobiographische Aufzeichnungen. Weiningen-Zürich: Selbstverlag, 1966.

Vom Lehrling zum Meister. Werkausstellung von Karl Bickel. Gewerbemuseum Winterthur. Text Edwin A. Schmid. Winterthur 1966.

Mit 16 Plakaten von Karl Bickel von 1915–1933.

With 16 posters by Karl Bickel from 1915–1933.

Avec 16 affiches de Karl Bickel créées entre 1915 et 1933.

Niklaus Stoecklin. Plakate und angewandte Graphik. Texte Hans-Peter His, Antonio Hernandez. Basel: Pharos Verlag, 1966. = Schriften des Gewerbemuseums Basel 2.

1969
Plakate von Hans Erni (Ausstellungskatalog). Verkehrshaus der Schweiz, Luzern. Text Willy Rotzler. Luzern 1969. = Plakatspiegel 11.

1970
Herbert Leupin. Plakate 1939–1969. Stilentwicklung, Problemstellungen. Text Reinhold Hohl. Basel: Pharos Verlag, 1970. = Schriften des Gewerbemuseums Basel 8.

1971
Plakate von Emile Cardinaux (Ausstellungskatalog). Verkehrshaus der Schweiz, Luzern. Text Wolfgang Lüthy. Luzern 1971. = Plakatspiegel 14.

1972
Herbert Leupin. Plakate (Ausstellungskatalog). Deutsches Plakatmuseum, Essen. Texte Hermann Schardt, Erwin Treu. Essen 1972. = Sammlung internationaler Plakatkunst 6

1975
Franco Barberis. Grafiker, Karikaturist, Künstler, zum 70. Geburtstag. Ausstellung der Arbeitsgemeinschaft Schweizer Grafiker, Ortsgruppe Zürich, Kunstgewerbemuseum der Stadt Zürich. Text Hans Neuburg. Zürich 1975.

Fritz Billeter: *Falks Plakatgestaltung*, in «Fritz Billeter: Hans Falk». Zürich: ABC Verlag, 1975.

Paul Brühwiler. Erweiterter Separatdruck aus «Graphis» (180/1975). Text Peter Obermüller (deutsch, französisch, englisch). Zürich 1975.

1976
Hans Erni, Plakate 1929–1976. Text Willy Rotzler. 1 von 5 Heften in Schuber «Ein Weg zum Nächsten». Luzern: Verlag Kunstkreis, 1976.

Abbildungen von 165 Plakaten. Herausgabe anlässlich der Erni-Ausstellung zur Eröffnung des Kulturzentrums Seedamm in Pfäffikon.

Reproductions of 165 posters. Publication on the occasion of the Erni exhibition for the opening of the Seedamm cultural centre in Pfäffikon.

Reproduction de 165 affiches. Edition sortie à l'occasion de l'exposition Erni lors de l'inauguration du centre culturel «Seedamm» à Pfäffikon.

Martin Peikert, 1901–1975: Ölbilder, Plakate, Entwürfe (Ausstellungskatalog). Zuger Kunstgesellschaft. Text Jörg Hamburger. Zug 1976.

1978
Margit Staber: *Willisauer Jazzplakate*, Musik liegt in der Luft, Plakate von Niklaus Troxler, in «Andreas Raggenbass: Jazz in Willisau». Luzern: Raeber Verlag, 1978.

1979
Manuel Gasser: *Celestino Piatti*. Das gebrauchsgraphische, zeichnerische und malerische Werk. Zürich: ABC Verlag, 1979.

Eine erweiterte Ausgabe erschien 1982 im Deutschen Taschenbuch Verlag.

An expanded edition was published in 1982 by Deutscher Taschenbuch Verlag.

Une édition complétée a paru en 1982 aux éditions Deutscher Taschenbuch Verlag.

1980
Marie-Louise Schaller: *Die Geschichte eines Plakates*. Otto Morach, ein Plakatgestalter der zwanziger Jahre (deutsch, englisch). Zürich: J.E. Wolfensberger AG, 1980.

Marie-Louise Schaller beschreibt und zeigt Morachs Skizzen von Bremgarten – denen sie fotografische Ansichten gegenüberstellt –, die er als Vorarbeit zum Plakat «Bremgarten-Dietikon-Bahn» (241) gezeichnet hat.

Marie-Louise Schaller describes and shows Morach's sketches of Bremgarten which he drew when preparing his posters "Bremgarten-Dietikon Railway" (241). The sketches are compared with photographic views.

Marie-Louise Schaller présente et commente les esquisses de Morach, faites à Bremgarten pour la création de son affiche du chemin de fer Bremgarten-Dietikon (241) et elle juxtapose des photos montrant les mêmes vues.

Marguerite Burnat-Provins, affichiste, in «Marguerite Burnat-Provins», Catalogue de Bernard Wyder. Manoir Martigny. Martigny 1980.

1981
Niklaus Stoecklin (Faltkatalog). Ausstellung Plakatgalerie Klubschule, Bern. Text Willy Rotzler. Bern 1981.

Niklaus Troxler (Faltkatalog). Ausstellung Plakatgalerie Klubschule, Bern. Text Willy Rotzler. Bern 1981.

1982
Hans Neuburg: *Das Plakatschaffen*, in «Victor Ruzo, von der realistischen zur spirituellen Malerei». Zürich: ABC Verlag 1982.

Heinz Jost/Stephan Bundi. Plakate für Theater, Konzert und Film. (Faltkatalog). Ausstellung Plakatgalerie Klubschule, Bern. Text Willy Rotzler. Bern 1982.

1983
Otto Baumberger. Ein Pionier der Schweizer Plakatkunst (Faltkatalog). Ausstellung Plakatgalerie Klubschule Bern. Text Willy Rotzler. Bern 1983.

Fotoplakate/Gestalter
Photo posters/designers
Les affiches photographiques/ les créateurs

1929
Georg Schmidt: «*Foto und Plakat*», in «Das Werk», Heft 9, Zürich 1929.

1931
Ernst Pfefferli: *Das moderne Kohlen- und Wahlplakat*, in «Schweizer Graphische Mitteilungen», Heft 11, St. Gallen 1931.

Würdigung des ersten politischen Fotoplakates in der Schweiz (562), das der Holzschneider Emil Zbinden in einem Brief an den Verfasser als Arbeit von Paul Senn identifizierte.

Tribute to the first political photo poster in Switzerland (562) which the wood-engraver Emil Zbinden identified as the work of Paul Senn in a letter to the author.

Hommage à la première affiche photographique politique en Suisse (562) que, dans une lettre à l'auteur, le graveur sur bois Emil Zbinden attribue à Paul Senn.

1933
Foto-Ausstellung des SWB (Ausstellungsbroschüre). Kunstgewerbemuseum Zürich. Text Hans Finsler. Zürich 1933. = Wegleitung 115.

Die neue Fotografie in der Schweiz (Ausstellungsbroschüre). Gewerbemuseum Basel. Text Peter Meyer. Basel 1933.

An der Ausstellung, die auch in Zürich gezeigt wurde, waren beteiligt: Theo Ballmer, Binia Bill, Walter Cyliax, Hans Finsler, Ernst Heiniger, Herbert Matter, Gotthard Schuh, Anton Stankowski, Heiri Steiner u. a.

Among those taking part in the exhibition held in Zurich were: Theo Ballmer, Binia Bill, Walter Cyliax, Hans Finsler, Ernst Heiniger, Herbert Matter, Gotthard Schuh, Anton Stankowski, Heiri Steiner, etc.

L'exposition, qui fut également montrée à Zurich, réunit des œuvres de Theo Ballmer, Binia Bill, Walter Cyliax, Hans Finsler, Ernst Heiniger, Herbert Matter, Gotthard Schuh, Anton Stankowski, Heiri Steiner et d'autres encore.

1936
Rémy Duval: *Herbert Matter*, in «Arts et métiers graphiques», Heft 51, Paris 1936.

In der während 13 Jahren (68 Nummern) erschienenen Zeitschrift bleibt Matter der einzige Schweizer, über den ausführlich berichtet wird.

In this periodical, which was published for 13 years (68 numbers), Matter is the only Swiss to be given a detailed report.

La revue a paru pendant 13 ans en 68 numéros. Matter est le seul suisse qui ait été traité en détails.

1949
Georg Schmidt: *Wo stehen wir?*, in «Werbung und graphische Kunst». Photo-Sondernummer (französisch, deutsch, englisch). Genf: Maurice Collet, 1949.

1978
Herbert Matter. A Retrospective. Exhibition A + A Gallery. Text Paul Rand. New Haven, Conn.: School of Art Yale University, 1978.

Umschlag: Herbert Matter. Der Katalog zeigt 7 von Matters Tourismusplakaten für die Schweiz.

Herbert Matter. Auswahl von Photographien, 1928 bis heute (Ausstellungskatalog). Stiftung für die Photographie. Text Hugo Loetscher. Kunsthaus Zürich, 1978.

1979
Ernst A. Heiniger (Ausstellungsbroschüre zum 70. Geburtstag). Stiftung für die Photographie. Texte Richard P. Lohse, Guido Magnaguagno. Kunsthaus Zürich, 1979.

Guido Magnaguagno: *Plakatgrafik und Sachfotografie in der Schweiz 1925–1935*, in «Neue Sachlichkeit und Surrealismus in der Schweiz 1919–1940» (Ausstellungskatalog). Kunstmuseum Winterthur, 1979.

A. Stankowski. Auswahl von Photographien, 1927–1939/1954 (Ausstellungskatalog). Stiftung für die Photographie. Text Hans Neuburg. Kunsthaus Zürich, 1979.

1983
Werner Jeker/Christian Coigny. Plakatkunst aus der Westschweiz (Faltkatalog). Ausstellung Plakatgalerie Klubschule, Bern. Text Willy Rotzler. Bern 1983.

Schriftplakate/Gestalter
Posters with lettering only/designers
Les affiches typographiques/les créateurs

1924
Hermann Behrmann: *Künstlerische Schrift in der schweizerischen Reklame*, in «Der Kaufmann», Heft 7, Basel 1924.

1925
Schrift und Reklame, in «Der Kaufmann», Heft 10, Zürich 1925.

Schriftplakate von Ernst Keller und Walter Käch.

1928
Coulon, l'affichiste qui fait «vivre» la lettre, in «Vendre», Heft 59, Paris 1928.

Umschlag: Eric de Coulon.

Cover: Eric de Coulon.

Couverture: Eric de Coulon.

Roger-Louis Dubuy: *E. de Coulon, ein Meister des Schriftplakates*, in «Gebrauchsgraphik», Heft 5, Berlin 1928.

Neue Typographie (Ausstellungsbroschüre). Gewerbemuseum Basel. Text Walter Dexel. Basel 1928.

Neue Typographie, in «Das Werk», Heft 1, Zürich 1928.

Abbildungen und Beschreibung neuer Filmplakate von Jan Tschichold und Walter Cyliax.

Reproductions and description of new cinema posters by Jan Tschichold and Walter Cyliax.

Reproduction et description de nouvelles affiches de cinéma de Jan Tschichold et de Walter Cyliax.

1929
Heinrich Wieynck: *Die Wandlungen des Johannes*, in «Gebrauchsgraphik», Heft 12, Berlin 1929.

Tschicholds «Bruch mit der Vergangenheit» und seine Hinwendung zu «elementarer Typographie und Photomontage».

Tschichold's "Bruch mit der Vergangenheit" and his espousal of "basic typography and photomontage".

«La rupture avec le passé» de Tschichold et son orientation vers «une typographie et un montage photographique élémentaires».

1930
Jan Tschichold: *Das neue Plakat*, in «Neue Werbegraphik» (Ausstellungsbroschüre). Gewerbemuseum Basel, 1930.

1934
Affiches et Papillons, in «Succès», Heft 83, Lausanne 1934.

Text über Eric de Coulon («l'homme qui fait parler la lettre») mit Plakatabbildungen.

1959
Integrale Typographie. Sondernummer «Typographische Monatsblätter». Texte Karl Gerstner, Armin Hofmann, Emil Ruder u. a. Heft 6/7, St. Gallen 1959.

Umschlag Emil Ruder. Typografische Plakate von Bill, Lohse, Ruder. Karl Gerstner, von dem der Begriff «Integrale Typografie» stammt, war Initiator der Aktion «Kunst an der Plakatwand». Vom 13. Februar bis zum 7. Mai 1961 hing 14 Tage lang ein Bild von Bill, Gerstner, Graeser, Lohse, Loewensberg oder Wyss auf einem Weltformat-Passepartout an den Anschlagstellen der Allgemeinen Plakatgesellschaft in Zürich. In «Wo ist der Platz der Kunst?» beschreibt Gerstner die Aktion («Typographische Monatsblätter», 10/1961).

Cover by Emil Ruder. Typographic posters by Bill, Lohse and Ruder. Karl Gerstner, who was the originator of "integral typography", staged the "Art on the Hoarding" campaign. From 13 February to 7 May 1961 a picture by Bill, Gerstner, Graeser, Lohse, Loewensberg or Wyss was displayed in a weltformat passepartout at the poster sites of the Allgemeine Plakatgesellschaft in Zurich. Gerstner described the campaign in "Wo ist der Platz der Kunst?" ("Typographische Monatsblätter", 10/1961).

Couverture: Emil Ruder. Affiches typographiques de Bill, Lohse et Ruder. Karl Gerstner, qui créa le terme «typographie intégrale», initia l'action «L'art sur les panneaux d'affichage». Du 13 février au 7 mai 1961, un tableau de Bill, Gerstner, Graeser, Lohse, Loewensberg ou Wyss fut exposé pendant deux semaines dans un passe-partout en format mondial sur les panneaux d'affichages de la SGA à Zurich. Gerstner décrit cette action dans «wo ist der Platz der Kunst?» («Typographische Monatsblätter», 10/1961).

Emil Ruder, Lehrer und Typograf. «Typographische Monatsblätter», Gedenk-Sondernummer. Texte Adrian Frutiger, Berchtold von Grünigen, Wolfgang Weingart u. a. Heft 3, St. Gallen 1971.

1971
Emil Ruder. Lehrer und Typograf. Text Antonio Hernandez. Basel: Pharos Verlag, 1971. = Schriften des Gewerbemuseums Basel 10.

1972
Jan Tschichold. «Typographische Monatsblätter», Sondernummer zum 70. Geburtstag. Text Reminiscor (d. i. Jan Tschichold). Heft 2, St. Gallen 1972.

Umschlag und Gestaltung Jan Tschichold.

Cover and layout by Jan Tschichold.

Couverture et mise en page: Jan Tschichold.

1973
Walter Käch, Schriftgrafiker und Lehrer (Ausstellungskatalog). Kunstgewerbemuseum Zürich. Texte Max Caflisch, Jost Hochuli u. a. Zürich 1973. = Wegleitung 290.

1976
Ernst Keller, Grafiker, 1891–1968, Gesamtwerk (Ausstellungskatalog). Kunstgewerbemuseum Zürich. Texte Willy Rotzler, Hans Ulrich Steger, Heiri Steiner u. a. Zürich 1976. = Wegleitung 304.

Jan Tschichold, Typograph und Schriftenentwerfer, 1902–1974. Das Lebenswerk (Ausstellungskatalog). Kunstgewerbemuseum Zürich. Texte Jost Hochuli, Kurt Weidemann u. a. Zürich 1976. = Wegleitung 309.

Wolfgang Weingart. «Typografische Monatsblätter», Sondernummer (deutsch, englisch). Heft 12, St. Gallen 1976.

Umschlag und Gestaltung Wolfgang Weingart.

1979
Odermatt & Tissi. «Typografische Monatsblätter», Sondernummer. Text Richard P. Lohse (deutsch, französisch, englisch). Heft 1, St. Gallen 1979.

Umschlag und Gestaltung Odermatt & Tissi.

Cover and layout by Odermatt & Tissi.

Couverture et mise en page: Odermatt et Tissi.

1980
Stefan Paradowski: *Das Schweizer Typoplakat im 20. Jahrhundert*. Lizentiatsarbeit, Kunsthistorisches Seminar der Universität Zürich, 1980 (nicht veröffentlicht).

1981
Plakate 1959–1980 Odermatt & Tissi. Separatdruck aus «Typografische Monatsblätter» (8/1981). Text Felix Berman (deutsch, französisch, englisch). St. Gallen 1981.

1982
Bruno Margadant: *Schrift als Bild.* «Typografische Monatsblätter», Sondernummer «Das Schriftplakat in der Schweiz», Heft 6, St. Gallen 1982.

Josef Müller-Brockmann. Typographie und Photographie im konstruktiven Plakat (Faltkatalog). Ausstellung Plakatgalerie Klubschule Bern. Text Willy Rotzler. Bern 1982.

Drucker
Printers
Les imprimeurs

1934
H. Johannsen: *J. E. Wolfensberger.* Ein Vorkämpfer für die Qualität im Schweizer Plakatwesen, in «Gebrauchsgraphik», Heft 7, Berlin 1934.

1935
25 Jahre J. C. Müller, 1908–1933. Text Max Irmiger. Zürich 1935.

Farbige Wiedergabe von 38 Plakaten.

Hans Rudolf Schmid: *Aus der Werkstatt des Druckers.* Festschrift zum 75jährigen Bestehen der Firma Gebr. Fretz AG, Zürich, 1935.

Gebr. Fretz AG, Zürich, Buchdruck, Stein- und Offsetdruck, Tiefdruck, Buchbinderei. (Prospekt) Zürich 1935.

Gestaltung Herbert Matter. Einige seiner bekanntesten Fotomontagen entstanden für diesen Prospekt.

Design by Herbert Matter. Some of his best-known photomontages were done for this brochure.

Réalisation: Herbert Matter. Pour ce prospectus, Matter a fait quelques-uns de ses montages les plus célèbres.

1937
Albert Greutert: *50 Jahre Schweizerischer Lithographenbund.* Darstellung der Geschichte und des Wirkens des Schweiz. Lithographenbundes von 1888 bis 1937. Bern 1937.

1944
Die Lithographie in der Schweiz. Festschrift zum 50jährigen Bestehen des Vereins Schweizerischer Lithographiebesitzer (VSLB; ab 1979: Verband der schweizerischen Druckindustrie, VSD). Bern 1944.

Enthält u. a. von Walter Hugelshofer «Die ersten lithographischen Versuche in der Schweiz» und «Die Ausbreitung der Lithographie in der Schweiz».

Among the items are "Die ersten lithographischen Versuche in der Schweiz" and "Die Ausbreitung der Lithographie in der Schweiz" by Walter Hugelshofer.

Avec, entre autres, «Die ersten lithographischen Versuche in der Schweiz» et «Die Ausbreitung der Lithographie in der Schweiz» de Walter Hugelshofer.

1953
100 Jahre Kümmerly & Frey (Ausstellungskatalog). Kunstgewerbemuseum Zürich. Texte Johannes Itten, Hans Kasser u. a. Zürich 1953. =Wegleitung 196.

1958
50 Jahre J. C. Müller, 1908–1958. Bearbeitet von Wilhelm Sulzer, Herbert Stüssi und Hans Kasser. Zürich 1958.

70 Plakatabbildungen, teils farbig und ganzseitig.

70 poster reproductions, some full-page and in colour.

Reproduction de 70 affiches, partiellement en pleine page et en couleurs.

Zeitschriften
Periodicals
Les revues

Bibliografische Zusammenfassung der im Literaturverzeichnis bis 1940 vorkommenden Zeitschriften. Die Angaben entsprechen dem gegenwärtigen Stand, bei Aufgabe der Zeitschrift dem der letzten Ausgabe. Auf Titeländerungen ist in der Anmerkung hingewiesen.

Bibliographic summary of the periodicals mentioned in the index up to 1940. The information corresponds to the present status but, if the periodical is no longer published, to the last number appearing. Any changes in the title are noted.

Résumé bibliographique des revues mentionnées dans l'index jusqu'en 1940. Les indications correspondent à l'état actuel et, dans le cas où la revue ne paraît plus, au dernier numéro de celle-ci. D'éventuels changements de dénomination sont annotés.

Schweiz

Heimatschutz / Sauvegarde (deutsch / französisch). Olten, erscheint seit 1906.

idee ... Zeitschrift für angewandte Kreativität. Offizielles Organ: Vereinigung der Werbeleiter und Werbeassistenten, Schweizer Werbefotografen, Verband Schweiz. Dekorateure. Zürich, erscheint seit 1959.

1959–1977 «Der Werber»

Der Kaufmann. Schweizer Monatsschrift für Reklame. Zürich 1924–1925.

Die Werbegrafik hatte in der Schweiz vor 1940 kein eigenes Fachblatt. «Der Kaufmann» zeigte gut gestaltete Drucksachen, Anzeigen, Kalender, Schaufenster und Plakate. Die einzigartige Zeitschrift erschien in nur 24 Heften, ungewöhnlich reich illustriert, mit Original-Drucksachenbeilagen und interessanten Umschlägen. Der Verlag – Gebr. Fretz, Zürich, übernahm sie von Benno Schwabe, Basel – begründete die Aufgabe mit der neuen Postbestimmung, wonach für Beilagen Reklamegebühr zu zahlen sei und der Gründung des Schweizerischen Reklame-Verbandes, dem die Herausgabe einer solchen Zeitschrift eigentlich zufalle.

Prior to 1940 advertising art had no periodical of its own. "Der Kaufmann" showed well-designed printed matter, press advertisements, calendars, window displays and posters. This unusual periodical, of which only 24 numbers appeared, was richly illustrated with original printed matter as loose insets and interesting covers. The publishers – Gebr. Fretz in Zurich took it over from Benno Schwabe, Basle – gave as reasons for the discontinuation of the periodical the new postal regulation according to which an advertising tax was payable on insets, and the foundation of the Swiss Advertising Association upon which the publication of such a periodical really devolved.

Avant 1940, il n'y eut pas de revue suisse consacrée à la publicité graphique. «Der Kaufmann» présentait des imprimés, des annonces, des calendriers, des vitrines et des affiches réussis. Cette revue extraordinaire était abondamment illustrée, avait des couvertures intéressantes et offrait des gravures originales en supplément. Elle cessa de paraître après le numéro 24. L'éditeur – Fretz, Zurich, qui avait succédé à Benno Schwabe, Bâle – justifia cette cessation par les nouvelles dispositions postales sur une taxe de publicité pour les suppléments et par la fondation du «Schweizerischer Reklameverband» auquel incombait, selon lui, l'édition d'une telle revue.

Der Organisator. Schweizer Monatsschrift. Zürich, erscheint seit 1919, ab 1923 mit der Beilage «Reklame».

La Patrie Suisse. Journal illustré. Genève 1893–1962.

Die Schweiz. Illustrierte Monatsschrift. Zürich 1897–1921.

«Die führende literarische und künstlerische Zeitschrift der deutschen Schweiz» (C. A. Loosli). Gegründet von Karl W. Bührer.

"The leading literary and artistic periodical of German-speaking Switzerland" (C. A. Loosli). Founded by Karl W. Bührer.

«La première revue littéraire et artistique de la Suisse allemande» (C. A. Loosli), fondée par Karl W. Bührer.

Schweizer Graphische Mitteilungen. Fachzeitschrift für das graphische Gewerbe. St. Gallen 1882–1936 / 1946–1951.

1937–1945 zusammen mit «Schweizer Reklame»
Seit 1952 zusammen mit «Typografische Monatsblätter».

Schweizerland. Monatshefte für Literatur, Kunst und Politik. Bümpliz 1914–1921

Schweizer Reklame. Offizielles Organ des Schweizerischen Reklame-Verbandes und des Bundes Schweizerischer Reklame-Berater, Zürich, erscheint seit 1929.

1936–1945 «Schweizer Reklame und Schweizer Graphische Mitteilungen»
Seit 1972 «Werbung»

Succès. Revue mensuelle d'Organisation et de Publicité. Lausanne 1926–1939.

Typografische Monatsblätter. Zeitschrift für Schriftsatz, Gestaltung, Sprache, Druck und Weiterverarbeitung. Herausgegeben von der Gewerkschaft Druck und Papier zur Förderung der Berufsbildung, Bern, erscheint seit 1933.

1941 Anschluss von «Revue suisse de l'imprimerie»
1952 Anschluss von «Schweizer Graphische Mitteilungen»

WbK-Mitteilungen. Mitteilungen des Wirtschaftsbundes bildender Künstler. Zürich 1934–1953.

Anfänglich auch offizielles Organ des Bundes Bernischer Gebrauchsgraphiker.

Initially also the official organ of the Bund Bernischer Gebrauchsgraphiker.

Au début également l'organe officiel du «Bund Bernischer Gebrauchsgrafiker».

Werk. Offizielles Organ des Bundes Schweizer Architekten. Zürich, erscheint seit 1914.

1977–1979 «Werk - Archithese»
Seit 1980 «Werk, Bauen + Wohnen»

Wichtige Zeitschriften gegründet nach 1940

Graphis. Internationale Zeitschrift für Graphik und angewandte Kunst (englisch, deutsch, französisch). Herausgeber Walter Herdeg. Zürich, erscheint seit 1944.

Neue Grafik. Internationale Zeitschrift für Grafik und verwandte Gebiete (deutsch, englisch, französisch). Herausgeber Richard P. Lohse, Josef Müller-Brockmann, Hans Neuburg, Carlo L. Vivarelli. Olten 1958–1964.

Ausland

L'amour de l'art. Revue mensuelle. Paris 1920–1938.

Archiv für Buchgewerbe und Gebrauchsgraphik. Leipzig 1920–1943.

1864–1899
«Archiv für Buchdruckerkunst»
1900–1919
«Archiv für Buchgewerbe»

Arts et métiers graphiques. Paris 1927–1939.

«Vielleicht die bedeutendste internationale Zeitschrift auf diesem Gebiet» (Hans Bolliger).

"Perhaps the most important international periodical in this field" (Hans Bolliger).

«Peut-être la revue internationale la plus importante dans ce domaine» (Hans Bolliger).

Commercial Art & Industry. London 1922–1936.

Exlibris. Buchkunst und angewandte Graphik. Berlin 1907–1941.

1891–1906 «Exlibris»

Gebrauchsgraphik. Monatsschrift zur Förderung künstlerischer Reklame (deutsch, englisch). Berlin 1924–1944, München seit 1950.

Seit 1972 «Novum»

Das Plakat. Zeitschrift des Vereins der Plakatfreunde. Für Kunst und Kultur in der Reklame. Berlin 1910–1921.

1910–1912 «Mitteilungen des Vereins der Plakatfreunde». Die Zeitschrift unterstützte neue künstlerische Äusserungen, wirkte stilbildend und «war die bestillustrierte Kunstzeitschrift in Deutschland» (Klaus Popitz). Im hervorragend redigierten Textteil finden sich auch Beiträge von Kurt Tucholsky. Dr. Hans Sachs, Gründer und Herausgeber, war aktiver Sammler; er besass die wohl wertvollste private Plakatsammlung überhaupt.

1910–1912 "Mitteilungen des Vereins der Plakatfreunde». The periodical gave support to new artistic manifestations, helped to shape style, and was "the best-illustrated art magazine in Germany" (Klaus Popitz). The editorial section was excellently done and included contributions by Kurt Tucholsky. Dr. Hans Sachs, founder and publisher, was an active collector; his private collection of posters was probably the most valuable anywhere.

1910 à 1912. Cette revue «Mitteilungen des Vereins der Plakatfreunde» (Informations de l'union des amis de l'affiche) encouragea les nouvelles expressions artistiques, favorisa un nouveau style et «fut la revue d'art allemande la mieux illustrée» (Klaus Popitz). Parmi les excellentes textes, on en trouve de Kurt Tucholsky. Le fondateur et éditeur Hans Sachs, un grand collectionneur, possédait sans doute la collection privée la plus importante qui fut.

Die Reklame. Zeitschrift des deutschen Reklame-Verbandes. Berlin 1919–1932.

1910–1918 «Mitteilungen des Vereins deutscher Reklamefachleute»

Das Schönste. München 1955–1963.

Vendre. Paris, erscheint seit 1923.

Handbücher/Jahrbücher/Lexika Manuals/Annuals/Lexicons Manuels/Annuaires/Lexiques

1920
Hans Sachs: *Schriften über Reklamekunst.* Herausgegeben vom Verein der Plakatfreunde. Berlin: Verlag Das Plakat, 1920. = Handbücher der Reklamekunst 3.

Vorliegend eine Kopie (Original: Sammlung Neumann, Frankfurt a. M.) mit den handschriftlichen Ergänzungen des Verfassers zur internationalen Literatur bis 1929. «Es ist zu vermuten, dass dies die einzige Bibliographie über Werbung darstellt, die den Zeitraum von 1890–1929 vollständig erfasst» (Eckhard Neumann).

There is a copy (original: Neumann Collection, Frankfurt a. M.) with the author's handwritten supplements on international literature up to 1929. "This is thought to be the only bibliography on advertising which covers the period 1890 to 1929 completely" (Eckhard Neumann).

Il s'agit d'une copie (original: collection Neumann, Francfort/Main) avec des compléments manuscrits de l'auteur au sujet de la littérature internationale jusqu'en 1929. Eckhard Neumann en dit: «Ceci est probablement l'unique bibliographie complète de la publicité pour la période de 1890 à 1929.»

1943
Publicité et arts graphiques. Revue de la publicité et des arts graphiques en Suisse (französisch, deutsch; seit 1949 auch englisch). Genève: Maurice Collet. 1 (1943) – 16 (1974).

Üppig illustriertes Jahrbuch, vor allem bis 1949.

Richly illustrated annual, especially up to 1949.

Annuaire abondamment illustré, surtout avant 1949.

1946
Schweizerisches Handbuch der Absatzförderung und Werbung. Thalwil: Emil Oesch Verlag, 1946.

Enthält Texte über Werbegrafik (Pierre Gauchat, Rob. S. Gessner u. a.), Werbefotografie (Hermann Eidenbenz, Michael Wolgensinger u. a.) und Plakatwerbung (Herbert Leupin, Viktor Rutz u. a.).

Contains texts on advertising art (Pierre Gauchat, Rob. S. Gessner etc.), advertising photography (Hermann Eidenbenz, Michael Wolgensinger etc.) and poster advertising (Herbert Leupin, Viktor Rutz, etc.).

Avec des textes sur la publicité graphique (Pierre Gauchat, Rob. S. Gessner et autres) photographique (Hermann Eidenbenz, Michael Wolgensinger et autres) et par l'affiche (Herbert Leupin, Viktor Rutz et autres).

1960
Schweizer Grafiker. Herausgegeben vom Verband Schweizer Grafiker, VSG (deutsch, französisch). Zürich: Verlag Käser Presse, 1960.

1967
Künstlerlexikon der Schweiz, XX. Jahrhundert. Redaktion Eduard Plüss und Hans Christoph von Tavel. Frauenfeld: Verlag Huber & Co. AG, 1958–1967.

1969
Schweizer Werbeagenda. Leitfaden der Werbung. Aarau: Rengger-Verlag, 1969.

Enthält Mitglieder- und Adressenverzeichnis folgender Verbände: Bund Graphischer Gestalter der Schweiz (BGG), Verband Schweizer Grafiker (VSG), Grafiker und Fotografen des Schweizerischen Werkbundes (SWB) u. a.

Contains register of members (with addresses) of the following associations: Bund Graphischer Gestalter der Schweiz (BGG), Verband Schweizer Grafiker (VSG), Grafiker und Fotografen des Schweizerischen Werkbundes (SWB) etc.

Avec un index des membres (et leurs adresses) d'associations telles que l'Association des graphistes créateurs suisse (AGC) le Verband Schweizer Grafiker (VSG), l'Association suisse de l'art et de l'industrie (SWB) et autres.

1971
Handbuch der Schweizer Grafik und Fotografie. Text Hans Neuburg. Hamburg: Märkte und Medien Verlagsgesellschaft mbH, 1971.

1975
Handbuch der Schweizer Grafiker 1975–79. Arbeits- und Geschäftsbedingungen der Grafiker ASG (deutsch, französisch). Zürich: Alfred Bertschi Annoncen, 1975.

1981
Lexikon der zeitgenössischen Schweizer Künstler (deutsch, französisch, italienisch). Herausgeber Schweizerisches Institut für Kunstwissenschaft, Leitung Hans-Jörg Heusser. Frauenfeld/Stuttgart: Verlag Huber, 1981.

1982
Basler ASG-Grafiker 1982/83. Herausgeber Arbeitsgemeinschaft Schweizer Grafiker, Regionalgruppe Basel. Basel 1982.